黄河流域综合规划

（2012—2030年）

水利部黄河水利委员会　编

U0253343

黄河水利出版社

· 郑州 ·

内 容 提 要

本规划在深入分析黄河治理开发保护与管理工作面临的新形势、新情况和新要求的基础上,统筹考虑维持黄河健康生命和流域经济社会可持续发展的需要,针对黄河治理开发保护与管理存在的主要问题,明确了今后一个时期开发、利用、节约、保护水资源和防治黄河水旱灾害的目标任务和总体布局,研究确定了防洪(防凌)、水资源管理、河流水生态环境等方面的控制性指标,对黄河流域水旱灾害防治、节水型社会建设和水资源配置与保护、水土流失综合治理、水生态环境保护与修复、流域综合管理等做了全面部署,研究提出了加强流域综合管理的政策措施。

本书可供从事黄河治理开发保护与管理的各类管理及技术人员、水利水电及相关专业的工程建设及管理人员、相关院校师生,特别是关心黄河治理的人士阅读参考。

图书在版编目(CIP)数据

黄河流域综合规划:2012—2030 年/水利部黄河水
利委员会编. —郑州:黄河水利出版社,2013.12
ISBN 978 - 7 - 5509 - 0658 - 7

Ⅰ.①黄…　Ⅱ.①水…　Ⅲ.①黄河流域 – 流域规
划 – 2012—2030 年　Ⅳ.①TV212.4

中国版本图书馆 CIP 数据核字(2013)第 298969 号

组稿编辑:王路平　电话:0371 - 66022212　E-mail:hhslwlp@ 126. com

出 版 社:黄河水利出版社
　　　　地址:河南省郑州市顺河路黄委会综合楼 14 层　　　邮政编码:450003
发行单位:黄河水利出版社
　　　　发行部电话:0371 - 66026940、66020550、66028024、66022620(传真)
　　　　E-mail:hhslcbs@ 126. com
承印单位:河南省瑞光印务股份有限公司
开本:787 mm × 1 092 mm　1/16
印张:18.25　　　　　　　　　　　　　　　　彩插:16
字数:470 千字　　　　　　　　　　　　　　印数:1—2 750
版次:2013 年 12 月第 1 版　　　　　　　　　印次:2013 年 12 月第 1 次印刷

定价:90.00 元

国务院关于黄河流域综合规划
(2012—2030年)的批复

(国函〔2013〕34号)

山西省、内蒙古自治区、山东省、河南省、四川省、陕西省、甘肃省、青海省、宁夏回族自治区人民政府,发展改革委、国土资源部、环境保护部、住房城乡建设部、交通运输部、水利部、农业部、林业局、气象局、能源局、海洋局:

水利部关于审批黄河流域综合规划(2012—2030年)的请示收悉。现批复如下:

一、原则同意《黄河流域综合规划(2012—2030年)》(以下简称《规划》),请认真组织实施。

二、《规划》实施要以邓小平理论、"三个代表"重要思想、科学发展观为指导,认真贯彻落实《中共中央　国务院关于加快水利改革发展的决定》(中发〔2011〕1号)精神,以完善黄河水沙调控、防洪减淤、水资源合理配置与高效利用、水土流失综合防治、水资源与水生态环境保护、流域综合管理体系为目标,坚持全面规划、统筹兼顾、标本兼治、综合治理,注重科学治水、依法治水,处理好治理、开发与保护和上下游、左右岸、干支流等关系,努力增水、减沙和调控水沙,为实现经济持续健康发展和社会和谐稳定提供有力支撑。

三、通过《规划》实施,到2020年,黄河水沙调控和防洪减淤体系初步建成,确保下游在防御花园口洪峰流量达到22 000立方米/秒时堤防不决口,重要河段和重点城市基本达到防洪标准;节水型社会建设初见成效,城乡居民生活用水全面保障,工农业用水保障程度得到提高;饮用水水源区水质全面达标,干支流主要控制断面水质达到水功能区目标要求,干流生态环境用水基本保证;水土保持预防监管体系基本健全,人为水土流失初步控制;最严格水资源管理制度基本建立,涉水事务管理全面加强。到2030年,黄河水沙调控和防洪减淤体系基本建成,洪水和泥沙有效控制;水资源利用效率接近全国先进水平;水功能区水质全部达标,重要水生态保护目标的生态环境用水基本保证;适宜治理的水土流失区有效治理;流域综合管理现代化基本实现。

四、完善流域水沙调控和防洪减淤措施。加快古贤、东庄水利枢纽前期工作,深入论证黑山峡河段开发方案,构建以干流骨干水利枢纽为主体的水沙调控体系。加强下游干流堤防、河道整治、蓄滞洪区等工程建设,开展下游滩区和河口综合治理。加快上中游干流及支流重点河段防洪工程建设,继续实施病险水库(闸)除险加固、城市防洪工程建设和山洪地质灾害防治。完善水沙监测、洪水预报和水库调度决策支持系统等非工程措施。

五、合理配置和节约保护水资源。加强水资源配置工程建设,在深入论证的基础上,加快开展南水北调西线等跨流域调水工程前期工作。加快城乡饮水安全工程建设,加强大中型灌区续建配套与节水改造。强化城乡节水,不断提高水资源利用效率和效益。加强饮用水水源地和重要生态区保护,强化入河排污口整治和监督管理,逐步削减地下水超采量。在保护生态环境和移民合法权益的前提下,合理有序开发水能资源。积极发展黄河水运。

六、加强水土流失综合防治。充分发挥生态系统的自我修复能力,防治结合、保护优先,以中游多沙粗沙区和内蒙古十大"孔兑"(指10条汇入黄河的山洪沟)为重点,加快淤地坝、梯田、林草工程建设及封禁治理。强化预防监督和执法能力建设,健全覆盖全流域的水土保持监测网络。

七、强化流域综合管理。加强流域立法研究、涉水事务管理和执法监督。实行最严格水资源管理制度,建立流域用水总量、用水效率和水功能区限制纳污控制指标体系。加强流域水资源统一调度和管理。规范河湖和河道岸线管理。完善水量、水质、水生态环境综合监测系统。

依照《中华人民共和国水法》,《规划》是黄河流域开发、利用、节约、保护水资源和防治水害的重要依据。流域内各省(区)人民政府和国务院有关部门要加强领导,密切配合,认真分解落实《规划》提出的各项任务措施,精心组织实施,切实保障流域防洪安全、供水安全、粮食安全和生态安全。

中华人民共和国国务院(章)

2013 年 3 月 2 日

前　言

　　黄河是我国西北、华北地区重要的水源,流域内土地、矿产资源特别是能源资源丰富,在我国经济社会发展战略格局中占有十分重要的地位。黄河又是一条自然条件复杂、河情极其特殊的河流,"水少、沙多,水沙关系不协调",上中游地区的干旱风沙、水土流失灾害和下游河道的泥沙淤积、洪水威胁,严重制约着流域及相关地区经济社会的可持续发展。做好黄河治理开发保护与管理工作,对促进我国经济社会可持续发展与生态环境保护都具有重要的战略意义。

　　治理黄河,历来是中华民族安民兴邦的大事。新中国成立以来,党和国家十分重视黄河治理开发工作,部署开展了多次综合规划。1954 年编制了《黄河综合利用规划技术经济报告》,1955 年 7 月全国人大一届二次会议通过了《关于根治黄河水害和开发黄河水利的综合规划的决议》。1997 年完成的《黄河治理开发规划纲要》,通过了原国家计委和水利部的联合审查。2002 年 7 月国务院批复了《黄河近期重点治理开发规划》。在历次综合规划的指导下,黄河治理开发保护与管理取得了巨大的成就,在减免洪水灾害、防治水土流失、综合开发利用水资源等方面取得了显著的经济、社会和环境效益,有力地促进了流域经济社会的发展,保障了黄淮海平原的安全。

　　黄河特殊的河情决定了治黄工作的长期性、艰巨性和复杂性。目前,治黄工作面临的主要问题是,防洪形势仍很严峻,尤其是下游滩区及宁蒙河段防洪问题十分突出,黄土高原水土流失尚未得到有效遏制,水资源供需矛盾更加尖锐,水环境和水生态系统恶化。随着流域经济社会的快速发展、河流水沙情势和工程情况的变化,以及新时期治水思路的转变,现有的流域综合规划已不适应新形势的要求。为贯彻落实科学发展观,维持黄河健康生命,促进流域经济社会又好又快发展,迫切需要全面修编黄河流域综合规划。

　　2006 年 10 月,水利部下发了《关于编制大江大河流域综合规划修订工作任务书的通知》(办规计函〔2006〕602 号),2007 年 6 月 11 日,国务院办公厅转发水利部《关于开展流域综合规划修编工作的意见》(国办发〔2007〕44 号),要求各流域开展新一轮综合规划修编工作。据此,黄河水利委员会编制了《黄河流域综合规划修编任务书》,2007 年 8 月 6 日,水利部以水规计〔2007〕320 号文批复了任务书。

　　根据水利部的批复意见,本次规划修编的主要任务是:根据流域经济社会可持续发展的需要,针对流域存在的主要水问题,研究制定开发、利用、节约、保护水资源和防治水旱灾害的总体部署,研究提出加强流域综合管理的政策措施。规划工作的重点是:统筹考虑流域治理、开发、保护和管理要求,提出开发利用限制性条件或控制性指标;完善流域防洪减淤体系,提出泥沙处理和利用措施的总体布局和实施意见,进一步研究恢复和维持下游河道中水河槽的方案和措施;确定滩区功能定位和综合治理对策,进一步研究控制潼关高程的措施,复核上中游河道治理方案;提出水资源开发利用的总体布局,完善水资源配置方案,复核流域灌区布局和规模,提出灌区节水改造方案,提出保障能源基地和工业区供水、城乡供水安全的对策措施,研究特枯水年与特殊情况下的应急供水对策,研究提出外流域调水的规划意见;复核流域水功能区划,明确重要断面水质目标,核定水域纳污能力,提出入河污染物总量控制意见,制定流域水资源保护措施;调查和分析流域水生态现状和主要问题,明确流域水生态保护重点,研究提出主要控制断面生态流量,提出流域水生态保护措施;进一步研究重点治理区的水土保持目标、布局和综合治理措施,完善水土保持监测、预防和监督措施;提出加强和完善流域综合管理的对策措施。

本次规划修编以《中华人民共和国水法》为依据,以《黄河治理开发规划纲要》、《黄河近期重点治理开发规划》和 2008 年国务院批复的《黄河流域防洪规划》及 2009 年水利部审查通过的《黄河流域水资源综合规划》为基础,针对流域面临的新形势和新问题,以科学发展观为指导,按照建设资源节约型、环境友好型社会的要求,统筹协调流域治理、开发、保护的关系,突出政府对涉水事务的社会管理和公共服务职能,使流域综合规划成为黄河流域防治水害、水资源配置与节水型社会建设、水生态环境保护与修复的总体部署和纲领性文件,成为政府履行流域社会管理和公共服务职责、指导水工程建设和涉水涉河项目管理的基本依据。

在水利部统一部署和指导下,黄河水利委员会成立了黄河流域综合规划修编工作领导小组、编制工作组和专家组。领导小组下设办公室,负责规划修编的具体组织协调、检查监督等日常工作;编制工作组分综合组和专业组,其中综合组负责规划编制和汇总,指导各专业组的工作,协调各专业组的关系,解决规划修编中的具体技术问题。同时,流域内各省(区)也成立了相应的规划修编工作机构,配合黄河水利委员会共同完成规划修编任务。其间召开了多次成果汇总和技术协调会议,黄河水利委员会科学技术委员会对规划成果进行了全过程跟踪咨询。

在流域内各省(区)积极配合下,在各专业规划、专项规划、支流规划的基础上,提出了《黄河流域综合规划》(征求意见初稿)。2009 年 9 月征求流域内各省(区)意见,与此同时征求国内有关专家的意见,在此基础上进行了修改,提出《黄河流域综合规划》(预审稿)。2009 年 12 月水利部在北京召开了黄河流域综合规划预审会议。根据此次会议的预审意见及与会专家、国务院有关部门和流域各省(区)代表意见,经修改补充,提出了《黄河流域综合规划》(送审稿)和《黄河流域综合规划简要报告》(送审稿)。

2010 年 5 月 31 日至 6 月 1 日,水利部在北京召开了黄河流域综合规划专家审查会议。审查意见认为:编制单位在以往工作的基础上,做了大量的调查、研究、论证和协调工作,提出的《黄河流域综合规划》(以下简称《规划》)基础资料翔实,指导思想正确,总体布局合理,符合《黄河流域综合规划修编任务书》的各项要求,基本同意该《规划》。根据审查意见及与会专家、国务院有关部门和流域内各省(区)代表的意见,经进一步修改完善,提出了《黄河流域综合规划》(征求意见稿)。

为进一步做好流域规划与国家有关部委相关规划、流域各省(区)有关规划的衔接,2010 年 9 月,水利部发文征求国家发展改革委、国土资源部、环境保护部、住房和城乡建设部、交通运输部、农业部、国家林业局、中国气象局、国家能源局、国家海洋局和黄河流域各省(区)人民政府对《规划》的意见。其间于 2010 年 11 月,国家发展改革委委托中国国际工程咨询公司对《规划》进行了评估。

　　黄河水利委员会根据国务院有关部委、流域各省(区)的反馈意见和中国国际工程咨询公司的评估意见,对《规划》进一步修改完善。《中共中央　国务院关于加快水利改革发展的决定》(中发〔2011〕1号)出台、中央水利工作会议召开后,根据中央一号文件和中央水利工作会议精神,进一步修改完善了《规划》报告。2011年9月26日至28日,环境保护部与水利部共同召开了流域综合规划修编环评篇章专家论证会,对规划环评篇章的修改提出了若干意见,据此对《规划》报告又进行了修改完善。2011年12月14日,水利部主持召开了流域综合规划修编部际联席会议,会后根据代表意见,再次对报告进行了修改完善,于2012年1月形成了《黄河流域综合规划》(报批稿)。

　　2013年3月2日,国务院以国函〔2013〕34号文批复了《黄河流域综合规划》(2012—2030年)》。

编　者

2013年9月

目　录

第 1 章 流域自然概况

黄河是我国的第二大河,发源于青藏高原巴颜喀拉山北麓海拔 4 500 m 的约古宗列盆地,流经青海、四川、甘肃、宁夏、内蒙古、山西、陕西、河南、山东等 9 省(区),在山东省垦利县注入渤海。干流河道全长 5 464 km,流域面积 79.5 万 km²(包括内流区 4.2 万 km²)。

1.1 自然地理条件

1.1.1 地形地貌

黄河流域位于东经 95°53′~119°05′,北纬 32°10′~41°50′之间,西起巴颜喀拉山,东临渤海,北抵阴山,南达秦岭,横跨青藏高原、内蒙古高原、黄土高原和华北平原等四个地貌单元,地势西部高,东部低,由西向东逐级下降,地形上大致可分为三级阶梯。

第一级阶梯是流域西部的青藏高原,海拔 3 000 m 以上,其南部的巴颜喀拉山脉构成与长江的分水岭。祁连山横亘北缘,形成青藏高原与内蒙古高原的分界。东部边缘北起祁连山东端,向南经临夏、临潭沿洮河,经岷县直达岷山。主峰高达 6 282 m 的阿尼玛卿山,耸立中部,是黄河流域最高点,山顶终年积雪。呈西北—东南方向分布的积石山与岷山相抵,使黄河绕流而行,形成 S 形大弯道。

第二级阶梯大致以太行山为东界,海拔 1 000~2 000 m,包含河套平原、鄂尔多斯高原、黄土高原和汾渭盆地等较大的地貌单元。许多复杂的气象、水文、泥沙现象多出现在这一地带。

第三级阶梯从太行山脉以东至渤海,由黄河下游冲积平原和鲁中南山地丘陵组成。冲积扇的顶部位于沁河口一带,海拔 100 m 左右。鲁中南山地丘陵由泰山、鲁山和蒙山组成,一般海拔在 200~500 m,丘陵浑圆,河谷宽广,少数山地海拔 1 000 m 以上。

1.1.2 河流水系及河段概况

黄河水系的特点是干流弯曲多变、支流分布不均、河床纵比降较大,流域面积大于 1 000 km² 的一级支流共 76 条,其中流域面积大于 1 万 km² 或入黄泥沙大于 0.5 亿 t 的一级支流有 13 条,上游有 5 条,其中湟水、洮河天然来水量分别为 48.76 亿 m³、48.25 亿 m³,是上游径流的主要来源区;中游有 7 条,其中渭河是黄河最大的一条支流,天然径流量、沙量分别为 92.50 亿 m³、4.43 亿 t,是中游径流、泥沙的主要来源区;下游有 1 条,为大汶河。根据水沙特性和地形、地质条件,黄河干流分为上中下游共 11 个河段,各河段特征值见表 1.1-1。

表 1.1-1　黄河干流各河段特征值表

河段	起讫地点	流域面积 (km²)	河长 (km)	落差 (m)	比降 (‰)	汇入支流 (条)
全河	河源至河口	794 712	5 463.6	4 480.0	8.2	76
上游	河源至河口镇	428 235	3 471.6	3 496.0	10.1	43
	1. 河源至玛多	20 930	269.7	265.0	9.8	3
	2. 玛多至龙羊峡	110 490	1 417.5	1 765.0	12.5	22
	3. 龙羊峡至下河沿	122 722	793.9	1 220.0	15.4	8
	4. 下河沿至河口镇	174 093	990.5	246.0	2.5	10
中游	河口镇至桃花峪	343 751	1 206.4	890.4	7.4	30
	1. 河口镇至禹门口	111 591	725.1	607.3	8.4	21
	2. 禹门口至小浪底	196 598	368.0	253.1	6.9	7
	3. 小浪底至桃花峪	35 562	113.3	30.0	2.6	2
下游	桃花峪至河口	22 726	785.6	93.6	1.2	3
	1. 桃花峪至高村	4 429	206.5	37.3	1.8	1
	2. 高村至陶城铺	6 099	165.4	19.8	1.2	1
	3. 陶城铺至宁海	11 694	321.7	29.0	0.9	1
	4. 宁海至河口	504	92.0	7.5	0.8	

注:1. 汇入支流是指流域面积在 1 000 km² 以上的一级支流;

2. 落差以约古宗列盆地上口为起点计算;

3. 流域面积包括内流区,其面积计入下河沿至河口镇河段。

1.1.2.1　上游河段

自河源至内蒙古托克托县的河口镇为黄河上游,干流河道长 3 472 km,流域面积 42.8万 km²,汇入的较大支流(流域面积大于 1 000 km²,下同)有 43 条。龙羊峡以上河段是黄河径流的主要来源区和水源涵养区,也是我国三江源自然保护区的重要组成部分。玛多以上属河源段,地势平坦,多为草原、湖泊和沼泽,河段内的扎陵湖、鄂陵湖,海拔在 4 260 m 以上,蓄水量分别为 47 亿 m³ 和 108 亿 m³,是我国最大的高原淡水湖。玛多至玛曲区间,黄河流经巴颜喀拉山与阿尼玛卿山之间的古盆地和低山丘陵,大部分河段河谷宽阔,间有几段峡谷。玛曲至龙羊峡区间,黄河流经高山峡谷,水量相对丰沛,水流湍急,水力资源较丰富。龙羊峡至宁夏境内的下河沿,川峡相间,落差集中,水力资源十分丰富,是我国重要的水电基地。下河沿至河口镇,黄河流经宁蒙平原,河道展宽,比降平缓,两岸分布着大面积的引黄灌区,沿河平原不同程度地存在洪水和冰凌灾害,特别是内蒙古三盛公以下河段,系黄河自低纬度流向高纬度后的河段,凌汛期间冰塞、冰坝壅水,往往造成堤防决溢,危害较大,本河段流经干旱地区,降水少,蒸发大,加之灌溉引水和河道侧渗损失,致使黄河水量沿程减少。

1.1.2.2　中游河段

河口镇至河南郑州桃花峪为黄河中游,干流河道长 1 206 km,流域面积 34.4 万 km²,汇入的较大支流有 30 条。河段内绝大部分支流地处黄土高原地区,暴雨集中,水土流失十分严重,是黄河洪水和泥沙的主要来源区。河口镇至禹门口河段(也称北干流)是黄河干流上最长的一段连续峡谷,水力资源较丰富,峡谷下段有著名的壶口瀑布,深槽宽仅 30 ~ 50 m,枯水期水面落差约 18 m,气势宏伟壮观。禹门口至潼关河段(也称小北干流),黄河流经汾渭地堑,河谷展宽,河长约 130 km,河道宽浅散乱,冲淤变化剧烈,河段内有汾河、渭河两大支流相继汇入。潼关至小浪底河段,河长约 240 km,是黄河干流的最后一段峡谷。小浪底以下河谷逐渐展宽,是黄河由山区进入平原的过渡河段。

1.1.2.3　下游河段

桃花峪以下至入海口为黄河下游,流域面积 2.3 万 km²,汇入的较大支流只有 3 条。现状河床高出背河地面 4 ~ 6 m,比两岸平原高出更多,成为淮河和海河流域的分水岭,是举世闻名的"地上悬河"。从桃花峪至河口,除南岸东平湖至济南区间为低山丘陵外,其余全靠堤防挡水,历史上堤防决口频繁,目前悬河、洪水依然严重威胁黄淮海平原地区的安全,是中华民族的心腹之患。

黄河下游河道具有上宽下窄的特点。桃花峪至高村河段,河长 207 km,堤距一般 10 km 左右,最宽处有 24 km,河槽宽一般 3 ~ 5 km,河道泥沙冲淤变化剧烈,河势游荡多变,历史上洪水灾害非常严重,重大改道都发生在本河段,现状两岸堤防保护面积广大,是黄河下游防洪的重要河段。高村至陶城铺河段,河道长 165 km,堤距一般在 5 km 以上,河槽宽 1 ~ 2 km。陶城铺至宁海河段,河道长 322 km,堤距一般 1 ~ 3 km,河槽宽 0.4 ~ 1.2 km。宁海以下为河口段,河道长 92 km,随着入海口的淤积—延伸—摆动,入海流路相应改道变迁,摆动范围北起徒骇河口,南至支脉沟口,扇形面积约 6 000 km²。现状入海流路是 1976 年人工改道清水沟后形成的新河道,位于渤海湾与莱州湾交汇处,是一个弱潮陆相河口。随着河口的淤积延伸,1953 年以来至小浪底水库建成前,年平均净造陆面积约 24 km²。

黄河下游两岸大堤之间滩区面积约 3 154 km²,有耕地 340 万亩(1 亩 = 1/15 hm²,全书同),居住人口 189.5 万人。东坝头至陶城铺河段由于主槽淤积和生产堤的修建,造成槽高、滩低、堤根洼的"二级悬河",严重威胁防洪安全。

1.1.3　气候特征

黄河流域东临渤海,西居内陆,位于我国北中部,属大陆性气候,各地气候条件差异明显,东南部基本属半湿润气候,中部属半干旱气候,西北部为干旱气候。流域年平均气温 6.4 ℃,由南向北、由东向西递减。近 20 年来,随着全球气温变暖,黄河流域的气温也升高了 1 ℃左右。

根据 1956 ~ 2000 年系列统计,流域多年平均年降水量 446 mm。流域分区降水量见表 1.1-2。

表 1.1-2　黄河流域多年平均降水量特征值（1956～2000 年系列）

河段	年降水量（mm）	C_v	C_s/C_v	不同频率降水量（mm）			
				20%	50%	75%	95%
龙羊峡以上	478.3	0.11	2.0	530.2	473.9	448.8	401.4
龙羊峡至兰州	478.9	0.14	2.0	534.2	475.8	432.1	374.2
兰州至河口镇	261.9	0.22	2.0	308.5	257.5	220.9	174.7
河口镇至龙门	433.5	0.21	2.0	507.7	427.1	369.1	295.4
龙门至三门峡	540.6	0.16	2.0	611.6	535.9	479.9	406.5
三门峡至花园口	659.5	0.18	2.0	756.8	652.4	576.0	477.1
花园口以下	647.8	0.22	2.0	763.7	637.4	546.8	432.5
内流区	271.9	0.27	2.0	331.0	265.3	219.5	163.4
黄河流域	445.8	0.14	2.0	498.7	444.2	403.4	349.3

降水量总的趋势是由东南向西北递减，降水最多的是流域东南部湿润、半湿润地区，如秦岭、伏牛山及泰山一带年降水量超过 800 mm；降水量最少的是流域北部的干旱地区，如宁蒙河套平原年降水量只有 200 mm 左右。流域降水量的年内分配极不均匀，连续最大 4 个月降水量占年降水量的 68.3%。流域降水量年际变化悬殊，湿润区与半湿润区最大与最小年降水量的比值大都在 3 倍以上，干旱、半干旱区最大与最小年降水量的比值一般在 2.5～7.5。

黄河流域水面蒸发量随气温、地形、地理位置等变化较大。兰州以上气温较低，平均水面蒸发量 790 mm；兰州至河口镇区间，气候干燥、降雨量少，多沙漠干旱草原，平均水面蒸发量 1 360 mm；河口镇至花园口区间，平均水面蒸发量约 1 070 mm；花园口以下平均水面蒸发量 990 mm。

1.2　水资源

根据 1956～2000 年系列水资源调查评价，黄河流域水资源总量 647.0 亿 m³。其中，现状下垫面条件下的利津站多年平均河川天然径流量 534.8 亿 m³，流域地下水与地表水之间不重复计算量 112.21 亿 m³（含内流区的 8.74 亿 m³）。黄河干支流主要控制站和区间水资源总量统计结果见表 1.2-1。

1.2.1　河川径流

20 世纪 80 年代以来开展的历次流域规划，采用 1919～1975 年 56 年系列，花园口站多年平均天然径流量为 559 亿 m³，黄河流域多年平均天然径流量约为 580 亿 m³，相应径流深 77.1 mm。

表 1.2-1　黄河干支流主要控制站及区间水资源量统计表(1956~2000 年系列)

站名(或区间)	河川天然径流量 (亿 m³)	地下水与地表水不重复量 (亿 m³)	水资源总量 (亿 m³)
唐乃亥	205.15	0.46	205.61
唐乃亥至兰州区间	124.74	1.56	126.30
兰州	329.89	2.02	331.91
兰州至河口镇区间	1.86	22.68	24.54
河口镇	331.75	24.70	356.45
河口镇至龙门区间	47.37	18.69	66.06
龙门	379.12	43.39	422.51
龙门至三门峡区间	103.60	36.62	140.22
三门峡	482.72	80.01	562.73
三门峡至花园口区间	50.06	8.04	58.10
花园口	532.78	88.05	620.83
花园口至利津区间	2.01	15.42	17.43
利津	534.79	103.47	638.26
内流区	0	8.74	8.74
黄河流域(含内流区)	534.79	112.21	647.00

本次规划采用黄河流域水资源综合规划成果,1956~2000 年系列黄河流域多年平均河川天然径流量为 534.8 亿 m³,相应径流深 71.1 mm。黄河流域河川径流的主要特点如下:

一是水资源贫乏。黄河流域面积占全国国土面积的 8.3%,而年径流量只占全国的 2%。流域内人均水量 473 m³,为全国人均水量的 23%;耕地亩均水量 220 m³,仅为全国耕地亩均水量的 15%。实际上考虑向流域外供水后,人均、亩均占有水资源量更少。

二是径流年内、年际变化大。干流及主要支流汛期 7~10 月径流量占全年的 60%以上,支流的汛期径流主要以洪水形式形成,非汛期 11 月至次年 6 月来水不足 40%。干流断面最大年径流量一般为最小值的 3.1~3.5 倍,支流一般达 5~12 倍。自有实测资料以来,出现了 1922~1932 年、1969~1974 年、1990~2000 年连续枯水段,三个连续枯水段年平均河川天然径流量分别相当于多年均值的 74%、84%和 83%。

三是地区分布不均。黄河河川径流大部分来自兰州以上,年径流量占全河的 61.7%,而流域面积仅占全河的 28%;龙门至三门峡区间的流域面积占全河的 24%,年径流量占全河的 19.4%;兰州至河口镇区间产流很少,河道蒸发渗漏强烈,流域面积占全河的 20.6%,年径流量仅占全河的 0.3%。

1.2.2　地下水资源

根据黄河流域水资源综合规划成果,1980~2000 年黄河流域多年平均地下水资源量(矿化度小于等于 2 g/L)为 376.0 亿 m³,其中山丘区地下水资源量为 263.3 亿 m³,平原区地下水资源量为 154.6 亿 m³,山丘区与平原区之间的重复计算量为 41.9 亿 m³。黄河流域平原区 1980~2000 年平均地下水可开采量为 119.4 亿 m³,主要分布于上游兰州至河口镇区间和中游龙门至三门峡区间,见表 1.2-2。

表 1.2-2　黄河流域地下水资源区域分布(1980~2000 年系列)

区间	年平均地下水资源总量		平原区地下水可开采量	
	数量(亿 m³)	占全河比例(%)	数量(亿 m³)	占全河比例(%)
兰州以上	136.3	36.3	3.09	2.6
兰州至河口镇(不含内流区)	46.2	12.3	38.52	32.2
河口镇至龙门	35.1	9.3	12.78	10.7
龙门至三门峡	91.0	24.2	41.87	35.1
三门峡至花园口	35.4	9.4	6.68	5.6
花园口以上	344.0	91.5	102.94	86.2
花园口以下	24.1	6.4	11.94	10.0
内流区	7.9	2.1	4.51	3.8
全流域(含内流区)	376.0	100.0	119.39	100.0

1.2.3　地表水天然水化学

黄河流域的地表水大多为重碳酸盐类,矿化度在地区分布上差异较大,低矿化度、中矿化度、较高矿化度和高矿化度水的分布面积,分别占流域总面积的 10.4%、41.9%、27.4% 和 20.3%,其中低矿化度区域主要为黄河源区、秦岭北麓支流,高矿化度区域主要为兰州以下的清水河、苦水河等支流,中矿化度区域为干流兰州以下河段。流域内软水、适度硬水、硬水和极硬水的分布面积,分别占流域总面积的 6.3%、62.9%、14.9% 和 15.9%,总硬度地区分布规律与矿化度基本相同。

1.3　洪水

黄河洪水按成因可分为暴雨洪水和冰凌洪水两种类型。暴雨洪水主要来自上游和中游,多发生在 6~10 月,上游洪水主要来自兰州以上,中游的暴雨洪水来自河口镇至龙门区间、龙门至三门峡区间和三门峡至花园口区间(分别简称河龙间、龙三间和三花间,下同)。冰凌洪水主要发生在宁蒙河段、黄河下游,发生的时间分别在 3 月、2 月。

1.3.1　暴雨洪水

黄河暴雨洪水的开始日期一般是南早北迟,东早西迟。由于流域面积广阔,形成暴雨的天气条件有所不同,上、中、下游的大暴雨与特大暴雨多不同时发生。

黄河上游多为强连阴雨,一般以 7 月、9 月出现机会较多,8 月出现机会较少。降雨特点是面积大、历时长、强度不大,主要降雨中心地带为积石山东坡,如 1981 年 8 月中旬至 9 月上旬连续降雨约一个月,150 mm 雨区面积 11.6 万 km²,降雨中心久治站 8 月 13 日至

9 月 13 日共降雨 634 mm。受上游地区降雨特点以及下垫面产汇流条件的影响,上游洪水过程具有历时长、洪峰低、洪量大的特点,兰州站一次洪水历时平均为 40 天左右,最短为 22 天,最长为 66 天,较大洪水的洪峰流量一般为 4 000 ~ 6 000 m³/s。黄河上游的大洪水与中游大洪水不遭遇,对黄河下游威胁不大,但可以与中游的小洪水遭遇,形成历时较长、洪峰流量一般不超过 8 000 m³/s 的花园口断面洪水,含沙量较小。

黄河中游暴雨频繁、强度大、历时短,洪水具有洪峰高、历时短、陡涨陡落的特点。河龙间暴雨多发生在 8 月,其特点是暴雨强度大、历时短,雨区面积在 4 万 km² 以下,如 1977 年 8 月 1 日,陕西与内蒙古交界的乌审旗地区发生特大暴雨,暴雨中心木多才当 9 小时雨量达 1 400 mm(调查);龙三间暴雨也多发生在 8 月,其泾河上中游的暴雨特点与河龙间相近,渭河及北洛河暴雨强度略小,历时一般 2 ~ 3 天,其中下游也经常出现一些连阴雨天气,降雨持续时间一般可达 5 ~ 10 天或更长;三花间较大暴雨多发生在 7、8 两月,其中特大暴雨多发生在 7 月中旬至 8 月中旬,发生次数频繁,强度也较大,雨区面积可达 2 万 ~ 3 万 km²,历时一般 2 ~ 3 天,如 1982 年 8 月三花间发生大暴雨,暴雨中心区石昚站最大 24 小时雨量达 734.3 mm。

河龙间洪水和龙三间洪水可能遭遇,形成三门峡断面峰高量大的洪水过程(简称"上大洪水")。如 1933 年 8 月上旬,暴雨区同时笼罩泾、洛、渭河和河龙间的无定河、延河、三川河流域,面积达 10 万 km² 以上,形成 1919 年陕县有实测资料以来的最大洪水。

黄河中游的"上大洪水"和三花间大洪水(简称"下大洪水")不遭遇,但龙三间和三花间的较大洪水可能遭遇,形成花园口断面的较大洪水。如 1957 年 7 月洪水,三门峡以上和三花间较大洪水遭遇,形成花园口断面 7 月 19 日洪峰流量 13 000 m³/s 的洪水,对应的渭河华县站 7 月 17 日洪峰流量 4 330 m³/s,洛河长水站 7 月 18 日洪峰流量 3 100 m³/s。黄河中游较大洪水组成见表 1.3-1。

表 1.3-1　黄河中游地区较大洪水峰量组成表

(单位:流量,m³/s;洪量,亿 m³)

洪水组成	洪水发生年份	花园口		三门峡			三花区间			三门峡占花园口的比例(%)	
		洪峰流量	12 天洪量	洪峰流量	相应洪水流量	12 天洪量	洪峰流量	相应洪水流量	12 天洪量	洪峰流量	12 天洪量
三门峡以上来水为主,三花间为相应洪水	1843	33 000	136.0	36 000		119.0		2 200	17.0	93.3	87.5
	1933	20 400	100.5	22 000		91.90		1 900	8.60	90.7	91.4
三花间来水为主,三门峡以上为相应洪水	1761	32 000	120.0		6 000	50.0	26 000		70.0	18.8	41.7
	1954	15 000	76.98	4 460		36.12	10 540		40.86	29.73	46.92
	1958	22 300	88.85	6 520		50.79	15 780		38.06	29.24	57.16
	1982	15 300	65.25	4 710		28.01	10 590		37.24	30.78	42.93

注:各站和区间的相应洪水流量是指与花园口洪峰流量对应的数值,1761 年和 1843 年洪水峰、量系通过洪水调查及清代所设水尺推算;三门峡洪峰流量占花园口的比例是指其演进到花园口的洪峰流量(理论值)与花园口实测洪峰流量的比值。

黄河下游的洪水主要来自中游,是下游的主要致灾洪水。由于上游洪水源远流长,加之河道的调蓄作用和宁夏、内蒙古灌区耗水,洪水传播至黄河下游后形成洪水的基流,历史上花园口站大于 8 000 m³/s 的洪水以中游来水为主,河口镇以上相应来水流量一般为 2 000 ~ 3 000 m³/s。黄河下游干流大洪水与大汶河的大洪水不遭遇,但可能和大汶河的中等洪水相遭遇;干流中等洪水也可能和大汶河的大洪水相遭遇。

黄河各主要控制站和区间的天然设计洪水成果见表 1.3-2。

表 1.3-2 黄河干流控制站及区间天然设计洪水成果表

站名	控制流域面积 (km²)	项目	统计参数			频率为 P(%)的设计值		
			均值	C_v	C_s/C_v	0.01	0.1	1
玛 曲	86 048	Q_m(m³/s)	1 760	0.37	4.0	6 350	5 150	3 920
		W_{15}(亿 m³)	18.2	0.37	4.0	65.7	53.3	40.5
		W_{45}(亿 m³)	43.3	0.35	4.0	147	121	92.9
唐乃亥	121 972	Q_m(m³/s)	2 320	0.37	4.0	8 370	6 790	5 170
		W_{15}(亿 m³)	24.3	0.37	4.0	87.7	71.1	54.1
		W_{45}(亿 m³)	58.4	0.35	4.0	199	163	125
安宁渡	243 868	Q_m(m³/s)	4 070	0.33	4.0	13 000	10 700	8 400
		W_{15}(亿 m³)	41.8	0.33	4.0	134	110	86.0
		W_{45}(亿 m³)	99.7	0.31	3.0	279	236	191
吴 堡	433 514	Q_m(m³/s)	8 366	0.65	3.0	52 400	40 100	27 800
		W_5(亿 m³)	13.30	0.43	3.0	51.1	41.6	31.6
		W_{12}(亿 m³)	28.46	0.41	3.0	104.1	85.1	65.4
龙 门	497 552	Q_m(m³/s)	9 110	0.58	3.0	49 400	38 500	27 400
		W_5(亿 m³)	15.68	0.39	3.0	54.5	44.9	34.8
		W_{12}(亿 m³)	31.91	0.38	3.0	108.0	89.3	69.6
		W_{45}(亿 m³)	93.82	0.34	3.0	285.3	239.3	190.7
三门峡	688 401	Q_m(m³/s)	8 880	0.56	4.0	52 300	40 000	27 500
		W_5(亿 m³)	21.6	0.50	3.5	104	81.8	59.1
		W_{12}(亿 m³)	43.5	0.43	3.0	168	136	104
		W_{45}(亿 m³)	126	0.35	2.0	360	308	251
花园口	730 036	Q_m(m³/s)	9 780	0.54	4.0	55 000	42 300	29 200
		W_5(亿 m³)	26.5	0.49	3.5	125	98.4	71.3
		W_{12}(亿 m³)	53.5	0.42	3.0	201	164	125
		W_{45}(亿 m³)	153	0.33	2.0	417	358	294
三花间	41 635	Q_m(m³/s)	5 100	0.92	2.5	45 000	34 600	22 700
		W_5(亿 m³)	9.8	0.90	2.5	87.0	64.7	42.8
		W_{12}(亿 m³)	15.0	0.84	2.5	122	91.0	61.0

黄河的中常洪水虽然量级不大,但发生几率较高,水流含沙量也较大,对水库运用和河道冲淤的影响较大,若中常洪水量级变小,则河道的造床流量也相应减小,河道主槽将发生萎缩,同时水库控制中常洪水的运用方式应做相应调整。天然情况下,黄河干流潼关站 5 年一遇洪水的洪峰流量约为 10 300 m³/s。由于水土保持工程、水资源开发利用、水

库调蓄等作用的影响,1986年以来,4 000~10 000 m³/s中常洪水的发生频次,由人类活动影响前的2.8次/a,减少为现状下垫面条件下的1.9次/a,其中4 000~6 000 m³/s量级洪水减少的次数约占56%。潼关站5年一遇洪水洪峰流量约为8 730 m³/s,与天然情况比较,其量级减少了约15%。

1.3.2　冰凌洪水

冰凌洪水主要发生在上游的宁蒙河段特别是内蒙古三盛公以下河段和下游的山东河段。由于两河段均为自低纬度流向高纬度,在严冬季节,易形成冰凌洪水灾害。在封河和稳封阶段,冰塞壅水造成槽蓄水量增加,河道水位急剧升高,可能导致河水漫溢、堤防决口;在开河阶段,由于槽蓄水量沿程释放,形成冰凌洪水,同时由于上游段开河时下游段还未达到自然开河条件,冰盖以下的过流能力不足,容易形成冰塞、冰坝,导致河道水位急剧上涨,威胁堤防安全,甚至造成堤防决口。

对于宁蒙河段,在刘家峡水库建库前,年最大槽蓄水增量的多年均值为6.32亿m³,最多达9.48亿m³。1986年以来,河道主槽淤积严重,造成河道宽浅散乱、形态恶化,并导致封冻后河道冰下过流能力急剧减小,槽蓄水增量大幅度增加,年最大槽蓄水增量的多年均值约11亿m³,1999~2000年度凌汛期最大达到18.98亿m³,2007~2008年度凌汛期为18亿m³,内蒙古河段发生了6次凌汛决口,防凌形势日趋严峻。

对于黄河下游,在小浪底水库建成以前,山东河段槽蓄水增量最大曾达到8.85亿m³,小浪底建成后凌汛问题基本解除,槽蓄水增量很小。

冰凌洪水发生在河道解冻开河期间,宁蒙河段解冻开河一般在3月中下旬,少数年份在4月上旬;黄河下游解冻开河一般在2月上中旬,少数年份在3月上旬。冰凌洪水凌峰流量一般为1 000~2 000 m³/s,实测最大值不超过4 000 m³/s。头道拐洪水总量一般为5亿~8亿m³,下游一般为6亿~10亿m³。洪水历时,上游一般为6~9 d,下游一般为7~10 d。

冰凌洪水具有以下特点:一是凌峰流量虽小,但水位高。由于河道中的冰凌使水流阻力增大、流速减小,特别是卡冰结坝壅水,使河道水位壅高,同流量水位远高于无冰期,甚至超过伏汛期历年最高洪水位,如2008年3月20日内蒙古河段三湖河口凌峰流量仅1 650 m³/s,水位达1 021.22 m,比1981年伏汛5 500 m³/s相应水位1 019.95 m还高出1.27 m。二是河道槽蓄水量逐步释放,凌峰流量沿程递增。宁蒙河段石嘴山凌汛洪峰流量一般接近1 000 m³/s,而头道拐可达2 000 m³/s,最大为3 500 m³/s(1968年)。

1.4　水土流失

根据国务院公布的黄河流域水土流失面积和本次规划各省(区)上报的水土流失面积,结合水利部2002年水土保持遥感普查成果和全国水土流失与生态安全科学考察报告有关资料综合分析,现状年*黄河流域水土流失面积为46.5万km²,主要集中在黄土高原

---

* 在本规划中,现状水平年原则上以2007年为准。但因规划有效时段为2012~2030年,有些现状水平年的数据可能是2008~2011年的数据,如无特别说明,本书中多用"现状(年)"、"目前"等相关表述加以限定。

地区。黄土高原地区总土地面积 64.06 万 km²，土质疏松、坡陡沟深、植被稀疏、暴雨集中，水土流失严重，水土流失面积达 45.17 万 km²，占流域水土流失总面积的 97.1%。在黄土高原水土流失面积中，侵蚀模数大于 8 000 t/(km²·a)的极强度水蚀面积 8.5 万 km²，占全国同类面积的 64%；侵蚀模数大于 15 000 t/(km²·a)的剧烈水蚀面积 3.67 万 km²，占全国同类面积的 89%。严重的水土流失不仅造成了黄土高原地区生态环境恶化和人民群众长期生活贫困，制约了经济社会的可持续发展，而且是导致黄河下游河道持续淤积、河床高悬的根源。

黄土高原地区的水土流失，无论侵蚀量还是粗泥沙来沙量都具有地区分布相对集中的特点。侵蚀模数大于 5 000 t/(km²·a)、粒径大于 0.05 mm 的粗泥沙的输沙模数在 1 300 t/(km²·a)以上的多沙粗沙区，分布于黄河干流河口镇至龙门区间的黄甫川、窟野河等 23 条支流及泾河的马莲河和蒲河上游、北洛河的刘家河以上，面积 7.86 万 km²，仅占黄土高原地区水土流失面积的 17.4%，但年均输沙量却高达 11.82 亿 t(1954～1969 年平均值)，占全河同期总沙量的 62.8%；粒径大于 0.05 mm 的粗泥沙输沙量高达 3.19 亿 t，占全河同期粗泥沙量的 72.5%。

侵蚀模数大于 5 000 t/(km²·a)、粒径大于 0.1 mm 的粗泥沙的输沙模数在 1 400 t/(km²·a)以上的粗泥沙集中来源区，主要分布于黄河干流河口镇至龙门区间的窟野河、黄甫川、无定河等 9 条支流，面积 1.88 万 km²，仅占黄土高原地区水土流失面积的 4.2%，年均输沙量达 4.08 亿 t(1954～1969 年平均值)，占全河同期总沙量的 21.7%；粒径大于 0.05 mm 的粗泥沙量达 1.52 亿 t，占全河同期粗泥沙量的 34.5%；粒径大于 0.1 mm 的粗泥沙量达 0.61 亿 t，占全河同期相应级别粗泥沙量的 54.0%(见表 1.4-1)。

表 1.4-1　黄河流域黄土高原地区不同区域输沙情况表

区域	水土流失区面积		全部入黄泥沙		粒径大于 0.05 mm 的泥沙		粒径大于 0.1 mm 的泥沙	
	面积 (万 km²)	比例 (%)	沙量 (亿 t)	比例 (%)	产沙量 (亿 t)	比例 (%)	产沙量 (亿 t)	比例 (%)
黄土高原水土流失区	45.17	100	18.81	100	4.4	100	1.13	100
多沙粗沙区	7.86	17.4	11.82	62.8	3.19	72.5	0.89	78.8
粗泥沙集中来源区	1.88	4.2	4.08	21.7	1.52	34.5	0.61	54.0

注：表中沙量数据为 1954～1969 年系列统计值。

黄土高原地区水土流失类型多样，成因复杂。黄土丘陵沟壑区、黄土高塬沟壑区、土石山区、风沙区等主要类型区的水土流失特点各不相同，水蚀、风蚀等相互交融，特别是由于深厚的黄土土层和其明显的垂直节理性，沟道崩塌、滑塌、泻溜等重力侵蚀异常活跃。

1.5　泥沙及水沙变化

1.5.1　泥沙

黄河是世界上输沙量最大、含沙量最高的河流。1919～1960 年人类活动影响较小，基本可代表天然情况，三门峡站实测多年平均输沙量约 16 亿 t，其中粗泥沙(d > 0.05

mm,以下同)约占总沙量的 21%,其淤积量约为下游河道总淤积量的 50%。据 1956~2000 年统计,黄河龙门、华县、河津、洑头四站合计平均实测输沙量 12.44 亿 t,平均含沙量 34.4 kg/m³;三门峡站平均实测输沙量 11.2 亿 t,平均含沙量 31.3 kg/m³。

黄河泥沙的主要特点如下:

一是输沙量大,水流含沙量高。三门峡站多年平均天然含沙量 35 kg/m³,实测最大含沙量 911 kg/m³(1977 年),均为大江大河之最。河口镇至三门峡河段两岸支流时常有含沙量 1 000~1 700 kg/m³ 的高含沙洪水出现。

二是地区分布不均,水沙异源。泥沙主要来自中游的河口镇至三门峡区间,来沙量占全河的 89.1%,来水量仅占全河的 28%;河口镇以上来水量占全河的 62%,来沙量仅占 8.6%。

三是年内分配集中,年际变化大。黄河泥沙年内分配极不均匀,汛期 7~10 月来沙量约占全年来沙量的 90%,且主要集中在汛期的几场暴雨洪水。黄河来沙的年际变化很大,实测最大沙量(1933 年陕县站)为 39.1 亿 t,实测最小沙量(2008 年三门峡站)为 1.3 亿 t,年际变化悬殊,最大年输沙量为最小年输沙量的 30 倍。有实测资料以来,黄河出现了 1922~1932 年连续枯水枯沙段,多年平均输沙量为 10.7 亿 t,相当于多年平均值的 68%,其中 1928 年的输沙量仅 4.8 亿 t,相当于多年平均值的 30%。

1.5.2　近期水沙变化

由于降雨因素和人类活动对下垫面的影响,以及经济社会的快速发展、工农业生产和城乡生活用水大幅度增加,河道内水量明显减少,加上水库工程的调蓄作用,使黄河水沙关系发生了以下明显的变化。

一是来水来沙量明显减少。头道拐、花园口站 1990~2007 年实测平均年水量分别为 148.7 亿 m³、244.2 亿 m³,比 1950~1989 年实测平均值分别减少 40.0%、45.3%。由于中游降雨量减少、暴雨洪水强度减弱、发生频次减少,以及水利水保措施的作用,三门峡站 1990~2007 年实测输沙量为 6.0 亿 t,比 1919~1960 年实测平均值 16 亿 t 减少了约 10 亿 t,其中降雨因素减沙占 50%~60%,水利水保措施作用占 40%~50%。分析表明,1990~2007 年为枯水枯沙系列,偏枯程度与历史上 1922~1932 年 11 年连续枯水段基本相当。现状下垫面条件下,正常降雨年份四站沙量约 12 亿 t。与天然情况相比,近 10 多年来黄河泥沙的颗粒级配没有发生明显的趋势性变化。

二是径流年内分配发生了明显变化。1919~1960 年系列,头道拐、花园口站的实测汛期来水比例分别为 62.1% 和 61.5%。1986 年以来,由于龙羊峡、刘家峡等大型水库的调蓄作用和工农业用水的影响,头道拐、花园口站的汛期来水比例分别下降为 38.2% 和 44.0%。

三是汛期有利于输沙的大流量历时和水量减少。1986 年以前,潼关站多年平均汛期日均流量大于 3 000 m³/s 的历时、相应水量分别为 29.8 d、104.0 亿 m³,1987~2007 年分别减少到 3.4 d、10.6 亿 m³,水流的输沙动力大大减弱。

四是水沙关系仍不协调。水沙关系不协调是黄河的基本特性,1986 年以前,潼关站多年平均来沙系数(含沙量和流量的比值)为 0.024 kg·s/m⁶,汛期为 0.020 kg·s/m⁶。

1986 年以来,虽然来沙量有所减少,但由于黄河水量尤其是汛期水量大量减少,使有利于输沙的大流量历时减少,单位流量含沙量增加,潼关站多年平均来沙系数高达 0.034 kg · s/m^6,汛期高达 0.042 kg · s/m^6,且有利于输沙的大流量历时和水量大幅度减少,水沙关系仍不协调。

1.6 河流生态

黄河流域具有较丰富的生境类型,沿河形成了各具特色的生物群落。黄河作为联结河源、上中下游及河口等湿地生态单元的"廊道",是维持河流水生生物和洄游鱼类栖息、繁殖的重要基础。同时由于特殊的地理环境,黄河流域也是我国生态脆弱区分布面积最大、脆弱生态类型最多、生态脆弱性表现最明显的流域之一。

黄河源区湖泊和沼泽众多,孕育了多种典型高寒生态系统,其中湿地是源区最重要的生态系统,面积约占源区总面积的 8.4%,是生物多样性最为集中的区域,且具有较强的水源涵养能力;黄河上游河道外湖泊湿地多属人工和半人工湿地,依靠农灌退水或引黄河水补给水量,湿地对黄河依赖程度较高;中游湿地主要分布在小北干流、三门峡库区等河段;黄河下游受多沙特点的影响,河道淤积摆动变化大,形成了沿河呈带状分布的河漫滩湿地;黄河河口处于海陆生态交错区,湿地自然资源丰富,生物多样性较高,是我国暖温带最广阔、最完整的原生湿地生态系统,也是亚洲东北内陆和环西太平洋鸟类迁徙的重要"中转站"及越冬、栖息和繁殖地。

据 20 世纪 80 年代调查,黄河流域有鱼类 191 种(亚种),干流鱼类有 125 种,其中国家保护鱼类、濒危鱼类 6 种。黄河上游特别是源区分布有拟鲇高原鳅、花斑裸鲤等高原冷水鱼,是黄河特有的土著性鱼类;中下游鱼类以鲤科鱼类为主,多为广布种;下游河口区域鱼类数量及总量相对较多,洄游性鱼类占较高比例,代表性鱼类主要有刀鲚、鲻鱼等。

1.7 土地及矿产资源

1.7.1 土地资源

黄河流域总土地面积 11.9 亿亩(含内流区),占全国国土面积的 8.3%,其中大部分为山区和丘陵,分别占流域面积的 40% 和 35%,平原区仅占 17%。由于地貌、气候和土壤的差异,形成了复杂多样的土地利用类型,不同地区土地利用情况差异很大,见表 1.7-1。流域内现有耕地 2.44 亿亩,农村人均耕地 3.5 亩,约为全国农村人均耕地的 1.4 倍。流域内大部分地区光热资源充足,生产发展尚有很大潜力。流域内现有林地 1.53 亿亩,牧草地 4.19 亿亩,林地主要分布在中下游,牧草地主要分布在上中游,林牧业发展前景广阔。

1.7.2 矿产资源

黄河流域矿产资源丰富,已探明的矿产有 114 种,在全国已探明的 45 种主要矿产中,黄河流域有 37 种。具有全国性优势的有煤、稀土、石膏、玻璃用石英岩、铌、铝土矿、钼、耐火黏土等 8 种;具有地区性优势的有石油、天然气和芒硝 3 种;具有相对优势的有天然碱、硫铁矿、水泥用灰岩、钨、铜、岩金等 6 种。

表 1.7-1　黄河流域现状土地利用情况

区域	土地面积（万 km²）	耕地				林地		牧草地	
		水田、水浇地（万亩）	旱地（万亩）	小计（万亩）	占总面积（%）	面积（万亩）	占总面积（%）	面积（万亩）	占总面积（%）
龙羊峡以上	13.1	24	90	114	0.6	974	4.9	15 963	81.2
龙羊峡至兰州	9.1	508	1 237	1 745	12.8	2 030	14.9	7 744	56.6
兰州至河口镇	16.3	2 294	2 804	5 098	20.8	420	1.7	6 712	27.4
河口镇至龙门	11.2	294	3 174	3 468	20.7	3 232	19.3	3 517	21.0
龙门至三门峡	19.2	2 890	7 200	10 090	35.2	6 174	21.6	5 359	18.7
三门峡至花园口	4.2	574	1 104	1 678	26.6	1 957	31.1	643	10.3
花园口以下	2.2	1 094	610	1 704	51.6	274	8.2	15	0.4
内流区	4.2	87	378	465	7.3	241	3.8	1 961	31.1
全流域	79.5	7 765	16 597	24 362	20.4	15 302	12.8	41 914	35.2

流域内成矿条件多样,矿产资源既分布广泛又相对集中,为开发利用提供了有利条件。流域内有兴海—玛沁—迭部区、西宁—兰州区、灵武—同心—石嘴山区、内蒙古河套地区、晋陕蒙接壤地区、陇东地区、晋中南地区、渭北区、豫西—焦作区及下游地区等 10 个资源集中区,形成了各具特色和不同规模的生产基地,进行集约化开采利用。流域内有色金属矿产成分复杂,共生、伴生多种有益成分,综合开发利用潜力大。

流域内能源资源十分丰富,中游地区的煤炭资源、中下游地区的石油和天然气资源,在全国占有极其重要的地位。已探明煤产地(或井田)685 处,保有储量约 5 500 亿 t,占全国煤炭储量的 50% 左右,预测煤炭资源总储量 2.0 万亿 t 左右。黄河流域的煤炭资源主要分布在内蒙古、山西、陕西、宁夏、河南、甘肃六省(区),具有资源雄厚、分布集中、品种齐全、煤质优良、埋藏浅、易开发等特点。在全国已探明储量超过 100 亿 t 的 26 个煤田中,黄河流域有 12 个,如内蒙古鄂尔多斯、山西省的晋中和晋东、陕西陕北、宁夏宁东、河南豫西、甘肃陇东等能源基地。流域内已探明的石油、天然气储量分别约为 90 亿 t 和 2 万亿 m³,分别占全国总地质储量的 40% 和 9%,主要分布在胜利、中原、长庆和延长 4 个油区,其中胜利油田是我国的第二大油田。

1.8　主要自然灾害

1.8.1　洪水灾害

1.8.1.1　黄河下游洪水灾害

黄河下游的水患历来为世人所瞩目。从周定王五年(公元前 602 年)到 1938 年花园口扒口的 2 540 年中，有记载的决口泛滥年份有 543 年，决堤次数达 1 590 余次，经历了 5 次大改道和迁徙，洪灾波及范围北达天津，南抵江淮，包括冀、鲁、豫、皖、苏五省的黄淮海平原，纵横 25 万 km²，给两岸人民群众带来了巨大的灾难。在近代有实测洪水资料的 1919 年至 1938 年的 20 年间，就有 14 年发生决口灾害，1933 年陕县站洪峰流量 22 000 m³/s，下游两岸发生 50 多处决口，受灾地区有河南、山东、河北和江苏等 4 省 30 个县，受灾面积 6 592 km²，灾民 273 万人。新中国成立以来，逐步建成了以中游干支流水库、下游两岸堤防和蓄滞洪区等组成的"上拦下排、两岸分滞"的下游防洪工程体系，洪水灾害大为减轻。

由于特殊的黄河河情，下游洪水泥沙威胁依然存在。在目前地形地物条件下，黄河下游的悬河一旦发生洪水决溢，其洪灾影响范围将涉及冀、鲁、豫、皖、苏五省的 24 个地区（市）所属的 110 个县（市），总土地面积约 12 万 km²，耕地 1.12 亿亩，现状年人口约 9 064 万人。向北最大影响范围 3.3 万 km²，向南最大影响范围 2.8 万 km²。黄河下游不同河段堤防决溢可能影响范围详见表 1.8-1。

表 1.8-1　黄河下游不同河段堤防决溢可能影响范围

岸别	决溢堤段	洪泛区范围		涉及主要城市、工矿及交通设施
		面积（km²）	边界范围	
北岸	沁河口至原阳	33 000	北界卫河、卫运河、漳卫新河；南界陶城铺以上为黄河，以下为徒骇河	新乡、濮阳市，京广、京九、京沪、新菏铁路，多条高速公路，中原油田，南水北调中线工程输水干线
	原阳至陶城铺	8 000～18 500	漫天然文岩渠流域和金堤河流域；若北金堤失守，漫徒骇河两岸	濮阳市，新菏、京沪、京九铁路，多条高速公路，中原油田、胜利油田北岸
	陶城铺至津浦铁路桥	10 500	沿徒骇河两岸漫流入海	滨州、聊城市，京沪铁路，多条高速公路，胜利油田北岸
	津浦铁路桥以下	6 700	沿徒骇河两岸漫流入海	滨州市，胜利油田北岸
南岸	郑州至开封	28 000	贾鲁河、沙颍河与惠济河、涡河之间	郑州（部分）、开封市，连霍高速公路，陇海、京九铁路
	开封至兰考	21 000	涡河与沱河之间	开封、商丘市，陇海、京九铁路，多条高速公路，淮北煤田
	兰考至东平湖	12 000	高村以上决口，波及万福河与明清故道之间及邳苍地区；高村以下决口，波及菏泽、丰县一带及梁济运河、南四湖，及邳苍地区	菏泽市，陇海、津浦、新菏、京九铁路，多条高速公路，兖济煤田
	济南以下	6 700	沿小清河两岸漫流入海	济南（部分）、东营市，多条高速公路，胜利油田南岸

黄河下游两岸防洪保护区内人口密集，有郑州、开封、新乡、济南、聊城、菏泽、东营、徐州、阜阳等大中城市，有京广、京沪、陇海、京九等铁路干线以及京珠、连霍、大广、永登、济

广、济青等高速公路,有中原油田、胜利油田、永夏煤田、兖济煤田、淮北煤田等能源工业基地。由于目前河床高出背河地面4~6 m,最大达10 m,黄河一旦决口,将造成巨大经济损失和人民群众大量伤亡,同时大量的铁路、公路及生产生活设施,以及治淮、治海工程、引黄灌排渠系等遭受毁灭性破坏,泥沙淤积造成河渠淤塞、良田沙化,对经济社会和生态环境造成的灾难影响长期难以恢复。

黄河下游河道由于主槽的不断淤积,中小洪水频繁漫滩,严重影响滩区群众的生命财产安全。据不完全统计,1949年以来至小浪底水库建成前,滩区遭受不同程度的洪水漫滩20余次。1996年8月花园口洪峰流量7 860 m³/s,滩区几乎全部进水,平均水深约1.6 m,最大水深5.7 m,洪水围困了1 374个村庄、118.8万人口,淹没耕地247万亩,倒塌房屋26.54万间,损坏房屋40.96万间,直接经济损失约40多亿元。

1.8.1.2 黄河上游洪水灾害

历史上黄河上游河段的防洪问题也比较突出,兰州河段自明代至1949年间有记载的大洪灾有21次之多;宁夏河段自清朝至1949年间有记载的大洪灾有24次,同期内蒙古河段发生大洪灾13次。新中国成立后,不仅加大了上游河段的治理力度,而且相继建成了刘家峡、龙羊峡水库,有效控制黄河上游洪水,使兰州河段的防洪标准达到100年一遇,宁夏、内蒙古河段的防洪标准也有所提高。但是,由于工农业用水增加和上游水库大量拦蓄汛期水量,进入宁蒙河段的水沙关系恶化,造成河道淤积抬高、主槽淤积萎缩、行洪能力下降,宁蒙河段已成为黄河干流又一段地上悬河。河道淤积将使现状河防工程的防洪标准不断降低,河道形态恶化又导致主流摆动,严重威胁河防工程的安全。

宁蒙河段凌汛灾害也十分严重,20世纪60年代以前年年都有不同程度的凌汛灾害发生,1926年、1927年、1933年、1945年、1950年、1951年都曾发生严重的凌灾。刘家峡水库建成后宁蒙河段开河期凌汛灾害虽然有所减少,但凌汛灾害还时有发生。特别是1986年以来宁蒙河段河道形态恶化,内蒙古河段防凌形势仍很严峻,先后发生了6次凌汛堤防决口。2008年3月20日,内蒙古杭锦旗黄河大堤先后发生两处溃堤,受灾人口达1.02万人,受灾耕地8.10万亩,冲毁堤防200 m、公路272 km、渠道36 km、输电线路831 km,总经济损失达9.35亿元。

1.8.1.3 主要支流洪水灾害

黄河多数支流历史上洪灾频繁。支流两岸多是地区经济、文化中心,洪灾往往造成较大的人员伤亡和巨大的财产损失,且随着区域经济社会的不断发展,洪灾程度也越来越严重。

沁河下游历史上洪水灾害频繁,灾情十分严重。据历史记载,从三国时期的魏景初元年(公元237年)至民国三十六年(1947年)的1 711年间,有117年发生洪水决溢,共决口293次,受灾范围北至卫河,南至黄河。1947年8月6日,武陟北堤大樊决口,洪水挟丹河夺卫河入北运河,泛区面积达400余km²,淹及武陟、修武、获嘉、新乡、辉县5县(市)的120多个村庄,灾民20余万人,给沿河人民带来了沉重的灾难。目前沁河丹河口以下河床一般高出两岸地面2~4 m,最大达7 m,虽然修建了堤防工程,但由于缺乏控制性水库调控洪水,下游防洪标准仅为25年一遇,依然偏低,若发生超标准洪水将危及华北平原人民群众生命财产和京广、焦枝铁路的交通运输安全。

渭河是黄河的第一大支流,据 1401～2005 年统计,渭河发生洪灾的年数为 233 年,平均 2.6 年一次。新中国成立以来,渭河下游修建的堤防工程对保障两岸防洪安全发挥了作用,但由于 20 世纪 90 年代以来河道泥沙淤积严重,洪水灾害增加,"92·8"、"96·7"、"2000·10"和"2003·8"等洪水均造成严重灾害。2003 年 8 月下旬至 10 月上旬,渭河下游干流堤防决口 1 处,南山支流堤防决口 10 处,受灾人口近 60 万人,农田受灾总面积 137.8 万亩,绝收面积 122 万亩,直接经济损失达 28 亿元。

1.8.2　旱灾

历史上黄河流域是旱灾最严重的地区之一,从公元前 1766 年到 1944 年的 3 710 年中,有历史记载的旱灾就有 1 070 次。如清光绪年间的 1876～1879 年连续 3 年大旱,死亡人数达 1 300 多万人,1920 年的晋、陕、鲁、豫大旱,受灾人口达 2 000 万人,死亡人口 50 万人。特别是流域西北部的黄土高原地区,由于气候干旱,降雨量仅 100～300 mm,蒸发量则高达 1 000～1 400 mm,加上水土流失严重,抗旱能力差,历史上更是十年九旱。

新中国成立以后,党和政府十分重视流域水利工程建设,在上游宁蒙平原及湟水谷地、中游汾渭平原、下游黄淮海平原建设和完善了一大批灌区,在黄土高原地区建设了一大批高扬程提水灌溉工程,使流域的抗旱能力得到极大的提高。但黄土高原大部分地区还属"望天收"的状态,1950～1974 年的 25 年中,黄土高原地区共发生旱灾 17 次,平均 1.5 年一次,其中严重干旱的有 9 年,1965 年陕北、晋西北大旱,山西省受灾面积达 2 600 万亩,陕北榆林地区近 1 000 万亩几乎颗粒无收。近 20 年来,黄河流域上中游地区多次出现严重旱灾,造成粮食大幅度减产,人民群众饮水十分困难,1980 年因旱灾减产粮食 332 万 t,1982 年旱灾绝收面积约 1 000 万亩,1994 年干旱成灾面积达 6 000 万亩、粮食减产量达 600 万 t,1997 年的旱灾不仅造成农作物大量减产,而且黄河下游的断流天数、断流河长均创历史纪录;2000 年以来黄河流域几乎连年发生旱灾,如 2008 年冬季至 2009 年春季,我国北方大部分小麦主产省遭受干旱,河南、甘肃、陕西、山西、山东等省区黄河流域受干旱影响面积达 1.13 亿亩。

由于黄河流域属资源性缺水地区,在干旱枯水年水资源供需矛盾十分尖锐,灌区用水受到限制,目前有约 1 000 万亩有效灌溉面积的农田不能得到灌溉。

第 2 章　经济社会发展对黄河治理
开发与保护的要求

黄河流域大部分位于我国中西部地区,经济社会发展相对滞后。流域土地资源、矿产资源特别是能源资源十分丰富,在全国占有极其重要的地位,被誉为我国的"能源流域",未来发展潜力巨大,经济社会持续发展对黄河治理开发与保护提出了新的更高要求。

2.1　经济社会现状

2.1.1　人口及分布

黄河流域涉及青海、四川、甘肃、宁夏、内蒙古、陕西、山西、河南和山东 9 省(区)的 66 个地市(州、盟),340 个县(市、旗),其中有 267 个县(市、旗)全部位于黄河流域,73 个县(市、旗)部分位于黄河流域。

黄河流域属多民族聚居地区,主要有汉、回、藏、蒙古、东乡、土、撒拉、保安和满族等 9 个民族,其中汉族人口最多,占总人口的 90% 以上。少数民族绝大多数聚居在上游地区,部分散居在中下游地区,青海、四川、宁夏、内蒙古等省(区)是少数民族人口相对集中的地区。黄河流域特别是上中游地区还是我国贫困人口相对集中的区域,青海、宁夏两省(区)黄河流域贫困人口分别占本省总人口的 54.8% 和 48.4%。

受气候、地形、水资源等条件的影响,流域内各地区人口分布不均,全流域 70% 左右的人口集中在龙门以下地区,而该区域面积仅占全流域的 32% 左右。花园口以下是人口最为稠密的河段,人口密度达到了 633 人/km^2,而龙羊峡以上河段人口密度只有 5 人/km^2。流域人口分布见表 2.1-1。

表 2.1-1　黄河流域现状年人口分布表

河段	人口(万人)			城镇化率 (%)	人口密度 (人/km^2)
	总人口	城镇人口	农村人口		
龙羊峡以上	65.23	14.28	50.95	21.9	5
龙羊峡至兰州	917.41	327.12	590.29	35.7	101
兰州至河口镇	1 605.98	850.36	755.62	52.9	99
河口镇至龙门	871.00	265.02	605.98	30.4	78
龙门至三门峡	5 119.48	2 066.34	3 053.14	40.4	268
三门峡至花园口	1 340.27	529.66	810.61	39.5	319
花园口以下	1 391.90	463.68	928.22	33.3	633
内流区	56.96	26.81	30.15	47.1	14
黄河流域	11 368.23	4 543.27	6 824.96	40.0	143

　　新中国成立后,黄河流域人口增长速度很快。1953 年人口约 4 100 万人,至 1980 年增至 8 177 万人,人口平均年增长率为 26.1‰。20 世纪 80 年代以后,人口增长速度有所减缓,人口平均年增长率为 12.5‰。现状年黄河流域总人口为 11 368 万人,占全国总人口的 8.6%,全流域人口密度为 143 人/km²,高于全国平均值 134 人/km²;其中城镇人口 4 543万人,城镇化率为 40.0%,比全国平均值 44.1% 略低。不同时期黄河流域人口变化见表 2.1-2。

表 2.1-2　黄河流域各时期人口情况表

典型年	人口(万人)		人口增长率 (‰)	城镇化率 (%)
	总人口	城镇人口		
1980 年	8 177	1 452		18
1985 年	8 771	1 835	14.1	21
1990 年	9 574	2 215	17.7	23
1995 年	10 186	2 635	12.5	26
2000 年	10 920	3 112	14.0	28
现状年	11 368	4 543	5.7	40

2.1.2　经济社会发展现状

　　黄河流域大部分位于我国中西部地区,由于历史、自然条件等原因,经济社会发展相对滞后,与东部地区相比存在着明显的差距。近年来,随着西部大开发、中部崛起等战略的实施,国家经济政策向中西部倾斜,黄河流域经济社会得到快速发展。流域国内生产总值(GDP)由 1980 年的 916 亿元增加至现状年的 16 527 亿元(按 2000 年不变价计,下同),年均增长率达到 11.3%;特别是 2000 年以后,年均增长率高达 14.1%,高于全国平均水平。人均 GDP 由 1980 年的 1 121 元增加到现状年的 14 538 元,增长了 10 多倍。但现状年黄河流域 GDP 仅占全国的 8%,人均 GDP 约为全国人均的 90%。流域经济社会发展指标见表 2.1-3。

表 2.1-3　黄河流域经济社会发展主要指标(2000 年不变价)

年份	GDP (亿元)	年均增长率 (%)	人均 GDP (元)
1980 年	916		1 121
1985 年	1 516	10.6	1 728
1990 年	2 280	8.5	2 381
1995 年	3 843	11.0	3 773
2000 年	6 565	11.3	5 984
现状年	16 527	14.1	14 538

2.1.2.1　农业生产

黄河流域及相关地区是我国农业经济开发的重点地区,小麦、棉花、油料、烟叶、畜牧等主要农牧产品在全国占有重要地位。上游青藏高原和内蒙古高原,是我国主要的畜牧业基地;上游的宁蒙河套平原、中游汾渭盆地、下游防洪保护区范围内的黄淮海平原,是我国主要的农业生产基地。现状年流域总耕地面积 2.44 亿亩,耕垦率为 20.4%;总播种面积 2.68 亿亩,粮食总产量 3 958 万 t,人均粮食产量 350 kg,为全国平均值的 93%。

黄河流域主要农业基地多集中在灌溉条件好的平原及河谷盆地,广大山丘区的坡耕地粮食单产较低。据统计,现状农田有效灌溉面积为 7 765 万亩,耕地灌溉率为 31.9%,灌溉农田粮食总产量超过全流域粮食总产量的 60%。

黄河下游流域外引黄灌区横跨黄淮海平原,目前已建成万亩以上引黄灌区 85 处,其中 30 万亩以上大型灌区 34 处,耕地面积 5 990 万亩,农田有效灌溉面积约 3 300 万亩,受益人口约 4 898 万人,是我国重要的粮棉油生产基地。据统计,现状下游引黄灌区粮食总产量 2 727 万 t,详见表 2.1-4。

表 2.1-4　黄河流域及相关地区农业发展情况表

区域	耕地面积（万亩）	总播种面积（万亩）	农田有效灌溉面积（万亩）	粮播面积（万亩）	粮食产量（万 t）
流域内	24 362	26 800	7 765	17 320	3 958
流域外引黄地区	5 990	10 881	3 300	6 690	2 727
合计	30 352	37 681	11 065	24 010	6 685
占全国比例(%)	16.6	16.2	13.2	15.2	13.4

黄河流域及相关地区农业在全国具有重要地位。流域及下游流域外引黄灌区耕地面积合计为 3.04 亿亩,占全国的 16.6%;农田有效灌溉面积为 1.11 亿亩,占全国的 13.2%;粮食总产量达 6 685 万 t,占全国的 13.4%。

黄河流域的河南、山东、内蒙古等省(区)为全国粮食生产核心区,有 18 个地市 53 个县列入全国产粮大县的主产县。甘肃、宁夏、陕西、山西等省(区)的 12 个地市 28 个县列入全国产粮大县的非主产县。

黄河下游流域外引黄灌区涉及河南、山东的 13 个地市 59 个县列入了全国产粮大县的主产县。

2.1.2.2　工业生产

新中国成立以来,依托丰富的煤炭、电力、石油和天然气等能源资源及有色金属矿产资源,流域内建成了一大批能源和重化工基地、钢铁生产基地、铝业生产基地、机械制造和冶金工业基地,初步形成了工业门类比较齐全的格局,为流域经济的进一步发展奠定了基础。形成了以包头、太原等城市为中心的全国著名的钢铁生产基地和豫西、晋南等铝生产基地,以山西、内蒙古、宁夏、陕西、河南等省(区)为主的煤炭重化工生产基地,建成了我国著名的中原油田、胜利油田以及长庆和延长油气田,西安、太原、兰州、洛阳等城市机械制造、冶金工业等也有很大发展。近年来,随着国家对煤炭、石油、天然气等能源需求的增加,黄河上中游地区的甘肃陇东、宁夏宁东、内蒙古西部、陕西陕北、山西离柳及晋南等能源基地建设速度加快,带动了区域经济的快速发展,与此同时,能源、冶金等行业增加值比重上升。

现状年黄河流域煤炭产量约 12 亿 t,占全国的 47%;火电装机容量约 60 000 MW,占全国的 8.4%。现状年工业增加值 7 837 亿元,占流域 GDP 的 47.4%,占全国工业增加值的 9.1%。据统计,现状黄河流域煤炭采选业增加值占全国的比重约为 50%,比 2001 年上升了 8.4 个百分点;有色金属矿采选业增加值占全国的比重约为 40%,比 2001 年上升了 7.5 个百分点。这说明能源、原材料行业仍是黄河流域各省(区)国民经济发展的主力行业,且其在全国的地位也相当重要。

2.1.2.3　第三产业

20 世纪 80 年代以来,流域第三产业发展迅速,特别是交通运输、旅游、服务业等发展速度较快,成为推动第三产业快速发展的重要组成部分。现状年流域第三产业增加值为5 933 亿元,占流域 GDP 的 35.9%,占全国第三产业增加值的 5.9%。

2.2　经济社会发展战略布局和发展趋势

2.2.1　战略布局

随着国家区域经济发展战略的调整,国家投资力度将向中西部地区倾斜,未来黄河流域经济发展具有以下优势和特点:一是上中游地区的矿产资源尤其是能源资源十分丰富,开发潜力巨大,在全国的能源和原材料供应方面占有十分重要的战略地位,为了满足国家经济发展对能源及原材料的巨大需求,能源、重化工、有色金属等行业在相当长的时期还要快速发展;二是黄河流域土地资源丰富,是我国粮食的主产区,农业生产在我国占有重要地位,上中游地区还有宜农荒地约 2 000 万亩,占全国宜农荒地总量的 20%,只要水资源条件具备,开发潜力很大,是保障我国粮食安全的重点后备发展区域;三是经过新中国成立后 60 年特别是改革开放 30 多年的建设,黄河流域已具备地区特色明显且门类比较齐全的工业基础。

《中华人民共和国国民经济和社会发展第十二个五年规划纲要》提出了推进新一轮西部大开发,大力促进中部地区崛起,积极支持东部地区率先发展,加大对革命老区、民族地区、边疆地区和贫困地区扶持力度等国家区域发展战略。黄河流域地跨我国东、中、西部三个经济地带,其中绝大部分地区位于我国中西部地区。根据资源赋存条件、经济社会发展现状和国家区域经济发展战略,黄河流域未来经济社会发展的重点为:一是发展高效节水农业,形成以黄淮海平原主产区、汾渭平原主产区、河套灌区主产区为主的全国重要的农业生产基地,保障国家粮食安全;加强草原保护和人工饲草料基地建设,形成以上游青藏高原和内蒙古高原为主的畜牧业基地。二是合理有序开发能源资源和矿产资源,建设以山西、鄂尔多斯盆地为重点的能源化工基地,包括黄河上中游的甘肃陇东、宁夏宁东、内蒙古中西部、山西北中部、陕西陕北、河南豫西等能源重化工基地,加快西北地区石油、天然气资源的开发,优化建设山西、陕西、内蒙古、宁夏、甘肃等煤炭富集地区的煤电基地,结合西电东送、西气东输等重大工程的建设和上中游水电开发,保障国家能源安全;形成以内蒙古、陕西、甘肃为重点的稀土生产基地,以山西、河南为重点的铝土资源开发基地。三是充分重视流域加工工业的发展,加强资源的深加工,提高其综合开发利用程度和经济效益,强化流域的综合经济功能,增强自我发展能力,变资源优势为经济优势,带动流域经济社会的又好又快发展。四是对青藏高原东缘地区、秦巴山—六盘山区以及其他集中连片的特殊困难地区,继续实施扶持革命老区发展的政策措施,实施扶贫开发攻坚工程,加大以工代赈和易地扶贫搬迁力度。

根据《全国主体功能区规划》(国发〔2010〕46 号文批复)中有关国家区域发展战略和黄河流域的资源禀赋,未来黄河流域经济社会发展将形成以下战略格局。

在流域西部资源富集地区,推动呼包鄂榆、关中—天水、兰州—西宁、宁夏沿黄经济区的加快发展,建设国家重要能源、战略资源接续地和产业集聚区,重点建设煤炭、电力、石油、天然气等能源重化工基地,大力发展原材料工业,形成以能源和原材料为主导的产业体系,满足国家对能源和原材料的需求,为国家能源安全提供强有力的保障。呼包鄂榆经济区,要建成全国重要的能源、煤化工基地,农畜产品加工基地和稀土新材料产业基地,北方地区重要的冶金和装备制造业基地;以西安为核心的关中—天水经济区,建成西部地区重要的经济中心,全国重要的先进制造业和高新技术产业基地,科技教育、商贸中心和综合交通枢纽,打造航空航天、机械制造等若干规模和水平居世界前列的先进制造业集群,形成新材料、新能源、先进制造业基地和农业高新技术产业基地;兰州—西宁经济区,形成全国重要的循环经济示范区,新能源和水电、盐化工、石化、有色金属和特色农产品加工产业基地,区域性的新材料和生物医药产业基地,推进特色优势农牧产品基地建设;宁夏沿黄经济区,建成全国重要的能源化工、新材料基地,特色农产品和民族用品加工基地。

在流域中部和东部地区,重点推进太原城市群、中原经济区、山东半岛蓝色经济区的发展,加快构建沿陇海、沿京广和沿京九经济带,巩固提升能源原材料基地、现代装备制造及高技术产业基地和综合交通运输枢纽地位。以太原为中心的山西中部太原城市群,形成全国重要的能源、原材料、煤化工、装备制造业和文化旅游业基地,依托中心城镇发展城郊农业、生态农业和特色农产品加工业;以郑州为中心、洛阳为副中心的中原经济区,加快包括开封、新乡、焦作、济源等城市的建设,构建中原城市群产业集聚区,形成全国重要的高新技术产业、先进制造业和现代服务业基地,能源原材料基地、综合交通枢纽和物流中心,区域性的科技创新中心,加强粮油等农产品生产和加工基地建设,发展城郊农业和高效生态农业;以胶东半岛沿海高新技术产业带和黄河三角洲高效生态经济区为主,建成我国重要的石油和海洋开发、石油化工基地,全国重要的先进制造业、高新技术产业基地、生态农业区和循环经济示范区,形成以外向型产业为特色的山东半岛蓝色经济开发区。

2.2.2　发展趋势

目前我国已进入全面建设小康社会、加快推进社会主义现代化的新的发展阶段。党的“十六大”提出我国在 2020 年要全面建成小康社会,“十七大”在此基础上对我国今后的经济社会发展提出了新的更高目标,要求在优化结构、提高效益、降低消耗、保护环境的基础上,实现人均国内生产总值到 2020 年比 2000 年翻两番。

我国工业发展已经由工业化初期阶段进入中期阶段,现状年至 2020 年工业化和城市化将处于"双快速"发展阶段,产业结构不断优化升级,第三产业稳步增长,经济总量快速增加,城市化进程快速推进;2021～2030 年,我国将处于"一稳一快"的发展阶段,工业化进程相对稳定,城市化继续较快推进,能源和原材料工业的比重不断下降,高加工度制造业比重不断上升,经济继续保持较快增长水平。

随着国家推进西部大开发、促进中部崛起等发展战略的实施,黄河流域近年来经济增长速度高于全国平均水平,工业发展保持快速增长,尤其是能源、原材料工业的发展更加突出。今后随着能源基地开发、西气东输、西电东送等重大战略工程的建设,预计在未来相当长一段时期内,黄河流域特别是上中游地区发展进程将明显加快,经济社会仍将以高于全国平均水平的速度持续发展。

黄河流域的资源禀赋条件,决定了流域工业发展的重点仍将是能源、冶金、化工等传统工业。作为我国最主要的能源、重化工基地,黄河流域的煤炭工业、电力工业、煤化工产业将快速发展,铁矿、铝土矿等采掘工业和冶金工业的发展速度也将会加快,大型冶金、矿山设备,大型电站配套设备,大型煤化工、化肥成套设备等装备制造业,也将在不断加大技术升级的条件下保持快速发展。

经济社会的持续快速发展,决定了在未来一定时期内黄河流域水资源需求必然持续增长,使资源性缺水的黄河流域面临更大的供水压力。据初步估计,即使在全面强化节水的条件下,2030 年流域缺水将达 138.4 亿 m³。如果不采取有效措施解决缺水问题,将严重影响流域及相关地区经济社会的持续发展,影响全面建设小康社会目标的实现,保障粮食安全和河流生态系统安全将更加困难。同时,随着工业、生活用水的大幅度增长,废污水排放也将大量增加,对水污染防治也将提出更高要求。

黄河流域经济社会的发展,一方面要满足本流域及其邻近地区实现小康社会以及保障国家能源安全和粮食安全的需要,另一方面也要适应黄河流域的水资源条件,必须建立与水资源和水环境承载能力相协调的经济结构体系,优化产业结构,限制高耗水行业的发展,以此促进黄河流域节水型社会的建设,实现黄河流域及其邻近地区经济社会的可持续发展、水资源的可持续利用、生态环境的良性维持相协调。

2.2.3　经济社会发展主要指标预测

《黄河流域水资源综合规划》根据国家宏观经济发展要求,采用趋势分析法预测未来黄河流域经济社会发展的主要指标,预计现状年至 2030 年黄河流域 GDP 将以 6.9% 的年均增长率稳步发展,详见表 2.2-1。

本次规划综合考虑现状流域经济增长水平、流域资源特点、现状产业结构、技术和资金制约因素,在研究国家宏观经济发展趋势及其对黄河流域发展要求的基础上,采用多部门宏观经济模型,针对未来黄河流域经济社会发展呈现出的多种可能性,对未来产业结构发展趋势及主要指标进行预测,详见表 2.2-2。

表2.2-1 黄河流域经济社会发展主要指标预测成果

指标	现状年	2020 年	2030 年	增量
总人口(万人)	11 368	12 658	13 094	1 726
其中城镇人口(万人)	4 543	6 374	7 704	3 161
城镇化率(%)	40.00	50.36	58.84	18.84
GDP(亿元)	16 527	40 969	76 799	60 272
人均GDP(元)	14 538	32 366	58 652	44 114
工业增加值(亿元)	7 837	18 396	35 687	27 850
农田有效灌溉面积(万亩)	7 765	8 382	8 697	932
林牧灌溉面积(万亩)	790	958	1 183	393

注:表中主要经济指标预测成果为黄河流域水资源综合规划成果,其中GDP、工业增加值均为2000年不变价,增量是指2030年比现状年增加的数量。

表2.2-2 黄河流域高、中、低三种经济增长方案下GDP增长率 (%)

方案	现状年～2010 年	2011～2015 年	2016～2020 年	2021～2025 年	2026～2030 年	现状年～2030 年
基准方案	11.8	9.0	7.9	6.7	5.3	7.80
高方案	12.1	9.7	8.6	7.2	5.8	8.36
低方案	10.8	8.0	7.0	6.2	4.9	7.07

2.2.3.1 高经济增长发展情景

在我国经济发展速度保持较快增长的态势下,2020年、2030年黄河流域全要素生产率的贡献率分别由目前的18%上升到30%和40%,预测现状年至2030年黄河流域GDP年均增长8.4%左右,比全国经济增长速度快1.2个百分点;按2005年价格水平计算,2030年黄河流域人均GDP达到9.8万元左右。

2.2.3.2 中经济增长发展情景

在我国国民经济继续保持平稳较快增长的态势下,若2020年、2030年黄河流域全要素生产率的贡献率分别由目前的18%逐步上升到26%和35%,则预测现状年至2030年黄河流域GDP年均增长率为7.8%左右,比全国经济增长速度快0.5个百分点;按2005年价格水平计算,2030年黄河流域人均GDP为8.7万元左右。

2.2.3.3 低经济增长发展情景

如果我国经济增长速度趋缓,黄河流域经济增速也将呈相应减慢的态势。按2020年、2030年黄河流域全要素生产率的贡献率分别由目前的18%逐步上升到23%和27%,预测现状年至2030年黄河流域GDP年均增长7.1%左右,与全国经济增速基本持平,2030年人均GDP达到7.6万元左右。

由以上多种方法和多种情景预测可知,现状年至2030年黄河流域经济增长率的范围为 7.1% ~ 8.4%,未来黄河流域经济增长将呈快速发展态势。从产业结构发展看,第一产业占国民经济的比重由现状的 9% 逐步下降到 2030 年的 5% 左右;第二产业比重由现状的 55% 逐步下降到 2030 年的 53% 左右,其中煤炭、电力、冶金、化工、建材等行业仍将是黄河流域的主导产业和支柱产业;第三产业比重由现状的 36% 逐步增加到 2030 年的 42% 左右。

2.3 对黄河治理开发与保护的要求

水利是经济社会发展的重要基础设施,是现代农业的重要物质条件,是生态文明建设、改善和保障民生的重要支撑。国家和黄河流域经济社会持续快速发展与生态文明建设,对治黄工作提出了更高的要求。为此,必须进一步加强黄河治理开发保护与管理,实现水资源的可持续利用,保障流域防洪安全、供水安全、饮水安全、生态安全乃至全国的能源安全和粮食安全,支撑黄河流域及相关地区经济社会又好又快发展。

2.3.1 科学管理洪水、减少河道淤积,保障黄河防洪安全

黄河下游洪水灾害历来为世人所瞩目,被称为中华民族之忧患。随着经济社会的持续发展,社会财富日益增长,基础设施不断增加,黄河一旦决口,势必造成巨大灾难,并将打乱我国经济社会发展的战略部署。为了满足国家经济可持续发展、社会稳定和全面建设小康社会的要求,要构建完善的水沙调控体系和防洪减灾体系,科学管理洪水,改善水沙关系,尽量遏制下游河道淤积抬高,确保堤防不决口,保障黄河下游防洪防凌安全,仍是未来黄河治理开发与管理的第一要务。

黄河下游滩区的地位十分特殊,洪水威胁严重制约了滩区经济社会发展,导致滩区经济发展相对落后,形成了黄河下游的贫困带。为了保障滩区广大居民的生命财产安全、促进经济社会发展,必须在保障黄河下游防洪安全的前提下,进行滩区综合治理,协调黄河下游滩区滞洪沉沙和人民群众生活、生产之间的矛盾,促进人水和谐。

黄河宁蒙河段防凌防洪问题突出,上中游其他河段及重点城市也都面临着不同程度的洪水威胁。为保障地区经济社会的稳定发展和人民群众生命财产安全,必须搞好防洪防凌工程建设,保障防凌防洪安全。

2.3.2 节约、保护和合理配置水资源,保障流域供水安全和饮水安全

黄河流域土地、能源、矿产资源丰富,在我国经济社会发展中具有举足轻重的战略地位。随着流域能源、矿产资源的开发,电力、煤化工、石油化工、有色冶金等工业的发展,供水需求将持续增长,水资源供需矛盾更加尖锐。目前黄河流域部分城镇和农村居民饮水十分困难,保障城镇和农村人畜饮水安全是改善城乡民生条件、建设社会主义新农村和实现全面建设小康社会目标的必然要求,也是未来黄河治理开发保护与管理的主要任务之一。

为了缓解水资源供需矛盾,支撑流域经济社会可持续发展,必须按照建设资源节约型、环境友好型社会的要求,大力推进节水防污型社会建设,实行最严格的水资源管理,加

强水资源和水生态保护,积极推进跨流域调水工程的建设,增强水资源保障能力,构建水资源合理配置和高效利用体系,合理配置水资源,维持黄河健康生命,保障流域及相关地区的供水安全和饮水安全,为保障国家能源安全和粮食安全创造条件。

2.3.3　加强水土保持生态建设,减少入黄泥沙,建设生态文明

水土保持不仅是减少入黄泥沙的根本措施,而且是建设生态文明、促进当地经济社会发展的关键举措。因此,水土保持不仅要考虑黄河治理开发的要求,积极推进、长期坚持、全面治理,把多沙粗沙区特别是粗泥沙集中来源区作为重点,减少进入黄河的粗泥沙,而且要考虑促进当地经济社会发展的要求,把人民群众的切身利益落到实处,通过综合治理措施改土、保水,改善人民群众的生活、生产条件,为生态自我修复创造条件,恢复和改善生态环境。

由于水土资源的过度开发利用,流域生态环境遭到了严重的破坏,河源区水源涵养功能退化、干流及部分支流断流、河口湿地萎缩、生物多样性减少,不仅损害了黄河的健康,而且恶化了区域生态环境。因此,必须按照建设生态文明的要求,加强流域生态环境保护,保障河流生态环境用水,为保障流域生态安全创造条件。

2.3.4　加强流域综合管理,提升公共服务和社会管理水平

黄河治理开发保护与管理属于跨地区、跨部门的综合性系统工程,加强流域涉水事务的科学管理,对促进流域经济社会发展具有重要作用。为此,要根据科学发展观总体要求,逐步完善流域管理体制机制和政策法规体系,加强科技支撑能力建设,提升流域公共服务和社会管理水平,协调解决好流域经济发展和治理开发保护之间、区域之间和部门之间的各种水事矛盾。

第 3 章　治理开发保护与管理现状

　　人民治理黄河 60 多年来,在党中央、国务院的高度重视下,以历次流域规划为指导,黄河治理开发与保护取得了巨大的成就,保障了人民生命财产安全,促进了流域经济发展和社会进步。但黄河特殊的河情决定了治黄工作的长期性、艰巨性和复杂性。目前防洪形势依然严峻、水资源供需矛盾突出,河流水质和水生态恶化,水土流失尚未得到有效遏制,流域综合管理需要进一步加强。

3.1　历次流域规划及其实施

3.1.1　历次规划概况

　　新中国成立以来,比较系统的流域规划共进行了三次,这些规划对于指导黄河治理开发与保护起到了十分重要的作用。

　　1954 年黄河规划委员会提出的《黄河综合利用规划技术经济报告》,遵循"除害兴利、综合利用"的指导方针,以"制止水土流失、消除水旱灾害,并充分利用黄河水资源进行灌溉、发电和航运"为基本任务,提出了"从高原到山沟,从支流到干流,节节蓄水,分段拦沙,控制黄河洪水和泥沙,根治黄河水害、开发黄河水利"的总体布局。1955 年 7 月全国人大一届二次会议讨论并通过了《关于根治黄河水害和开发黄河水利的综合规划的决议》。按照规划相继建设了三门峡、刘家峡等水利枢纽工程,加高加固了黄河下游堤防,开展了黄土高原地区水土流失治理,建设了一大批灌区,促进了黄河流域经济社会的发展。

　　1984 年以后,在总结 1954 年规划实践经验和教训的基础上,考虑国民经济发展和黄河治理开发的总体要求,充分吸收几十年的规划研究成果和科学技术发展的新成就,于1990 年提出《黄河治理开发规划报告》,1997 年完成《黄河治理开发规划纲要》(以下简称《规划纲要》),并通过了原国家计委、水利部联合组织的审查。《规划纲要》贯彻"兴利除害,综合利用"的治黄方针,主要任务是"提高下游的防洪能力、治理开发水土流失地区,研究利用和处理泥沙的有效途径,开发水电,开发干流航运,统筹安排水资源的合理利用,保护水源和环境"。在防洪减淤方面,提出了"上拦下排、两岸分滞"处理洪水、"拦、排、放、调、挖"综合处理泥沙的基本思路,促进了小浪底水利枢纽的建设;在水资源利用方面,提出了黄河可供水量分配方案;在水土保持方面,提出了以多沙粗沙区为重点、以小流域为单元的黄土高原水土流失综合治理思路;在干流梯级工程布局方面,龙羊峡以下河段由 1954 年规划的 46 座梯级调整为 36 座梯级,其中龙羊峡、刘家峡、黑山峡、碛口、古贤、三门峡和小浪底等 7 大控制性骨干工程为综合利用枢纽工程,构成黄河水沙调控体系的主体。

1998 年底至 2001 年,围绕黄河面临的洪水威胁严重、水资源供需矛盾尖锐、水土流失和生态环境恶化等三大问题,结合国家实施西部大开发战略的要求,提出了《黄河的重大问题及其对策》,在此基础上,编制完成了《黄河近期重点治理开发规划》(以下简称《近期规划》),进一步明确了"上拦下排、两岸分滞"控制洪水,"拦、排、放、调、挖"处理和利用泥沙的基本思路,提出了"开源节流保护并举,节流为主,保护为本,强化管理"开发利用和保护水资源,"防治结合,保护优先,强化治理"进行水土保持生态建设的基本思路,对近期 10 年防洪减灾、水资源开发利用及保护和水土保持生态建设等方面的措施进行了安排。2002 年 7 月国务院以国函〔2002〕61 号文批复了该规划,要求认真组织实施。

1998 年长江、松花江、嫩江相继发生大洪水,水利部依据《中华人民共和国水法》、《中华人民共和国防洪法》,布置开展了全国防洪规划的编制工作。根据水利部统一部署,结合流域防洪形势的变化和防洪要求,组织开展了黄河流域防洪规划编制工作,提出了《黄河流域防洪规划》(以下简称《防洪规划》)。《防洪规划》结合新的形势及黄河流域的实际情况,对防洪工程体系和防洪标准进行了全面复核,提出了防洪减淤规划布局,以及防洪减淤工程和非工程措施。《防洪规划》对今后 20 年黄河流域的防洪减淤建设和管理进行了全面、系统的部署,是 21 世纪初期黄河流域防洪减淤建设与管理的基础和依据。2008 年 7 月,国务院以国函〔2008〕63 号文批复了《防洪规划》。

3.1.2　《近期规划》措施安排及实施情况

3.1.2.1　防洪减灾

《近期规划》提出用 10 年左右的时间,初步建成黄河防洪减淤体系,基本控制洪水泥沙。全面加固沁河口以下临黄大堤,对部分堤段进行加高;新建续建、加高加固控导工程分别为 98 处、177 处,坝垛 1 341 道,完善黄河下游河道整治工程体系;加强滩区和蓄滞洪区安全建设;在 2010 年前建成支流河口村水库,加快古贤水利枢纽前期工作步伐,尽早开工建设;上中游干流重点防洪河段的河防工程达到设计标准;全部完成现有大中型病险水库的除险加固。

2002 年以来,黄河下游标准化堤防建设一期工程 287.2 km 堤段的加固工程已经完成,二期工程已开始实施,开展了新一轮的河道整治工程建设,加固了东平湖滞洪区围坝,初步开展了下游滩区安全建设,实施了以小浪底水库为主的调水调沙,使下游河道主槽过流能力得到一定恢复;其他重点河段也相继开展了河道治理和防洪工程建设;病险水库除险加固工作取得了明显进展;河口村水库的前期工作、古贤水利枢纽项目建议书基本完成。总体来看,黄河下游防洪工程建设进展明显,但部分工程未能按《近期规划》实施,滩区安全建设明显滞后。

3.1.2.2　水资源开发利用及保护

《近期规划》安排新增节水改造面积 4 846.8 万亩,2010 年节水面积达到 7 241.8 万亩,灌区灌溉水利用系数由现状的 0.4 左右提高到 0.5 以上,大中城市工业用水重复利用率由现状的 40% ~60% 提高到 75% 左右;开展南水北调西线工程前期工作,2010 年左右开工建设第一期工程。全面加强流域污染源治理,严格限制建设高耗水、重污染项目,城市污水处理率不低于 60%;加大面污染源的治理和控制力度;建设干支流监测站点 919

个;提出了黄河干流的污染物总量控制要求。

2001 年至现状年,流域新增节水灌溉面积 1 280 万亩,灌溉水利用系数提高到 0.49;建立了由全河水量总调度中心、省(区)水量调度中心、干流省(区)界监测断面和骨干水库以及重要取水口监控网络、地下水监测网络等构成的水资源统一管理新体制;布设水质监测断面 257 个;基本完成了南水北调西线一期工程项目建议书。

与《近期规划》安排相比,灌区节水改造投入明显不足、实施滞后,流域节水灌溉事业仍处于较低水平;黄河水资源统一管理调度体制和机制尚不完善;南水北调西线一期工程前期工作正在开展;水质监测能力建设尚未达到规划目标。

3.1.2.3　水土保持生态建设

《近期规划》安排黄土高原地区每年新增治理措施面积 1.21 万 km²,每年建设骨干坝 920 座、中小型淤地坝 4 150 座,使黄土高原地区水土流失治理初见成效;对坡耕地有计划、有步骤地实施改造和退耕;人为水土流失基本得到控制,生态环境恶化的趋势得到基本遏制。水利水土保持措施年减少入黄泥沙达到 5 亿 t。

据初步统计,2001 年至现状年,黄河流域共开展水土流失治理面积 9.01 万 km²;建设骨干坝 2 380 座、中小型淤地坝 10 419 座。与《近期规划》安排相比,规划的淤地坝建设任务未完全实施。

3.2　治理开发保护与管理成就

3.2.1　防洪减淤

下游防洪是黄河治理开发保护与管理的首要任务。人民治理黄河以来,经过 60 余年坚持不懈的治理,在中游干支流上建成了三门峡水利枢纽、陆浑水库、故县水库和小浪底水利枢纽,对黄河下游两岸 1 371.2 km 的临黄大堤先后进行了四次加高培厚,进行了放淤固堤,开展了标准化堤防工程建设,截至现状年,建设险工 135 处、坝垛护岸 5 279 道和河道整治工程 219 处、坝垛 4 573 道,开辟了北金堤、东平湖滞洪区、大功分洪区及齐河、垦利展宽区等分滞洪工程,基本形成了以中游干支流水库、下游河防工程、蓄滞洪区工程为主体的"上拦下排、两岸分滞"黄河下游防洪工程体系,加强了水文测报、洪水调度、通信、防汛抢险、防洪政策法规等防洪非工程措施和群防体系建设及下游滩区安全建设。依靠这些防洪措施和沿黄广大军民的严密防守,战胜了花园口站 1958 年 22 300 m³/s、1982 年 15 300 m³/s 等 12 次超过 10 000 m³/s 的大洪水,彻底扭转了历史上黄河下游频繁决口改道的险恶局面,取得了连续 60 多年伏秋大汛堤防不决口的辉煌成就,保障了黄淮海平原 12 万 km² 防洪保护区的安全和稳定发展。现状四座水库联合运用,可将花园口断面 1 000 年一遇洪水洪峰流量由 42 300 m³/s 削减至 22 600 m³/s,接近下游大堤花园口断面的设防流量 22 000 m³/s,100 年一遇洪水由 29 200 m³/s 削减至 15 700 m³/s。

在黄河上游建成了龙羊峡、刘家峡水库,对保障兰州市的防洪安全和减轻宁蒙平原河道的凌汛威胁发挥了重要作用。经过多年治理,截至现状年,宁蒙河段已建堤防长 1 400 km,河道整治工程 117 处、坝垛 1 428 道;中游禹门口至三门峡大坝河段已建各类护岸及控导工程 72 处;沁河下游堤防及险工进行了三次大规模的建设,修筑堤防 161.63 km,险工 48 处,坝垛 763 道;渭河下游修建了干堤 191.87 km,河道整治工程 58 处,坝垛 1 113道;其他支流也修建了大量的堤防、护岸工程。这些工程的修建,有效地提高了流域抗御洪水的能力,保障了沿岸人民群众的生命财产安全和经济社会的稳定发展。

经过几十年的不断探索和实践,逐步形成了"拦、排、放、调、挖"处理和利用泥沙的基本思路。截至现状年,在上中游地区建成淤地坝 9 万多座(其中骨干坝 5 399 座),有效减少了入黄泥沙。利用三门峡、小浪底水库的拦沙库容,累计拦沙 77 亿 t,减少了进入黄河下游的泥沙,有效减缓了河道淤积。2002 年以来,连续进行了以小浪底水库为核心的调水调沙,通过小浪底水库拦沙和调水调沙,截至现状年,下游河道累计冲刷 18.15 亿 t,逐步恢复了河道主槽排洪输沙功能,下游河道最小平滩流量由 2002 年汛前的 1 800 m^3/s 提高到目前的 4 000 m^3/s 左右。2004 年以来开展了小北干流放淤试验,为今后大规模放淤积累了经验。同时对放淤改造盐碱地和低洼地、挖河固堤等泥沙处理和利用措施进行了积极的探索。

3.2.2 水土保持

新中国成立以来,黄土高原地区水土流失防治取得了初步成效。截至现状年年底,累计初步治理水土流失面积 22.56 万 km^2,其中修建梯田 555.47 万 hm^2,营造水土保持林 984.36 万 hm^2、经济林 207.14 万 hm^2,人工种草 367.02 万 hm^2,封禁治理 141.99 万 hm^2。建成淤地坝 9 万多座,其中骨干坝 5 399 座,修建塘坝、涝池、水窖等小型蓄水保土工程 183.91 多万处(座)。水土流失防治已步入法制化轨道,监测能力得到提高。

水土保持工程措施和管理措施的逐步实施,取得了显著的经济效益、生态效益和社会效益。水利水保措施有效减少了入黄泥沙,年平均减少入黄泥沙 3.5 亿 ~4.5 亿 t,为确保黄河安澜作出了重要贡献。水土保持综合治理使局部地区的水土流失、土地沙化和草原退化得到了遏制,改善了当地生态环境和人民群众的生活生产条件,促进了农村经济发展和新农村建设。

3.2.3 水资源开发利用

新中国成立以来,黄河水资源开发利用有了长足进展。截至现状年,流域内已建成蓄水工程 19 025 座、总库容 715.98 亿 m^3,引水工程 12 852 处,提水工程 22 338 处,机电井工程 60.32 万眼,集雨工程 224.49 万处,在黄河下游还兴建了向两岸海河平原地区、淮河平原地区供水的引黄涵闸 96 座,提水站 31 座。这些工程为流域 1.2 亿亩农林牧灌溉、两岸 50 多座大中城市、420 个县(市、旗)城镇、晋陕宁蒙地区能源基地、中原和胜利油田提供了水源保障,解决了农村近 3 000 万人的饮水困难,改善了部分地区的生态环境,引黄济青为青岛市的经济发展创造了条件,引黄济津缓解了天津市严重缺水的局面。现状黄河流域各类工程总供水量 512.08 亿 m^3,其中向流域内供水 422.73 亿 m^3,向流域外供水 89.35 亿 m^3。经过几十年的建设,黄河流域及下游引黄地区农田灌溉面积由 1950 年的 1 200 万亩发展到现状的 1.1 亿亩(其中流域外 0.33 亿亩),主要分布在上游的宁蒙平原、中游的汾渭盆地和下游的引黄灌区(约占总灌溉面积的 64%),在占耕地 1/3 的灌溉面积上,生产了 2/3 的粮食和大部分经济作物。

黄河干流已建、在建的水利枢纽和水电站工程有龙羊峡、拉西瓦、李家峡、公伯峡、刘家峡、积石峡、万家寨、三门峡、小浪底等共 28 座,发电总装机容量 19 042 MW,年平均发电量 636.9 亿 kW·h,分别占黄河干流可开发水电装机容量和年发电量的 62.2% 和 60.4%。黄河是全国大江大河中开发程度较高的河流之一。龙羊峡、刘家峡水库联合对黄河水量进行多年调节,蓄存丰水年和丰水期的水量,年最大蓄水达 122 亿 m³,补充枯水年和枯水期水量,年供水量最大达 56 亿 m³,增加了黄河枯水年的供水能力,提高了工农业供水保证率和梯级电站保证出力;小浪底水库调节径流,增加了黄河下游 3~5 月的供水能力。干流水电工程累计发电约 5 500 亿 kW·h。水利水电工程建设对促进流域经济社会发展和治理黄河都起到了很好的作用,发挥了巨大的综合效益。

3.2.4　水资源和水生态保护

截至现状年年底,流域上中游地区建成污水处理厂 25 座,处理能力 217 万 t/d,流域城市污水处理率不到 30%。近年来,流域内大中城市污水处理厂进一步增加,污水处理率有所提高,水质有所改善。目前流域水资源保护部门共布设干支流水质监测断面 257 个,其中流域管理机构负责的省(区)界、干流、重要支流入黄口监测断面 68 个,花园口、潼关省界水质自动监测站投入运行,重点地区配备了移动实验室等污染应急监测装备,初步建设了流域水资源保护监控中心。依法划定流域水功能区,核定干流纳污能力,提出限制排污意见,依法开展流域水功能区排污口初步登记和审批,加强流域水功能区监督管理。这些措施在保障流域供水安全和及时处理突发水污染事件等方面发挥了重要作用。

流域水生态保护工作基础薄弱,近年来逐步得到重视和加强。目前国家有关部门在黄河流域重点区域建立湿地、水产种质资源等各级保护区 40 余个,逐步实施了国家批复的《青海三江源自然保护区生态保护和建设总体规划》、《甘南黄河重要水源补给生态功能区生态保护与建设规划》和《青藏高原区域生态建设与环境保护规划》等规划,使黄河源区水源涵养、生物多样性等生态功能在一定程度上得到改善。1999 年黄河实施水量统一调度以来,尤其是近年来多次实施的黄河下游生态调度,保障了黄河干流连续十多年不断流,增加了河道基流及入海水量,一定程度上改善了河流生态系统功能和水环境质量,尤其是黄河河口三角洲湿地萎缩趋势得到遏制,鸟类和鱼类的种类及数量增加,生态系统有所修复。

3.2.5　流域综合管理

随着《中华人民共和国水法》、《中华人民共和国防洪法》、《中华人民共和国水土保持法》、《中华人民共和国水污染防治法》以及《黄河水量调度条例》、《黄河河口管理办法》等法律、法规、规章的颁布实施,以及国家对流域管理机构水行政管理事项的授权,基本建立了黄河流域管理与区域管理相结合的管理体制,流域水行政管理职能得到了扩充和加强。在防汛抗旱管理方面,实现了八省区联合防汛和干支流主要水库的防洪调度,同时扩展了流域抗旱职能;在水资源管理和保护方面,全面实施取水许可制度,实行干流及主要支流水量统一调度,核定水功能区纳污能力,提出限制排污意见,加强入河排污口管理,初步建立了重大水污染事件应急处置机制;在水土保持管理方面,初步形成了流域统一规划、流域管理机构和地方政府各负其责的管理机制,加强了监督监测能力;在河道与水工程管理方面,强化了河道管理范围内建设项目的管理,实施了水工程建设规划同意书制度;在水行政执法方面,依法查处水事违法案件,积极预防和调处省际水事纠纷,有力维护了黄河水事秩序。

水沙监测与预测预报体系初步建立,"数字黄河"工程框架基本形成,"模型黄河"工程建成了黄河下游白鹤—陶城铺、小浪底库区、三门峡库区实体模型,进一步增强了黄河治理开发保护与管理的科技支撑能力。

3.3 存在的主要问题

当前,黄河治理开发保护与管理面临着一些新的形势。一是随着经济社会的持续发展,城市化水平的不断提高,社会财富积累越来越多,对黄河防洪安全的要求越来越高;二是实施国家区域发展战略对黄河流域的能源基地建设、粮食增产提出了新的任务,保障国家能源安全、粮食安全对水资源供给提出了新的要求;三是建设资源节约型、环境友好型社会,构建社会主义和谐社会也对水资源节约保护提出了更高的要求;四是维持黄河健康生命对河道输水输沙、中水河槽维持、河流生态保护提出了新的要求。黄河治理开发虽然取得了巨大而辉煌的成就,但还不完全适应黄河流域及相关地区经济社会发展、生态文明建设、维持黄河健康生命等新的形势和要求,还面临一些突出问题需要解决。

3.3.1 防洪防凌形势依然严峻

(1)下游洪水泥沙威胁依然存在。黄河下游河道不仅是"地上悬河",而且是槽高、滩低、堤根洼的"二级悬河"。20 世纪 80 年代中期以来,受来水来沙条件、生产堤等因素影响,下游河道的泥沙淤积 70% 集中在主槽内,"二级悬河"态势加剧。一旦发生较大洪水,增加了主流顶冲堤防、产生顺堤行洪,甚至发生滚河的可能性,严重威胁黄河下游防洪安全。小浪底水库运用后,使进入下游的稀遇洪水得到有效控制,同时通过水库拦沙和调水调沙遏制了河道淤积,河道最小平滩流量由 2002 年汛前的 1 800 m^3/s 提高到目前的4 000 m^3/s,但小浪底水库拦沙库容淤满后,若无后续控制性骨干工程,已形成的中水河槽将难以维持,下游河道复将严重淤积抬高,河防工程的防洪能力将随之降低。目前,下游标准化堤防建设尚未全部完成,"二级悬河"态势仍很严峻,河道整治工程尚不完善,高村以上游荡性河段河势仍未得到控制,东平湖滞洪区运用及安全建设等遗留问题较多。

(2)下游滩区滞洪沉沙与群众生活生产、经济社会发展矛盾突出,已成为黄河下游治理的瓶颈。黄河下游滩区是重要的滞洪沉沙区域,下游堤防设防流量花园口为 22 000 m^3/s、孙口为 17 500 m^3/s,正是建立在滩区滞洪削峰基础之上。同时,滩区又是 189.5 万群众赖以生存的家园,目前由于滩区安全设施少、标准低,基础设施差,加之缺少洪水淹没补偿政策,导致滩区洪灾频繁、经济发展水平低、群众安全和财产无保障,滩区已成为下游沿黄的贫困带。为了防止漫滩洪水危害,滩区群众逐步修建了生产堤,不仅缩窄了输送洪水的通道,而且影响了滩槽的水沙交换,使主槽淤积更加严重,进一步加剧了滩区的洪灾风险,威胁下游整体防洪安全。

（3）宁蒙河段防凌问题突出。宁蒙河段历史上凌汛灾害较为严重。刘家峡水库建成后,通过控制凌汛期进入内蒙古河段的流量过程,使宁蒙河段开河期凌汛灾害有所减少,但流凌封河期的凌汛灾害还时有发生,特别是 1986 年以来,由于河道主槽淤积严重、河道形态恶化,与历史上凌汛情况比较,河道槽蓄水增量大幅度增加,凌汛期水位急剧升高,再加上河防工程不完善,宁蒙河段现状防凌防洪形势十分严峻,1986 年以来已先后发生了 6 次凌汛堤防决口和一次汛期堤防决口,给两岸造成了巨大的经济损失。

（4）中游干流河道治理及主要支流防洪工程仍不完善。禹门口至三门峡河段河道整治工程、护岸工程不完善,塌滩、塌岸现象时有发生,严重危及沿岸群众的生活生产安全;潼关高程仍然较高,渭河下游河道淤积严重,防洪形势严峻;沁河下游现有堤防质量差、标准低,险工不完善,河势尚未得到有效控制,防御超标准洪水措施不完善;汾河、伊洛河、大汶河等主要支流堤防防洪标准低,护岸工程不完善,重大灾情屡有发生;病险水库除险加固任务尚未完成,城市防洪设施薄弱。

3.3.2　水资源供需矛盾十分尖锐

黄河流域属于资源性缺水地区,现状缺水很严重。随着经济社会的发展,水资源供需矛盾将更加突出。

（1）现状供水量已超过了黄河水资源的承载能力。1995～2007 年黄河河川天然年径流量约 424.7 亿 m³,年平均消耗量约 300 亿 m³,消耗率超过 70%,超过了黄河水资源的承载能力。现状地下水开采量约 140 亿 m³,部分地区地下水超采严重,浅层地下水超采量及深层地下水开采量约 22 亿 m³,太原、西安等地区地下水位持续下降,形成降落漏斗,引起一系列环境地质问题。

（2）水资源短缺严重制约着经济社会的持续发展。据调查统计,现状全流域河道外实际缺水量约 47 亿 m³,河道内实际缺水量约 26 亿 m³,考虑退还不合理的地下水开采量,实际总缺水量约 95 亿 m³。随着经济社会尤其是能源基地的快速发展,工业和城市生活需水量仍将增长,缺水形势更加严重。据预测,在充分考虑节水的情况下,2020 年、2030 年流域内国民经济总需水量分别为 521.1 亿 m³、547.3 亿 m³,总缺水量分别为 106.5 亿 m³、138.4 亿 m³,在没有外流域调水的情况下,水资源供需矛盾将更加尖锐。

（3）生产用水严重挤占河道内生态环境用水,严重威胁河流健康。20 世纪 90 年代以来,年均入海水量仅 133 亿 m³,生产用水挤占河道内生态环境用水 47 亿 m³,生态环境用水不足使河道淤积萎缩严重、河口生态功能退化、入海河口及邻近海域局部范围海水盐度升高。部分支流断流情况严重,生态环境恶化。

（4）用水效率偏低。近些年来,黄河流域的用水水平和效率虽然有了较大提高,但由于部分灌区渠系老化失修、工程配套较差、灌水技术落后、用水管理粗放,以及水价严重背离成本阻碍节水工程的建设和节水技术的推广使用等原因,农业用水存在大水漫灌,工业用水效率和中水回用率低,与国内外先进水平差距较大。

3.3.3　水土流失防治任务依然艰巨

经过多年的治理,黄土高原局部地区生态环境得到了改善,但水土流失面广量大,防治任务依然艰巨,生态恶化的趋势尚未得到有效遏制。目前,还有一半以上的水土流失面积没有治理,且未治理部分水土流失强度大,自然条件更加恶劣,治理难度更大。尤其是黄河中游多沙粗沙区治理进展缓慢,生态环境改善和减沙效果不明显,对黄河下游防洪和人民生命财产安全构成严重威胁。受投资和自然条件的限制,已初步治理的水土流失区侵蚀模数仍普遍高于轻度侵蚀标准,有待进一步完善、配套和提高。资源开发与生态环境保护的矛盾依然尖锐,开矿、修路等开发建设项目造成的人为水土流失十分突出;陡坡开荒、毁林毁草、破坏天然植被现象时有发生,预防保护与监督的任务十分繁重。覆盖水土流失区的监测网络体系还未形成,监测能力不足,难以开展有效的监测。

3.3.4　水污染防治和水生态环境保护任重道远

虽然近年来流域水污染防治力度加大,水生态环境得到一定程度的改善,但还存在以下突出问题:

(1)现状年黄河流域废污水入河量 33.76 亿 m^3,黄河以其占全国 2% 的水资源,承纳了全国约 6% 的废污水和 7% 的 COD 排放量,干流及主要支流的功能区水质达标率仅有48.6%,流域水污染形势严峻。

(2)流域水污染突出,治理水平较低。目前流域粗放型的经济增长模式,造成资源消耗大、污染物排放强度高,石油化工、煤炭、造纸等行业的 COD 排放量占流域工业排放量的 80% 以上,污染问题突出。城市污水处理率远低于全国平均水平,污染治理欠账严重。随着流域经济社会用水需求不断增长,水环境压力将越来越大。

(3)流域水功能区监管薄弱。流域和地方各级相关部门水质监测能力不足,尤其是对水功能区、省(区)界、水源地、排污口等监测断面和监测频次不能满足流域水资源保护监督管理的需要。同时流域水功能区监管机制不健全,尤其是流域省(区)界水功能区保护目标责任制及考核机制没有落实,责任不明晰、执法不严,存在"违法成本低,守法成本高"的现象。

(4)流域经济社会发展同生态保护的矛盾日渐突出。河流生态用水不足、水污染、河流阻隔等因素,造成湿地萎缩、水生物生境破坏,水源涵养、生物多样性等生态功能下降。

3.3.5　水沙调控体系不完善

黄河干流已建成龙羊峡、刘家峡、三门峡、小浪底四座控制性骨干工程。龙羊峡、刘家峡水库在黄河防洪(防凌)和水量调度等方面发挥了巨大作用,有力支持了沿黄地区经济社会发展,但由于黄河水沙调控体系尚不完善,龙羊峡、刘家峡水库汛期大量蓄水带来的负面影响难以消除,造成宁蒙河段水沙关系恶化、河道淤积加重、主槽严重淤积萎缩,对中下游水沙关系也造成不利影响。

小浪底水库通过水库拦沙和调水调沙运用,在协调下游水沙关系、减少河道淤积、恢复中水河槽等方面发挥了重要作用,但目前黄河北干流缺乏控制性骨干工程,小浪底水库调水调沙后续动力不足,不能充分发挥水流的输沙功能,影响水库拦沙库容的使用寿命,同时在水量持续减少、入库泥沙没有明显减少、水沙关系仍不协调的情况下,小浪底水库拦沙库容淤满后,汛期进入黄河下游的高含沙小洪水出现的机遇将大幅度增加,下游河道主槽仍会严重淤积,水库拦沙期塑造的中水河槽将难以长期维持。

3.3.6　流域综合管理相对薄弱

黄河流域管理与区域管理相结合的管理体制及运行机制还不完善,对控制性骨干水利枢纽的管理还不适应全河水沙调控的要求,流域联合治污机制尚不完善;缺乏规范黄河治理开发保护与管理的专门法律法规,滩区洪水淹没补偿政策、流域生态补偿政策等缺位。流域管理的执法能力、监督监测能力和科技支撑能力还很薄弱。

3.4　主要认识

在长期治黄的过程中,经过实践—认识—再实践—再认识的不断探索,逐步加深了对黄河特殊性、规律性、重要性以及治黄理念的认识。

(1)要充分估计黄河治理开发与保护的长期性、艰巨性和复杂性。

黄河的根本问题是"水少、沙多,水沙关系不协调"、水资源供需矛盾尖锐、生态环境脆弱,具有特殊的复杂性,是世界上最为复杂难治的河流。20 世纪 50 年代的"蓄水拦沙"实践,是人类历史上首次尝试改变黄河泥沙分配布局的行为。在三门峡水利枢纽规划设计过程中,由于对黄河水土流失治理的长期性、艰巨性,泥沙问题的复杂性认识不足,对黄土高原地区水土保持措施的减沙作用过于乐观,过高地估计了三门峡水库的作用,水库运用后库区随即发生了严重淤积,导致渭河下游淤积抬高,严重威胁关中盆地的安全。尽管采取了多项补救措施,至今仍存在不少遗留问题。因此,治理开发黄河要科学管理洪水,妥善处理和利用泥沙,合理开发、优化配置、全面节约、有效保护水资源,改善生态环境,维持黄河健康生命。由于在相当长的时期内,黄河的基本特性难以改变,根本性问题依然存在,且呈现日趋严重的发展态势,因此要充分估计到黄河治理开发的长期性、艰巨性和复杂性,期望在短期内从根本上解决黄河问题是不现实的。

(2)黄河治理开发与保护不仅关系到流域及相关地区的防洪安全、供水安全、生态安全,而且关系到国家安全、经济安全、能源安全和粮食安全。

黄河流域土地资源丰富,农业生产在我国具有重要地位;矿产资源特别是能源及有色金属资源富集,是我国重要的能源、重化工和有色金属生产基地。黄河流域是实施西部大开发和中部崛起战略的重要区域,在我国经济社会发展中具有重要的战略地位。黄河防洪关系着国家安全、黄淮海平原及上中游地区的经济发展和社会安定,水资源开发利用和保护关系着国家的经济安全、能源安全、粮食安全和西北、华北地区经济社会的可持续发展,生态环境保护关系着黄河流域及相关地区的生态安全。治理开发与保护黄河要统筹兼顾、除害与兴利结合、开发与保护并重,并充分考虑与相邻流域乃至全国的关联性。

(3)黄河治理开发既要支撑经济社会的可持续发展,又要考虑维持黄河健康生命的需求。

黄河作为一条自然河流,兼具水沙输送、河床塑造、水体自净、维系生态、供水发电、景观旅游等自然功能和社会功能。20 世纪 80 ~ 90 年代,由于过度开发利用水资源以及大量排放污染物,黄河干支流频繁断流、河槽淤积萎缩、水污染严重、生态环境恶化,使黄河的自然功能日趋减弱,严重威胁到黄河自身的健康,进而影响到河流社会功能的正常发挥。随着区域经济社会快速发展,黄河水资源供需矛盾日趋尖锐,河流健康状况也更趋恶化,必然影响到区域经济社会的持续稳定发展。因此,黄河治理开发与保护要以维持黄河健康生命为前提,实行最严格的水资源管理制度,划定河流开发利用的"红线",加强黄河水资源管理与调度,逐步实现黄河功能性不断流;节流、开源与保护并举,尽可能满足区域经济社会发展用水需求,区域经济社会发展也要充分考虑水资源和水环境承载能力,进一步转变经济增长方式,建设资源节约型和环境友好型社会,实现人水和谐。

(4)"增水、减沙,调控水沙"是解决黄河根本问题的有效途径。

"水少、沙多,水沙关系不协调"是黄河复杂难治的症结所在,解决的有效途径是"增水、减沙,调控水沙"。增水,一方面应强化水资源节约保护,另一方面应适时适度实施外流域调水。减沙,应以有效控制进入下游的粗泥沙为重点,进一步加强以多沙粗沙区特别是粗泥沙集中来源区为重点的黄土高原水土流失综合治理;充分利用干支流骨干水库的拦沙库容"拦粗泄细";利用黄河两岸有条件的地方引洪放淤,尽可能"淤粗排细"。调控水沙,应逐步构建完善的黄河水沙调控体系,对洪水、径流、泥沙进行科学管理和联合调控,控制、利用和塑造洪水,合理配置和优化调度水资源,协调水沙关系,减轻河道淤积,恢复并维持中水河槽的行洪输沙功能。

(5)黄河治理开发与保护要坚持依法治水,加强流域综合管理,提高科技支撑能力。

黄河治理开发与保护是一项跨地区、跨部门的综合性系统工程,涉及有关各方事权划分和利益关系协调,需要采取法律手段进行统筹、调整、规范和引导。为此,治理开发与保护黄河要继续坚持依法治水,制定出台适应黄河特点和反映流域治理需求的专门法律法规及政策制度,建立健全权威、高效、协调的流域管理体制及其运行机制,为维持黄河健康生命提供法治保障。要运用信息化等高新技术,构建技术先进的科学决策场,增强流域治理开发保护与管理的现代化水平。对有重大影响的关键问题,组织多部门、多学科联合攻关,为黄河治理开发保护与管理提供强有力的科技支撑。

(6)黄河治理开发与保护要遵循自然规律和经济规律。

治理开发与保护黄河,要在实践中不断加深对黄河自然规律的认识,因势利导,注重人与河流和谐相处;要遵循经济规律,充分考虑经济政策、供求关系、社会环境等因素,进行多方案科学比选,处理好自然、经济、社会、环境的协调关系,实现黄河水利事业良性发展。

第 4 章　总体规划

4.1　指导思想和规划原则

4.1.1　指导思想

以科学发展观为指导,认真贯彻落实《中共中央　国务院关于加快水利改革发展的决定》精神,坚持人水和谐的理念,把推动民生水利新发展放在首要位置,把严格水资源管理作为加快转变经济发展方式的战略举措,全面规划、统筹兼顾、标本兼治、综合治理。针对黄河水沙特点和存在的主要问题,以增水、减沙、调控水沙为核心,以保障流域及相关地区的防洪安全、供水安全、粮食安全、生态安全为重点,加强水资源合理配置和保护,实行最严格的水资源管理制度,加快建设节水型社会,强化流域综合管理,维持黄河健康生命,支撑流域及相关地区经济社会的可持续发展。

4.1.2　规划原则

(1)坚持以人为本,民生优先。着力解决人民群众最关心、最直接、最现实的水利问题,推动黄河流域民生水利新发展。

(2)坚持统筹兼顾,流域与区域相结合。统筹协调治理、开发、保护各方面的关系及上下游、左右岸、干支流的关系,正确处理需要与可能、整体与局部、远期与近期的关系,注重兴利除害结合、防灾减灾并重、治标治本兼顾,促进流域水利与区域水利协调发展。

(3)坚持人水和谐,维持黄河健康生命。既要考虑经济社会发展对黄河治理开发的需求,又要考虑维护黄河健康生命对经济社会发展的约束,顺应自然规律和社会发展规律,合理开发、优化配置、全面节约、有效保护水资源。

(4)坚持水沙兼治,治水治沙并重。紧紧抓住黄河"水少、沙多,水沙关系不协调"的突出问题,防洪减淤并重,水沙联合调控,协调水沙关系。

(5)坚持工程措施与非工程措施并重。科学谋划黄河治理开发与保护的重大工程措施布局,严格建设程序,充分论证和审慎决策相关重大工程建设,强化流域综合管理能力建设,健全政策法规体系,提高科技支撑能力。

(6)坚持因地制宜,突出重点。根据流域不同地区自然条件、经济社会发展水平及治理开发现状,有针对性地采取对策措施。近期紧紧抓住面临的突出问题,对重点区域和关键措施进行合理安排。

(7)坚持改革创新。加快黄河治理开发保护与管理重点领域和关键环节的改革攻坚,充分运用市场机制合理配置水资源,破解制约黄河流域水利事业发展的体制机制障碍。

4.1.3　规划范围和水平年

规划范围为黄河流域,总面积 79.5 万 km²,规划的重点是黄河干流和重要支流。

现状水平年原则上以 2007 年为准;近期规划水平年为 2020 年,远期规划水平年为 2030 年。对泥沙问题、下游河道治理等战略问题进行较长时期的展望。

4.2　治理开发与保护的主要任务

根据黄河流域自然资源特点、战略地位、国家和区域经济社会发展要求,黄河治理开发与保护的主要任务是:进一步提高防洪能力,确保黄河防洪防凌安全;加强黄土高原水土流失区特别是多沙粗沙区的综合治理,多途径处理和利用泥沙,协调水沙关系,减轻河道淤积;合理开发、优化配置、全面节约、有效保护水资源,实施跨流域向黄河调水,缓解水资源供需矛盾,改善水生态环境,合理开发利用水力、水运资源;完善非工程措施,提高流域综合管理能力;维持黄河健康生命,支持流域及相关地区经济社会可持续发展。

综合考虑黄河各河段资源环境特点、经济社会发展要求和治理开发与保护的总体部署,明确各河段治理开发与保护的功能定位和主要任务。

4.2.1　龙羊峡以上河段

龙羊峡以上河段是黄河径流的主要来源区,地表水径流量占黄河地表水总量的38.4%,被誉为"黄河水塔"。该地区海拔较高、生态环境脆弱,是我国三江源保护区的重要组成部分。

吉迈以上河段和沙曲河口至玛曲河段要以生态环境与水源涵养保护为主,兼顾当地供水。吉迈至沙曲河口、玛曲至羊曲河段,以生态环境保护为主,兼顾发电,在加强生态保护的基础上合理进行水电开发。

4.2.2　龙羊峡至下河沿河段

龙羊峡至下河沿河段,水量丰沛,落差集中,是黄河水能资源开发的重点河段。黑山峡以上河段治理开发的主要任务是水资源合理配置、发电和防洪等综合利用,即通过对黄河水量的多年调节,为保障流域供水安全创造条件,控制洪水,保障城镇河段防洪安全,开发水力资源。对于黑山峡河段,可规划赋予协调水沙关系、防凌防洪、全河水资源合理配置、供水和发电等任务,但由于该河段开发工程建设、移民、生态环境影响等各方面问题较为复杂,下阶段应在科学论证、综合比选的基础上合理确定开发任务。

4.2.3　下河沿至河口镇河段

下河沿至河口镇河段两岸煤炭资源丰富,是我国重要的能源重化工基地,宁蒙平原引黄灌区是全国重要的农业主产区,该河段对防凌防洪、供水、灌溉要求较高。该河段以防凌防洪、供水、灌溉为主,兼顾发电。即进一步完善河防工程体系,加强十大孔兑治理,保障防洪防凌安全,为能源基地、城镇生活和工业、农业灌溉供水,加强节约用水和水污染治理,促进水资源合理高效利用,在峡谷河段合理开发水力资源。

4.2.4 河口镇至禹门口河段

河口镇至禹门口河段是黄河洪水、泥沙特别是粗泥沙的主要来源区,该河段水能资源较丰富,两岸煤炭资源富集,是我国重要的能源重化工基地。该河段应以防洪减淤为主,兼顾水力发电、供水和灌溉等综合利用。即加强多沙粗沙区的水土流失综合治理,在支流上建设拦沙工程体系,在干流建设骨干水库,拦减黄河泥沙特别是粗泥沙,控制洪水、调控水沙,减轻中下游河道淤积,合理开发水力资源,为两岸能源基地、城镇生活、工业及农业供水。

4.2.5 禹门口至潼关河段

禹门口至潼关区间河道冲淤变化剧烈,两岸地区是陕、晋两省重要的经济区。该河段应利用滩区放淤处理黄河泥沙,加强河道治理,为城市、工业和灌区供水。

4.2.6 潼关至桃花峪河段

潼关至桃花峪河段是黄河"下大洪水"的主要来源区,河段以下两岸是黄淮海平原。该河段以防洪、减淤为主,兼顾供水、灌溉和水力发电等综合利用。即利用骨干水库科学管理洪水,联合调控进入黄河下游的水沙,减轻下游河道淤积、长期维持中水河槽行洪输沙功能,为保障黄河下游防洪安全创造条件,为下游两岸城镇生活和工业供水、农业灌溉调节水量,合理开发水力资源。

4.2.7 桃花峪以下河段

黄河下游河道高悬于黄淮海平原地面之上,防洪安全保障要求较高,黄河是两岸地区主要的供水水源。黄河下游滩区居住着 189.5 万人,经常遭受洪水威胁,经济发展落后。该河段应以防洪、处理泥沙、供水为主。要进一步完善河防工程体系,加强滩区综合治理和蓄滞洪区安全建设,保障两岸防洪保护区的防洪防凌安全,向两岸地区供水、灌溉。加强河口综合治理,为黄河三角洲高效生态经济区发展创造条件。

4.3 规划目标

黄河治理开发与保护的长远目标是,维持黄河健康生命,谋求黄河长治久安,支撑流域及相关地区经济社会可持续发展。经过长期坚持不懈的努力,黄土高原适宜治理的水土流失区基本得到治理,生态环境良性发展;有效控制洪水泥沙,使下游河道不显著淤积抬高,保障防洪防凌安全;节水型社会建设大见成效,形成资源节约型和环境友好型社会,实现南水北调西线等工程向黄河流域调水,有效缓解水资源供需矛盾;地表水水质和水生态恢复良好状态,保证饮水安全和生态安全。规划期目标如下。

4.3.1　近期(2020年)目标

4.3.1.1　防洪减淤

初步建成黄河下游防洪减淤体系,基本控制洪水,确保防御花园口洪峰流量22 000 m³/s堤防不决口。基本完成下游标准化堤防建设,初步控制游荡性河段河势,初步完成东平湖滞洪区工程加固和安全建设。维持下游4 000 m³/s左右的中水河槽。加强下游"二级悬河"治理,搞好滩区安全建设,建立滩区运用补偿政策。搞好黄河河口综合治理。

进一步完善水沙调控体系,优化工程调度运用方式,增强水沙调控能力。基本完成粗泥沙集中来源区拦沙工程建设,有效拦减入黄粗泥沙。

加强宁蒙河段防洪防凌工程建设,堤防工程达到设防标准。干流其他重点防洪河段和主要支流重点防洪河段的河防工程基本达到设防标准,遏制潼关高程抬高并使其有所降低。

完成中小河流重要河段治理、病险水库除险加固和山洪地质灾害易发区预警预报系统建设,重要城市防洪基本达到国家规定的防洪标准。

4.3.1.2　水资源利用

基本建成水资源合理配置和高效利用体系。全面保障城乡居民饮水安全,基本保障城镇、重要工业的供水安全。节水型社会建设初见成效。基本完成大中型灌区续建配套和节水改造,灌溉水利用系数由现状的0.49提高到0.56,流域节水工程灌溉面积占有效灌溉面积的75%以上;万元工业增加值取水量比现状年降低50%左右。通过灌区节水改造和配套以及新建灌区,适当增加农田有效灌溉面积,提高国家粮食安全和主要农产品供给的保障能力。构建与流域经济社会发展相适应的抗旱减灾体系。搞好南水北调西线等跨流域调水工程前期工作,初步建成引汉济渭工程,局部地区缺水有所缓解。合理开发水力、水运资源,充分发挥水资源综合利用效益。

4.3.1.3　水资源和水生态保护

基本建成水资源和水生态保护体系。饮用水水源地水质全面达标,黄河干流等重要水功能区水质达到或优于Ⅲ类,重要支流水质达到或优于Ⅳ类,其他水功能区水质有所好转,省界及水源地等重点水功能区得到有效监管;地下水超采基本遏制,各功能区地下水水质基本达到目标要求;干流重要控制断面生态环境水量基本保证,河源、河口等重点保护区域生态适度修复,流域水生态系统恶化趋势基本遏制。

4.3.1.4　水土保持生态建设

新开展综合治理面积16.25万 km²,建设骨干坝9 210座,水利水保措施年均减少入黄泥沙达到5.0亿~5.5亿 t。多沙粗沙区、十大孔兑等重点区域水土流失得到有效治理。水土保持预防监督管理体系基本健全,人为水土流失得到初步控制,生态环境和生活生产条件得到改善。初步建立水土流失监测和评价体系,初步实现对全流域水土流失及其综合防治的动态监测、预报和定期公告。

4.3.1.5　流域综合管理

建立健全事权明晰、运作规范、权威高效、流域管理与区域管理相结合的流域管理体制,实施严格的流域管理制度,完善水资源管理和调度运行机制,进一步完善政策法规体系,研究制定水资源保护、河源区管理、东平湖滞洪区管理、下游滩区运用补偿、流域生态补偿等政策法规。基本建成水沙监测与预测预报体系、"数字黄河"工程、"模型黄河"工程,提高流域综合管理能力和公共服务水平。

4.3.2　远期（2030 年）目标

4.3.2.1　防洪减淤

基本建成黄河下游防洪减淤体系,有效控制和科学管理洪水。维持下游中水河槽,基本控制游荡性河段河势,保障滩区群众生命财产安全,基本实现人水和谐。

建设黑山峡河段工程,基本形成以干流骨干水库为主体的工程体系和相应配套的非工程措施组成的水沙调控体系,水沙关系得到较大改善。

基本完成多沙粗沙区拦沙工程建设,有效拦减进入黄河的粗泥沙。开展小北干流滩区有坝放淤。

黄河上中游干流、主要支流河防工程达到设防标准,重要城市防洪全部达到国家规定的防洪标准。

4.3.2.2　水资源利用

节水型社会建设大见成效,水资源利用效率接近全国先进水平,万元工业增加值用水量比 2020 年降低 40% 以上;完成大中型灌区及部分小型灌区的节水改造,灌溉水利用系数提高到 0.61,流域工程节水灌溉面积占有效灌溉面积的比例达到 90%。完善流域抗旱减灾体系。适时推进南水北调西线工程建设,初步缓解水资源供需矛盾,基本保障人民生活水平提高、经济社会发展、粮食安全和能源安全的用水需求,水力、水运资源得到进一步开发利用。

4.3.2.3　水资源和水生态保护

流域水功能区全部达到水质目标要求,建立完善的水功能区监管体系。地下水开发区全部达到功能区保护目标。黄河重要水生态保护目标的生态环境用水基本保证,水生态环境得到改善。

4.3.2.4　水土保持生态建设

新开展综合治理面积 12.5 万 km², 建设骨干坝 6 120 座, 适宜治理的水土流失区得到初步治理,重点地区治理不断巩固提高,水利水保措施年均减少入黄泥沙达到 6.0 亿 ~ 6.5 亿 t。完善水土保持预防监督管理体系,人为水土流失得到基本控制。水土保持生态环境监测网络更趋完善,生态环境和生活生产条件得到明显改善。

4.3.2.5　综合管理

进一步完善流域管理与区域管理相结合的体制及运行机制,健全事权明晰、运作规范、权威高效的黄河流域管理体制,健全黄河政策法规体系,进一步提升科技支撑能力,显著提高流域综合管理能力和公共服务水平,基本实现流域综合管理现代化。

4.4　主要控制指标

为了规范流域不同河段的开发利用活动、控制开发强度,为实施全流域综合管理提供依据,必须划定经济社会发展活动不可逾越的"红线"。针对不同河段及区域治理开发与保护的任务,考虑维持黄河健康生命的要求,从防洪(防凌)、水资源管理、河道内生态环境用水及断面下泄水量等三个方面,选择了防洪(防凌)标准、设防流量、防凌库容、平滩流量、地表水用水量、地表水耗水量、地下水开采量、万元工业增加值用水量、大中型灌区灌溉水利用系数、水质目标、COD 入河量、氨氮入河量、河道内生态环境用水量和断面下泄水量等 14 项主要控制指标。

4.4.1　防洪(防凌)控制指标

黄河下游、宁蒙河段、兰州河段及支流的沁河下游、渭河下游河段的防洪(防凌)问题突出,对上述河段分别提出防洪(防凌)标准、设防流量、防凌库容和平滩流量等控制指标。黄河下游堤防按国务院批准的防御花园口 22 000 m³/s 洪水标准设防,平滩流量为 4 000 m³/s,防凌库容不小于 35 亿 m³;宁蒙河段设防流量为 5 620 ~ 5 900 m³/s,南水北调西线工程生效前防凌库容不小于 40 亿 m³;渭河下游设防流量为 8 530 ~ 10 300 m³/s;沁河下游设防流量为 4 000 m³/s。见表 4.4-1。

表 4.4-1　黄河流域重点河段防洪(防凌)控制指标

河流		河段	防洪标准 $P(\%)$	设防流量 (m³/s)	防凌库容	平滩流量 (m³/s)	备注
黄河干流	兰州河段	桑园峡至黑山峡	1	6 050			城市河段
	宁蒙河段	下河沿至旧磴口	5	5 620	南水北调西线工程生效前,水库防凌库容不小于 40 亿 m³		防凌库容由宁蒙河段以上梯级水库承担
		三盛公(坝下)至蒲滩拐	2	5 900			
	下游	花园口		22 000	水库防凌库容不小于 35 亿 m³	4 000 以上	防凌库容由小浪底和三门峡水库承担
	河口	渔洼以下		10 000			
主要支流		沁河下游	1 ~ 4	4 000			
		渭河下游	2 ~ 5	8 530 ~ 10 300			

注:1. 沁河下游左岸丹河口以下堤防防洪标准为 100 年一遇;丹河口以上堤防防洪标准为 25 年一遇。右岸堤防防洪标准为 50 年一遇。

　　2. 渭河下游除耿镇、北田堤段保护区较小,防洪标准为 20 年一遇外,其他堤段防洪标准均为 50 年一遇。相应华县站设防流量分别为 8 530 m³/s 和 10 300 m³/s。

4.4.2　水资源管理控制指标

4.4.2.1　用水量及用水效率

以 1987 年国务院批准的"黄河可供水量分配方案"(简称"87"分水方案)为主要依

据,考虑流域水资源量的变化,统筹协调河道外经济社会发展用水和河道内生态环境用水之间的关系,提出有关省(区)地表水用水量和消耗量、地下水开采量等用水控制指标,万元工业增加值用水量、灌溉水利用系数等用水效率控制指标。南水北调东中线工程生效后至西线一期工程生效前,多年平均来水条件下,地表水用水量不得超过 401.7 亿 m³,地表水消耗量不得超过 332.8 亿 m³,地下水开采量不得超过 123.7 亿 m³;万元工业增加值用水量平均不得超过 53 m³,大中型灌区灌溉水利用系数平均不低于 0.56。详见表 4.4-2。

表 4.4-2　黄河流域用水量及用水效率控制指标

(南水北调西线一期工程生效前)

省区	用水量(亿 m³/a)					用水效率	
	地表水用水量(上限)		地表水消耗量(上限)		地下水开采量(上限)	万元工业增加值用水量(上限)(m³/万元)	灌溉水利用系数(下限)
	合计	其中:流域外	合计	其中:流域外			
青　海	15.6	0	13.2	0	3.26	131	0.49
四　川	0.4	0	0.4	0	0.02	59	0.57
甘　肃	37.5	2.0	28.4	2.0	5.67	90	0.53
宁　夏	64.7	0	37.3	0	7.68	105	0.42
内蒙古	64.0	0	54.7	0	23.76	43	0.52
陕　西	42.0	0	35.5	0	28.87	49	0.64
山　西	47.3	5.6	40.2	5.6	21.11	40	0.67
河　南	57.3	20.7	51.7	20.7	21.78	52	0.62
山　东	66.7	58.8	65.2	58.8	11.55	34	0.70
河　北	6.2	6.2	6.2	6.2			
合　计	401.7	93.3	332.8	93.3	123.70	53	0.56

4.4.2.2　水质目标及限制排污总量意见

根据国务院批复的《全国重要江河湖泊水功能区划(2011—2030 年)》、流域内各省(区)人民政府批复的水功能区划以及确定的规划目标,2020 年黄河干流及主要支流主要控制断面水质应达到其相应的水功能区水质目标要求。详见表 4.4-3。

综合考虑黄河流域经济社会发展、水资源条件和水功能区水质要求,实行最严格的水资源管理制度,确立黄河流域限制纳污红线,按照有关技术规程规范,在核定水功能区水域纳污能力的基础上,确定各水平年黄河流域水功能区主要污染物 COD、氨氮的限制排污总量意见,作为水资源保护和水污染防治工作的依据。

表 4.4-3　黄河流域重要水质断面水质目标

河流名称	断面名称	断面性质	水质目标
黄河干流	兰　州		Ⅲ类
	下河沿	甘肃、宁夏省(区)界	Ⅲ类
	乌达桥	宁夏、内蒙古省(区)界	Ⅲ类
	喇嘛湾	内蒙古、山西、陕西省(区)界	Ⅲ类
	潼　关	陕西、山西、河南省界	Ⅲ类
	小浪底		Ⅲ类
	花园口		Ⅲ类
	高　村	河南、山东省界	Ⅲ类
	利　津	入海断面	Ⅲ类
湟　水	民　和	入黄断面	Ⅳ类
汾　河	河　津	入黄断面	Ⅳ类
渭　河	吊　桥	入黄断面	Ⅳ类
伊洛河	石灰务	入黄断面	Ⅳ类
沁　河	武　陟	入黄断面	Ⅳ类

4.4.3　河道内生态环境用水及断面下泄水量控制指标

黄河河道内生态环境用水量包括汛期输沙水量和非汛期河道生态基流两部分。研究结果表明,利津断面多年平均河道内生态环境用水量应不少于 220 亿 m^3,其中汛期输沙需水量应不少于 170 亿 m^3;头道拐断面多年平均河道内生态环境用水量应不少于 200 亿 m^3,其中汛期输沙需水量应不少于 120 亿 m^3。随着流域内生态工程、减沙工程的实施,及时监测减沙效果,进一步研究论证、调整河道内生态环境用水及断面下泄水量控制指标。

考虑黄河水资源衰减和供需矛盾日趋尖锐的情况,并综合考虑经济社会发展和生态环境用水要求,确定干流主要控制断面的生态环境用水控制指标为:现状至南水北调东中线工程生效前,利津断面多年平均生态环境用水量不少于 193.6 亿 m^3,头道拐断面多年平均生态环境用水量不少于 200 亿 m^3;南水北调东中线工程生效后至西线一期工程生效前,利津断面多年平均生态环境用水量不少于 187 亿 m^3,头道拐断面多年平均生态环境用水量不少于 200 亿 m^3。同时,统筹协调经济社会发展用水和河道内生态环境用水关系,经供需平衡分析,提出龙羊峡、兰州、下河沿、石嘴山、头道拐、龙门、三门峡、花园口、高村、利津等 10 个主要控制断面下泄水量控制指标,见表 4.4-4。

表 4.4-4　河道内生态环境用水及断面下泄水量控制指标　　(单位:亿 m³/a)

控制断面	南水北调东中线工程生效后至西线一期工程生效前	
	河道内生态环境用水量(下限)	断面下泄水量(下限)
龙羊峡		209.7
兰　州		304.9
下河沿		299.6
石嘴山		260.9
头道拐	200	200.0
龙　门		229.9
三门峡		258.7
花园口		282.8
高　村		256.5
利　津	187	187.0

4.5　总体布局

　　黄河"水少、沙多,水沙关系不协调",生态环境脆弱。通过长期不懈的努力,黄土高原适宜治理的水土流失面积得到有效治理,但仍有大量的泥沙进入黄河。随着经济社会的持续发展和气候变化,进入黄河下游的水量还将进一步减少,"水少、沙多,水沙关系不协调"的局面将长期存在。治理开发黄河必须立足于这个基本的估计,努力增水、减沙、调控水沙。通过建设骨干水利枢纽,利用拦沙库容拦减泥沙,实施小北干流及其他滩区放淤,减少进入下游河道的泥沙;通过强化节水和实施跨流域调水,有效增加黄河水资源量,基本保障经济社会发展和生态环境用水需求,实现河流生态系统良性循环;黄河下游河道治理以"宽河固堤"格局为基本方案,形成完善的河防工程体系,保持中水河槽排洪输沙功能,使洪水泥沙安全排泄入海;利用完善的黄河水沙调控体系联合运用,科学管理洪水、优化配置水资源,协调水沙关系,控制河道淤积,维持黄河健康生命,谋求黄河长治久安。

　　为实现黄河治理开发与保护的总体目标,需要构建完善的水沙调控体系、防洪减淤体系、水土流失综合防治体系、水资源合理配置和高效利用体系、水资源和水生态保护体系以及流域综合管理体系。这六大体系既相对独立,又相互联系,其中水沙调控体系是防洪减淤体系、水资源合理配置和高效利用体系的核心,也与水土流失综合防治体系、水资源和水生态保护体系、流域综合管理体系密切相关,是黄河治理开发与管理总体布局的关键。

4.5.1　水沙调控体系

　　黄河水沙异源,约 62% 的水量来自兰州以上,89% 的泥沙来自中游河口镇至三门峡区间,且约 60% 的水量、90% 的泥沙来自汛期。黄河水沙关系不协调的基本特性,导致了下游河道严重淤积。黄河下游大洪水主要来自河口镇至三门峡和三门峡至花园口两大区间,同时宁蒙河段和黄河下游凌汛灾害问题也比较突出。黄河流域约 90% 的经济社会用水主要集中在兰州以下,不仅各地区之间用水矛盾突出,而且经济社会用水与河道生态用水矛盾也十分尖锐,枯水年缺水问题更加突出。

根据黄河水沙特点,统筹考虑防洪、减淤、协调水沙关系、水资源合理配置和高效利用、河道水生态保护等综合利用要求,需要建设完善的水沙调控体系,其目的就是通过水库群联合运用,科学管理洪水,为防洪、防凌安全提供重要保障;利用骨干水库的拦沙库容拦蓄泥沙并调控水沙,特别是合理拦蓄对下游河道淤积危害最大的粗泥沙,协调水沙关系,减少河道淤积,长期维持中水河槽行洪输沙功能;合理配置和优化调度水资源,协调生活、生产、生态用水要求。

根据黄河干流各河段的特点、流域经济社会发展布局,统筹考虑洪水管理、协调全河水沙关系、合理配置和高效利用水资源等综合利用要求,按照综合利用、联合调控的基本思路,构建以干流的龙羊峡、刘家峡、三门峡、小浪底等骨干水利枢纽为主体,以海勃湾、万家寨水库为补充,与支流的陆浑、故县、河口村等控制性水库共同构成完善的黄河水沙调控工程体系。其中龙羊峡、刘家峡等水库主要构成黄河上游以水量调控为主的子体系,联合对黄河水量进行多年调节和水资源优化调度,并满足上游河段防凌、防洪减淤要求;三门峡和小浪底等水库主要构成中游以洪水泥沙调控为主的子体系,管理黄河中游洪水,进行拦沙和调水调沙,协调黄河水沙关系,并进一步优化调度水资源。

同时,还需要构建由水沙监测、水沙预报和水库调度决策支持等系统组成的水沙调控非工程体系,为黄河水沙联合调度提供技术支撑。

4.5.2　防洪减淤体系

确保防洪安全是治黄的第一要务。黄河水害不仅是洪水造成的,而且因其大量泥沙淤积造成河道不断抬高和主流游荡多变而异常复杂。因此,黄河防洪必须与减轻泥沙淤积统筹考虑,构建完善的防洪减淤体系。

黄河下游是防洪的重中之重。总结多年的治黄实践,解决黄河大洪水和泥沙问题要坚持“上拦下排、两岸分滞”调控洪水和“拦、调、排、放、挖”综合处理泥沙的方针。“上拦”就是根据黄河洪水陡涨陡落的特点,在中游干支流修建大型水库显著削减洪峰;“下排”即通过河防工程建设和河口治理,充分利用河道排洪能力,确保进入河道的洪水排泄入海;“两岸分滞”即在必要时利用两岸设置的滞洪区分洪,滞蓄超过堤防设防标准的洪水。“拦”主要是依靠水土保持和干支流控制性骨干工程拦减泥沙,特别是要有效拦减对河道淤积危害大的粗泥沙;“调”就是利用水沙调控体系调节水沙过程,使水沙关系适应河道的输沙特性,以利排沙入海;“排”就是充分利用下游河道的排洪输沙能力,通过河道、河口治理,将进入河道的泥沙尽可能多地输送入海;“放”主要是利用黄河两岸有条件的地方放淤沉沙,特别是处理对河道淤积危害大的粗泥沙,结合引水引沙处理和利用一部分泥沙;“挖”主要是在“二级悬河”严重或过流能力偏小的河段挖河疏浚,扩大河道行洪能力,淤背加固堤防,淤滩治理“二级悬河”和堤河串沟。

为此,需要进一步完善以水沙调控体系为核心,河防工程为基础,多沙粗沙区拦沙工程、放淤工程、分滞洪工程等相结合的防洪减淤工程总体布局,辅以防汛抗旱指挥系统、防洪调度和洪水风险管理等非工程措施,构建较为完善的黄河防洪减淤体系。

黄河水沙调控体系联合运用,管理洪水、拦减泥沙、调控水沙,对黄河下游和上中游河道防洪(防凌)减淤具有重要作用。

河防工程包括两岸标准化堤防、河道整治工程、河口治理工程等,是提高河道排洪输沙能力、控制河势、保障防洪安全的重要屏障。河防工程建设以黄河下游和宁蒙河段等干流河段,以及沁河下游、渭河下游等主要支流主要防洪河段为重点。

水土保持措施特别是多沙粗沙区拦沙工程,是防洪减淤体系的重要组成部分。

利用黄河中游的小北干流、温孟滩、下游两岸滩地等有条件的地方放淤,是处理和利用泥沙的重要措施之一。特别是小北干流具有广阔的放淤空间,通过滩区放淤,减轻下游河道和小浪底水库淤积。

分滞洪区是处理黄河下游超标准洪水,以牺牲局部利益保全大局的关键举措。东平湖滞洪区作为黄河下游重点滞洪区,是保证艾山以下窄河段防洪安全的关键工程,承担分滞黄河洪水和调蓄大汶河洪水的双重任务,控制艾山下泄流量不超过 10 000 m³/s。北金堤滞洪区作为保留滞洪区,是处理黄河下游超标准特大洪水的临时分洪措施。

下游滩区既是群众赖以生存的家园,又是滞洪沉沙的重要场所,加强滩区综合治理,实施滩区运用补偿政策,是实现滩区人水和谐、保障黄河防洪安全的重要措施。

4.5.3 水土流失综合防治体系

水土流失综合防治必须遵循自然和经济规律,以水土资源的可持续利用和生态环境的良性维持为根本,与当地脱贫致富和经济社会可持续发展相结合,采取防治结合、保护优先、突出重点、强化治理的基本思路,按照分区防治的原则,因地制宜配置各种治理措施。

重点治理区。现状黄河流域水土流失面积 46.5 万 km² 中,国家级重点治理区为 19.1 万 km²,主要分布在河口镇至龙门区间、泾河和北洛河上游、祖厉河和渭河上游、湟水和洮河中下游、伊洛河和三门峡库区,而其中 7.86 万 km² 的多沙粗沙区,来沙量大、粗泥沙含量高,对下游河道淤积影响最大;内蒙古十大孔兑,水土流失面积为 0.8 万 km²,流经库布齐沙漠,来沙集中且粗泥沙含量大,是造成内蒙古河段淤积的主要原因之一。因此,黄河流域水土流失治理要以多沙粗沙区和内蒙古十大孔兑为重点,以支流为骨架,小流域为单元,把沟道坝系建设作为小流域综合治理的主要措施,工程、植物和耕作措施相结合,加大生态修复的力度,集中连片,综合治理。

重点预防保护区。黄河流域重点预防保护区面积 26.52 万 km²,其中国家级重点预防保护区面积 15.48 万 km²,主要分布在子午岭林区、六盘山林区以及黄河源区。该区要依法保护森林、草原植被和现有水土流失防护设施;对有潜在侵蚀危险的地区,积极开展封山封沙、育林育草,禁止毁林毁草、乱砍滥伐、过度放牧和陡坡开荒,防止产生新的水土流失;因地制宜地实施生态移民;搞好已有水土保持治理成果的管理、维护、巩固和提高。

重点监督区。黄河流域重点监督区面积 19.74 万 km²,其中国家级重点监督区面积

14.97 万 km²，主要分布在晋陕蒙接壤煤炭开发区、豫陕晋接壤有色金属开发区、陕甘宁蒙接壤石油天然气开发区。该区资源开发、建设项目和工矿集中，对地表及植被破坏面积大，人为水土流失严重，要加强开发建设项目管理，严格执行水土保持"三同时"制度，严格审批建设项目水土保持方案并监督实施，把人为造成的水土流失减小到最低程度；对已破坏的地表、植被和造成的水土流失进行恢复治理。

4.5.4　水资源合理配置和高效利用体系

按照资源节约、环境友好的节水型社会建设的要求，黄河水资源开发利用的基本思路是：节流开源并举，节流优先，适度开源，强化管理。

建立水资源合理配置和高效利用体系，是实现黄河水资源可持续利用，保障供水安全，支撑流域及相关地区经济社会可持续发展的关键。一是要全面推行节水措施，建设节水型社会。以上游宁蒙平原、中游汾渭盆地、下游引黄灌区及上游的青海黄河谷地和湟水谷地、甘肃中部扬黄灌区为重点，建设节水型农业；建设节水型工业和城市。二是实行最严格的水资源管理制度，提高用水效率。加强水权管理，根据不同水平年耗用黄河水控制指标，严格控制用水总量；加强用水定额管理，转变用水模式，促进经济结构调整和经济增长方式的转变；建成干流主要断面、取退水口、支流入黄口水量统一监测网络，完善地下水监测网络，建立全河水资源统一管理和调度系统，逐步实现黄河功能性不断流。三是要多渠道开源，增加供水能力。加强必要的水资源开发利用工程建设，与已建的骨干水库联合运用，增强水资源的调节和配置能力，通过水资源的合理配置和优化调度，提高供水保证率，协调好生活、生产和生态用水；逐步实施引汉济渭、南水北调西线工程等跨流域调水工程，加大非常规水源的利用，有效缓解水资源供需矛盾。四是合理有序地开发利用水力资源，为经济社会发展提供清洁可再生能源。

4.5.5　水资源和水生态保护体系

黄河水资源和水生态保护的基本思路是：保护优先，综合治理，强化监管。

水资源保护的核心是加强水功能区管理，根据黄河流域主要污染物限制排污总量意见，落实区域水污染防治措施，加大水污染治理力度，减少和控制污染物排放量与入河量。完善流域各省(区)水功能区保护目标责任制，明确和落实省界考核机制。以饮用水水源地和省界水功能区为重点，进一步完善流域水质监测体系和能力，强化和提升流域水资源保护综合管理水平及突发水污染事件的应急处置能力，确保黄河水质达标。

黄河水生态保护要以干流为主线，以湿地和鱼类为重点保护对象，以河源区和河口区为重点保护区域，因地制宜地采取保护措施。河源区要加强水源涵养，注重湿地和土著鱼类的保护；河口三角洲区要重点保护淡水湿地，基本保障维持河口生态的低限用水。干流河段要保护主要鱼类生境条件，防止沿岸重点湿地萎缩，同时协调好湿地保护与河道治理工程建设的关系。

4.5.6　流域综合管理体系

流域综合管理的基本思路是：完善体制机制，建立健全法制，增强管理能力。

　　按照权威、高效、协调的原则，完善流域管理和区域管理相结合的体制，进一步明确事权划分。完善流域管理的议事协商机制，建立重要水利枢纽工程统一调度管理运行机制、省界断面水量水质责任制监督机制，强化水资源管理和调度机制，完善河道管理范围内建设项目管理机制，健全突发水事事件预警和应急管理机制。

　　健全流域管理的政策法规，研究制定规范黄河治理开发与保护的专门法律《黄河法》和流域水资源保护的行政法规。制定黄河水权转让、下游滩区运用补偿、流域生态补偿等政策。

　　加强流域综合管理能力建设，提高水行政执法、监督监测和信息发布能力。通过建设水沙监测与预测预报体系、"数字黄河"工程和"模型黄河"工程，提高管理和科技支撑能力，为黄河治理开发与管理提供科学依据和决策支持。

第 5 章　水沙调控体系规划

建设完善的黄河水沙调控体系,是控制和管理洪水、协调水沙关系、合理配置水资源的关键手段,对维持黄河健康生命、支持流域经济社会可持续发展具有至关重要的作用。

5.1　水沙调控体系布局

5.1.1　水沙调控体系的主要任务

根据黄河的水沙特性、资源环境特点,统筹兼顾黄河治理开发保护的各项任务和目标,构建完善的水沙调控体系的主要任务是,对黄河洪水、泥沙、径流(包括南水北调西线工程调水量)进行有效调控,满足维持黄河健康生命和经济社会发展的要求。一是科学控制、利用和塑造洪水,协调水沙关系,为防洪、防凌安全提供重要保障。即有效控制大洪水,削减洪峰流量,减轻黄河洪水威胁;合理利用中常洪水,联合调水调沙,减轻河道淤积,塑造和维持中水河槽;联合调控塑造人工洪水过程,防止河道主槽萎缩,维持水库长期有效库容和中水河槽;有效调节凌汛期流量,减少河道槽蓄水增量,减轻防凌压力。二是充分利用骨干水库的拦沙库容拦蓄泥沙,特别是拦蓄对下游河道淤积危害最大的粗泥沙。三是合理配置和优化调度水资源,确保河道不断流,保障输沙用水和生态用水,保障生活、生产供水安全。

5.1.2　水沙调控工程体系布局

根据黄河治理开发与保护的总体规划,黄河水沙调控工程体系由上游调控子体系和中游调控子体系构成,两个子体系任务各有侧重。

5.1.2.1　上游调控子体系

黄河多年平均(1956～2000 年)河川天然径流量为 534.8 亿 m^3,其中兰州以上多年平均天然径流量约 330 亿 m^3,占全河水量的 62%。黄河径流主要来自汛期 7～10 月,占全年的 60% 以上,中游支流的来水主要集中在汛期,且以洪水形式出现,含沙量非常大;黄河径流年际变化也非常大,最小年径流量为 323 亿 m^3,仅占多年均值的 60%。同时黄河还出现了 1922～1932 年、1969～1974 年、1990～2000 年的连续枯水段,其年水量分别相当于多年均值的 74%、84% 和 83%。宁蒙河段也具有水沙异源的特点,水量主要来自兰州以上,泥沙主要来自兰州以下的支流和内蒙古河段的十大孔兑。

随着经济社会的快速发展,流域用水需求还会继续增长,预计 2020 年流域内需水量达到 521 亿 m^3(未包括流域外供水约 98 亿 m^3),其中农业需水量为 362 亿 m^3,且约 90% 的用水主要集中在兰州以下的宁蒙河段两岸地区和中下游地区,非汛期用水占全年用水的 63%。同时宁蒙河段由于特殊的地理位置,防凌、防洪问题也十分突出。黄河上游龙羊峡至青铜峡河段水能资源丰富,是全国十二大水电基地之一。

由于流域用水的地区分布与径流来源不一致,工农业用水过程与天然来水过程不一致,经济社会用水和河道生态环境用水矛盾突出,特别是枯水年的水量远不能满足生活、生产、生态用水需求。为了解决非汛期用水的供需矛盾,特别是保障连续枯水年的供水安全,并提高上游梯级发电效益,需要在黄河上游布局大型水库对黄河径流进行多年调节。

已建的龙羊峡、刘家峡水库,拦蓄丰水年水量补充枯水年水量,并将汛期多余来水调节到非汛期,对于保障黄河供水安全发挥了极为重要的作用,并提高了上游梯级电站的发电效益,同时调节凌汛期下泄流量,对减轻内蒙古河段凌汛灾害发挥了重要作用。但由于水库汛期大量蓄水,汛期输沙水量大幅度减少,造床流量减小,导致了内蒙古河道严重淤积、中水河槽急剧淤积萎缩,且刘家峡水库受地理位置局限,防凌运用灵活性和有效性差,目前内蒙古河段防凌、防洪形势仍十分严峻。

为了消除目前上游梯级调度方式带来的负面影响,需要在宁蒙河段以上规划选择一个大库容水库,根据黄河水资源配置的总体要求,对宁蒙河段的水量进行调节,改善进入内蒙古河段的水沙条件,并调控凌汛期流量,保障内蒙古河段防凌、防洪安全。为了内蒙古河段应急防凌的需要,需建设海勃湾水利枢纽。

上游调控子体系以水量调节为主,主要任务是对黄河水资源和南水北调西线入黄水量进行合理配置,为保障流域的供水安全创造条件,协调进入宁蒙河段的水沙关系,长期维持宁蒙河段中水河槽,保障宁蒙河段的防凌、防洪安全及上游其他沿河城镇防洪安全,为上游城市工业、能源基地和农业发展供水,提高上游梯级发电效益,并配合中游骨干水库调控水沙。

5.1.2.2 中游调控子体系

黄河下游的洪水泥沙威胁是中华民族的心腹之患,保障下游防洪安全是黄河治理开发保护的重中之重,水沙关系不协调是黄河下游难以治理的关键症结所在。黄河来水来沙异源,约62%的水量来自上游,约90%的泥沙来自中游河口镇至三门峡区间;黄河来水来沙还具有水沙年际、年内变化大,水沙过程不同步的特点。河道淤积抬高是影响下游防洪安全的关键因素,20世纪90年代由于工农业用水大幅度增加和上游水库大量拦蓄汛期水量,有利于输沙的大流量历时减少、单位流量含沙量增加,导致主槽淤积萎缩、河道形态恶化,严重影响防洪安全。

由于进入下游的洪水、泥沙主要来自黄河中游的河口镇至三门峡区间和三门峡至花园口区间,为保障黄河下游防洪安全,需要在黄河中游的干支流修建大型骨干水库,控制和管理洪水,合理拦减进入黄河下游的粗泥沙,联合调控水沙,同时满足工农业用水的调节任务,支持经济社会可持续发展。

目前已建的三门峡水库和小浪底水库,通过拦沙和调水调沙遏制了下游淤积抬高的趋势,恢复了中水河槽行洪输沙功能,通过科学管理黄河洪水为保障下游防洪安全创造了条件,通过调节径流保障了下游的供水安全。但相对于黄河大量的来沙,小浪底水库拦沙和调水调沙能力有限,为满足黄河下游的长远防洪减淤要求,还必须在干流继续兴建大型骨干水库拦沙和联合调水调沙运用。根据黄河干流来水来沙条件和地形地质条件,在来沙较多特别是粗泥沙产沙量较为集中的北干流河段,规划建设古贤、碛口水利枢纽,与三门峡和小浪底水库共同构成中游洪水泥沙调控子体系的主体。

　　伊洛河、沁河是黄河中游"下大洪水"的主要来源区,渭河是黄河"上大洪水"和泥沙的主要来源区之一。为了控制支流的洪水,保障黄河下游防洪安全,拦减支流来沙,减少黄河下游河道泥沙淤积,调控支流来水,配合小浪底水库调水调沙,尽量多输沙入海,需要伊洛河上已建的陆浑、故县水库配合小浪底、三门峡水库联合防洪和调水调沙运用,并根据支流的地形地质条件,规划建设沁河的河口村水库、泾河的东庄水库。同时,为了充分发挥小浪底水库的调水调沙作用,并为规划的碛口水库调整库区淤积形态、长期保持有效库容创造条件,中游已建的万家寨水库也需要参与调水调沙运用。

　　中游调控子体系以调控洪水泥沙为主,主要任务是科学管理洪水,拦沙和联合调控水沙,减少黄河下游泥沙淤积,长期维持中水河槽行洪输沙功能,为保障黄河下游防洪(防凌)安全创造条件,调节径流为中游能源基地和中下游城市、工业、农业发展供水,合理利用水力资源。

　　综上所述,以干流的龙羊峡、刘家峡、黑山峡、碛口、古贤、三门峡、小浪底等骨干水利枢纽为主体,以干流的海勃湾、万家寨水库及支流的陆浑、故县、河口村、东庄等控制性水库为补充,共同构成完善的黄河水沙调控工程体系。上述上游和中游水沙调控子体系工程布局,特别是规划拟建工程主要是从有利于水沙调控调度运用提出的,其作用、建设方案、建设时机等尚需综合考虑区域和流域水资源配置、现有工程体系优化、生态环境影响、居民搬迁安置等重大问题,进一步科学论证。

5.1.3　水沙调控非工程体系

　　水沙调控非工程体系由水沙监测、水沙预报和水库调度决策支持系统等构成。

5.1.3.1　水沙监测体系

　　黄河水沙调控体系的调度和运行,需要实时监测各河段和水库的流量、水量、沙量、含沙量、河道冲淤、河床质级配组成等数据,为水沙预报、水沙调控方案研究和调度运行提供依据。为此,需建立满足调度运行要求的水沙监测体系,承担水沙调控体系调度运行需要的气象、径流、洪水、泥沙、凌情、河道冲淤变化等信息的监测任务。

5.1.3.2　水沙预报系统

　　为了制定水沙调控体系调度运行方案,需要根据水沙监测体系观测数据,对面临时段和未来一段时期的水量、流量、含沙量、洪水等进行预报。为此,要建立满足水沙调控体系调度运行的水沙预报系统,包括洪水、泥沙、径流、冰凌等预报模型。

5.1.3.3　水库调度决策支持系统

　　水库调度决策支持系统是做好水沙调控体系调度运行的关键技术支撑。根据水沙调控体系管理洪水、调控水沙、合理配置黄河水资源的需要,建立防洪防凌调度系统、水资源配置和统一调度系统、调水调沙调度系统等;建立可视化的调度决策会商系统,协调上述各系统的运行;建立适合水沙调控体系调度和运行的应用服务平台。

5.1.4　骨干工程的任务和作用

5.1.4.1　龙羊峡水利枢纽

　　龙羊峡水利枢纽位于青海省共和县、贵南县交界的峡谷进口段,坝址控制流域面积

13.14 万 km²,占流域总面积(不含内流区)的 17.5%,年均径流量 212 亿 m³,年入库悬移质输沙量为 2 490 万 t。坝址控制了黄河 1/3 以上径流,坝址以下是黄河上游水电基地、能源基地和宁蒙灌区农业基地。水库正常蓄水位 2 600 m,相应总库容 247 亿 m³,调节库容 193.5 亿 m³,具有多年调节性能,被称为黄河上游河段的"龙头"水库。根据经济社会发展要求和坝址水沙特性、库容条件,龙羊峡水库在黄河水资源合理配置方面具有关键性的战略地位和极为重要的作用,通过对径流的多年调节,增加黄河枯水年特别是连续枯水年的供水能力,提高上游梯级电站的发电效益。

5.1.4.2　刘家峡水利枢纽

刘家峡水利枢纽下距兰州市 100 km,坝址控制流域面积 18.18 万 km²,多年平均天然径流量 277 亿 m³,年输沙量 8 700 万 t。水库正常蓄水位 1 735 m,相应总库容 57 亿 m³,有效库容约 35 亿 m³,为年调节水库。根据刘家峡水库的地理位置、水沙特性、库容条件,刘家峡水库在黑山峡水库建成之前,主要承担防洪、防凌、供水、灌溉、发电等综合利用任务;在黑山峡河段工程建成后,主要配合龙羊峡水库进一步调节径流,提高上游梯级电站发电效益,提高宁蒙地区供水保证率,控制大洪水,保障兰州市防洪安全,配合黑山峡河段工程运用保障宁蒙河段防凌安全。

5.1.4.3　黑山峡河段开发工程

黑山峡河段上游流域面积 25.2 万 km²,多年平均径流量 333 亿 m³,可开发装机容量约 2 000 MW。目前,宁夏和甘肃两省(区)对该河段开发方式、功能定位仍存在严重分歧,各方先后提出了大柳树高坝一级开发方案,小观音高坝、大柳树低坝二级开发方案和红山峡、五佛、小观音、大柳树低坝四级开发方案等多种方案,修建黑山峡水库的必要性、可行性、可替代性、紧迫性、建坝风险以及水库拦沙减淤和调水调沙作用等关键问题尚未形成共识,要继续深入做好相关研究论证工作,从长计议,周密比选,科学决策。特别是考虑近年来黄河来水量锐减,水资源供需矛盾突出的实际,工程决策宜结合南水北调西线调水工程统筹考虑。

5.1.4.4　碛口水利枢纽

碛口水利枢纽控制了黄河北干流的洪水和粗泥沙的主要来源区,实测多年平均输沙量 5.65 亿 t,占全河沙量的 39.5%,其中粗泥沙输沙量约 2 亿 t,占全河粗泥沙量的56.8%。两岸为晋陕蒙能源重化工基地的腹部,供水需求较大。根据工程的地理位置、建库条件和黄河治理开发需求,工程开发任务以防洪减淤为主,兼顾发电、供水和灌溉等综合利用,即通过水库拦沙并与中游其他骨干水库联合调水调沙,协调水沙关系,减轻黄河下游河道淤积,并为两岸地区供水,开发河段水能资源。水库正常蓄水位 785 m,相应总库容为 125.7 亿 m³,其中拦沙库容约 110 亿 m³。

碛口水库通过水库拦沙和调水调沙,运用 60 年可减少黄河下游河道泥沙淤积 75.44亿 t,使潼关高程下降 1.6 m 左右;可进一步削减北干流洪水,降低三门峡水库的蓄洪水位;为晋陕两省电网提供 1 800 MW 调峰容量,为两岸能源基地提供可靠的水源,促进地区经济社会发展。

5.1.4.5　古贤水利枢纽

古贤水利枢纽位于晋陕峡谷末端附近,坝址以上流域面积约 48.99 万 km²,其下游附近的龙门站实测多年平均径流量为 322 亿 m³,实测年平均输沙量 8.57 亿 t,占全河沙量的 64%,其中粗泥沙量占全河的 80%。河口镇至龙门区间是黄河"上大洪水"的主要来源区。1986 年以来黄河水沙条件恶化,潼关高程长期居高不下,渭河下游河道淤积加重。坝址下游两岸为晋陕两省的能源基地和农业基地,依靠黄河供水。古贤水库是控制黄河北干流洪水、泥沙的关键性工程,与小浪底水库联合调水调沙具有天然的地理优势,在黄河水沙调控体系中具有承上启下的战略地位,开发任务以防洪减淤为主,兼顾发电、供水和灌溉等综合利用。水库正常蓄水位 640 m,总库容 152.2 亿 m³,拦沙库容 118 亿 m³。

古贤水库可拦沙 150 多亿 t,通过水库拦沙并与小浪底和三门峡水库联合调水调沙,可减少下游河道泥沙淤积 127.6 亿 t,其中古贤水库减淤 106 亿 t,可在 50 年内维持下游河道 4 000 m³/s 中水河槽的行洪输沙能力;可减少小北干流河段淤积 30 亿 t,明显冲刷降低潼关高程,使潼关高程下降值达到 2 m 左右;可为小北干流放淤创造有利条件。水库对黄河北干流大洪水进行有效调控,可大幅度减轻三门峡库区返库移民的洪水威胁,减少三门峡库区大洪水滞洪淤积,减轻黄河洪水倒灌渭河下游不利影响。水库调节径流,可为黄河北干流沿岸的能源重化工基地和城乡生活、工农业发展提供水源保障,为晋陕两省电网提供 2 100 MW 调峰容量和清洁能源,促进地区经济社会发展。

5.1.4.6　三门峡水利枢纽

三门峡水利枢纽是黄河下游防洪工程体系的重要组成部分。原规划开发任务是防洪、防凌、灌溉、发电、供水等综合利用。小浪底水库建成运用后,三门峡水库不再承担灌溉和供水任务,主要配合小浪底水库进行防洪、防凌和调水调沙运用,并兼顾发电。水库汛期一般控制水位 305 m 运用,流量大于 1 500 m³/s 时敞泄运用,非汛期平均运用水位 315 m。在黄河发生大洪水时,三门峡水库与小浪底、故县、陆浑水库以及东平湖滞洪区联合调控洪水,保证黄河防洪安全;凌汛期三门峡水库预留 15 亿 m³ 防凌库容,在小浪底水库防凌库容不能满足需要时投入运用,可基本解决下游凌汛威胁。

5.1.4.7　小浪底水利枢纽

小浪底水利枢纽位于黄河中游干流最后一个峡谷的末端,坝址以上流域面积 69.42 万 km²,占全流域(不含内流区)的 92.2%,实测多年平均径流量 377.5 亿 m³,年均输沙量 12.65 亿 t。水库控制了黄河洪水的大部分来源区,控制了全河 91.2% 的水量、几乎全部泥沙,是控制黄河下游洪水、协调水沙关系的最关键工程。水库正常蓄水位 275 m,相应总库容 126.5 亿 m³,长期有效库容 51 亿 m³,电站装机容量 1 800 MW,开发任务以防洪(包括防凌)、减淤为主,兼顾供水、灌溉和发电,除害兴利,综合利用。

小浪底水库与三门峡、陆浑、故县等干支流水库联合运用,可将花园口断面千年一遇洪水由 42 300 m³/s 削减至 22 600 m³/s,百年一遇洪水由 29 200 m³/s 削减至 15 700 m³/s,使下游抗御大洪水能力进一步增强。小浪底水库可提供 20 亿 m³ 的防凌库容,加上三门峡水库配合运用,可基本解除下游的凌汛威胁。水库可拦蓄泥沙 100 亿 t,减少下游河道淤积 78 亿 t;通过水库拦沙和联合调水调沙,可使黄河下游河道平滩流量恢复到 4 000 m³/s 左右。水库调节径流,可为确保黄河下游河道不断流创造条件,保证下游沿黄城市生活、工业供水,提高灌区引水保证率。小浪底水电站可为地区经济社会发展提供清洁能源,为电网提供调峰容量。

5.1.4.8　万家寨和海勃湾水利枢纽

万家寨水利枢纽位于黄河北干流的上段,坝址以上控制流域面积 39.5 万 km²。水库最高蓄水位 980 m,相应总库容 8.96 亿 m³,调节库容 4.45 亿 m³。工程开发任务主要是供水结合发电调峰,兼有防洪、防凌作用。电站装机容量 1 080 MW。水库年供水量 14 亿 m³,对缓解晋、蒙两省(区)能源基地、工农业用水及人民生活用水的紧张状况具有重要作用。

海勃湾水利枢纽位于内蒙古自治区境内的黄河干流,距乌海市区 3 km,坝址以上控制流域面积 31.2 万 km²。水库正常蓄水位 1 076 m,相应总库容 4.87 亿 m³,长期调节库容约 0.94 亿 m³。工程开发任务以防凌为主,结合发电,兼顾防洪和改善生态环境等综合利用。

5.1.4.9　主要支流控制性水利枢纽

故县水库、陆浑水库均位于支流伊洛河上。伊洛河是黄河中游的清水来源区,两坝址控制径流量分别为 12.8 亿 m³、10.25 亿 m³,年输沙量分别为 655 万 t、300 万 t;伊洛河洪水是黄河三门峡至花园口区间洪水的主要来源。洛河故县水库和伊河陆浑水库是黄河下游防洪工程体系的有机组成部分,总库容分别为 11.75 亿 m³ 和 13.2 亿 m³,开发任务均以防洪为主,兼顾灌溉、供水、发电,并配合黄河干流骨干水库调水调沙运行。

河口村水库位于沁河的最后一段峡谷出口处,坝址控制流域面积 9 223 km²,年径流量 10.89 亿 m³,年输沙量 518 万 t。沁河洪水是三门峡至花园口区间洪水的主要来源之一。河口村水库是控制沁河洪水、径流的关键工程,是黄河下游防洪工程体系的重要组成部分,开发任务以防洪、供水为主,兼顾灌溉、发电、改善生态,并配合黄河干流骨干水库调水调沙运行。

东庄水库位于渭河最大的支流泾河上,控制流域面积 4.32 万 km²,占泾河流域面积的 95.1%。水库总库容为 30 亿 m³,可拦蓄泥沙约 26 亿 t,是控制泾河洪水、泥沙的关键性工程,开发任务以防洪、减淤为主,兼顾供水、发电及改善生态。

5.2　水沙调控体系联合运用机制

黄河水沙调控体系中各工程的任务各有侧重,但又具有紧密的系统性和关联性,必须统筹兼顾、密切配合、统一调度、综合利用。

5.2.1　上游调控子体系联合运用机制

龙羊峡、刘家峡和黑山峡 3 座骨干工程联合运用,构成黄河水沙调控体系中的上游水量调控子体系。根据黄河径流年内、年际变化大的特点,为了确保黄河枯水年不断流、保障沿黄城市和工农业供水安全,龙羊峡、刘家峡水库联合对黄河水量和南水北调西线入黄水量进行多年调节,以丰补枯,增加黄河枯水年特别是连续枯水年的水资源供给能力,提高梯级电站发电效益。黑山峡水库主要对上游梯级电站下泄水量进行反调节,结合防凌蓄水将非汛期富余的水量调节到汛期,并将南水北调西线工程配置的河道内输沙用水调节到汛期,改善宁蒙河段水沙关系,消除龙羊峡、刘家峡水库汛期大量蓄水运用对宁蒙河段造成的不利影响,并调控凌汛期流量,保障宁蒙河段防凌安全,同时调节径流,为宁蒙河段工农业和生态灌区适时供水。

在黑山峡水库建成以前,刘家峡与龙羊峡水库联合调控凌汛期流量,保障宁蒙河段防凌安全,调节径流为宁蒙灌区工农业供水;同时要合理优化汛期水库运用方式,适度减少汛期蓄水量,恢复有利于宁蒙河段输沙的洪水流量过程,改变目前宁蒙河段主槽淤积萎缩的不利局面。

海勃湾水利枢纽主要配合上游骨干水库防凌运用。在凌汛期的流凌封河期,调节流量平稳下泄,避免流量波动形成小流量封河,开河期在遇到凌汛险情时应急防凌蓄水。在汛期配合上游骨干水库调水调沙运用。

5.2.2　中游调控子体系联合运用机制

中游的碛口、古贤、三门峡和小浪底水利枢纽联合运用,构成黄河洪水泥沙调控工程体系的主体,在洪水管理、协调水沙关系、支持地区经济社会可持续发展等方面具有不可替代的重要作用。中游调控子体系联合运用,一是联合管理黄河洪水,在黄河发生特大洪水时,合理削减洪峰流量,保障黄河下游防洪安全;在黄河发生中常洪水时,联合对中游高含沙洪水过程进行调控,充分发挥水流的挟沙能力,输沙入海,减少河道主槽淤积,并为中下游滩区放淤塑造合适的水沙条件;在黄河较长时期没有发生洪水时,为了防止河道主槽淤积萎缩,联合调节水量塑造人工洪水过程,维持中水河槽的行洪输沙能力。二是水库联合拦粗排细运用,尽量拦蓄对黄河下游河道泥沙淤积危害最为严重的粗泥沙,并根据水库拦粗排细、长期保持水库有效库容的需要,考虑各水库淤积状况、来水条件和水库蓄水情况,联合调节水量过程,冲刷水库淤积的泥沙。三是联合调节径流,保障黄河下游防凌安全,发挥工农业供水和发电等综合利用效益。

在古贤水库建成以前,中游骨干工程水沙调控以小浪底水库为主,干流的万家寨、三门峡水库及支流的故县、陆浑等支流骨干水库配合,联合运用。为进一步延长小浪底水库的使用年限,要进一步优化现状工程体系的调水调沙运用方式,明确各项调控指标。万家寨水库一方面下泄大流量过程冲刷三门峡水库库区淤积的泥沙,在小浪底库区形成异重流排沙;另一方面与三门峡水库联合运用,冲刷小浪底水库淤积的泥沙,改善库区淤积形态;同时,万家寨水库要优化桃汛期的运用方式,冲刷降低潼关高程。三门峡水库主要配合小浪底水库进行防洪、防凌和调水调沙运用,塑造并维持下游河道中水河槽。

古贤水库建成生效后,初步形成了黄河中游洪水泥沙调控子体系,古贤水库和小浪底水库联合调控水沙,在一定时期内维持黄河下游河道基本不淤积抬高,长期维持中水河槽,为小北干流放淤创造条件,冲刷降低潼关高程。

古贤水库拦沙初期,应首先利用起始运行水位以下的库容拦沙和调水调沙,降低潼关高程,冲刷恢复小浪底水库部分槽库容,并维持黄河下游中水河槽行洪输沙能力。古贤水库对入库水沙进行调节,避免下泄不利于小北干流输沙的水沙过程,在发生高含沙洪水且小浪底水库槽库容淤积不严重时,水库异重流排沙;小浪底水库对古贤至小浪底区间的水沙进行调节,避免下泄不利于黄河下游输沙的水沙过程,当入库为高含沙洪水且槽库容淤积较少时,水库异重流排沙,否则维持低水位壅水排沙;在两水库蓄水和预报河道来水满足一次调水调沙的水量要求时,根据下游河道平滩流量变化和小浪底水库槽库容淤积情况,尽可能下泄有利于下游河道输沙的水沙过程,维持下游河道主槽过流能力或冲刷恢复小浪底水库有效库容。

古贤水库拦沙后期,根据黄河下游平滩流量和小浪底水库库容变化情况,古贤、小浪底水库联合调水调沙运用,适时蓄水或利用天然来水冲刷黄河下游河道和小浪底库区,恢复和维持下游中水河槽过流能力,并尽量长期保持小浪底水库的槽库容;在黄河下游平滩流量和小浪底水库槽库容恢复后,两水库尽量维持低水位壅水拦粗排细运用,并遇合适的水沙条件,适时冲刷古贤水库淤积的泥沙,尽量延长水库拦沙运用年限。

在水库正常运用期,当水库槽库容淤积不严重时,两水库按古贤拦沙后期调水调沙运用原则联合运用;当水库槽库容淤积较严重时,利用入库流量冲刷排沙,恢复槽库容。

万家寨水库原则上按设计运用方式供水、发电运用,但在古贤水库需要排沙,或为小北干流放淤创造合适的水沙过程时,万家寨水库要配合黄河上游水量调控子体系联合运用,下泄较大流量过程,冲刷古贤水库淤积的泥沙,提高排沙能力。三门峡水库主要配合小浪底水库进行防洪、防凌和调水调沙运用。

5.2.3　上游子体系和中游子体系联合运用机制

黄河水沙异源的自然特点,决定了上游调控子体系必须与中游调控子体系有机地联合运用,构成完整的水沙调控体系。在协调黄河水沙关系方面,上游子体系需根据黄河水资源配置要求,合理安排汛期下泄水量和流量过程,为中游子体系联合调水调沙提供水流动力条件;当中游水库需要降低水位冲刷排沙、恢复库容时,上游调控子体系大流量下泄,形成适合于河道输沙的水沙过程;中游子体系对上游子体系下泄的水沙过程、河道冲淤调整出来的泥沙及区间来水来沙过程进行再调节,形成有利于下游河道输沙的水沙过程,减轻水库及下游河道淤积;中游子体系和上游子体系联合调控运用,可为小北干流放淤创造有利条件。

5.2.4　支流水库配合干流水库运用机制

支流的故县、陆浑、河口村、东庄等水库,主要是配合干流骨干工程调控水沙。故县、陆浑、河口村水库控制了黄河中游的清水来源区,根据洪水管理要求,有效削减进入黄河下游的洪峰流量;对汛期水量进行调节,根据黄河干流骨干水库水沙调控的调度运用要求,适时泄放大流量过程,实现清水流量与干流高含沙水流的合理对接,充分发挥水流的输沙能力。东庄水库主要配合中游骨干水库拦沙和调控水沙,减轻渭河及黄河下游河道淤积。

5.3　待建工程建设时机

目前已建成干流的龙羊峡、刘家峡、三门峡和小浪底 4 座控制性骨干工程和支流的陆浑、故县水利枢纽,构成了黄河水沙调控体系的基础,在防洪（防凌）减淤、调水调沙和水量调度等方面发挥了巨大的综合利用效益。但由于黄河水沙调控体系尚未构建完成,现状工程运用还存在较大局限性。总结黄河治理开发的实践经验,根据"增水、减沙,调控水沙"的思路和途径,要进一步完善黄河水沙调控体系,通过水库拦沙和联合调控水沙,实现"拦"、"调"、"排"有机结合,协调黄河水沙关系,保障黄河防洪安全和供水安全。

5.3.1　古贤水利枢纽

目前中游已建骨干工程在协调下游水沙关系方面还存在较大的局限性,主要表现在小浪底水库调水与调沙之间存在矛盾,人工塑造洪水进行泥沙调节比较困难,小浪底水库拦沙库容淤满后下游河道复将淤积抬高、中水河槽急剧淤积萎缩;同时北干流尚没有一座控制性骨干工程调控水沙,潼关高程居高不下,渭河下游河道淤积严重。两岸经济社会发展要求水库调节径流,为能源重化工基地、城乡生活、工农业发展提供水源条件。在小浪底水库拦沙后期尽快建设古贤水利枢纽工程,通过水库拦沙并与小浪底水库联合调水调沙,可以充分延长小浪底水库拦沙运用年限,减轻黄河下游河道淤积,长期维持下游中水河槽,保障下游防洪安全,并降低潼关高程,减轻渭河下游洪水威胁。根据维持黄河健康生命和经济社会发展的需求,建设古贤水利枢纽是十分必要和迫切的。要深化古贤水利枢纽的前期工作,争取在"十二五"期间立项建设,2020 年前后建成生效,初步形成黄河中游洪水泥沙调控子体系。

5.3.2　黑山峡河段工程

目前上游已建工程难以协调宁蒙河段减淤、供水、防凌和发电之间的矛盾,防凌运用也存在较大的局限性,宁蒙河段水沙关系恶化,主槽淤积萎缩,防凌形势十分严峻;附近地区能源基地建设和生态建设要求黑山峡水库提供水源条件。从保障内蒙古河段防凌安全、改善水沙关系、满足附近地区经济社会发展供水需求等方面分析,需要建设黑山峡河段工程,完善上游水量调控子体系。经过 50 多年的论证,黑山峡河段开发的前期工作已经具备一定基础,但仍存在重大分歧。应进一步协调开发与保护的关系,对黑山峡河段开发方案进行科学论证,审慎决策,根据维持黄河健康生命和促进经济社会发展的要求,研究确定其合理的开发时机。

5.3.3　海勃湾、河口村、东庄水库

黄河干流的海勃湾水库、沁河河口村水库已开工建设,要做好工程建设工作,及时建成生效。

目前渭河流域缺乏控制性骨干水库工程,为了减轻渭河下游河道淤积,保障防洪安全,需要规划建设东庄水利枢纽,当前要加强前期工作,力争 2020 年建成生效。

5.3.4　碛口水利枢纽

碛口水利枢纽是黄河水沙调控体系的骨干控制性工程,规划安排在古贤水利枢纽之后开发建设。由于碛口与古贤、小浪底水库联合运用对协调水沙关系、优化配置水资源等具有重要作用,因此应加强前期工作,做好重大关键技术问题研究,促进立项建设。

第 6 章　防洪规划

　　保障流域及黄淮海平原的防洪安全是黄河治理开发的首要任务,为此需要继续做好黄河下游防洪、上中游重点河段防洪、病险水库除险加固、重要城市防洪和中小河流治理等工作,其中下游防洪是重中之重。

6.1　下游防洪

6.1.1　防洪体系现状

　　下游防洪一直是治黄的首要任务,经过多年坚持不懈的治理,通过一系列防洪工程的修建,已初步形成了以中游干支流水库、下游堤防、河道整治、分滞洪工程为主体的"上拦下排,两岸分滞"防洪工程体系。同时,还加强了防洪非工程措施建设和人防体系的建设。

　　(1)上拦工程。为了有效地拦蓄洪水,在中游干支流上先后修建了三门峡水利枢纽、陆浑水库、故县水库和小浪底水利枢纽。

　　三门峡水利枢纽是黄河中游干流上修建的第一座大型水利枢纽工程,控制流域面积68.84 万 km²,控制了河口镇至龙门区间和龙门至三门峡区间两大洪水来源区的洪水,并对三门峡至花园口区间洪水起到错峰和补偿调蓄的作用。目前,水库防洪最高运用水位335 m,相应库容约为 55 亿 m³;最高防凌运用水位 326 m,防凌库容 18 亿 m³。

　　陆浑水库位于支流伊河中游,控制流域面积 3 492 km²。水库总库容 13.2 亿 m³,其中防洪库容 2.5 亿 m³。

　　故县水库位于黄河支流洛河中游,控制流域面积 5 370 km²。水库总库容 11.75 亿m³,其中防洪库容近期为 7 亿 m³,远期为 5 亿 m³。

　　小浪底水利枢纽位于黄河干流最后一个峡谷的下口,上距三门峡大坝 130 km,坝址以上流域面积 69.42 万 km²,控制黄河流域面积(不含内流区)的 92.2%、90% 的水量和几乎全部的泥沙,具有承上启下的战略地位,是防治黄河下游水害、开发黄河水利的关键工程。水库正常蓄水位 275 m,设计总库容 126.5 亿 m³,其中长期有效库容 51 亿 m³(防洪库容 40.5 亿 m³,调水调沙库容 10.5 亿 m³),拦沙库容 75.5 亿 m³。在防凌方面,小浪底水库预留防凌库容 20 亿 m³,凌汛期与三门峡水库联合运用,控制下泄流量不超过 300 m³/s,可基本解除下游凌汛威胁。

　　(2)下排工程。黄河下游除南岸邙山及东平湖至济南区间为低山丘陵外,其余全靠堤防约束洪水。现状下游临黄大堤总长 1 371.2 km,其中左岸长 747 km,右岸长 624.2km。各河段堤防的设防流量分别为花园口 22 000 m³/s,高村 20 000 m³/s,孙口 17 500m³/s,艾山以下 11 000 m³/s。目前一期标准化堤防工程建设完成长度 287.2 km,二期正在建设。为了减少洪水直冲堤防,控导河势,经过多年的河道整治工程建设,已建成险工135 处,坝垛护岸 5 279 道,工程总长度 310.5 km;控导工程 219 处、坝垛 4 573 道,工程长度 421.3 km。目前,陶城铺以下弯曲性河道的河势已得到控制;高村至陶城铺由游荡性向弯曲性转变的过渡性河段,河势得到基本控制;高村以上游荡性河段已布设了一部分控导工程,缩小了游荡范围,河势尚未得到控制。

(3)两岸分滞洪工程。为了防御超标准洪水和减轻凌汛威胁,开辟了北金堤、东平湖滞洪区及齐河、垦利展宽区、大功分洪区,用于分滞超过河道排洪能力的洪水。根据 2008年国务院批复的《防洪规划》,东平湖是重要蓄滞洪区,北金堤是保留蓄滞洪区,其他几处已取消分滞洪任务。

东平湖滞洪区位于黄河下游由宽河道转为窄河道的过渡段,是保证窄河段防洪安全的关键工程,承担分滞黄河洪水和调蓄汶河洪水的双重任务,控制艾山下泄流量不超过10 000 m³/s。东平湖滞洪区总面积 627 km²,其中老湖区 209 km²,新湖区 418 km²,设计分洪运用水位 45 m,相应库容 33.5 亿 m³。

北金堤滞洪区位于黄河下游高村至陶城铺宽河道转为窄河道过渡段的左岸,是防御黄河下游超标准洪水的重要工程措施之一。小浪底水库建成运用后,千年一遇洪水黄河下游花园口站设防流量 22 600 m³/s,孙口相应流量 18 100 m³/s,在东平湖分洪运用后,洪峰流量仍超出陶城铺以下窄河段 11 000 m³/s 的防御流量时,仍需要北金堤滞洪区分洪。虽然其分洪运用几率很小,但考虑到小浪底水库拦沙库容淤满后,下游河道仍会继续淤积抬高,堤防防洪标准将随之降低,从黄河防洪的长远考虑,北金堤滞洪区作为保留滞洪区临时分洪防御特大洪水。

黄河下游防洪目前存在的主要问题:一是小浪底大坝至花园口区间洪水尚未得到控制,该区间百年一遇设计洪水的洪峰流量为 12 900 m³/s,千年一遇为 20 100 m³/s,且预见期短,对下游堤防威胁较大。二是泥沙问题在相当长时期内依然存在,冲淤变化异常复杂,历史上形成的地上悬河局面将长期存在,下游水患威胁依然严峻。三是滩区综合治理问题突出,一方面滩区安全建设投资少,不仅外迁安置人数少,滩内留守人员也存在安全设施标准低、数量不足的问题,防洪安全问题突出,加之无淹没补偿,导致经济发展严重滞后,下游滩区已成为沿黄贫困带。另一方面滩区群众以修筑生产堤等自保也带来经济发展与治河的矛盾,“二级悬河”形势十分严峻。四是河防工程仍需进一步完善,表现在标准化堤防尚未全面建设完成;大量引黄涵闸等穿堤建筑物中还存在不少安全隐患;局部堤段堤防宽度不足,临河堤坡较陡,低于设计标准;险工及防护坝高度及强度不足,表现为顶部欠高,坦石和根石坡度、根石深度等不能满足要求,遇洪水易垮坝;高村以上河道整治工程还不完善,河势游荡多变,严重危及堤防的安全。五是东平湖滞洪区围坝、二级湖堤护坡质量差,二级湖堤标准低、高度不足,湖区排水不畅,安全建设遗留问题较多。六是沁河下游堤防隐患多,险工强度不足,平工堤段险情易发。七是河口河段治理滞后,现行流路防洪工程标准低、数量不够。

6.1.2　下游河道治理方略

长期以来,黄河下游治理方略一直存在着“宽河固堤”与“窄河固堤”之争。“宽河固堤"即是在维持目前堤防格局的前提下,继续开展河防工程、蓄滞洪区、滩区安全设施等建设;而"窄河固堤"则是在修建桃花峪水库进一步控制洪水的条件下,将黄河下游宽河段堤距缩窄至 3～5 km,"解放"下游大部分滩区,对超出陶城铺以下窄河段防御标准的洪水,利用东平湖滞洪区及在宽河段滩区开辟蓄滞洪区加以解决。

　　下游河道治理采用何种治理方略,关键要对未来进入黄河下游河道的水沙条件进行科学的判断。从来水情况分析,在未来黄河流域多年平均降水量基本不发生变化的情况下,由于水土保持作用,2030 年黄河天然径流量将由现状下垫面条件下的 535 亿 m³ 减少到 515 亿 m³;而随着国民经济的进一步发展,用水量还要有所增加。因此,黄河下游实际来水量将进一步减少。从来沙情况看,目前各类水利水保措施多年平均减少入黄泥沙3.5 亿～4.5 亿 t,2030 年水土保持措施年均减少入黄泥沙达到 6.0 亿～6.5 亿 t,入黄泥沙仍有 9 亿～10 亿 t,说明多沙仍将是黄河长时期的基本特征。从水沙关系分析,小浪底水库在拦沙期由于有较大的拦沙库容拦减泥沙,进入下游的水沙条件相对较好,但小浪底水库拦沙结束转入正常运用后,水库运用对长时期水沙量影响不大,黄河下游水少沙多的特点将更加突出。由于小浪底水库的作用,进入下游的洪水以中小洪水为主且其量级和几率都显著减小,但由于水文变化的周期性和不确定性,大洪水的发生几率不会有大的变化,人类活动对大洪水影响有限。因此,未来考虑小浪底、三门峡等骨干水库的联合运用,进入下游水沙条件两级分化趋势更加明显,一方面洪水以中小洪水为主,含沙量可能还会略高,水沙关系更不协调;另一方面稀遇大洪水仍将存在,防洪仍将是下游治理长期面临的重大任务。

　　针对未来进入下游的水沙条件,为科学制定下游河道治理方略,必须考虑下游滩区的滞洪沉沙作用和现有的河防工程布局。目前,下游堤防艾山以下窄河段设防流量为11 000 m³/s,仅为花园口设防流量 22 000 m³/s 的一半,宽滩区及东平湖滞洪区滞洪削峰是窄河段行洪安全的基础。根据 1950 年 6 月至 1998 年 10 月实测资料分析,黄河下游河道淤积泥沙 92 亿 t,其中滩地淤积 63.70 亿 t,占河道淤积泥沙量的近 70%。大洪水的统计资料还表明,直径大于 0.05 mm 的粗泥沙是黄河泥沙淤积的主体,粗泥沙难于输送,全部淤积在陶城铺以上。正是由于滩区具有巨大的滞洪沉沙作用,新中国成立以来,黄河下游防洪按照"宽河固堤"的格局,实施了大规模的堤防、险工、河道整治等河防工程建设。

　　从处理洪水角度看,"宽河固堤"与"窄河固堤"都能处理黄河现有防御标准内的洪水;从处理泥沙角度而言,在中游古贤、碛口等骨干水库陆续建成投入运用的情况下,在水库拦沙期内,由于进入下游的泥沙较少,"窄河固堤"与"宽河固堤"相比,下游河道淤积抬升速度差别不大;中游骨干水库拦沙库容淤满后,未来进入黄河下游的泥沙仍较多,尽管"窄河固堤"输沙效率较高,但河道淤积抬升速度仍较快,给防洪体系的建设和运用带来较大压力;从建设管理来看,"窄河"方案需要大规模改建现有堤防、河道整治等防洪工程体系,工程从修建到稳定需较长时间,占压大量土地,而且"解放"的滩区防护对象与整个黄河下游防洪保护区的整体与局部关系仍然存在,在黄河泥沙淤积抬升的背景下,原有堤防作为二道防线仍不能轻言放弃。

　　在"上拦下排、两岸分滞"的防洪工程体系基本形成的前提下,确定黄河下游河道的治理方略为"稳定主槽、调水调沙,宽河固堤、政策补偿"。即通过河道整治工程建设,进一步控制河势,改变黄河下游河道游荡多变的特点,稳定中水流路,并采取调水调沙措施,长期维持中水河槽行洪排沙能力,尽量使中常洪水时不漫滩;陶城铺以上河段继续采取"宽河固堤"方案,按照现有堤防工程布局继续加固堤防,建成标准化堤防。该治理方略可使下游两极分化的水沙条件对应两条不同的水沙通道,即中小洪水时主要通过中水河槽排洪输沙;大洪水时依靠广阔的滩地,滞洪沉沙,淤滩刷槽,增强主槽过洪能力。同时通过滩区安全建设,在发生中常洪水时,滩区群众的生命财产安全可以得到保障;当发生漫滩大洪水时,实施滩区运用补偿政策,帮助群众尽快恢复生产。

"稳定主槽、调水调沙,宽河固堤、政策补偿"的黄河下游河道治理方略,是一个相互联系的有机整体。河道整治和改善水沙关系是稳定主河槽的重要措施,利用水沙调控体系进行调水调沙是改善水沙关系、塑造和维持中水河槽的重要手段,"宽河固堤"是防御黄河下游大洪水、保证防洪安全的基础。同时,稳定一定过流能力的主河槽、加快滩区安全建设,是保证滩区群众在中常洪水时安居乐业的前提,滩区运用补偿政策是帮助群众在大洪水过后尽快恢复生产的重要保障。

黄河下游河道治理方略既关系到黄河的长治久安,又关系到滩区189.5万人的安全与发展,需要近远结合,统筹考虑。本次规划从稳妥角度考虑,下游河道治理采用"宽河固堤"格局作为基本方案。因此,要抓紧开展滩区安全建设,落实有关补偿政策和措施,研究废除生产堤的条件和时机,并结合控导工程的建设,优化水沙调度方式,稳定中水河槽,尽可能提高其排洪能力和输沙效率,并探索更好地解决滩区问题的经验。未来根据古贤等水沙调控体系骨干工程的建设情况和黄土高原水土保持、滩区放淤等措施的实施效果,以及上游来水来沙条件的变化情况,研究下游河道调整"宽河"格局的可行性。

6.1.3　洪水管理

在"上拦下排、两岸分滞"调控洪水方针的基础上,根据黄河洪水变化及防洪减淤要求,依托黄河水沙调控体系,通过"控制、利用、塑造"管理洪水,协调水沙关系,维持中水河槽,保障防洪安全。

6.1.3.1　控制大洪水和特大洪水

对于大洪水和特大洪水,要提高防洪工程的控制能力,依据水文预报制定科学合理的洪水处理方案,通过干支流水库的联合调度和滞洪区的适时启用,将洪水控制在两岸堤防之间,确保洪水安全排泄入海。

对于与黄河下游洪水密切相关的三门峡、花园口、三花间等水文站及区间的设计洪水,曾进行过多次分析计算。1975年,为满足下游防洪规划的需要,对三门峡、花园口、三花间等水文站及区间的洪水进行了比较全面的分析计算(采用洪水系列截至1969年),其中主要站及区间的成果经原水电部1976年审查核定。在其后的小浪底、西霞院水利枢纽设计、黄河下游防洪规划、黄河下游长远防洪形势和对策研究等工作中,又多次进行了洪水分析计算,设计洪水成果与1976年审定成果相比减小5%至10%。2008年国务院批复的《防洪规划》,仍采用1976年审定成果。

黄河下游按防御花园口洪水流量22 000 m³/s洪水设防。当发生大洪水时,首先依靠中游三门峡、小浪底、陆浑、故县四座水库联合调控,削峰滞洪,控制进入下游的洪水,当超出堤防设防流量时,由东平湖滞洪区和北金堤滞洪区分滞洪运用。经水库群联合防洪运用和蓄滞洪区分洪运用后,黄河下游各控制断面的洪峰流量及设防流量见表6.1-1。花园口 22 000 m³/s 设防流量相应的重现期为近一千年,东平湖的分洪运用几率为 30 年一遇。东平湖分洪后,不超过艾山以下大堤设防流量。

表 6.1-1　工程运用后黄河下游各级洪水流量及设防流量表　（单位：m³/s）

断面名称	不同重现期洪峰流量				设防流量
	30 年	100 年	300 年	1 000 年	
花园口	13 100	15 700	19 600	22 600	22 000
柳园口	12 000	15 120	18 800	21 900	21 800
夹河滩	11 500	15 070	18 100	21 000	21 500
石头庄	11 400	14 900	18 000	20 700	21 200
高　村	11 200	14 400	17 550	20 300	20 000
孙　口	10 400	13 000	15 730	18 100	17 500
艾　山	10 000	10 000	10 000	10 000	11 000
泺　口	10 000	10 000	10 000	10 000	11 000
利　津	10 000	10 000	10 000	10 000	11 000

对超标准的洪水,高村以上河段可以利用堤防 3 m 的超高或进一步加修子堰输送洪水,高村以下通过渠村闸向北金堤滞洪区分洪。北金堤滞洪区分洪运用后,可将花园口万年一遇洪水由 27 400 m³/s 削减到孙口站的 17 500 m³/s,经东平湖滞洪区分洪后,可控制艾山以下洪峰不超过 10 000 m³/s,由堤防约束行洪入海。

6.1.3.2　利用中常洪水

对中常洪水,合理适度承担风险,考虑洪水的资源属性和造床功能,一是通过塑造协调的水沙关系,让洪水冲刷河槽,挟沙入海,恢复河槽的过流能力;二是将黄河洪水资源化,对汛期洪水进行分期管理,科学拦蓄后汛期洪水,为翌年春灌和确保黄河不断流提供宝贵的水资源。

6.1.3.3　塑造洪水

河道是洪水和泥沙的输移通道,当河道内长期没有洪水通过时,主槽就会发生萎缩。在河道里没有洪水且条件具备时,通过水库群联合调度等措施塑造人工洪水及其过程,扩大行洪输沙能力,达到减少水库泥沙淤积、防止主槽萎缩和携沙入海的多重目的。

6.1.3.4　控制冰凌洪水

为了保障下游的防凌安全,在凌汛期首先利用小浪底水库预留的 20 亿 m³ 防凌库容控制下泄流量,不足时再利用三门峡水库 15 亿 m³ 防凌库容,联合控制进入下游的流量。

6.1.4　防洪工程

防洪工程主要包括防洪水库、河防工程、蓄滞洪区等。针对当前黄河下游防洪存在的主要问题,除结合黄河水沙调控体系建设规划,建设古贤水利枢纽,加快建设河口村水利枢纽等防洪水库外,应统筹协调好防洪保安与湿地、自然保护区的关系,恢复和增强湿地功能,加强湿地保护,继续建设标准化堤防,加快河道整治步伐,搞好东平湖滞洪区建设。

6.1.4.1 堤防工程

黄河下游堤防属于特别重要的 1 级堤防。规划期堤防高度已基本满足设计要求,主要是继续开展堤防加固、帮宽等。在堤防建设中,进一步优化工程方案,尽量减少工程占地,同时统筹考虑黄河下游淤背区土地的复垦利用问题,恢复其粮食生产能力。

1. 堤防加固

黄河下游堤防加固是解决堤防"溃决"和"冲决"问题的关键措施。大堤加固采用的主要措施有前戗、后戗、放淤固堤、截渗墙、锥探压力灌浆等。长期的实践证明,放淤固堤优点最为明显:一是可以显著提高堤防的整体稳定性,有效解决堤身质量差问题,处理堤身和堤基隐患;二是较宽的放淤体可以为防汛抢险提供场地、料源等;三是从河道中挖取泥沙,有一定的疏浚减淤作用;四是淤区顶部营造的适生林带不仅可以提供抢险料源,而且可以改善生态环境;五是长期实施放淤固堤,利用黄河泥沙淤高背河地面,淤筑"相对地下河",可逐步实现黄河长治久安。该措施已得到沿黄地方政府的大力支持。因此,规划选定放淤固堤为下游堤防加固的主要措施。

黄河发生大洪水时,在堤防的背河侧常出现管涌、渗水、滑坡、陷坑、漏洞等险情,如果抢护不及,就可能导致堤防"溃决",造成重大灾难。根据历史险情调查资料统计,背河堤坡发生渗水、滑坡和漏洞的具体位置有很大的差别,渗水位置一般低于临河水位 2 m 左右。背河堤脚以外发生渗水、管涌、陷坑,一般集中在距堤脚 100 m 范围以内,最远的曾在堤脚 200 m 以外(如 1996 年山东省鄄城县康屯堤段)。

为了基本覆盖背河地面经常出现险情的范围,保证堤身背河侧不再发生漏洞、滑坡等,结合黄河建设"相对地下河"的要求,规划放淤固堤宽度为 100 m,高度与设计洪水位平(含淤区土体盖顶部分)。在淤背体的边坡和顶部用壤土进行包边盖顶,顶部营造适生林带。

黄河下游临黄大堤总长 1 371.2 km(不含河口,下同),扣除已达到加固标准的堤段 844.7 km,规划加固堤段长 526.5 km,近期全部完成。

2. 堤防帮宽

黄河下游临黄堤防不仅是黄河下游防洪工程体系的重要组成部分,也是防汛抢险的交通要道。堤顶宽度的确定主要考虑到堤身稳定要求、防汛抢险、料物储存、交通运输、工程管理等因素。考虑到临黄大堤属于特别重要的 1 级堤防,设计顶宽 12 m。按堤防实测资料,与堤防设计基本断面相比,规划帮宽堤段总长 178.3 km,近期全部完成。

3. 险工、防护坝续建改建加固

险工属堤防的一部分,为 1 级建筑物。根据险工存在的主要问题,规划对坝顶高程低于设计坝顶高程 0.5 m 以上的进行加高,将砌石坝全部拆改为扣石坝或乱石坝,对其坡度不够的进行拆改,对根石坡度和深度达不到设计要求的坝垛进行加固。近期改建加固险工坝垛 2 159 道,远期加固坝垛 5 279 道。工程设计顶部高程低于大堤设计顶部高程 1 m,根石台与 3 000 m³/s 水位平,坝垛平均稳定冲刷深度为 12 m。

防护坝工程是在有顺堤行洪、偎堤走溜可能的堤防平工段修建丁坝抗溜防冲，以保护堤防安全。目前黄河下游偎堤行洪走溜堤段较多，已修有防护坝 440 道。现有防护坝工程大部分工程标准低，很多坝垛年久失修，多年未加高，有的仅有土坝体，抗洪能力较差，加之工程数量较少，不能满足抗溜护堤要求。为防止滚河引起顺堤行洪，造成堤防决溢，需要加强防护坝工程建设。近期在易发生顺堤行洪的堤段修建、改建加固防护坝 201 道；远期安排改建加固防护坝 534 道。

4. 穿堤建筑物改建和加固

下游临黄大堤上现有引黄涵闸 94 座，分洪、分凌闸 8 座，退水闸 5 座，直接涉及堤防的安全。随着黄河下游河道冲淤变化和穿堤建筑物使用年限的增加，防洪能力逐渐降低。根据穿堤建筑物稳定分析，有 37 座涵闸不满足防洪要求。为保持与堤防同等水平的防洪能力，规划近期完成改建、加固。

5. 堤防附属工程

防浪林。临河堤脚防浪林带不仅能够有效地防止风浪对堤防的破坏，还能有效地缓流落淤，改善堤根低洼的不利局面。规划安排在临黄大堤平工段临河侧种植防浪林，防浪林长度为 230.5 km。规划防浪林宽度，陶城铺以上为 50 m，陶城铺以下为 30 m。规划近期全部完成。

堤顶道路。黄河汛期下游处于多雨季节，大堤顶部的土质路面遇雨泥泞，为了保证抢险快捷迅速，需要硬化堤顶路面。规划参照 3 级公路路面标准硬化堤顶路面。扣除已硬化堤段，规划共安排新修堤顶道路 111.7 km。考虑到道路运行年限，近远期各翻修一次，共长 2 742.3 km。

防汛道路。为满足堤防防汛抢险的对外交通要求，规划沿堤平均每 10 km 安排一条上堤抢险道路，平均每条长 10 km。扣除已修防汛道路，近期规划共安排防汛道路 1 240 km。

结合引黄沉沙淤筑"相对地下河"试点工程。淤筑"相对地下河"是黄河下游防洪的一项重要战略措施。近年来，黄河下游两岸平均每年引黄供水 100 亿 m³ 左右，引沙量 1 亿多 t，灌排渠道清淤占地、费力。结合引黄供水处理沉沙淤筑"相对地下河"，是在引黄渠首附近沿堤背修建沉沙条渠集中沉沙，淤高背河地面，既可以减轻灌排渠道淤积，又可将两岸地面逐步淤筑成高于设防水位的两条人工岗岭，形似于地下行河，消除地上"悬河"威胁。规划选择马扎子和人民胜利渠两处试点工程，由国家和地方共建，待取得经验后逐步推广。

6.1.4.2　河道整治

黄河下游控导工程与险工等相互配合，缩小主流摆幅，在控制河势，减少"横河"、"斜河"发生的机遇，减轻冲决大堤危险方面发挥了重要作用。在科学分析游荡型河道演变趋势的基础上，根据多年实践经验，通过多方案比选，推荐黄河下游河道采用微弯整治方案，规划整治流量为 4 000 m³/s，排洪河槽宽度为 2.5 km。规划治导线的整治河宽：白鹤至神堤为 800 m，神堤至高村为 1 000 m、高村至孙口为 800 m、孙口至陶城铺为 600 m。

在充分利用现状工程基础上，考虑未来河势变化，规划近期安排续建控导工程 83 处。其中高村以上河段已建工程长度不足，主流摆幅仍较大，是规划的河道整治重点；高村以下河段河势已得到基本控制,主要解决局部河段河势上提下挫、塌滩形成新弯、工程脱溜等问题。

针对现有部分工程标准低、高度不足、根石坡度陡、深度浅、工程自身稳定性差等问题,规划近期改建加固控导工程坝垛 3 133 道,远期加固控导工程坝垛 4 618 道。

6.1.4.3　蓄滞洪区工程和安全建设

1. 东平湖滞洪区工程

东平湖滞洪区的主要防洪工程有围坝、二级湖堤、河湖两用及山口隔堤、分退水闸、大清河南北堤及河道治理工程等。

围坝工程。围坝全长 88.3 km(其中徐庄闸至梁山国那里有 10.5 km 的河湖两用堤),为 1 级堤防。为防御蓄水后风浪对围坝的淘刷破坏而修筑的石护坡,标准低、质量差,经多年的风雨侵蚀,损坏严重,近年来已安排了 22.3 km 翻修加高,规划对剩余的 55.5 km 坝段进行加固。为利于防汛抢险及工程管理,规划硬化坝顶长 77.8 km。

二级湖堤工程。二级湖堤为新、老湖区的隔堤,全长 26.7 km,湖堤常年挡水,保护区内有规划的南水北调中线柳长河输水线路,堤防级别为 1 级。目前,二级湖堤堤顶高度不足、石护坡破坏严重,规划安排加高加固及堤顶道路恢复,提高东平湖老湖蓄水能力。

河湖两用及山口隔堤。规划新建或翻修国十堤、徐十堤及山口隔堤石护坡,共计 20.2 km,对剩余未硬化的堤顶道路进行硬化。加固处理渗水的玉斑堤、西汪堤、卧牛堤三段山口隔堤。此外,改建、加固围坝及山口隔堤上的灌、排险闸。

分退水工程。受黄河河道淤积及倒灌影响,加上出湖闸上游流路多年淤积,庞口闸规模小,东平湖北排退水不畅。司垓闸前后无流路,南排运用时无法及时退水。另外大清河入湖处多年淤积,流路分散,入湖不畅。规划主要工程包括:扩建庞口闸;开挖疏浚陈山口、清河门两闸上下游流路;完善司垓闸以南至运河配套工程,疏通入运河流路,修建入运河口两侧裹头;疏浚开挖大清河入湖口;更换进、出湖闸配套设施。

大清河戴村坝以下防洪工程。针对目前河防工程存在的堤基土质差、堤身单薄、浸润线出逸、险工和控导工程薄弱等主要问题,规划安排堤防帮宽、加固 37.45 km;控导工程改建、加固 4 处;险工改建 4 处;安排堤顶硬化,拆除改建涵洞、排涝站。

滞洪区安全建设。滞洪区现状总人口为 38.10 万人。根据洪水风险分析,结合区内土地资源状况和滞洪区周边环境容量分析结果,参考群众意愿,近期滞洪区共需安置人口 33.5 万人。其中老湖区采用外迁、就地避洪和临时撤离三种方式,共安置人口 6.2 万人,包括外迁安置 0.6 万人,就地避洪修建村台安置 3.0 万人,临时撤离安置 2.6 万人。新湖区安置 27.3 万人,全部采用临时撤离方式。村台建设标准按人均 100 m²,规划近期老湖区加高、扩建、新建村台面积 296 万 m²,修建撤退道路和桥梁,远期老湖区新建村台面积 18 万 m²。

2. 北金堤滞洪区

北金堤原为黄河北岸的遥堤,经三次大规模修建,成为滞洪区的围堤。现状堤防长 123.3 km,沿堤有涵闸 24 座、提灌站 6 座。为防止黄河洪水倒灌,在金堤河入黄口处修建有张庄闸。

近期规划改造渠村分洪闸老化设施、设备,并安排对出现渗水、脱坡、坍塌险情的

19.94 km北金堤堤防进行护坡加固。拆除、改建、加固涵闸(洞)27座。张庄闸上下游围堤多年没有进行过整修,堤身残缺不全,规划对张庄闸闸下清淤,加固上下游围堤。

滞洪区面积2 316 km²,涉及豫、鲁两省的7个县(市)的67个乡(镇),区内现有村庄2 072个,178.3万人,其中河南省176.8万人,山东省1.5万人。考虑到该滞洪区的运用几率较低,安全建设规划采用临时,撤离修建撤退道路120 km,桥梁38座。

3. 大功、垦利展宽区、齐河展宽区主要遗留问题解决措施

多年来,大功、垦利展宽区、齐河展宽区内居住的群众为黄河防洪作出了巨大贡献和牺牲,取消后仍有较多遗留问题。按照全面建设小康社会的要求,建议国家出台优惠扶持政策,加大投入,兴建水利、交通等必要的基础设施,完善水利配套设施,帮助群众改善生产、生活条件,尽快脱贫致富。

在开辟垦利、齐河展宽工程时,沿临黄堤背修建了大量村台,但原建村台面积过小、安置标准低,加上人口不断增加等原因,居住群众挤占黄河堤防及其管理区现象非常严重。统筹考虑标准化堤防建设和妥善解决群众生产生活的需要,规划将现村台居住群众返迁至展宽区内建房定居,国家根据有关规定给予相应补助。展宽工程临黄大堤85 km中有35.83 km临黄村台达不到堤防淤背加固标准,规划统一按照黄河下游标准化堤防的要求进行建设。临黄堤分凌(洪)闸前围堤标准较低,不能满足堤防防洪要求,近期规划按临黄堤标准加高加固。

6.1.4.4　沁河下游防洪工程

沁河是黄河的重要支流,五龙口以下为沁河下游,河道长90 km,两岸修有堤防。历史上沁河下游决溢灾害频繁,经济损失巨大,尤其是丹河口以下左堤决口,洪水淹及华北平原。自明代以来,沁河下游防洪一直纳入黄河下游河防工程体系由国家直接管理和投资治理。

沁河下游防洪工程体系主要由河口村水库和堤防、险工组成。目前,沁河下游两岸共有堤防161.6 km,其中左岸76.3 km(丹河口以上长17.3 km,以下长59.0 km),右岸85.3 km。险工有49处,坝、垛、护岸799道,工程长度52.2 km。目前由于河口村水库尚待建设,加上堤防及险工断面不满足设计标准,质量差,隐患多,现状防洪标准偏低。本次规划除建设河口村水库控制洪水外,还亟待加强河防工程建设。

1. 防洪标准

现状沁河下游设防流量为武陟站4 000 m³/s,重现期为25年。河口村水库建成后,沁河下游设防流量的重现期将达到100年。根据防护对象的防洪标准,确定左岸堤防级别丹河口以下为1级,丹河口以上为4级,右岸堤防级别为2级。

2. 主要工程措施

规划安排堤防加高帮宽42.7 km,堤防加固126.7 km,堤顶道路翻修硬化157.5 km。左岸老龙湾以下堤段属黄沁并溢堤段,淤区宽度为100 m,其余堤段为50 m,淤区高度比设计洪水位低2 m。同时,对现状引水涵闸、涵管和提灌(排)站中不满足防洪要求的13座穿堤砖闸进行改建。堤防工程建设在近期全部完成。

为适应河势变化,防止主溜冲毁大堤,根据近年来主流线变化情况及各处险工的具体情况,规划近期对现有险工中的17处进行续建;将剩余达不到标准的坝、垛、护岸434道

进行改建加固。同时,为控制河势变化,适时修建控导工程,开展河道整治。

6.2　下游滩区综合治理

6.2.1　治理现状及存在的主要问题

为了保障黄河下游滩区人民生命财产安全,国家安排部分资金开展了滩区安全建设。根据以往成功经验和教训,黄河下游滩区安全建设工程措施包括三种方式,即外迁安置、滩内就地就近安置、临时撤离。滩内的避水工程投资主要靠群众负担,国家适当补助,外迁安置国家也给予部分补助,但总体规模都较小。黄河下游滩区面积为 3 154 km²,总人口 189.5 万人,现有避水设施主要是群众自发修建的低标准房台,面积 8 425.1 万 m²,居住人口 88.9 万人,现有道路 1 304.4 km。

目前滩区存在的突出问题:一是部分河段河道槽高、滩低、堤根洼,滩唇一般高于黄河大堤临河地面 3 m 左右,最大达 4 ~ 5 m,“二级悬河”发育,河道横比降远大于纵比降,威胁防洪安全。二是黄河下游滩区居民多,长期以来滩区安全建设投入少,进度缓慢,安全建设严重滞后,目前仍有 901 个村(镇)、100.5 万人没有避水设施,安全建设任务艰巨。三是滩区洪灾风险大,自救能力差,而较大基础设施难以决策建设,发展速度与潜力很小,经济发展和群众生活水平低,已形成了沿黄的贫困带。四是淹没补偿政策缺位,滩区群众修筑生产堤以减少淹没损失,而生产堤阻碍了滩槽水沙交换条件,加剧了“二级悬河”的发育,影响了小浪底水库的正常调度,是滩区经济社会发展与治河矛盾突出的主要根源。

6.2.2　滩区治理方案

为了解决好滩区人民生活、生产与黄河下游防洪保安之间的矛盾,对滩区综合治理的逐步废除生产堤方案、低标准防护堤方案和滩区分区运用方案进行综合比较,选择合理的治理方案。

方案一,逐步废除生产堤方案。为充分发挥滩区滞洪、沉沙作用,防止生产堤影响漫滩洪水的水沙交换、导致“二级悬河”态势加剧及由此带来的洪水威胁,在滩区安全建设逐步到位、补偿政策切实落实、群众经济发展和安全问题得以解决的条件下,逐步拆除生产堤。

方案二,低标准防护堤方案。在现有生产堤布局的基础上,将生产堤规划改建成一定防洪标准的防护堤,低于防洪标准的洪水不上滩,高于标准的洪水在滩区滞洪和沉沙。

方案三,分区运用方案。为避免漫滩洪水走一路淹一路的情况,最大限度地减少漫滩洪水造成的损失,对京广铁路桥—陶城铺河段面积大于 30 km² 的自然滩,通过修筑一定标准的围堤和分洪、退水设施,形成 14 个滞洪沉沙区,按照蓄滞洪水要求,分区滞洪、沉沙运用。

现状黄河下游平滩流量尚不足 4 000 m³/s,滩区群众迫切要求尽快解决目前洪水受淹成灾的问题。低标准防护堤方案,由于小洪水时对群众的生产起到了一定的保护作用,较逐步废除生产堤方案减少了漫滩损失,但防护堤的修建阻碍了滩槽水沙交换,加速河道的淤积抬升速度,影响漫滩洪水淤滩刷槽;同时也导致"二级悬河"的进一步发展,当小流量洪水漫滩或防洪堤决口后,由于"二级悬河"的作用,偎堤水深普遍在 3～5 m,且不能及时退归主槽,将造成大堤长时间高水位浸泡,小洪水也将严重威胁下游堤防安全;增加了"横河"、"斜河"的发生几率,使堤防"冲决"和"溃决"的可能性增大,中常洪水对堤防安全的潜在威胁也日益增加。同时,低标准防洪堤出险部位多,抢险难度大,调度、管理也十分不便。生产堤的历史演变和其凸现的实际危害性也说明,在多泥沙河流,靠加高加固生产堤来实现"小水保丰收,大水减灾害"是难以达到的,因此需要逐步废除生产堤。

滩区分区运用方案,各分区类似蓄滞洪区,可以相机启用,与其他两个方案相比,该方案大漫滩几率低,减少的漫滩损失最大。但该方案 5 年一遇左右的洪水即需全部分区分洪运用,才能控制艾山以下洪水不超出堤防设防流量,同时,大漫滩几率降低也导致滩槽水沙交换少,滩地落淤沉沙相对较少,造成"二级悬河"加剧;修建临河围堤出险部位多,抢险难度大;而且分区工程量、投资巨大,洪水及泥沙分区运行管理调度十分复杂,实施难度大,操作性差,规划不推荐分区运用方案。

综合考虑三个方案河道的淤积速度、工程投资、工程抢险及维护、对下游大堤的潜在危害、生产堤实际产生的危害性,以及黄河下游现状防洪形势等因素,规划推荐以逐步废除生产堤方案为主的综合治理方案。

但是,滩区的现实情况表明,废除生产堤的前提是必须解决滩区群众的安全和补偿问题。多年来,洪水的威胁、滩区安全基础设施的匮乏、补偿措施的缺失,限制了滩区经济社会的发展,导致滩区经济与周边地区的差距逐步拉大,滩区群众已经为国家的整体利益作出了巨大的贡献和牺牲。在目前滩区安全建设滞后、滩区运用补偿政策不落实、群众生活水平低的情况下,废除生产堤尚有较大难度。因此,必须加快滩区安全基础设施建设及配套完善,通过调水调沙恢复并维持平滩流量,落实滩区运用补偿政策对滩区受淹进行补偿;同时加强滩区水利基础设施建设,国家出台优惠的经济、税收等政策,促进滩区内的土地流转、种植结构调整,发展集约经营和现代农业,促进滩区群众外迁就业。通过实施滩区综合治理,全面解决滩区安全和发展问题,逐步废除生产堤。

6.2.3　滩区安全建设及经济发展

根据 2008 年国务院批复的《防洪规划》,滩区安全建设避水工程防洪标准为 20 年一遇洪水,相应花园口站洪峰流量为 12 370 m³/s。

针对下游滩区治理存在的主要问题,滩区安全建设按照民生优先、统筹兼顾、人水和谐、因地制宜、区别对待的原则,结合新农村建设,总体上采用迁留并重、鼓励外迁的安全建设方案,合理引导滩区群众逐渐外迁。综合考虑滩区人口分布特点及淹没水深、距离堤防远近等情况,以及滩区群众的安全建设意愿、耕作半径等,安全建设采取外迁、就地就近避洪、临时撤离三种安置方式。现有滩区人口中,已有 28.24 万人达到或接近安全标准,规划不再安排措施,需安置的人口为 161.3 万人。其中,外迁安置人口 35.0 万人,就地就近滩内建设村台安置人口 84.1 万人,采用临时撤离措施安置人口 42.2 万人。详见表 6.2-1。

6.2.3.1　外迁

外迁主要针对距离大堤 1 km 以内的村庄和一些房屋或土地被黄河主流冲塌、失去基本生活条件的"落河村"。规划按就近集中移民建镇模式,外迁安置 35.0 万人,其中近期安置总人口的 70.1%,陶城铺以下窄河段全部安排,陶城铺以上河段主要安排淹没水深大于 1 m 的村庄。安置标准按人均村庄面积 80 ~ 100 m²。

表 6.2-1　黄河下游滩区安全建设总体安排

(单位:村庄,个;人口,万人)

河段	现状		已达到安全标准		外迁安置		就地就近安置		临时撤离安置	
	村庄	人口	村庄	人口	村庄	人口	村庄	人口	村庄	人口
合计	1 928	189.5	279	28.2	420	35.0	916	84.1	313	42.2
河南	1 146	124.7	141	15.3	261	26.0	542	57.0	202	26.4
山东	782	64.9	138	13.0	159	9.0	374	27.1	111	15.8
铁谢至京广铁路桥	73	9.1	68	8.2	4	0.8	1	0		
京广铁路桥至东坝头	361	45.4	49	5.3	131	16.0	181	24.2		
东坝头至陶城铺(豫)	712	70.1	24	1.8	126	9.2	360	32.8	202	26.4
东坝头至陶城铺(鲁)	280	23.2	30	2.5	42	3.4	203	16.8	5	0.5
陶城铺以下	502	41.6	108	10.4	117	5.6	171	10.3	106	15.3

6.2.3.2　就地就近避洪

考虑滩区群众的防洪安全及利于滩区经济发展,结合现状避水房台的建设情况,按照移民建镇模式,修筑避水连台集中安置。安置人口共 84.1 万人,其中近期安置总人口的 50.4%,主要集中在东坝头至陶城铺河段。同时,为满足超标准洪水时的撤离以及各村台间的交通、生产需求,参照平原微丘区四级公路标准修建应急撤离道路 289.3 km,近期完成总长的 50%。避水连台顶部面积按人均 80 m² 标准,村台顶高程为花园口 20 年一遇洪水流量 12 370 m³/s 相应设计水位加 1.0 m 的超高。

6.2.3.3　临时撤离

对居住在低风险的封丘倒灌区以及长平滩区靠近山坡及国道等区域的群众,规划采取临时撤离措施安置 42.2 万人,参照平原微丘区三级公路标准,修建临时撤退道路 190.9 km,其中近期完成总长的 53%。

6.2.3.4　滩区发展定位

黄河下游滩区的经济发展应以农业为主,农、牧结合,同时发展生态旅游,构建黄河滩区生态涵养带。通过发展生态农业、绿色养殖业及生态旅游业,全面提高农、牧产品的质量和技术含量,提升优化黄河下游滩区产业结构,从根本上促进滩区农业增效、农民增收、农村发展。

6.2.3.5　实施滩区运用补偿政策

黄河下游滩区具有滞洪、沉沙的作用,几十年来为黄河的安澜起了巨大的作用。但滩区治理滞后,安全和生活、生产设施简陋,洪水淹没后无补偿政策,滩区群众经济、文化落后,生活贫困,与周边地区的差距越来越大。当前下游治理与滩区群众安全和发展的矛盾日益尖锐,为确保黄河下游河道治理方略顺利实施,应尽快实施滩区运用补偿政策,滩区受淹后对群众进行补偿,改善滩区群众生存环境和生产条件,促进滩区经济社会发展。

6.2.4 "二级悬河"治理

考虑来水来沙条件和"二级悬河"发育情况,规划治理重点为"二级悬河"最为严重的东坝头至陶城铺河段(235 km)以及陶城铺以下局部河段。

2003年在东坝头至陶城铺河段的彭楼至南小堤实施了"二级悬河"治理试验工程,通过疏浚河槽、淤填堤河及淤堵串沟,使滩地横比降大大减小,明显改变了试验河段"槽高、滩低、堤根洼"的不利局面,为治理"二级悬河"积累了经验。

治理"二级悬河"需要采取多种措施综合治理。一是通过干流骨干水库拦沙和调水调沙并辅以挖河疏浚等措施,减少河槽淤积,维持4 000 m³/s左右的中水河槽;二是通过滩区放淤(包括淤填堤河、淤堵串沟)减缓滩槽高差(即滩面平均高程与河槽平均高程之差);三是逐步废除生产堤,发挥滩区的滞洪沉沙作用。通过以上措施,有效缓解"二级悬河"发育态势,显著减轻中小洪水顺堤行洪风险,逐步减小河道横比降。近期应在试验工程基础上,结合水库调水调沙、挖河疏浚及河道整治,通过滩区引洪放淤及机械放淤,淤堵串沟,淤填堤河,标本兼治,逐步治理"二级悬河"。

黄河下游河道主槽过流能力大小不一,高村以上及陶城铺以下河段过流能力较高,高村至陶城铺河段较其上下游主槽过流能力相对较小,成为瓶颈河段(被喻为"驼峰"),其过流能力影响着小浪底水库调水调沙的下泄流量。为了消除"驼峰"的不利影响,规划一方面考虑通过调水调沙,进一步扩大该河段的主槽过流能力;另一方面结合放淤处理"二级悬河"、堤河和串沟,对该河段挖河疏浚,扩大主槽过流能力。

近期在试验工程基础上,规划淤填堤河、串沟845.58 km;远期结合水库调水调沙及河道整治,规划通过滩区引洪放淤及机械放淤,淤堵串沟,淤填堤河,开展东坝头至陶城铺河段淤滩235 km。

6.3 河口治理

6.3.1 治理现状

黄河特殊的水沙条件和河口海洋动力条件,使河口河道呈现出"淤积—延伸—摆动—改道"的规律性。随着河口的淤积延伸,对下游河道产生溯源淤积的不利影响。黄河河口现行入海流路为1976年5月人工改道的清水沟流路,至1996年西河口以下河长达到65 km,为有利于胜利油田的石油开采,实施了清8改汊。清8汊位于清水沟流路的中间地带,行河至2005年,西河口以下河长为60 km,还有一定的行河潜力。

目前河口河防工程由堤防、险工及控导工程组成。设防堤长77.5 km,其中左岸自利津四段至孤东南围堤末端,由北大堤、孤东南围堤两段相连,长49.7 km;右岸自垦利二十一户至堤防末端为南防洪堤,长 27.8 km。险工工程总长 3.1 km,坝垛 23 道。河口河段有 11 处控导工程,坝垛 203 道,工程长 20.72 km。

河口治理目前存在的主要问题是,北大堤高度不足,断面偏小;险工及控导工程长度短,标准低,河势上提下挫。

6.3.2　河口入海流路规划

入海流路规划要遵循黄河河口自然演变规律,以保障黄河下游防洪安全为前提,以河口生态良性维持为基础,充分发挥三角洲地区的资源优势,促进地区经济社会的可持续发展。在三角洲地区除现行的清水沟流路外,还规划有刁口河、马新河及十八户等备用入海流路。

清水沟为黄河入海的现行流路,已行河 30 余年,预估今后还可行河 50 年左右,两岸已建设了较为完善的河防工程。综合考虑各种因素,规划期内仍主要利用清水沟流路行河,保持流路相对稳定;清水沟流路使用结束后,优先启用刁口河备用流路;马新河和十八户作为远景可能的备用流路。考虑刁口河流路多年未行河过流,海岸线蚀退,湿地萎缩,为有效保护刁口河流路生态环境,近期相机进行生态补水,同时加强清水沟和刁口河流路同时行河研究。

6.3.3　主要治理措施

河口段设防流量 10 000 m³/s,左岸北大堤、孤东南围堤为 1 级堤防,右岸南防洪堤为 2 级堤防。

目前北大堤、孤东南围堤堤顶高程及宽度尚未达到设计要求,规划全线加高帮宽北大堤、孤东南围堤 49.7 km。为满足防汛抢险需要,规划硬化北大堤、孤东南围堤及南防洪堤堤顶道路 66.5 km,并在堤防临河侧建设防浪林,防浪林带宽度为 30 m。

为避免中常洪水冲决大堤,规划近期改建加固左岸 4 处险工,新建、续建控导工程 7 处,加高加固现有控导工程 3 处。

为相对稳定清水沟流路,充分利用清水沟流路海域容沙能力,减轻溯源淤积影响,应结合流路行河状况,考虑尾闾改汊并辅以必要的老河道保护等工程措施。

根据河口石油资源、滩涂资源开发需要,结合黄河入海流路布局,合理修建防潮堤。同时,加强对台风、风暴潮的预测、预报,进一步完善防洪防潮非工程措施。

6.4　上中游干流河段防洪

6.4.1　宁蒙河段防洪防凌

6.4.1.1　防洪防凌现状

黄河宁夏、内蒙古河段上自宁夏回族自治区中卫县的南长滩,下至内蒙古准格尔旗的马栅乡,全长 1 203.8 km,其中治理河段长 869.5 km。目前该河段两岸有耕地 1 175 万亩,人口 354.6 万人,是宁夏回族自治区和内蒙古自治区的主要粮食基地,有公路、铁路、桥梁等重要的交通设施及工矿企业,社会经济地位十分重要。目前该河段修建堤防 1 399.94 km,河道整治工程 179.5 km。1986 年以来水沙条件发生较大变化,河道淤积加重,现状 71.2% 的堤段达不到设防标准,同时河道整治工程标准低,防洪防凌工程体系不完善,1986 年以来共发生凌灾 6 次,洪、凌灾害严重,加快防洪防凌工程建设十分必要。

6.4.1.2 防洪防凌对策

按照"上控、中分、下排"的总体思路,进一步完善宁蒙河段的防洪(凌)工程体系。

加强龙羊峡、刘家峡水库优化调度,配合其他调控工程措施,塑造协调的水沙关系,基本恢复和维持宁蒙河道中水河槽排洪能力,并合理控制凌汛期下泄流量,减少河道槽蓄水增量。建立长效运行机制应对突发险情,建立健全河道冰情监测、预报、信息沟通网络,加强非工程措施建设,形成完善的防洪防凌体系。

近期主要是利用龙羊峡、刘家峡水库联合调度控制洪水,并研究优化两库的运用方式,改善进入宁蒙河段的水沙关系,改变主槽淤积萎缩的不利局面,加强宁蒙河段防洪工程建设,兴建海勃湾水利枢纽,配合干流水库防凌和调水调沙运用,并加大十大孔兑治理力度,有效减少入黄泥沙。为保障防凌安全,除刘家峡、龙羊峡水库要承担 40 亿 m³ 防凌库容外,在内蒙古河段设置乌兰布和、河套灌区及乌梁素海、杭锦淖尔、蒲圪卜、昭君坟、小白河等应急分凌区,遇重大凌汛险情时,适时启用应急分凌区,分滞冰凌洪水,降低河道水位。

远期进一步完善河防工程体系,研究建设黑山峡河段工程,对龙羊峡、刘家峡水库下泄流量进行反调节,调水调沙,逐步恢复和维持中水河槽排洪能力,由黑山峡水库承担防凌库容,控制凌汛期下泄流量,从根本上解决内蒙古河段河道淤积和防凌问题。

6.4.1.3 主要措施

1. 堤防工程

按堤防保护范围内的社会经济情况和保护对象的重要性,下河沿至石嘴山河段防洪标准为 20 年一遇,堤防级别为 4 级;石嘴山至三盛公河段为 20 年一遇,堤防级别为 4 级;三盛公至蒲滩拐河段左岸为 50 年一遇,堤防级别为 2 级,右岸除西柳沟至哈什拉川河段为 50 年一遇,堤防级别为 2 级外,其余河段为 30 年一遇,堤防级别为 3 级。相应各河段的设防流量:下河沿至石嘴山河段为 5 620 m³/s,石嘴山至三盛公河段为 5 630 m³/s,三盛公至蒲滩拐河段为 5 900 m³/s。

规划近期新建堤防 42.7 km,加高帮宽堤防 996.8 km,对石嘴山以下现状堤防两侧的低洼地带进行填塘固基;远期安排堤防加固长 644.7 km。

规划近期对现有 1 219 座穿堤建筑物进行统一合并、改建和新建。合并后穿堤建筑物数量为 598 座;对其他小型建筑物进行封堵,以消除堤防隐患。

为使干流堤防保持完整,提高整体防洪效能,规划对黄河洪水影响较大的 64 条入黄山洪沟、排水干沟口进行治理。近期安排入黄沟口新建堤防 115.6 km,加高培厚堤防 51.3 km。

此外,黄河石嘴山以下河段由于主流摆动,防洪大堤已退修多次,致使部分群众居住在河滩地上,每年开河、封河及洪汛期间都不同程度受到威胁,生命财产安全无法得到保障。本次规划采用退人不退耕地方案,村庄居民全部搬迁到大堤以外背河侧,建立移民新村以免受洪、凌灾害。规划外迁人口 19 113 人,在近期内完成。

2. 河道整治

宁蒙河段特别是内蒙古河段主流摆幅较大,河势多变,中小洪水危及堤防安全。为控制河势,保障堤防安全,需要在现有工程基础上,进一步完善河道整治方案。规划河道整治工程 224 处(险工 59 处,控导工程 165 处),加固现有工程 20.8 km。其中,近期完成 50%。

6.4.2　禹门口至潼关河道治理

禹门口至潼关河段(习惯称"小北干流")全长 132.5 km,为陕、晋两省的天然界河,河道宽浅,水流散乱,属游荡型河道,历史上素有"三十年河东,三十年河西"之说。该河段剧烈的河势变化经常引起主流坐弯淘刷,滩岸坍塌,机电灌站脱流严重。目前两岸已修河道治理工程 34 处,长 148.2 km。由于已建工程长度短,河势尚不能得到有效控制,塌岸现象依然十分严重;同时泥沙不断淤积导致工程设防标准普遍降低,工程基础浅、断面单薄,许多工程汛期多次出现垮坝等重大险情。

该河段主要治理措施包括控导和护岸工程。根据近年来的河势变化情况及存在的主要问题,规划仍以 1990 年国务院批准的治导控制线为依据,规划新建、续建工程 21 处,加高加固工程 23 处,近期完成 80%。

6.4.3　潼关高程控制及潼关至三门峡大坝河段治理

6.4.3.1　潼关高程控制

潼关高程(1 000 m³/s 相应水位)一直处于较高状态是导致渭河下游淤积严重的重要原因之一。三门峡水库运用方式和来水来沙条件是影响潼关高程变化的要因,三门峡水库改建后以黄河和渭河的来水来沙影响为主。实践表明,降低或控制潼关高程必须采取多种措施相互配合,综合治理。近年来采取的主要措施有:三门峡水库严格控制非汛期坝前最高水位在 318 m 以下,平均水位为 315 m,汛期入库流量大于 1 500 m³/s 时敞泄,2003 年实施了三门峡库区东垆裁弯工程。在潼关河段实施清淤疏浚,理顺河势,改善潼关河段的行洪输沙条件。2004 年以来,汛期在小北干流左岸滩区进行了放淤试验。2006 年以来,开展了利用桃汛洪水冲刷降低潼关高程的试验。规划提出控制并力争降低潼关高程的措施为:近期应进一步研究确定科学合理的三门峡水库运用方案,继续控制三门峡水库运用水位,尽量减少对渭河下游的影响;实施潼关河段清淤,在潼关以上的小北干流河段进行有计划的放淤,实施渭河口流路整治工程。2020 年前后建成古贤水库,初期通过水库拦沙和调控水沙,使潼关高程降低 2 m 左右,后期通过水库调水调沙运用控制潼关高程抬高。远期利用南水北调西线等调水工程增加输沙水量,改善水沙条件,降低潼关高程。

6.4.3.2　潼关至三门峡大坝河段治理

黄河潼关至三门峡大坝河段(以下简称潼三河段)河道长 113.5 km,位于陕、晋、豫三省交界处。该段河道两岸土质结构松散,受水流、波浪的冲击、淘刷,塌村、塌地、塌扬水站等塌岸现象经常发生,严重威胁沿岸群众(大部分为建库时的移民)的生命财产安全。目前两岸已修建各类护岸工程 45 处，长 83.9 km。但由于上段河道整治工程不完善，中下段护岸工程少，加上部分工程标准低、质量差、结构型式不合理，河势仍上提下挫，塌岸威胁依然严重。

根据库区特点，在河道特性明显的上段（30 断面以上）进行河道整治，近期续建及加高加固河道整治工程 15 处；在中下段（30 断面以下）按就岸维护的原则，修建防冲防浪工程，其中中段重点布设防冲工程，下段重点布设防浪工程，对下部受汛期水流顶冲、上部受非汛期蓄水风浪淘刷的地段布设双防工程，规划新建、续建防冲防浪工程 34 处，其中近期完成 80%。

6.4.4　干流其他河段治理

6.4.4.1　青海贵德至民和河段

贵德至民和河段全长 276 km，河段内的贵德、尖扎、甘循、官亭河谷等盆地，人口集中，是青海省东部经济区重点开发地段之一。本河段现有防洪护岸工程 12 处，总长 39.69 km。现状工程长度不足，川地仍坍塌不断，带来不同程度的洪灾威胁。该河段的主要治理措施有护岸工程和电灌站防洪墙，规划新建及加固护岸、防洪墙工程总长度为 133.8 km。

6.4.4.2　甘肃桑园峡至黑山峡河段及上游其他河段

桑园峡至黑山峡河段全长 284 km，两岸有开阔川（盆）地，人口密集，是甘肃省中北部经济的精华地区。现有护岸工程 224 km，为当地政府和群众自筹资金或群众投劳所建，标准低、质量差、水流淘刷毁坏严重。规划新建及加固护岸工程 279.9 km。

对于黄河上游达日及其他防洪河段，根据近年来出现的防洪问题，适当修建护岸等工程，提高防御洪水的能力。

6.5　病险水库除险加固

6.5.1　现状及存在的主要问题

黄河流域水库多建于 20 世纪五六十年代，经过多年的运用，不少已成为病险水库。近年来加大了大中型水库除险加固的力度，已经解决了绝大多数大中型水库的病险问题，但目前仍还有一部分水库带病运行，除险加固任务尚未完成。据统计，截止到现状年年底，流域内有大、中型病险水库 25 座，其中大型 3 座，中型 22 座，以及多座小型病险水库。流域内大、中型病险水库分布情况详见表 6.5-1。

病险水库存在的主要问题：一是水库防洪标准低，有些是水库淤积造成的，有些是设计标准偏低。二是坝体、坝基裂缝，渗漏严重，库岸稳定性差，危及大坝安全。三是设施设备老化失修，部分水库溢洪道无消能设施。四是施工质量差，配套不完善。五是防汛道路、通信、照明、工程和水文观测、预警预报系统等极不完善，管理手段和技术水平落后。

6.5.2　除险加固措施

2015 年前全面完成流域内 25 座大、中型病险水库和全部小型病险水库的除险加固，消除水库安全隐患,恢复防洪库容,增强水资源调控能力。病险水库除险加固的主要措施为:对于防洪标准低、水库淤积严重等问题,采取加高大坝,增建溢洪道、泄洪洞、排沙洞等工程措施;对于坝体、坝基裂缝引起的水库渗漏问题,采用帷幕灌浆、防渗墙等加固措施;对坝肩失稳库岸进行岸坡稳定加固;对于溢洪道、泄洪洞等泄水建筑物裂缝问题,采用灌浆、预应力锚索等措施对破损部分进行补强加固,完善消能设施;对于长期运行老化失修的闸门及启闭设备进行更新改造。为满足防汛需要,改造扩建管理房屋,新建改建防汛公路,适当购置必要的防汛交通工具。为保持水库正常调度,改造通信、输电线路及大坝安全监测设施,建立自动化调度系统,建立健全预警预报系统和泥沙跟踪系统;对原有水文站网不能满足要求的,予以补充完善。

表 6.5-1　黄河流域各省(区)大中型病险水库分布情况表

省(区)	大型(座)	中型(座)	合计(座)
内蒙古	1	4	5
宁　夏		4	4
青　海	1	2	3
甘　肃		3	3
山　西		2	2
陕　西	1	2	3
河　南		2	2
山　东		3	3
合　计	3	22	25

6.6　城市防洪

6.6.1　防洪概况

黄河流经 9 省(区)的 66 个地市(州、盟),340 个县(市、旗),目前有建制地级市 29 个,县级市 30 个,其中青、甘、宁、蒙、陕、晋 6 省(区)的省会或自治区首府均在流域内,豫、鲁两省省会虽不在黄河流域,但均位于黄河干流之滨。

黄河流域及其下游平原是我国最早的经济开发区,历史上长期是国家的政治、经济、文化和交通中心,西安、洛阳、开封、郑州列入了我国八大古都,银川、太原等城市也曾有西夏、蒙古等少数民族的建都历史。中华人民共和国成立后,依靠得天独厚的资源优势,老城市建设得到迅速发展,并出现了一批新兴现代工业城市,大多数城市同时也成为当地的商业中心、交通枢纽。西安、洛阳、开封等城市还是我国重要的旅游城市,举世闻名。历史上洪水泛滥给这些城市带来沉重的灾难。

本次规划主要考虑国家确定的重点、重要防洪城市,包括郑州、开封、济南、太原、包头、呼和浩特、西安、兰州、西宁、银川等城市,以及防洪任务突出的吴忠、石嘴山、乌海、延安、洛阳等城市。为保障城市防洪安全,在沿黄河干流和主要支流的大中城市修建了大量防洪排涝工程,现状累计修建城市防洪堤 1 139.6 km,防冲护岸工程 271.4 km,防洪墙 46 km,防洪渠道 765.4 km,并兴建了与城市防洪密切相关的防洪水库 18 座、分滞洪区 24 处。随着城市化步伐的加快和城市规模的日益扩大,现状防洪工程不完善,整体防洪能力达不到设计防洪标准,同时城市地面硬化导致径流系数提高,城市排水设计能力不足,河道排涝不畅,城市的防洪问题越来越突出,城市经济社会的快速发展,对防洪提出了更高的要求。

6.6.2　城市防洪工程

按照《防洪标准》(GB 50201—94)和《城市防洪工程设计规范》(CJJ 50—92)分析,城市设防等级分别为:济南、郑州、西安、太原、兰州为Ⅰ等,西宁、银川、呼和浩特、包头、洛阳、开封为Ⅱ等,其他城市均为Ⅲ等。Ⅰ等设防城市的防洪标准,西安市为 300 年一遇,其他城市为 200 年一遇(指主城区),Ⅱ、Ⅲ等设防城市的防洪标准均为 100 年一遇。

结合城市现状情况及发展规划,根据拟定的防洪标准,针对防洪存在的问题,合理布局各城市的防洪工程。对城市防洪工程体系不完整的安排新建防洪工程,加强对现有工程的加固处理,提高防洪能力。

规划近期共新建及加固防洪水库 41 座,修建堤防、护岸等工程长 2 968.5 km;开挖、清淤排洪渠道 704.8 km。近期全部完成,达到城市防洪标准。

6.7　中小河流治理

6.7.1　中小河流概况

黄河流域水系发育,河流众多。据统计,流域面积在 200 ~ 3 000 km² 的中小河流约 830 条,其中包括黄河的三、四级及以下支流等。按河流属性分,中山丘区河流 712 条,占总数的 85.8%,平原区河流 110 条,占总数的 13.2%,浅丘及盆地河流 8 条,占总数的 1.0%。

黄河流域许多中小河流的防洪工程,主要是 20 世纪 50 ~ 80 年代通过群众投劳兴建的,数量少,标准低,防洪能力低。尤其是近年来极端天气事件增多,暴雨集中,中小河流常发生较大洪水,不仅对沿河的村庄、耕地及工矿企业造成极大的威胁,而且造成沿河耕地的冲毁,洪涝灾害十分突出。随着经济社会的快速发展,人口增加,基础设施增多,资产与财富也在不断积累,人民群众对于中小河流治理的要求不断提高。

6.7.2　治理重点和主要措施

中小河流治理以防洪保安为主要目标,突出重点地区、重点河流(河段)和重点措施。其中重点地区主要是指位于中小河流沿岸易发洪涝灾害的平原、盆地、浅丘区,包含有人口较多的县、乡、重要工矿等 1 处以上,或有较集中连片的基本农田万亩以上,洪涝灾害对市、县行政区经济社会发展影响较大的区域。重点河流是指重点地区中洪水风险较大,经常发生洪涝灾害,新中国成立后曾发生人员伤亡,财产、房屋和农田洪涝灾害损失严重,已列为省级行政区防洪防汛重点的中小河流;重点河段包括受洪水威胁的人口较多、有需要保护的城镇(市)和较大范围农田等保护对象的河段,或防洪标准低、防洪工程体系存在明显薄弱环节的河段,以及河道泄水能力不足、严重影响排水的洪涝并存河段。重点措施以护岸、河道整治、清淤疏浚、排涝设施等工程措施为主。

根据黄河流域中小河流的地形地貌、洪水特征、保护对象分布和现有防洪基础设施等,以修建护岸、清淤疏浚为主,合理安排治理措施。对于峡谷型河道,为避免洪水带来灾难性损失,主要在沿岸布置护岸工程;对于平原型河道,按照留足洪水通道的原则,适当布置堤防、护岸工程。对淤积严重的河段和卡口段进行清淤。

根据目前中小河流治理情况及洪涝灾害的严重程度,规划近期治理中小河流 523 条,新建、加固堤防及护岸工程 9 343 km,河道治理工程 4 870 km,穿堤建筑物 2 755 座,其中 2015 年前基本完成重点中小河流重要河段治理,使治理河段基本达到国家防洪标准。

6.8　山洪地质灾害防治

6.8.1　山洪地质灾害分布及特点

根据《全国中小河流治理和病险水库除险加固、山洪地质灾害防御和综合治理总体规划》的要求,按照山洪地质灾害成因、灾害波及范围和程度,从降雨、地形地质、经济社会的自然分布等角度出发,划定黄河流域山洪地质灾害防治区总面积 31.09 万 km^2,其中黄土高原地区和内蒙古高原地区防治面积为 30.73 万 km^2,其他地区 0.36 万 km^2。防治区又进一步划分为三类,即一类重点防治区、二类重点防治区和一般防治区。黄土高原地区山洪地质灾害防治区,包括河南、山西、陕西、宁夏、甘肃和青海等省(区)的部分地区,面积 25.25 万 km^2,其中一类重点防治区面积 5.62 万 km^2,二类重点防治区面积 4.37 万 km^2;内蒙古高原地区山洪地质灾害防治区,包括内蒙古和宁夏、陕西北部局部地区,面积 5.48 万 km^2,其中一类重点防治区面积 0.50 万 km^2,二类重点防治区面积 1.67 万 km^2。

防治区主要位于流域西部高原区,地表切割破碎、沟壑纵横,暴雨强度大、历时短,以暴雨洪水及水土流失造成的山洪地质灾害最为突出,兼有滑坡和泥石流发生。灾害具有季节性、突发性强,预测预防难度大,成灾快、破坏性大等特点。

6.8.2　灾害防治

黄土高原水土流失面积广大,沟道侵蚀剧烈,多数山洪沟道防洪工程建设标准低、质量差,滑坡治理工程薄弱。由于对山洪地质灾害防治的系统研究和防灾知识宣传不够,人们对山洪地质灾害的认识不足,防灾避灾的意识不强。同时,山洪地质灾害严重区域气象和水文监测、通信预警系统建设尚处于起步阶段,防灾预案不完善。随着城镇建设、基础设施建设、矿山开发,乱建、乱挖、乱弃,致使河道淤塞加剧,加大了山洪地质灾害的发生频次和损失,防灾形势十分严峻。

山洪地质灾害防治应与支流治理和水土保持相结合,坚持以防为主,防治结合,以非工程措施为主,非工程措施与工程措施相结合的原则。规划建立完善专群结合的气象和水文监测预报预警系统,提高预测、预报山洪地质灾害的能力;建立健全各级防灾、救灾组织,制订切实可行的防灾预案;对于山洪地质灾害频繁的地区,加快实施防灾避让和重点治理;健全各级防灾、救灾组织,广泛深入开展宣传教育,提高人民群众对山洪地质灾害的认识,普及防御山洪地质灾害的基本知识;完善和细化政策法规,加强管理,规范人类活动,有效避免或减轻山洪地质灾害。2015 年前全部完成山洪地质灾害易发区预警预报系统建设。

结合水土保持,以淤地坝系建设为主,进行山洪地质灾害治理。山洪沟治理以护岸建设为主,辅以沟道、排洪渠疏浚。其中对泥石流沟采取排导、拦挡等治理措施,对滑坡有针对性地采取阻排地表水、削坡减载、修建抗滑挡墙等措施进行治理。

第 7 章　泥沙处理和利用规划

泥沙是造成黄河河道淤积严重、防洪防凌形势严峻的根本原因。多途径处理和利用泥沙,尽量减少河道泥沙淤积,是黄河综合治理的关键。

7.1　不同时期入黄泥沙处理和利用状况

黄河泥沙进入干流后,一部分淤积在黄河下游、宁蒙河段、禹门口至潼关(简称小北干流)等冲积性河段的河道,一部分输送至河口填海造陆和输往深海,还有一部分由人工处理和利用。

7.1.1　天然情况下黄河泥沙的空间分布

泥沙主要来源于中游的河口镇至三门峡区间。根据 1919 ~ 1960 年资料(见表 7.1-1),三门峡站多年平均输沙量 16 亿 t,其中河口镇以上、河口镇至龙门区间、龙门至三门峡区间来沙分别占 8.8%、57.2%、34.0%。

表 7.1-1　黄河干流主要水文站年平均沙量统计(1919 ~ 1960 年,水文年)

水文站	下河沿	头道拐	吴堡	龙门	四站	三门峡	三站	花园口
沙量(亿 t)	1.85	1.42	6.07	10.6	16.21	16.06	16.43	15.16

注:1. 四站指龙门、华县、河津、洑头;

　　2. 三站指三门峡、黑石关、武陟。

在人类活动影响较小的 1950 年 7 月至 1960 年 6 月,进入黄河干流的年均沙量(利津输沙量、黄河干流河道淤积量,以及人工处理和利用泥沙量之和)为 20.55 亿 t,进入黄河下游的年均水量为 481.8 亿 m³。利津站的年平均输沙量为 13.15 亿 t,占 64.0%;干流河道年平均淤积泥沙 5.57 亿 t,占 27.1%;人工处理和利用泥沙主要为引水引沙,年平均为 1.39 亿 t,占 6.8%,还有放淤固堤等其他措施利用沙量,年平均为 0.44 亿 t,仅占 2.1%。该时期入黄泥沙的大部分被输送到河口地区填海造陆,表现出“多来、多排、多淤”的特点。见表 7.1-2。

河道淤积主要在黄河下游、上游宁蒙河段、中游小北干流河段等三个冲积性河段,分别占干流河道淤积量的 64.8%、19.4%、15.8%。

1950 年 7 月至 1960 年 6 月黄河下游年平均来沙量 18.09 亿 t,年平均输送到河口利津断面的沙量占来沙量的 72.7%,年平均河道淤积 3.61 亿 t,占 20%,引水引沙等人工处理和利用泥沙量占 7.3%。在下游河道淤积的泥沙中,高村以上占 55.1%,高村至利津占 44.9%。下游河道淤积的泥沙有 77% 分布在滩地上,主槽淤积相对较少,滩槽基本同步抬高。

表 7.1-2　黄河干流泥沙分布特征值表

项目	水文站或河段	1950~1960年	1960~1986年				1986~1999年	1999~2005年
			1960~1964年	1964~1973年	1973~1986年	平均		
年水量 (亿 m³)	下河沿水文站	308.2	373.8	321.7	346.2	342.0	253.5	221.8
	头道拐水文站	241.4	289.8	237.2	262.1	257.7	162.5	127.7
	龙、华、河、湫四站	422.8	502.8	394.7	392.9	410.4	265.9	207.9
	三(小)、黑、武三站	481.8	572.6	425.4	426.4	448.6	277.8	209.0
	利津水文站	463.6	621.5	397.1	329.8	397.9	150.7	131.9
汛期水量 (亿 m³)	下河沿水文站	189.7	236.4	175.2	189.3	191.7	107.5	92.5
	头道拐水文站	149.6	185.7	130.5	148.7	148.1	64.6	44.2
	龙、华、河、湫四站	259.4	305.0	215.0	227.1	234.9	122.2	92.8
	三(小)、黑、武三站	297.1	327.2	225.9	249.4	253.2	128.3	98.3
	利津水文站	298.7	376.9	218.0	215.3	241.1	93.1	68.7
年平均 输沙量 (亿 t)	下河沿水文站	2.35	2.03	1.43	1.09	1.36	0.89	0.42
	头道拐水文站	1.51	2.13	1.34	1.23	1.41	0.44	0.27
	龙、华、河、湫四站	17.74	16.60	17.00	9.88	13.38	8.96	4.24
	三(小)、黑、武三站	18.09	5.93	16.31	10.79	11.95	7.99	0.65
	利津水文站	13.15	11.22	10.74	7.96	9.42	4.16	1.52
	利津占黄河干流比例(%)	64.0	53.6	58.9	64.5	60.0	37.4	24.7
年平均 淤积量 (亿 t)	宁蒙河段	1.08	0.20	-0.13	0.18	0.08	0.96	0.52
	黄河小北干流	0.88	2.20	1.81	0.12	1.02	0.67	-0.04
	黄河下游	3.61	-5.78	4.39	0.9	1.08	2.05	-1.90
	合计	5.57	-3.38	6.07	1.20	2.18	3.68	-1.42
	占进入黄河干流比例(%)	27.1	-16.1	33.3	9.7	13.9	33.1	-23.1
水库拦沙	拦沙量(亿 t/a)		12.26	-0.06	0.94	2.34	0.97	4.58
	占进入黄河干流比例(%)		58.5	-0.3	7.6	14.9	8.7	74.4
引沙量 (亿 t/a)	宁蒙河段	0.5	0.36	0.29	0.32	0.31	0.50	0.4
	黄河小北干流						0.04	0.05
	黄河下游	0.89	0.25	1.10	1.54	1.19	1.32	0.36
	合计	1.39	0.61	1.39	1.86	1.50	1.86	0.81
	占进入黄河干流比例(%)	6.8	2.9	7.6	15.1	9.6	16.7	13.1
放淤固堤等其他措施	利用沙量(亿 t/a)	0.44	0.24	0.08	0.39	0.26	0.46	0.67
	占进入黄河干流比例(%)	2.1	1.1	0.4	3.2	1.7	4.1	10.9
进入黄河干流的沙量(亿 t)		20.55	20.95	18.22	12.35	15.70	11.13	6.16

注:1. 1950~1960年按水文年,其他按水库运用年统计;

　　2. 黄河下游的1950~1960年和宁蒙河段淤积量计算方法为输沙率法,其他淤积量为断面法;

　　3. 三(小)、黑、武三站是指三门峡站(或小浪底站)、黑石关站、武陟站。

该时期下游河道淤积剧烈,河床抬高速度快,平均每年抬高 0.1 m 左右,同流量水位不断抬高,严重威胁防洪安全。由于该时期出现多场洪水,加上工农业用水少,水量较大,河道的平滩流量相对较大。

7.1.2 不同时期泥沙的处理和利用

水库运用对黄河水沙变化影响较大。根据龙羊峡、三门峡、小浪底水库的投入时间和运用方式不同,分析不同时期泥沙处理和利用的特点如下。

7.1.2.1 1960～1964 年

该时期水土保持建设规模较小,进入黄河干流的泥沙年平均为 20.95 亿 t,进入黄河下游的年平均水量为 572.6 亿 m³。由于三门峡、三盛公、盐锅峡等水库的大量拦沙,干流河道冲刷 3.38 亿 t。人工处理和利用泥沙年平均为 13.11 亿 t,其中水库拦沙、引水引沙、其他措施利用泥沙分别占入黄沙量的 58.5%、2.9%、1.1%。年平均利津站输沙量为 11.22 亿 t,占入黄沙量的 53.6%。

三门峡水库运用对黄河中下游泥沙的空间分布产生了重大影响。1960 年 9 月水库开始蓄水拦沙,由于蓄水位较高,很快暴露出库区淤积严重且淤积末端上延问题。为了减轻库区淤积,1962 年 3 月水库改为滞洪排沙运用,但由于泄流规模不足,水库淤积仍然严重。1960～1964 年潼关以下库区年平均拦沙量 11.62 亿 t,潼关高程升高 4.69 m,小北干流河段年平均淤积 2.2 亿 t;因三门峡水库拦沙,改善了下游河道的水沙关系,黄河下游河道大量冲刷,年平均冲刷量为 5.78 亿 t。

该时期三门峡水库拦沙对黄河下游河道减淤发挥了重要作用,但带来的突出问题是潼关高程迅速抬高,渭河下游防洪形势严峻。

7.1.2.2 1964～1973 年

该时期黄河流域水土保持进行了大规模的建设,拦减入黄泥沙的作用逐渐加大,进入干流的泥沙有所减少,年平均入黄沙量 18.22 亿 t,进入黄河下游的年平均水量 425.4 亿 m³。黄河干流河道年平均淤积 6.07 亿 t,占入黄沙量的 33.3%;人工处理和利用泥沙总量为 1.41 亿 t,占入黄沙量的 7.7%;利津站年平均输沙量为 10.74 亿 t,占入黄沙量的 58.9%。

三门峡进行了两次改建,泄流规模增加,水库滞洪排沙运用。三门峡库区冲刷泥沙 1.33 亿 t,进入黄河下游河道的年平均沙量为 16.31 亿 t,因枢纽泄流规模不足,使出库的小流量高含沙量水沙过程增多,下游河道回淤严重,年均淤积泥沙 4.39 亿 t,占进入下游沙量的 26.9%。

该时期上游建成青铜峡、刘家峡水库,宁蒙河段年均冲刷 0.13 亿 t。

该时期的突出问题是,由于三门峡水库泄流规模不足,下泄水沙过程严重不协调,造成黄河中下游河道淤积严重。

7.1.2.3 1973～1986 年

由于水利水土保持措施的减沙作用,该时期年平均入黄沙量为 12.35 亿 t,进入黄河下游的年平均水量为 426.4 亿 m³。干流河道年平均淤积 1.2 亿 t,占入黄沙量的 9.7%。人工处理和利用泥沙年平均为 3.19 亿 t,其中水库拦沙(该时期黄河上中游又建成八盘峡、天桥水电站)、引水引沙、其他措施处理和利用泥沙分别占入黄沙量的 7.6%、15.1%、3.2%。利津站年平均输沙量为 7.96 亿 t,占入黄沙量的 64.5%。

该时期三门峡水库蓄清排浑运用,来水来沙条件较好,下游河道淤积较少,年平均淤积 0.9 亿 t,而且淤积量绝大部分分布在滩地,主槽淤积量很少。同期宁蒙河段、小北干流河段分别淤积 0.18 亿 t、0.12 亿 t。

7.1.2.4　1986~1999 年

由于降雨偏少和水利水保工程拦减泥沙的作用,该时期入黄沙量减少,年平均入黄沙量为 11.13 亿 t,且随着经济社会用水的不断增加,进入黄河下游的水量减少的幅度更大,年平均水量为 277.8 亿 m³。干流河道年平均淤积 3.68 亿 t,占入黄沙量的 33.1%。人工处理和利用泥沙年平均为 3.29 亿 t,其中水库拦沙、引水引沙、其他措施处理和利用泥沙分别占入黄沙量的 8.7%、16.7%、4.1%。利津站年平均输沙量为 4.16 亿 t,占入黄沙量的 37.4%。

该时期由于降雨偏少、工农业用水增加以及龙羊峡、刘家峡水库的汛期蓄水等原因,进入黄河中下游的汛期水量、中常洪水的量级和历时减少,小流量历时增加,水流动力减弱,水沙关系恶化,致使河道淤积比例增加,主槽淤积萎缩,平滩流量减小。黄河下游和宁蒙河段年平均淤积分别为 2.05 亿 t、0.96 亿 t,分别占干流河道淤积总量的 55.7%、26.1%,且河道淤积的泥沙大部分集中在主槽中。由于河道形态恶化,宁蒙河段防凌问题突出。

7.1.2.5　1999~2005 年

由于黄河中游地区降雨强度偏低和水利水保工程拦减泥沙的作用,该时期年均入黄沙量约 6.16 亿 t,进入黄河下游的年平均水量为 209 亿 m³。该时期小浪底、万家寨水库相继投入运用,以小浪底水库为主体进行了拦沙和联合调水调沙,水沙关系得到明显改善,黄河下游河道发生全程冲刷,年均冲刷量为 1.90 亿 t。人工处理和利用泥沙年平均为 6.06 亿 t,占入黄沙量的 98.4%,其中小浪底、万家寨水库年均拦沙 4.58 亿 t,占入黄沙量的 74.4%;年引水引沙 0.81 亿 t,占 13.1%;下游放淤固堤等利用泥沙 0.67 亿 t,占 10.9%。利津站年输沙量为 1.52 亿 t,占入黄沙量的 24.7%。

通过小浪底水库拦沙和调水调沙运用,改善了水沙关系,黄河下游河道各河段平滩流量不断增大,最小平滩流量由 2002 年的 1 800 m³/s 提高到目前的 4 000 m³/s 左右。

该时期的突出问题,一是宁蒙河段年均淤积 0.52 亿 t,主槽淤积萎缩,防凌问题突出;二是黄河下游平滩流量小,给小浪底水库的调水调沙运用带来很多困难。

7.2　泥沙处理和利用的总体布局

7.2.1　泥沙处理和利用的基本途径

泥沙是黄河复杂难治的症结所在,多年来治黄科技工作者针对泥沙的处理和利用问题进行了长期的研究和实践。20 世纪 70 年代提出了"拦、排、放"处理泥沙的基本措施;80 年代中游干流水库防洪减淤规划研究取得了重要进展,提出利用水库"调水调沙",使水沙关系适应河道的输沙特性,这是解决泥沙问题的一项重要措施;90 年代以来,在吸取国内外挖河疏浚和黄河下游机淤固堤经验的基础上,结合河道淤积严重的局面和减轻主河槽淤积的需要,提出了解决泥沙问题的挖河疏浚措施。总结人民治理黄河 60 多年的实践经验,处理和利用黄河泥沙应采取"拦、调、排、放、挖"等多种措施,综合处理和利用。

在"拦、调、排、放、挖"综合处理和利用泥沙的多种措施之间,存在着内在的联系。水土保持措施"拦"沙减少了入黄泥沙,骨干工程"拦"沙减少进入其下游河道的泥沙,减少河道淤积,减轻"排"、"调"等其他措施的压力。"调"是提高"排"沙能力的措施之一。进行河道、河口治理,塑造有利的河床边界和河口条件,通过水库"调"节出来的水沙,在有利的河床边界条件下可多"排"沙入海。古贤、小浪底水库"调"节水沙可分别为小北干流、温孟滩"放"淤创造有利的水沙条件。有针对性地"挖"河疏浚可有效提高河槽排洪、排沙、排凌能力,是"拦、调、排、放"的重要补充。进行黄河下游"二级悬河"治理、背河低洼地改造,"挖"与"放"措施可结合使用。结合引黄供水沉沙也可处理一部分泥沙。

7.2.2　总体布局

在"拦、调、排、放、挖"处理和利用泥沙的各种措施中,水土保持是"拦"减入黄泥沙的根本措施,但仅靠水土保持在短期内显著减少入黄泥沙并不现实;利用河道两岸有条件的地形放淤处理泥沙,虽然有较大潜力,但每年处理的泥沙量较少;结合泥沙资源化和防洪工程建设利用泥沙,进行挖河疏浚,虽然有较好的发展前景,但数量有限、费用较高;利用干支流骨干水库拦沙和联合调水调沙,塑造协调的水沙关系,增大河道中水河槽的过流能力和输沙能力,通过"调"和"排"的结合多排沙入海,且处理泥沙的投资较低,是泥沙处理和利用的最优措施,但干流骨干水库的拦沙库容有限。因此,从长期解决泥沙问题看,必须综合考虑各种途径的作用、相互关系以及黄河治理开发需要,合理配置多种措施。

粗颗粒泥沙对黄河河道淤积的危害最为严重,因此泥沙处理的空间分布和措施安排要以有效控制粗泥沙为重点。水土保持要优先考虑多沙粗沙区尤其是粗泥沙集中来源区的治理,骨干水库拦沙要利用拦沙库容拦粗泄细,小北干流放淤尽可能淤粗排细。

黄河泥沙处理和利用的总体布局是:坚持不懈地在上中游地区开展水土保持,特别是在多沙粗沙区建设拦沙工程,拦减进入黄河的泥沙;修建必要的干支流骨干工程,利用骨干水库的拦沙库容合理拦减黄河泥沙;进行黄河下游河道治理,有计划安排入海流路,从外流域调水,在黄河下游堤防、河道整治工程约束下,利用骨干水库联合调节水沙过程,使之适应河道的输沙特性,塑造合适的河槽形态,将进入下游河道的泥沙尽可能多地排送入海;在小北干流、温孟滩及内蒙古河段的十大孔兑修建放淤工程,减少进入其下游河道的泥沙,利用下游滩区放淤处理泥沙,进一步减少下游河道淤积;结合引黄供水处理一部分泥沙,结合淤背、低洼地改造、用作建筑材料等泥沙利用,以及对泥沙淤积严重和其他措施作用较小的冲积性河道,挖河疏浚,减少河道淤积,维持河槽过流能力。

7.3　多沙粗沙区拦沙工程

为控制进入黄河的粗泥沙,在黄河中游 7.86 万 km^2 的多沙粗沙区的沟道中建设拦沙工程,将泥沙就地拦截在千沟万壑中,是减少中游泥沙尤其是粗泥沙进入黄河河道的关键措施。

7.3.1 拦沙工程规模

多沙粗沙区拦沙工程以支流为骨架,以小流域为单元,以中型拦沙坝为主,干、支、毛沟合理布局。在每条小流域,按照控制面积 3 km² 左右,合理布设中型拦沙坝;在中型拦沙坝无法控制的干、支沟,合理布设大型拦沙坝。

根据《黄土高原地区水土保持淤地坝规划》(2003 年),多沙粗沙区需建设中型拦沙坝 1.38 万座,已建约 1 100 座,尚需建设 1.2 万多座。规划 2008～2030 年多沙粗沙区共建设拦沙坝 7 065 座,其中大型 13 座,中型 7 052 座,分布在多沙粗沙区 25 条重点支流(片),见表 7.3-1。

表 7.3-1 黄河中游多沙粗沙区拦沙坝建设分布表   (单位:座)

支流(片)	多沙粗沙区						合计		
	不同区域分布								
	粗泥沙集中来源区			其他区域					
	大型	中型	小计	大型	中型	小计	大型	中型	小计
浑　河					162	162		162	162
杨家川					69	69		69	69
偏关河					101	101		101	101
黄甫川	1	378	379				1	378	379
清水川		60	60		41	41		101	101
县川河					85	85		85	85
孤山川	2	87	89				2	87	89
朱家川					44	44		44	44
岚漪河					48	48		48	48
蔚汾河					74	74		74	74
窟野河	3	411	414		125	125	3	536	539
秃尾河	2	224	226		42	42	2	266	268
佳芦河	1	40	41		38	38	1	78	79
湫水河					98	98		98	98
三川河					88	88		88	88
屈产河					85	85		85	85
无定河	1	500	501	3	800	803	4	1 300	1 304
清涧河		2	2		324	324		326	326
昕水河					87	87		87	87
延　河		30	30		504	504		534	534
泾　河					1 091	1 091		1 091	1 091
北洛河					504	504		504	504
陕西黄河沿岸		95	95		419	419		514	514
内蒙古黄河沿岸					142	142		142	142
山西黄河沿岸					254	254		254	254
合　计	10	1 827	1 837	3	5 225	5 228	13	7 052	7 065

库容在 500 万 m³ 以上的大型拦沙坝,主要布设在粗泥沙集中来源区内。通过对建设条件、淹没损失、沟道特征、水沙控制效果、与小流域中小型拦沙坝坝系配合情况等综合分析,规划期安排建设 13 座大型拦沙坝,主要指标见表 7.3-2。

表 7.3-2　黄河中游多沙粗沙区大型拦沙坝技术指标汇总表

流域	坝名	工程位置	控制面积（km²）	坝高（m）	库容（万 m³）	
					总库容	拦沙库容
黄甫川	那毛沟	内蒙古准格尔旗	32.3	25	1 687	1 077
孤山川	蔺家沟	陕西府谷	39.5	52	1 510	878
	马家岔	陕西府谷	50.0	58	2 051	1 111
秃尾河	刘岔	陕西榆林	29.0	50	1 277	645
	郑家洼	陕西佳县	30.6	57	806	136
窟野河	小河沟	陕西神木	65.4	72	7 245	5 813
	张家塔	陕西神木	36.5	71	2 962	2 163
	圪柳嘴	陕西神木	114.0	96.4	3 093	2 698
佳芦河	豪则沟	陕西佳县	33.6	49	1 477	896
无定河	合石沟	陕西清涧	32.8	45	1 414	1 093
	陈石畔	陕西横山	38.4	54	1 404	1 024
	庙沟	陕西横山	15.0	56	550	433
	席老庄	陕西横山	18.4	61	675	491

库容在 50 万~500 万 m³ 的中型拦沙坝 7 052 座,分布在多沙粗沙区 25 条重点支流(片)上,其中粗泥沙集中来源区为 1 827 座,其他区域为 5 225 座。

7.3.2　分期实施安排

按照产沙集中、布局连片、粗泥沙侵蚀模数大的支流优先安排的原则,近期重点安排粗泥沙集中来源区拦沙工程及原有坝系配套工程建设。

2020 年以前,在多沙粗沙区规划建设拦沙坝 4 248 座,其中大型拦沙坝 10 座,中型拦沙坝 4 238 座,建设范围包括宁夏、甘肃、陕西、内蒙古、山西五省(区),涉及黄土高原地区 25 条入黄支流(片),见表 7.3-3。其中粗泥沙集中来源区建设拦沙坝 1 837 座,占近期安排的 43%,主要分布在黄甫川、孤山川、窟野河、秃尾河、无定河等 10 条支流(片),包括大型拦沙坝 10 座,中型拦沙坝 1 827 座。通过规划的实施,2020 年初步建成以粗泥沙集中来源区为重点的较为完善的沟道拦沙工程体系。

2021~2030 年,在多沙粗沙区建设大型拦沙坝 3 座、中型拦沙坝 2 814 座,范围包括宁夏、甘肃、陕西、内蒙古、山西五省(区),涉及黄土高原地区 25 条入黄支流(片)。到2030 年,在多沙粗沙区的 25 条支流(片)建成较为完善的沟道拦沙工程体系。

表7.3-3　黄河中游多沙粗沙区拦沙坝建设安排表　　　　　（单位:座）

支流(片)	近期									远期		
	粗泥沙集中来源区			其他区域			合计					
	大型	中型	小计	大型	中型	小计	大型	中型	小计	大型	中型	小计
浑河					97	97		97	97		65	65
杨家川					41	41		41	41		28	28
偏关河					60	60		60	60		41	41
黄甫川	1	378	379				1	378	379			
清水川		60	60					60	60		41	41
县川河					51	51		51	51		34	34
孤山川	2	87	89				2	87	89			
朱家川					26	26		26	26		18	18
岚漪河					28	28		28	28		20	20
蔚汾河					44	44		44	44		30	30
窟野河	3	411	414		105	105	3	516	519		20	20
秃尾河	2	224	226		2	2	2	226	228		40	40
佳芦河	1	40	41		6	6	1	46	47		32	32
湫水河					58	58		58	58		40	40
三川河					52	52		52	52		36	36
屈产河					41	41		41	41		44	44
无定河	1	500	501		180	180	1	680	681	3	620	623
清涧河		2	2		173	173		175	175		151	151
昕水河					52	52		52	52		35	35
延河		30	30		240	240		270	270		264	264
泾河					604	604		604	604		487	487
北洛河					251	251		251	251		253	253
陕西黄河沿岸		95	95		123	123		218	218		296	296
内蒙古黄河沿岸					85	85		85	85		57	57
山西黄河沿岸					92	92		92	92		162	162
合计	10	1 827	1 837		2 411	2 411	10	4 238	4 248	3	2 814	2 817

7.3.3　拦沙工程减沙作用

2020 年以前,建设大型拦沙坝 10 座,相应坝控面积 463.7 km²;建设中型拦沙坝 4 238 座,相应坝控面积 14 798 km²。采用多沙粗沙区 1956～2000 年实测多年平均输沙模数 1.02 万 t/km² 分析计算,2020 年新增拦沙工程年平均拦沙能力 1.56 亿 t。

2021～2030 年,新建大型拦沙坝 3 座,中型拦沙坝 2 814 座,坝控面积 9 956 km²。采用 1956～2000 年实测的粗泥沙集中来源区以外的多沙粗沙区年平均输沙模数 0.88 万 t/km² 计算,年拦沙量 0.88 亿 t。考虑近期建设的大型坝和中型坝仍然发挥拦沙作用,2030 年规划工程的年平均拦沙能力 2.07 亿 t。

拦沙工程建设,不但可有效拦截泥沙,减轻黄河下游河道淤积,还可有效拦蓄坡面径流,防止水、肥、土的流失,改善区域内人民群众的生产生活条件和生态环境。

7.4 骨干水库拦沙及调水调沙

实践证明,骨干水库拦沙和联合调水调沙,是改善水沙关系、减轻河道淤积、恢复并长期维持中水河槽的主要措施之一。目前黄河干流已建梯级水库 20 余座,其中具有较大拦沙作用的水库有小浪底、三门峡、刘家峡水库。在上游水库拦沙比例较大的 1960～1986 年,宁蒙河段冲淤基本平衡。小浪底水库拦沙和调水调沙运用,发挥了显著的减淤作用,改善了进入下游河道的水沙关系,使黄河下游河槽全程发生冲刷,至 2010 年 4 月白鹤至利津河段冲刷泥沙 18.15 亿 t;黄河下游河道的最小平滩流量由 2002 年汛前的 1 800 m³/s 提高到目前的 4 000 m³/s 左右。

黄河水沙调控体系的骨干工程拦沙潜力总计 375.8 亿 m³,扣除已建骨干水库淤积占用的拦沙库容,碛口以下的中游水库剩余拦沙库容为 298.7 亿 m³,见表 7.4-1。

表 7.4-1　黄河干支流骨干水库拦沙库容统计表　　（单位:亿 m³）

工程名称		拦沙库容	调水调沙库容	剩余拦沙库容
骨干工程	刘家峡水库	15.5		0
	碛口水库	110.8	14	110.8
	古贤水库	118.2	20	118.2
	三门峡水库	36		0
	小浪底水库	75.5	10	49.9
支流	东庄水库	19.8	3	19.8
合计		375.8	47	298.7
已建水库		127.0	10	49.9
已建中游水库		111.5	10	49.9
拟建中游水库		248.8	37	248.8

注:1. 陆浑、故县、河口村水库位于来沙量较小的支流伊洛河和沁河上,拦沙作用很小,可忽略不计;
　　2. 小浪底剩余拦沙库容的截止时间为 2010 年汛前。

目前,黄河已建骨干水库中,三门峡、刘家峡水库的拦沙作用已发挥完毕。小浪底水库为目前唯一有较大拦沙和调水调沙作用的水库,其地理位置重要,通过拦沙和调水调沙在一定时期内可实现黄河下游河槽不淤积抬高,截至 2010 年 4 月水库已拦沙 25.6 亿 m³,占设计拦沙库容的 1/3,剩余拦沙库容 49.9 亿 m³,将在 2020 年前后淤满,其拦沙年限的延长对黄河下游河道的防洪减淤具有重要意义。在新的骨干水库投入运用前,利用小浪底水库剩余拦沙库容合理拦减进入黄河下游河道的泥沙,尽量延长其拦沙库容使用年限,以小浪底水库为主体进行现状水库联合调水调沙,提高黄河下游河道的输沙能力。

考虑延长小浪底水库拦沙年限、减缓黄河下游河道淤积和维持中水河槽的要求,需要研究建设新的骨干水库。古贤水库位于碛口水库下游,控制了黄河主要产沙区 62% 的来沙及 82% 对下游淤积影响最大的粗泥沙。水库拦沙库容 118.18 亿 m³,可拦沙 153.6 亿 t,古贤水库和小浪底水库联合运用,可减少黄河下游河道泥沙淤积约 104 亿 t,相当于现状工程条件下河道 40 年左右的淤积量,维持 4 000 m³/s 左右的中水河槽 50 年左右。东庄水库位于渭河支流泾河上,具有 19.8 亿 m³ 拦沙库容,水库建成后,通过水库拦沙和调水调沙,对减少进入渭河下游和黄河下游的泥沙,减轻河道淤积,降低潼关高程,减轻渭河下游防洪压力,具有重要的作用。

为了解决宁蒙河段淤积,塑造和维持河道中水河槽,需优化上游骨干水库调度运用方式,研究论证黑山峡河段开发任务。通过水库拦沙和调水调沙,减少宁蒙河段泥沙淤积,恢复并维持中水河槽。

7.5　河道排沙

来水来沙、河道边界和河口侵蚀基准条件是影响黄河下游河道排沙能力的主要因素。为了提高河道排沙能力,需要从外流域调水增加进入河道的水量,利用水沙调控体系优化水沙过程,进行河道治理、河口治理,改善河道和河口边界条件等。

近期继续开展以小浪底水库为主的调水调沙运用,结合人工新技术提高水库的拦粗排细效果和排沙效率,协调进入黄河下游河道的水沙条件,塑造并维持黄河下游河道 4 000 m³/s 左右的中水河槽。进行河道整治,有针对性地对局部河段挖河疏浚,稳定和规顺河道。进行河口治理,减少河口淤积延伸对黄河下游河道产生溯源淤积的反馈影响。通过采取上述措施,提高河道排沙能力。

远期为了提高河道排沙能力,利用古贤、小浪底、三门峡等水库联合调水调沙,结合外流域调水,协调进入黄河的水沙关系和洪水过程。进一步进行河道和河口治理,有计划地安排入海流路,尽量缩短河道长度,减少溯源淤积。

7.6　放淤

结合淤滩、淤地、放淤固堤等,利用河道两岸有条件的地形放淤处理和利用一部分泥沙,尤其是处理一部分粗颗粒泥沙,是处理和利用黄河泥沙的重要措施。根据来水来沙、地形和河道条件分析,目前适合开展放淤的区域主要有小北干流滩区、温孟滩区、下游滩区和内蒙古河段的十大孔兑,放淤潜力约 195 亿 t。

7.6.1　小北干流放淤

小北干流河段全长 132.5 km,河槽宽 3～18 km,河道纵比降 3‰～6‰,两岸为高出河床 50 ~ 200 m 的黄土台塬。左右岸共有 9 块较大的滩区,总面积约 710 km²,滩面高程 384 ~ 327 m。滩区人口约 5.3 万人,有耕地 69.21 万亩,林地、园地和水产养殖面积 20.97 万亩,其余为盐碱地或沙荒地。

2004 年以来已连续四年开展小北干流放淤试验,取得了一些研究成果和认识。

规划以"淤粗排细"为主要目标,按照全面规划、近远结合、分期实施的原则,近期在无坝自流放淤试验的基础上,开展无坝自流放淤;为充分利用小北干流河道滩地堆沙容积,远期在古贤水利枢纽进入拦沙后期以后实施有坝放淤。

7.6.1.1　无坝放淤

综合分析自然条件和社会约束条件,小北干流无坝自流放淤的范围选定在 335 m 高程以上、治导控制线以外的滩区,包括左岸的清涧、连伯、永济滩和右岸的眚村、芝川、新民、朝邑滩等 7 个滩区,放淤总面积 303.1 km²,总放淤量为 10.9 亿 t。规划放淤区占压耕地 26.6 万亩、林地 4.6 万亩、园地 0.7 万亩、鱼塘 0.5 万亩,占压影响人口约 200 人。

7.6.1.2　有坝放淤

综合考虑放淤条件、放淤量、单位投资和枢纽综合效益等因素,对禹门口水利枢纽的甘泽坡、禹门口、谢村、安昌等规划的自流放淤坝址进行比较,推荐采用甘泽坡坝址放淤方案,输水输沙线路总长 195.0 km。甘泽坡坝址下距禹门口铁桥 6 km,开发任务为放淤、供水、灌溉结合发电。正常蓄水位 425 m,相应库容 5.1 亿 m³。

有坝放淤范围选择太里滩以外的 8 个滩区,放淤面积 410.4 km²。淤区占压耕地 36.5 万亩、林地 4.9 万亩、园地 1.6 万亩和鱼塘 3.5 万亩,占压影响人口 6 230 人。估算最大放淤量为 136 亿 t。古贤水库拦沙期结束后,年平均引沙量为 2 亿 t,年平均放淤量为 1.2 亿 t。

7.6.2　温孟滩放淤

温孟滩区位于黄河左岸,滩区首部上距已建的小浪底枢纽坝址 20 km、西霞院枢纽坝址 4 km。滩区东西长约 78 km,南北宽 2.5 ~ 6 km,总面积约 294 km²,滩地平均纵比降约 2.4‰。滩区内有耕地 40 多万亩,人口近 8 万人。滩区上段有小浪底移民安置区,面积约 53 km²,人口约 4.68 万人。滩区中下段位于规划的桃花峪水库库区内。

为充分发挥温孟滩放淤处理黄河泥沙的作用,采用小浪底枢纽引水放淤方案。按不侵占规划治导线以内的河道和桃花峪水库的库容、避免小浪底移民安置区二次搬迁的原则,结合温孟滩区自然地理及社会经济情况,选择放淤区面积为 71.6 km²。

考虑放淤对小浪底移民安置区、青风岭上居民区、交通等方面的影响,最大放淤厚度控制在 15 m 以内。根据输沙渠末端控制水位,温孟滩可放淤量为 12.6 亿 t。古贤水库拦沙期结束后,温孟滩放淤年均引沙量为 1.6 亿 t,年均放淤量为 1 亿 t。

7.6.3　下游滩区放淤

结合黄河下游"二级悬河"治理,规划进行黄河下游滩区放淤。近期优先安排对堤防安全危害较大的堤河与串沟放淤,远期选择部分滩区放淤。放淤方式以机械放淤为主。

根据调查统计,黄河下游滩区堤河共 186 条,累计长度 815.1 km,可淤填土方 4.2 亿

m^3。为防止风沙影响周围环境，并满足耕种需要，堤河淤平后在淤填区顶部填筑可耕植土。黄河下游滩区规模较大的串沟有 89 条，一般宽 50～500 m，深 0.5～3.0 m，总长 368.4 km，淤堵串沟可淤筑土方量约 1 亿 m^3。近期完成堤河、串沟淤填土方 5.2 亿 m^3，改善"二级悬河"不利局面和河道形态。

远期选择面积较大、放淤条件较好的长垣滩、习城滩、陆集滩、清河滩、兰考东明滩和左营滩等滩区进行放淤，使放淤河段的"二级悬河"基本得到治理，进一步改善河道形态。

7.6.4 内蒙古十大孔兑放淤

十大孔兑位于内蒙古河段三湖河口至头道拐的南岸，多年平均入黄泥沙 0.27 亿 t，其中 60% 以上是粒径大于 0.05 mm 的粗泥沙，且来沙比较集中，造成孔兑下游段和入黄干流段河床不断淤积抬升，防洪（凌）形势日益严峻，还经常在入黄口处形成沙坝淤堵黄河，曾经造成包钢停水停产和包头市区大范围停水的严重事故。选择引沙条件和地形条件适宜的区域引洪放淤处理泥沙，是当前解决十大孔兑来沙淤堵干流河道的途径之一，同时也可起到减轻沙漠区风沙危害、淤地造田为当地生产服务的作用。

孔兑中游地势相对平坦、经济社会发展相对落后，毛不拉、西柳沟、罕台川等孔兑具有放淤条件，规划引洪放淤面积约 200 km^2，各淤区平均淤积厚度在 1～2 m，可放淤量约 4 亿 t。

7.7 挖河疏浚及其他处理利用泥沙措施

挖河疏浚及其他处理利用泥沙措施主要包括挖河固堤、低洼地改造、泥沙资源化，以及引黄供水引沙等。要在确保黄河防洪安全的前提下，规范利用泥沙行为，实现有序开发，合理利用。

7.7.1 挖河疏浚

1997～1998 年、2001～2002 年和 2004 年三次在黄河河口河段实施了挖河固堤工程。实践和研究表明，工程的实施可以减少河道的淤积，加固两岸大堤，改善河道泄流状况。规划期下游挖河疏浚的重点是"二级悬河"严重、畸形河势发展影响防洪安全的河段和陶城铺以下河段，结合淤背固堤，对"二级悬河"严重河段、相邻整治工程间的过渡段及河口拦门沙进行疏挖，以利向深海输沙。陶城铺以上河段配合河道整治工程建设挖河疏浚，理顺河势，防止"横河"、"斜河"产生，避免畸形河湾形成。

7.7.2 低洼地改造利用泥沙

黄河下游大堤背河侧一定范围内，土地高低不平，盐渍严重，灌溉、排涝等基础设施较差，许多土地无法耕种，遇到大洪水漫滩也容易发生堤基管涌等渗透破坏现象。1974 年以来黄河下游进行较大引洪放淤改土 10 处左右，改土效果较好。规划期利用黄河丰富的泥沙资源改造背河沿堤低洼盐碱地，不仅处理和利用了泥沙，提高了漫滩洪水时大堤的抗渗安全性，还可增加可耕地面积，对加快沿黄群众脱贫致富起到积极的作用。根据调查统计,黄河下游背河低洼地、盐碱地共496处,多集中在距大堤500 m 的范围内,总面积1.3 亿 m²,淤填土方量约1.9亿 m³。

7.7.3 引黄供水引沙

干流引黄供水引沙主要集中在黄河下游和宁蒙河段,黄河下游引沙量最大。1950~ 1999年干流河道年平均引沙量为1.5亿 t 左右,其中黄河下游引沙量1.2亿 t 左右。 2000年以来,由于小浪底水库的拦沙作用,进入黄河下游河道的含沙量减小,黄河干流河 道总引沙量减少到0.8亿 t。预估规划期黄河干流河道年平均引沙量在1亿 t 左右,其中 下游年平均引沙量约0.6亿 t。

7.8 泥沙处理和利用的效果

7.8.1 近期(2020年以前)

根据1919~1960年实测资料统计,黄河三门峡站多年平均天然输沙量16亿 t,未来 黄河流域降雨条件不会发生大的变化,规划期天然年均输沙量仍采用16亿 t。黄河现状 水利水土保持减沙量为3.5亿~4.5亿 t,2020年以前大力开展黄土高原水土保持和多沙 粗沙区拦沙工程建设,减少入黄泥沙达到5.0亿~5.5亿 t,则正常降雨条件下现状、2020 年水平四站年均输沙量分别为11.5亿~12.5亿 t、10.5亿~11亿 t。分析选择1968~ 1979年+1987~1996年系列作为规划期采用的水沙条件,2020年以前四站年平均输沙 量为11.48亿 t。

2020年以前,利用小浪底水库剩余拦沙库容继续拦减进入黄河下游的泥沙,年平均 拦沙5.8亿 t,在小北干流相机开展无坝自流放淤,平均每年处理泥沙0.71亿 t,加之小北 干流河段、三门峡水库冲淤调整等,使进入黄河下游河道的泥沙减少到4.41亿 t。

在黄河下游河道,结合"二级悬河"治理实施滩区放淤,改善"二级悬河"不利局面和 河道形态。结合淤背、背河低洼地改造等泥沙利用措施进行挖河疏浚,以及引黄供水引 沙,年平均处理泥沙0.64亿 t。

通过各种措施综合处理和利用泥沙,2020年前下游河道年平均冲刷泥沙0.41亿 t, 可塑造并维持4 000 m³/s 的中水河槽,输送至利津断面的沙量为4.18亿 t,见表7.8-1。

在宁蒙河段,下河沿水文站年平均输沙量为0.99亿 t,支流及风积沙每年入黄0.82 亿 t,结合引黄供水引沙可处理泥沙0.42亿 t,宁蒙河道年平均淤积泥沙0.65亿 t。

7.8.2 远期(2020年以后)

2020年以后继续开展黄土高原水土保持和多沙粗沙区拦沙工程建设,以及十大孔兑 放淤等综合治理,减少入黄泥沙6.0亿~6.5亿 t,正常降雨条件下2030年水平四站多年 平均年输沙量为9.5亿~10亿 t。2020~2030年四站年平均输沙量为9.93亿 t。

利用在2020年前建成的古贤、东庄等骨干水库的拦沙库容拦减泥沙,每年可处理泥 沙5.96亿 t,考虑龙门至潼关区间来沙和小北干流河段、三门峡水库的冲淤调整等,进入黄河下游河道的年平均输沙量为 5.32 亿 t。在黄河下游继续进行滩区放淤,结合泥沙利用进行挖河疏浚,结合引黄供水处理泥沙,共处理泥沙 0.71 亿 t。通过各种措施综合处理和利用泥沙,2020～2030 年下游河道年平均淤积 0.46 亿 t,并维持 4 000 m³/s 左右的中水河槽,输送至利津断面的沙量为 4.15 亿 t。

表 7.8-1　规划期入黄泥沙空间分布特征值表

项目	水文站或河段	近期	远期
年平均水量 (亿 m³)	下河沿水文站	295.3	274.2
	龙、华、河、洑四站	290.2	263.5
年平均 输沙量 (亿 t)	下河沿水文站	0.99	0.87
	宁蒙河段支流及风积沙	0.82	0.82
	头道拐水文站	0.74	0.54
	龙、华、河、洑四站	11.48	9.93
	小、黑、武三站	4.41	5.32
	利津水文站	4.18	4.15
年平均水库拦沙 (亿 t)	小浪底水库	5.80	-0.24
	古贤水库	0	4.87
	东庄水库	0	1.09
	合计	5.80	5.72
黄河小北干流滩区放淤量(亿 t)		0.71	0
年平均引沙量 (亿 t)	宁蒙河段	0.42	0.40
	黄河下游	0.52	0.59
	合计	0.94	0.99
低洼地改造等(亿 t/a)		0.12	0.12
年平均淤积量 (亿 t)	宁蒙河段	0.65	0.76
	黄河小北干流	0.71	-0.95
	黄河下游	-0.41	0.46
	合计	0.95	0.27

注:1. 四站指龙门、华县、河津、洑头,表中沙量为骨干工程作用前沙量。

2. 小、黑、武三站是指小浪底站、黑石关站、武陟站。

在宁蒙河段,2020～2030 年下河沿水文站的年平均输沙量为 0.87 亿 t,宁蒙河段支流及风积沙入黄沙量年平均为 0.82 亿 t,河段引黄供水引沙 0.4 亿 t,由于黑山峡河段工程尚未建成,宁蒙河道仍处于淤积状态,年平均淤积 0.76 亿 t,见表 7.8-1。

第 8 章　水土保持规划

坚持不懈地开展黄河流域特别是中游多沙粗沙区的水土流失综合防治,是减少黄河泥沙的根本措施,对改善生态环境和当地生产生活条件、促进地区经济社会发展具有重要作用。

8.1　水土保持现状

8.1.1　水土流失防治现状

新中国成立以来,黄河流域黄土高原地区一直是我国水土保持工作的重点,开展了大规模的水土流失防治,从单项措施、分散治理到以小流域为单元不同类型区分类指导的综合、规模治理;从防护性治理到治理开发相结合;从单纯依靠行政手段到行政、法律手段并重,依法防治;从人工治理为主到人工治理与自然修复相结合。特别是近年来,按照"防治结合,保护优先,强化治理"的思路,黄河流域的水土保持工作在工程布局上实现了由分散治理向集中连片、规模治理转变,由平均安排向以多沙粗沙区治理为重点、以点带面、整体推进转变。

近十多年来,国家加大了水土流失治理力度,先后在黄河流域实施了黄河上中游水土保持重点防治工程、国家水土保持重点建设工程、黄土高原淤地坝试点工程、农业综合开发水土保持项目等国家重点水土保持项目。在国家重点项目的带动下,黄河流域水土流失防治工作取得了显著成效。截至现状年年底,黄河流域累计初步治理水土流失面积 22.56 万 km²。其中,修建梯田 555.47 万 hm²,营造水土保持林 984.39 万 hm²,种植经济林 207.14 万 hm²,人工种草 367.02 万 hm²,封禁治理 141.99 万 hm²,建设骨干坝 5 399 座、中小型淤地坝 8.5 万座,兴建各类小型水利水土保持工程 183.91 万处(座)(见表 8.1-1)。多沙粗沙区初步治理水土流失面积 3.17 万 km²,建设骨干坝 1 100 多座、中小型淤地坝 4.5 万座。这些淤地坝主要分布在无定河、黄甫川、三川河、秃尾河、孤山川、窟野河、清涧河、延河等黄河重点一级支流。

水土保持预防监督工作不断加强,局部范围的人为水土流失得到有效遏制。据初步统计,截至目前,围绕水土保持法的实施,各地配套制定了相应的法规、规章,建立监督机构 387 个;开展了 10 个地市和 174 个县(市、区、旗)监督管理规范化建设试点,消除了执法空白县;实施了全国第一、第二批 10 个城市和黄河流域 2 个城市的水土保持试点工作。加大了监督执法的力度,共审批开发建设项目水土保持方案 2 万多个。查处水土保持违法案件 1 万余起,减少了开发建设项目造成的人为水土流失。

水土保持监测取得了初步成果。截至目前,黄河流域已建监测机构 170 个,其中流域中心站 1 个、省级总站 8 个、地级分站 69 个、县级分站 92 个,开展了小流域坝系监测、部分重点支流泥沙监测和部分开发建设项目水土流失监测,初步建立了水土保持监测公告制度。

表 8.1-1　截至现状年年底黄河流域水土保持初步治理措施情况表

省(区)	初步治理 面积 (万 km²)	梯田 (万 hm²)	水保林 (万 hm²)	经济林 (万 hm²)	种草 (万 hm²)	生态修复 (万 hm²)	骨干坝 (座)	中小型 淤地坝 (座)	小型蓄水 保土工程 (万处(座))
青　海	0.77	21.14	31.11	0.72	6.49	17.30	152	1 967	19.01
四　川	0.02				0.02				
甘　肃	5.38	179.18	179.27	38.90	107.76	32.59	509	1 117	20.86
宁　夏	2.01	58.08	69.61	10.76	48.28	14.74	329	538	27.40
内蒙古	3.09	31.65	161.11	6.33	94.48	15.50	851	1 955	10.03
陕　西	6.07	106.35	217.27	51.88	18.13	19.17	1 187	36 280	47.03
山　西	4.13	122.54	289.45	72.19	90.56	32.73	2 157	41 255	44.99
河　南	0.65	20.15	23.55	11.65	1.25	8.56	214	1 866	8.53
山　东	0.44	16.38	13.02	14.71	0.07	1.40		12	6.06
合　计	22.56	555.47	984.39	207.14	367.04	141.99	5 399	84 990	183.91

经过多年的实施,水土保持工作取得了显著成效。一是有效减少了入黄泥沙。现状水利水保措施平均每年减少入黄泥沙 4 亿 t 左右,在一定程度上减缓了下游河床的淤积抬高速度。二是初步改善了流域的生态环境,局部地区的水土流失和荒漠化得到了遏制。陕西省无定河流域国家重点治理项目区,通过 2003 ~ 2007 年连续五年的治理,基本形成了层层设防、节节拦蓄的综合防护体系,项目区剧烈水土流失面积比例由 18.8% 减少到7.3%,极强度水土流失面积由 25.0% 减少到 13.2%。三是改善了农业生产和群众生活条件,促进了新农村建设。据初步分析,通过水土保持措施的实施,黄土高原地区累计增产粮食约 670 亿 kg,解决了约 1 000 万人的温饱问题。

8.1.2　存在的主要问题

黄河流域水土保持工作尽管取得了显著成效,但从整体上看水土流失尚未得到有效控制,生态环境问题仍很突出,主要表现在以下方面:

(1)投入不足,措施不配套,治理任务依然十分艰巨。

长期以来,由于投入严重不足,致使治理进度缓慢,治理面积措施不配套。现有22.56 万 km² 初步治理面积措施标准偏低、工程不配套,只是在一定程度上降低了侵蚀强度,仍需继续进行维护、巩固、配套、提高。黄河流域仍有约 60% 的水土流失面积尚未进行治理,而且自然条件更加恶劣,治理难度更大,任务十分艰巨。

(2)开发与保护矛盾尖锐,预防监督工作任重道远。

黄河上中游地区生态环境脆弱,随着我国中西部地区开发建设的加快,该地区煤炭、石油、天然气等资源大规模集中开发,对生态环境的压力越来越大。晋陕蒙、豫陕晋、陕甘宁蒙接壤地区人为水土流失严重,子午岭、六盘山林区缺乏有效保护,生态环境预防、监督、保护的工作愈加繁重。地处黄土高原腹地的国家级重点监督区——晋陕蒙接壤地区,大规模的煤炭开采造成地面塌陷、地下水位下降、植被枯死、土地沙化等生态环境问题;开发建设过程中产生的大量废土、废渣直接倾入河道,又造成了严重的人为水土流失。受地方保护、行政干预严重,水土保持预防监督工作面临极大的阻力和难度,致使该区资源开发与生态环境保护的矛盾日益加剧。

(3)水土保持监测能力不足,对水土流失防治的支撑不够。

黄河流域跨省区重点支流、重点治理区、重点监督区的监测工作实施缓慢,有的还没有开展。加之监测投资少,经费紧张,监测成果尚不能满足流域水土流失公告、水土流失防治和预测预报的需要,覆盖水土流失区的监测网络体系尚未形成,难以实施有效监测。

8.2 水土流失防治分区

黄河流域水土流失防治区域从总体上划分为重点治理区、重点预防保护区和重点监督区等三类,根据其重要程度,又分别划分为国家级和省级重点预防保护区、重点监督区和重点治理区。针对不同地貌和水土流失特点,采取有针对性的防治措施和配置模式,黄河流域黄土高原地区划分为黄土丘陵沟壑区、黄土高塬沟壑区、土石山区、风沙区等九大水土流失类型区。

8.2.1 重点治理区

现状年黄河流域水土流失面积46.5万 km^2,主要是侵蚀模数大于1 000 t/(km^2 · a)的水土流失。其中国家级重点治理区主要分布在河口镇至龙门区间、泾河和北洛河上游、祖厉河和渭河上游、湟水和洮河中下游、伊洛河和三门峡库区,面积为19.1万 km^2,涉及从青海到河南的7个省(区)31个地市133个县(市、区、旗)。水土流失类型区大部分为黄土丘陵沟壑区,其次是黄土高塬沟壑区和风沙区,极少部分为土石山区。该区是造成黄河下游淤积的主要泥沙来源区。十大孔兑位于黄河内蒙古河段南岸,水土流失面积为0.8万 km^2,流经库布齐沙漠,来沙集中且粗泥沙含量大,是造成内蒙古河段淤积的重要原因之一。

根据泥沙及其来源对下游的危害程度,又划分出黄河中游多沙粗沙区和粗泥沙集中来源区。侵蚀模数大于5 000 t/(km^2 · a),且粒径大于0.05 mm的粗泥沙的输沙模数大于1 300 t/(km^2 · a)的多沙粗沙,总面积7.86万 km^2,主要分布于黄河河口镇至龙门区间和泾河上游、北洛河上游等地区,涉及陕西、山西、甘肃、内蒙古、宁夏5省(区)的45个县(市、区、旗)。该区水土流失面积仅占黄土高原水土流失面积的17.4%,而年均输沙量占黄河输沙总量的62.8%,粒径0.05 mm以上的粗泥沙输沙量占黄河粗泥沙总量的72.5%。特别是侵蚀模数大于5 000 t/(km^2 · a),且粒径0.1 mm以上的粗泥沙的输沙模数大于1 400 t/(km^2 · a)的粗泥沙集中来源区,面积1.88万 km^2,仅占黄土高原水土流失面积的4.2%,而年均输沙量却占全河输沙总量的21.7%;粒径0.05 mm以上的粗泥沙输沙量约占全河同粒径粗泥沙输沙总量的34.5%,粒径0.1 mm以上的粗泥沙输沙量占全河同粒径粗泥沙输沙总量的54%,对黄河下游河道淤积危害最大。

在重点治理区,实施以支流为骨架,以小流域为单元的水土流失综合治理,建设以沟道坝系、坡改梯和林草植被为主体的水土流失综合防治体系。充分发挥大自然的自我修复能力,促进植被快速恢复。抓好水土流失综合治理工程建设,建设一批布局合理、措施科学、管理规范、效益显著,高标准、高质量的水土保持示范工程,以点带面,促进黄土高原地区水土保持生态建设快速、持续、健康发展。近期以多沙粗沙区为重点,以粗泥沙集中来源区为重中之重,集中投资,加快沟道拦沙工程建设,有效控制水土流失,减少入黄泥沙。

8.2.2 重点预防保护区

重点预防保护区总面积26.52 万 km²,包括微度水蚀区、植被覆盖度在40%以上的风沙区、次生林区和治理程度达到70%以上的小流域等。其中国家级重点预防保护区为跨省区、水土流失比较轻微的子午岭林区、六盘山林区以及黄河源区,面积为 15.48 万 km²。子午岭林区面积 1.59 万 km²,位于北洛河与马莲河中上游,涉及甘、陕两省的 4 个市 15 个县;六盘山林区面积 0.75 万 km²,位于泾河与渭河的分水岭地带,涉及宁、甘、陕 3 省(区)的 4 个市 11 个县;黄河源区面积为 13.14 万 km²,涉及青、川、甘 3 省的 18 个县。

重点预防保护区要依法保护好现有森林、草原、水土资源。对有潜在侵蚀危险的地区,积极开展封山封沙、育林育草,禁止毁林毁草、乱砍滥伐、过度放牧和陡坡开荒,防止产生新的水土流失。因地制宜地实施生态移民,加强已有治理成果的管理、维护、巩固和提高,使之充分发挥效益。

8.2.3 重点监督区

重点监督区总面积19.74 万 km²,主要为资源开发强度高、建设项目和工矿集中、对地表及植被破坏面积大、人为水土流失严重的地区。其中国家级重点监督区包括晋陕蒙接壤煤炭开发区、豫陕晋接壤有色金属开发区和陕甘宁蒙接壤石油天然气开发区,面积14.97 万 km²。晋陕蒙接壤地区面积5.44 万 km²,涉及 3 省(区)5 个市 13 个县(旗);豫陕晋接壤地区面积3.22 万 km²,涉及 3 省 6 个市 19 个县(市);陕甘宁蒙接壤地区面积6.31 万 km²,涉及 4 省(区)5 个市 15 个县(旗)。晋陕蒙接壤区、陕甘宁蒙接壤区的全部和豫陕晋接壤区的部分与国家级重点治理区重叠。

在重点监督区,要加强开发建设项目管理,对开发建设项目水土保持方案的编报及实施进度、质量、完成情况进行严格审批与监督,严格执行《水土保持法》规定的水土保持方案与主体工程同时设计、同时施工、同时投产使用的"三同时"制度,尽可能减少对地表、植被的破坏,把人为造成的水土流失减小到最低程度;并对已破坏的地表、植被和造成的水土流失,按照"谁造成水土流失,谁负责治理"的原则,进行恢复治理;强化执法,对违法案件依法进行立案查处。

8.2.4 水土流失治理类型区划分

黄河流域黄土高原地区水土流失类型区包括黄土丘陵沟壑区、黄土高塬沟壑区、林区、土石山区、高地草原区、干旱草原区、风沙区、冲积平原区、黄土阶地区等九个类型区。不同类型区应采取不同的水土流失防治措施。

（1）黄土丘陵沟壑区：该区分为五个副区，丘₁、丘₂副区主要分布于陕西北部、山西西北部和内蒙古南部，丘₃、丘₄、丘₅副区主要分布于青海东部、宁夏南部、甘肃中部、河南西部。该区坡陡沟深，面蚀、沟蚀均很严重。水土流失综合治理由梁峁顶、梁峁坡、峁缘线、沟坡和沟底等五道防护体系构成。各副区水土保持措施配置应因地制宜、各有侧重。丘₁、丘₂副区水土流失最严重，主要措施是在沟道筑坝拦沙、陡坡退耕和恢复植被。

（2）黄土高塬沟壑区：主要分布于甘肃东部、陕西延安南部和渭河以北、山西南部等地区。该区塬面水土流失较轻，但沟头前进吞蚀塬面农田、威胁交通；沟壑崩塌、滑塌、陷穴、泻溜等重力侵蚀严重。水土保持主要措施及其配置应突出"保塬固沟，以沟养塬"的原则，在塬面、沟头、沟坡、沟底分别布设塬面水土保持基本农田、沟头防护、沟坡林草、沟道淤地坝和谷坊等措施，构筑水土流失防治四道"防线"。

（3）林区：主要分布于黄龙山、桥山、子午岭等次生林区。该区梁状丘陵次生林覆盖程度较高，水土流失轻微。水土保持工作的重点是严格执行有关法律法规，防止毁林毁草开荒，依法保护林草植被。

（4）土石山区：主要分布于秦岭、吕梁、阴山、六盘山等山区，青海、甘肃、宁夏、内蒙古、山西、陕西、河南七省（区）均有分布。该区分为石质山岭、土石山坡、黄土峁坡、洪积沟谷等侵蚀亚区，其中黄土峁坡水土流失严重。主要水土保持措施是修筑石坎梯田、石谷坊或闸沟垫地，实施封禁和造林种草。

（5）干旱草原区和高地草原区：干旱草原区主要分布于甘肃景泰和靖远、内蒙古鄂尔多斯西北、宁夏银南等地区。高地草原区主要分布于甘肃甘南、青海湟水和大通河上游及龙羊峡以上等地区。这两个区水土流失轻微。水土保持工作以防为主，依法保护草原，合理确定载畜量，防止因过度放牧和滥挖滥采造成的草场退化。对已退化草地采取限牧、轮牧、补种改良等措施。

（6）风沙区：主要分布于陕西榆林西北、内蒙古鄂尔多斯市等地区。该区水土流失以风蚀为主。水土保持的主要任务是治理半固定和流动沙丘。主要措施包括设置封禁、沙障，营造防风固沙林等，在有条件的地方引水拉沙造田，发展小片水地。

（7）黄土阶地区和冲积平原区：黄土阶地区主要分布于陕西渭河两岸、山西黄河和汾河沿岸、河南西部黄河沿岸等地区。冲积平原区主要位于陕西渭河下游、山西汾河下游、内蒙古河套、宁夏银川、河南伊洛沁河下游等地区。这两个区水土流失轻微。水土保持主要措施是发展水土保持基本农田，加强监督，防止人为水土流失。

8.3 综合治理措施

水土流失综合治理措施主要包括工程、植物、耕作等三大措施。根据《全国生态环境建设规划》的总体部署，结合《黄土高原淤地坝建设规划》、《全国坡耕地水土流失综合整治规划》等，统筹考虑减少入黄泥沙、改善生态环境、发展区域经济、增加农民收入等要求，规划黄河流域每年开展水土流失综合治理面积 1.25 万 km²（包括初步治理面积和巩固治理面积），规划期共安排综合治理面积 28. 75 万 km²，其中近期安排 16. 25 万 km²，详见表 8. 3-1。

表 8.3-1　黄河流域各省（区）规划治理面积表　　　　（单位：万 km²）

省（区）	流失面积	现状年年底累计初步治理面积	规划年治理面积	近期（现状年～2020 年）	规划期（现状年～2030 年）
青　海	2.325	0.77	0.060	0.78	1.38
四　川	0.360	0.02	0.009	0.12	0.21
甘　肃	8.369	5.38	0.221	2.87	5.08
宁　夏	3.845	2.01	0.100	1.30	2.30
内蒙古	12.512	3.09	0.190	2.47	4.37
山　西	7.585	4.13	0.275	3.57	6.32
陕　西	8.838	6.07	0.320	4.16	7.36
河　南	1.957	0.65	0.055	0.72	1.27
山　东	0.710	0.44	0.020	0.26	0.46
合　计	46.501	22.56	1.250	16.25	28.75

黄河中游多沙粗沙区和内蒙古十大孔兑，是流域水土流失治理的重点。多沙粗沙区规划近期实施综合治理面积 3. 92 万 km²，其中梯田 35. 17 万 hm²，水保林 176. 27 万 hm²，经果林 39. 56 万 hm²，人工种草 59. 63 万 hm²，封禁治理 80. 94 万 hm²。建设淤地坝 1. 53 万座，其中骨干坝 0. 42 万座，中小型淤地坝 1. 11 万座。建设小型水土保持工程 21. 62 万座（详见表 8. 3-2）。远期建设淤地坝 1. 13 万座，其中骨干坝 0. 28 万座。内蒙古十大孔兑规划近期综合治理面积 0. 23 万 km²，建设骨干坝 237 座。

表 8.3-2　黄河中游多沙粗沙区治理工程近期规划表

省（区）	规划治理面积（万 km²）			梯田（万 hm²）	水保林（万 hm²）		经果林（万 hm²）	人工种草（万 hm²）	封禁治理（万 hm²）	骨干坝（座）	中小型坝（座）	小型水土保持工程（万处（座））
	合计	初步治理	巩固治理		乔木林	灌木林						
甘　肃	0.449	0.449		1.69	7.47	15.52	5.13	9.57	5.49	595	1 191	2.89
宁　夏	0.032	0.031	0.001	0.04	0.42	0.98	0.23	0.64	0.84	20	40	0.05
内蒙古	0.417	0.213	0.204	1.92	4.21	16.11	1.00	7.1	11.41	393	984	3.00
山　西	0.772	0.714	0.058	13.20	7.42	16.09	5.80	7.6	27.08	628	1 886	4.01
陕　西	2.246	1.949	0.297	18.32	33.72	74.33	27.40	34.72	36.12	2 602	7 027	11.67
合　计	3.916	3.356	0.560	35.17	53.24	123.03	39.56	59.63	80.94	4 238	11 128	21.62

8.3.1　淤地坝

实践证明，在黄土高原地区特别是多沙粗沙区开展淤地坝建设，是减少入黄泥沙、减轻下游河道淤积的重要措施;淤地坝将泥沙就地拦蓄,将荒沟变为高产稳产的水土保持基本农田,可为陡坡地退耕还林还草提供有利条件,对缓解人畜饮水困难及生态用水不足有重要作用,有的淤地坝坝顶还能兼顾连接乡村之间的道路。根据实测资料,坝地一般亩产250 ~ 300 kg,高的可达 500 kg,是坡耕地的 5 ~ 10 倍。

根据现行水土保持淤地坝的有关技术规范,小型淤地坝库容为 10 万 m³ 以下;中型淤地坝库容 10 万 ~ 50 万 m³;骨干坝库容为 50 万 ~ 500 万 m³,设计标准为 20 ~ 30 年一遇洪水设计,200 ~ 300 年一遇洪水校核,设计淤积年限为 20 年。

根据规划减沙目标要求,结合当地建坝条件,拟定规划期淤地坝建设规模。到 2020 年,规划建设淤地坝 37 242 座,其中骨干坝 9 216 座,中小型淤地坝 28 026 座。到 2030 年,规划建设淤地坝 62 249 座,其中骨干坝 15 340 座,中小型淤地坝 46 909 座(见表 8.3-3)。

表 8.3-3　黄河流域各省(区)规划淤地坝建设规模表　　　　　　(单位:座)

省(区)	近期(现状年 ~ 2020 年)			远期(2021 ~ 2030 年)			规划期(现状年 ~ 2030 年)		
	骨干坝	中小型坝	小计	骨干坝	中小型坝	小计	骨干坝	中小型坝	小计
青　海	429	857	1 286	101	202	303	530	1 059	1 589
甘　肃	2 633	7 899	10 532	1 275	3 824	5 099	3 908	11 723	15 631
宁　夏	585	1 756	2 341	292	875	1 167	877	2 631	3 508
内蒙古	604	1 452	2 056	530	1 349	1 879	1 134	2 801	3 935
山　西	1 715	6 836	8 551	1 022	4 072	5 094	2 737	10 908	13 645
陕　西	2 725	8 176	10 901	2 751	8 253	11 004	5 476	16 429	21 905
河　南	465	930	1 395	113	228	341	578	1 158	1 736
山　东	60	120	180	40	80	120	100	200	300
合　计	9 216	28 026	37 242	6 124	18 883	25 007	15 340	46 909	62 249

8.3.2　梯田

梯田具有保持水土、改善农业生产条件和生态环境、促进退耕还林还草、发展当地经济等重要作用。梯田建设规划必须把有效解决当地粮食和增收问题放到重要位置,遵循"以建保退,治理与建设并重"的原则,通过建设梯田等措施,确保退耕还林还草等水土流失综合治理工作的顺利开展。黄河流域水土流失区现有农业人口 5 142 万人,梯田555.47 万 hm²。预测 2020 年农业人口达到 5 794 万人,2020 年以后随着城镇化水平的进一步提高,2030 年水土流失区农业人口为 4 970 万人。根据梯田亩产 200 kg、农业人口人均粮食自给水平 400 kg 和 2020 年农业人口预测分析,规划安排梯田建设规模。

规划近期新增梯田 215.16 万 hm²,达到 770.63 万 hm²,人均梯田 0.133 hm²。远期

采取窄幅梯田改宽幅梯田等巩固提高措施,改造梯田 162. 24 万 hm²(见表 8.3-4)。

表 8.3-4　黄河流域各省(区)梯田建设规模表　　　　　(单位:万 hm²)

省(区)	近期(现状年~2020 年)	远期(2021~2030 年)	规划期(现状年~2030 年)
青　海	20. 62	13. 76	34. 38
甘　肃	50. 51	38. 99	89. 50
宁　夏	11. 74	11. 11	22. 85
内蒙古	29. 23	20. 69	49. 92
山　西	39. 10	28. 63	67. 73
陕　西	38. 41	30. 65	69. 06
河　南	17. 81	12. 83	30. 64
山　东	7. 74	5. 58	13. 32
合　计	215. 16	162. 24	377. 40

8.3.3　造林

造林是治理水土流失、增加植被覆盖和改善生态环境的重要措施。规划共营造水土保持林 1 157.36 万 hm²(乔木林 338.84 万 hm²、灌木林 818.52 万 hm²),经济林 238.48万 hm²,其中,规划近期营造水土保持林 653.55 万 hm²(乔木林 191.09 万 hm²、灌木林462.46 万 hm²),经济林 135.10 万 hm²(见表 8.3-5)。

表 8.3-5　黄河流域各省(区)规划林草措施建设规模表　　　　　(单位:万 hm²)

省(区)	近期(现状年~2020 年)					规划期(现状年~2030 年)				
	水保林	经济林	人工种草	封禁治理	小计	水保林	经济林	人工种草	封禁治理	小计
青　海	20. 51	0. 19	2. 15	34. 53	57. 38	37. 03	0. 35	3. 88	62. 35	103. 61
四　川	1. 00	2. 00	3. 61	5. 09	11. 70	2. 00	3. 00	6. 70	9. 00	20. 70
甘　肃	123. 39	27. 25	50. 91	35. 24	236. 79	218. 24	48. 20	90. 04	62. 32	418. 80
宁　夏	60. 67	11. 51	32. 44	13. 64	118. 26	106. 28	20. 16	56. 82	23. 89	207. 15
内蒙古	107. 97	5. 29	37. 74	66. 77	217. 77	191. 91	9. 40	67. 09	118. 69	387. 09
山　西	123. 35	30. 41	39. 90	124. 74	318. 40	218. 80	53. 93	70. 77	221. 27	564. 77
陕　西	197. 10	49. 96	63. 32	67. 21	377. 59	348. 16	88. 26	111. 85	118. 68	666. 95
河　南	13. 20	5. 07	2. 03	33. 39	53. 69	23. 56	9. 06	3. 62	59. 62	95. 86
山　东	6. 36	3. 42		8. 48	18. 26	11. 38	6. 12		15. 17	32. 67
合　计	653. 55	135. 10	232. 10	389. 09	1 409. 84	1 157. 36	238. 48	410. 77	690. 99	2 497. 60

8.3.4　种草

种草是蓄水保土、改良土壤、促进畜牧业发展、增加植被覆盖、改善生态环境的一项水土保持措施。规划期共发展人工种草 410.77 万 hm²，其中，近期人工种草 232.10 万 hm²（见表 8.3-5）。

8.3.5　封禁治理

封禁治理是对稀疏植被采取封禁管理，利用自然修复能力，辅以人工补植和抚育管护，促进植被恢复，控制水土流失。规划期共实施封禁治理 690.99 万 hm²，其中，近期实施封禁治理 389.09 万 hm²。

8.3.6　小型水土保持工程

小型水土保持工程包括沟头防护、谷坊、水窖、涝池等，对于解决人畜饮水、防止沟道侵蚀等具有重要作用。规划期新增各类小型水土保持工程 187.3 万座（处），近期新增各类小型水土保持工程 112.4 万座（处）（见表 8.3-6）。

表 8.3-6　黄河流域各省（区）规划新增水土保持工程规模表

（单位:万座（处））

省（区）	近期（现状年~2020年）						规划期（现状年~2030年）					
	沟头防护	谷坊	水窖	涝池	其他	小计	沟头防护	谷坊	水窖	涝池	其他	小计
四　川	0.008	0.039	0.078			0.125	0.016	0.069	0.138			0.223
青　海	0.83	2.48	0.58	0.08		3.97	1.38	4.13	0.96	0.14		6.61
甘　肃	6.6	6.6	8.91	0.33		22.44	11	11	14.85	0.55		37.4
宁　夏	0.45	0.75	1.5	0.29		2.99	0.75	1.25	2.5	0.48		4.98
内蒙古	1.43	2.85	5.7	0.29	1.74	12.01	2.38	4.75	9.5	0.48	2.9	20.01
山　西	4.13	8.25	8.25	0.83	20.67	42.13	6.88	13.75	13.75	1.38	34.46	70.22
陕　西	4.8	9.6	9.6	0.96		24.96	8	16	16	1.6		41.6
河　南	0.41	0.83	0.83	0.08		2.15	0.69	1.38	1.38	0.14		3.59
山　东	0.26	0.93	0.33		0.06	1.58	0.43	1.55	0.55		0.11	2.64
合　计	18.918	32.329	35.778	2.86	22.47	112.355	31.526	53.879	59.628	4.77	37.47	187.273

8.4　预防监督

为保护现有植被、减少人为水土流失，要建立完善配套的水土保持法规体系，健全执法机构，增强监督执法能力，落实管护责任，规范各类生产建设活动。规划期末，全流域各类生产建设项目水土保持方案报批率达到 100% ,实施率达到 90% 以上,水土保持设施验收率达到 80% 以上,有效控制人为水土流失,从根本上扭转生态环境恶化的趋势。

8.4.1 预防保护

按照"预防为主,保护优先"的原则,加强对生态环境良好区域保护力度,重点做好子午岭、六盘山和黄河源区 3 个国家级水土保持重点预防保护区,以及 19 个省级重点预防保护区工作。

开展国家级和省级重点预防保护示范工程建设。近期流域管理机构组织相关省、市建设 10 个国家级重点预防保护示范工程,开展定期检查,总结探索预防保护的有效途径。各省(区)建设 80 个省级水土保持重点预防保护示范工程,划定界线、建立队伍、制定政策、落实责任、加强宣传,加大现有植被保护力度,制止一切人为破坏现象,减少人为因素对自然生态系统的干扰,充分发挥其应有的生态效益和社会效益。

8.4.2 监督管理

8.4.2.1 重点监督区监督

加强监督管理,促进开发建设与生态保护协调发展。流域管理机构重点做好晋陕蒙接壤煤炭开发区、豫陕晋接壤有色金属开发区和陕甘宁蒙接壤石油天然气开发区 3 个国家级水土保持重点监督区的监督管理,每年至少开展一次全面监督检查,建立开发建设项目恢复治理示范工程。有关省(区)抓好 15 个省级重点监督区的监督管理,加强监督执法,加大宣传力度,推动水土保持"三同时"制度全面落实,遏制人为水土流失。

8.4.2.2 开发建设项目监督

加强对辖区内开发建设项目水土保持"三同时"制度落实情况的监督。流域管理机构重点抓好国家批复的大型开发建设项目水土保持方案实施情况的监督和地方水行政主管部门执法情况的监督。建立开发建设项目水土保持督察制度和方案实施公告制度,每年对大型项目监督检查不少于 500 项,抽查省级项目不少于项目总数的 10% ;每半年公告一次大型开发建设项目水土保持工程实施情况和水土保持监督检查结果等;定期督察地方水行政主管部门机构建设、配套法规制定、违法案件查处、方案审批、监督检查、规费征用管理情况等。地方水行政主管部门负责做好本辖区开发建设项目水土保持监督管理工作。

8.4.2.3 治理成果管护

加强对水土保持治理成果的管护,制止"边治理、边破坏"现象,使水土保持综合效益持久发挥。流域管理机构重点做好国家投资的黄河中游多沙粗沙区等重点治理区和黄河水土保持重点工程等治理成果管护,建立汛前水土保持工程检查制度,并进行定期检查;督促查处破坏治理成果的违法行为;组织重点生态工程安全事故的调查和上报。地方水行政主管部门做好本辖区重点治理成果管护,制定管护政策,建立管护制度,落实管护责任,设立管护标志,建设管护设施,加强检查,定期报告管护情况,依法查处破坏治理成果的行为。

8.4.2.4　城镇水土保持

加强城镇水土保持监督管理,有效控制城镇化进程中产生的严重人为水土流失,加强示范引导,促进城市开发建设与生态保护协调发展。

8.4.3　水土保持监督执法保障措施

规划期内,开展全流域各级水土保持监督部门的监督执法基础设施和能力建设,全面提高水土保持依法行政水平。

国家重点开展流域管理机构水土保持监督执法基础设施建设。建设"3S"(RS、GIS、GPS)技术与传统技术相结合的人为水土流失调查体系,每隔 3 年开展一次国家重点监督区和重点预防保护区生产建设项目与人为水土流失调查,为监督执法提供依据;加强水土保持监督队伍自身能力建设,开展监督人员培训和装备配置等,确保有效履行水土保持监督职责;建立人为水土流失及防治效果分析评价方法与标准体系,为准确评价法律法规落实情况提供支撑;建设全流域水土保持预防监督数据库与信息管理系统,提高水土保持预防监督科学管理能力;结合黄河水土保持生态环境监测系统,建设流域水土保持预防监督会商系统和会商中心,建立人为水土流失重大案件的快速反应与联合查处机制;建立黄河流域水土保持预防监督规范、标准体系;开展水土保持监督保障措施研究,增强监督持续能力。

地方各级水行政主管部门负责做好本辖区的水土保持监督执法能力建设,主要内容包括:完善水土保持配套法规体系;增强水土保持监督管理机构履行职责能力,实现机构、人员、办公场所、工作经费、取证设备装备全面到位;全面规范水土保持方案审批、监督检查、设施验收、规费征收、案件查处等监督管理工作;健全水土保持监督管理制度,实施上级水行政主管部门对下级履行职责情况的督察制度、年度及重大水土流失案件(事件)报告制度、水土保持技术服务单位管理制度、社会监督制度等。

8.5　水土保持监测

为实时掌握水土流失与水土保持动态,为黄河治理开发与管理和国家水土保持宏观决策等提供信息和技术支撑,规划建立完善的水土保持监测体系,开展全流域水土流失与水土保持遥感监测、重点支流水沙监测、典型小流域和野外原型观测等,规范水土保持监测数据整编。规划近期(到 2020 年)建立起能够满足重点区域、重点支流不同空间尺度监测需要,设备先进、信息采集准确、传输快捷、处理功能完备、运行稳定的水土保持监测网络,基本实现对全流域、水土流失重点区域、重点支流、大型开发建设项目人为水土流失的动态监测、预报和公告。远期(到 2030 年)建成覆盖全流域的监测网络体系,实现对全流域水土流失及其防治动态的监测、预报和定期公告。

黄河流域水土保持监测站网管理体系,由黄河流域水土保持监控中心、黄河水土保持生态环境监测中心(含天水、榆林、西峰 3 个直属分中心)、黄河流域 9 省(区)水土保持监测总站、55 个水土保持监测分站、109 个支流把口站及控制站、90 个小流域把口站和 320 个监测点组成。其中,流域管理机构直属的支流把口站及控制站 50 个、小流域把口站 25

个、监测点 30 个。

8.5.1　全流域水土流失与水土保持遥感监测

为履行《水土保持法》赋予流域管理机构的职责,满足水土流失与水土保持定期公告等要求,开展全流域水土流失与水土保持遥感监测。

监测的范围涵盖全黄河流域。监测内容主要包括土壤侵蚀类型、侵蚀强度及其面积与分布,植被的类型、面积、分布、生长状况、郁闭度或覆盖度,土地利用状况,水土保持治理措施的面积、分布及效益,开发建设项目造成的水土流失状况等。规划安排每 5 年进行一次遥感普查。

根据水利部《水土保持生态环境监测网络管理办法》和《全国水土保持监测网络与信息系统规划》,结合黄河流域不同类型区水土流失的实际情况,遥感监测在 9 大类型区共布设监测点 260 个。

8.5.2　重点支流水土保持与水沙变化监测

为准确预测预报流域水沙发展变化趋势,为黄河水沙调控体系的调度运行提供基础信息,开展重点支流水土保持与水沙变化监测。

监测范围以黄河中游多沙粗沙区为重点,主要选择来沙量相对较多、粗泥沙来源比较集中的皇甫川、窟野河、孤山川、秃尾河、佳芦河、无定河、清涧河、延河等 30 条重点支流。监测内容主要包括重点支流水土流失状况及其危害,水土保持措施的数量、质量和治理效果,水沙变化情况等。

规划在 30 条重点支流共布设支流把口站 30 个,支流控制站 79 个,监测点 150 个(其中 90 个利用全流域遥感监测站点)。

8.5.3　典型小流域监测

为研究分析不同治理措施配置、不同治理程度的水土流失过程和水土保持作用机理,评价国家水土保持重点工程效益与安全状况,开展水土保持典型小流域监测。

监测范围包括黄河上中游地区的国家重点治理工程项目区,结合重点支流和各类型区情况,规划共选择 90 条典型小流域。监测内容主要包括小流域土壤侵蚀、水土保持措施结构及其效果等方面。

规划建设小流域控制站 90 个,气象站 90 个,雨量站 90 个,沟道拦沙蓄水和坝系安全观测点 150 个,坡面蓄水保土效益观测点 180 个。

8.5.4　野外原型观测

为探索黄土高原水土流失规律,并为建立黄土高原水土流失数学模型提供重要参数,开展野外原型观测。

规划在上述 30 条重点支流、90 条小流域内的黄土丘陵沟壑区一至五副区和黄土高塬沟壑区等 6 个类型区,选择有代表性的 6 条大中尺度流域和 13 条小流域,开展原型观测。观测内容主要包括降水、径流、泥沙及其过程等。

规划共布设全坡面小区 148 处,全坡面分段小区 104 处,泥沙输移观测断面 155 处,沟坡侵蚀试验区 42 处,沟道侵蚀大断面 54 处,蒸发观测点 55 处。

8.5.5　开发建设项目人为水土流失动态监测

为分析开发建设项目可能造成的生态灾害及其发展趋势,给水土保持监督执法部门开展监督执法提供重要依据,开展开发建设项目人为水土流失动态监测。

监测范围主要包括晋陕蒙接壤煤炭监督区、陕甘宁蒙接壤石油天然气监督区、豫陕晋接壤有色金属监督区等国家级重点监督区。监测内容主要包括开发建设项目基本情况、开发建设项目造成的水土流失状况、采取的水土保持方案及其效果等。每年监测一次。

8.5.6　信息管理平台建设

为快速准确分析处理水土保持监测数据,科学有效管理水土保持信息,以建设现代化水土保持监测中心为目标,规划建设水土保持监测信息管理平台。

按照水利部《水土保持信息管理技术规程》的要求,主要建设内容包括水土保持数据库系统、监测站网计算机网络系统、信息传输与处理系统、信息公告与发布系统、信息评价系统、水土流失预测预报系统、淤地坝防汛预警系统等。

第 9 章　水资源开发利用规划

　　黄河是我国西北、华北地区的重要水源,不仅要考虑流域及相关地区经济社会发展对水资源的需求,同时还要保持必要的河道生态环境水量。合理开发和高效利用水资源是黄河治理开发与管理的重要任务之一。

9.1　水资源开发利用现状及形势

9.1.1　水资源开发利用现状

9.1.1.1　供水工程现状

　　截至现状年,黄河流域内共修建蓄水工程 1.9 万座,引水工程 1.3 万处,提水工程 2.2 万处,机电井工程 60.3 万眼,还建成少量污水回用和雨水利用工程。各类工程设计供水能力达到 557 亿 m³,实际供水能力 476 亿 m³。此外,还有向流域外供水的涵闸和提水站 120 余座。

9.1.1.2　现状供水量

　　20 世纪 50 年代以来,随着国民经济的发展,黄河的供水量不断增加。1950 年,黄河流域供水量约 120 亿 m³,主要为农业用水。现状年黄河流域总供水量达到 510 亿 m³ 左右,其中向流域外供水量约 90 亿 m³ 左右。1980 年至现状年黄河流域供水量变化情况见表 9.1-1。

表 9.1-1　1980 年至现状年黄河流域供水量表　　　　　(单位:亿 m³)

年份	流域内供水量				向流域外供水量	供水量合计
	地表水	地下水	其他供水	合计		
1980 年	249.16	93.27	0.52	342.95	103.36	446.31
1985 年	245.19	87.16	0.71	333.06	82.74	415.80
1990 年	271.75	108.71	0.66	381.12	103.99	485.11
1995 年	266.22	137.64	0.75	404.61	99.05	503.66
2000 年	272.22	145.47	1.07	418.76	87.58	506.34
现状年	285.55	137.18		422.73	89.35	512.08

9.1.1.3　现状用水量及用水效率

　　现状年流域内各部门总用水量 422.7 亿 m³,其中农林牧渔畜用水 312.9 亿 m³,占总用水量的 74%;工业、建筑业和第三产业用水 76.7 亿 m³,占总用水量的 18%;生活用水

(包括城镇、农村)29.5 亿 m³,占总用水量的 7%;生态用水 3.7 亿 m³,占总用水量的 1%。
见表 9.1-2。

表 9.1-2 现状年黄河流域内总用水量表 （单位:亿 m³）

二级区	城镇生活	农村生活	工业	建筑业、第三产业	农田灌溉	林牧渔	牲畜	生态	总用水量
龙羊峡以上	0.04	0.09	0.04	0.02	0.76	0.30	0.64	0	1.89
龙羊峡至兰州	1.30	1.01	10.71	0.64	20.48	1.99	0.67	0.19	36.99
兰州至河口镇	3.31	1.35	15.67	1.36	137.99	19.58	1.34	1.35	181.95
河口镇至龙门	0.73	1.02	4.43	0.28	8.69	0.55	0.61	0.13	16.44
龙门至三门峡	7.61	5.63	22.25	3.11	59.62	4.15	1.91	1.11	105.39
三门峡至花园口	2.03	1.70	9.34	0.80	17.68	0.66	0.66	0.71	33.58
花园口以下	1.56	1.93	6.82	0.76	28.91	1.53	1.05	0.21	42.77
内流区	0.08	0.05	0.40	0.03	2.09	0.88	0.16	0.02	3.71
黄河流域	16.66	12.78	69.66	7.00	276.22	29.64	7.04	3.72	422.72

现状年流域内人均用水量 374 m³,比 1980 年人均用水量少 45 m³,万元 GDP 用水量
从 1980 年的 3 742 m³ 下降至现状年的 354 m³,减少了 91%,万元工业增加值用水量从
1980 年的 876 m³ 下降至现状年的 104 m³,下降了 88%。尽管黄河流域用水效率有了较
大提高,但节水管理水平与节水技术还比较落后,与全国先进地区和发达国家相比尚有较
大差距。现状年黄河流域万元 GDP 用水量比全国平均高 36 m³,比海河、淮河流域万元
GDP 用水量分别高 196 m³、32 m³。

9.1.1.4 开发利用程度

根据 1995～2007 年统计,黄河流域平均地表水资源量为 424.7 亿 m³,平均地表水供
水量为 366.7 亿 m³,耗水量已达到 300 亿 m³,地表水开发利用率和消耗率分别为 86%、
71%,超过地表水可利用率。主要支流汾河、沁河、大汶河等开发利用率也达到较高水平。
地下水供水量 140.1 亿 m³,其中平原区浅层地下水开采量约 100 亿 m³,占平原区地下水
可开采量的 84%,但地区分布不平衡,部分地区地下水已经超采。

9.1.2 水资源形势

(1)黄河水资源量少,且有继续减少的趋势。

黄河多年平均(1956～2000 年)河川天然径流量 534.8 亿 m³,仅占全国的 2%,位居
我国七大江河的第五位(小于长江、珠江、松花江和淮河)。人均年径流量 470 m³,耕地亩
均年径流量 220 m³,分别占全国均值的 23%、15%。扣除调往外流域的 100 多亿 m³ 水量
后,流域内人均和耕地亩均水量更少。

近 20 年来,由于气候变化和人类活动对下垫面的影响,黄河水资源量明显减少,中游
变化尤为显著。与第一次水资源评价的 1956～1979 年水文系列相比,1980～2000 年流
域平均降水总量减少了 7.2%,而天然径流量和水资源总量却分别减少了 18.1%

和12.4%。

根据有关气候变化趋势预测,未来黄河流域降水量变化不大,但气温将呈升高趋势,这将导致流域面上蒸发量增加,河川径流进一步减少。未来黄土高原水土保持工程的建设也将使河川径流量减少,水库工程建设增加的水面蒸发也将减少河川径流量。预测2020 年黄河河川径流量将比目前减少约 15 亿 m³,2030 年将比目前减少约 20 亿 m³。

(2)需水量增加,水资源供需矛盾日益突出。

黄河流域用水量从 1980 年的 343.0 亿 m³ 增加到现状的 422.7 亿 m³,年均增长率0.8%。工业生活用水的比重由 11.7% 提高到 25.1%,尤其是近 10 年来宁东、蒙西、陕北、晋西的能源和煤化工工业发展迅速,产值年均增长率为 20% 以上,用水增加较快。工业生活用水的大量增加,一方面对供水保证率和供水水质的要求更加严格,另一方面废污水排放量也同步增加,对水资源和水环境的压力越来越大。

随着工业化和城市化进程的加快,尤其是能源重化工基地的快速发展,即使采取强化节水措施,到 2030 年,黄河流域经济社会发展和生态环境改善对水资源的需求也将呈刚性增长,加上向流域外引黄灌区及部分城市和地区的远距离供水,在跨流域调水工程生效之前,水资源供需矛盾日益突出,水资源与水环境对经济社会发展的约束日益凸显。

(3)用水效率较低,尚有一定节水潜力。

长期以来,流域大中型灌区节水改造投资严重短缺,渠系工程老化失修严重,田间工程配套不完善,节水灌溉面积仅占有效灌溉面积的 47%,其中喷滴灌面积只占有效灌溉面积的 12%,灌溉水利用系数长期徘徊在 0.5 以下,个别灌区只有 0.4,远低于《节水灌溉工程技术规范》规定的节水标准;农田实灌定额 420 m³/亩,高于淮河、海河、辽河等北方河流。大部分灌区灌水技术落后、用水管理粗放,每立方米水量生产粮食不到 1 kg,远低于发达国家的 2 kg。

现状万元工业增加值用水量为 104 m³,用水重复利用率只有 61%,与世界先进水平(万元工业增加值用水量 25~50 m³,重复利用率 85%~90%)相比差距较大,万元工业增加值用水量分别比海河和淮河流域高出 115.4% 和 33.3%,用水重复利用率则偏低23.6% 和 4.9%。城镇供水管网配套不完善,漏失率达到 20.0%。据估算,流域最大节水潜力为 83.5 亿 m³,其中农业为 59.3 亿 m³,工业为 22.2 亿 m³,城镇生活为 2.0 亿 m³。规划期通过采取各种节水措施,可节约水量 76.4 亿 m³。

9.2　水资源供需分析与配置

9.2.1　经济社会发展需水量预测

现状黄河流域水资源供需矛盾突出,不能满足经济社会发展和生态环境用水需要。按照建设节水型农业、节水型工业、节水型城市的目标,采取强化节水措施为前提条件进行需水预测。

(1)生活需水量,包括城镇居民、农村居民、建筑业及第三产业需水量。随着城镇化率和居民生活水平的提高,城镇人口由现状的 4 424 万人增加到 2030 年的 7 704 万人,用水定额由现状的 103 L/(人·d)增加到 2030 年的 124 L/(人·d),采取节水措施后,城镇供水管网漏损率由现状的 17.9% 降低到 9.5%;流域第三产业和建筑业发展迅速,增加值由现状的 5 822 亿元增加至 2030 年的 36 883 亿元,需水量由 7.0 亿 m³ 增加至 16.3 亿 m³。生活总需水量由现状的 36.5 亿 m³ 增加到 2030 年的 65.2 亿 m³,需水量增加较多。

(2)城镇生产需水量,主要是工业需水量。黄河流域的工业在未来将有较大发展,在工业用水定额降低较大的情况下,需水量增长较大。工业增加值由现状的 7 837 亿元增加到 2030 年的 35 687 亿元,工业用水定额由现状的 104 m³/万元降低到 2030 年的 30 m³/万元,工业用水重复利用率由现状的 61% 提高到 2030 年的 88%。城镇生产需水量由现状的 69.7 亿 m³ 增加到 110.4 亿 m³。为保障国家能源安全,未来黄河流域能源行业发展迅速,用水需求增长强劲,宁东、蒙西、陕北、晋西、陇东等能源基地需水将由现状的 8.2 亿 m³ 增加到 2030 年的 33 亿 m³。

(3)农村生产需水量,包括农果灌溉、鱼塘补水和牲畜用水。农林业在节水中求发展,采用非充分灌溉,在灌溉面积略有增加的情况下,需水量略有下降。农田有效灌溉面积从现状的 7 765 万亩增加到 2030 年的 8 697 万亩,农田灌溉定额从现状的 434 m³/亩减少到 2030 年的 359 m³/亩,灌溉水利用系数由现状的 0.49 提高到 2030 年的 0.61,灌溉需水量由基准年的 336.8 亿 m³ 下降到 2030 年的 312.5 亿 m³。农村生产需水量由基准年的 366.6 亿 m³ 减少为 347.1 亿 m³。

(4)河道外生态环境需水量,包括城镇、农村生态需水,其中城镇生态环境指标包括城镇绿化、河湖补水和环境卫生等,农村生态环境指标包括人工湖泊和湿地补水、人工生态林草建设、人工地下水回补等三部分。需水量由现状的 13.1 亿 m³ 增加到 2030 年的 24.7 亿 m³。

(5)总需水量。黄河流域总需水量由基准年的 485.8 亿 m³ 增加到 2030 年的 547.3 亿 m³,年增长率为 0.50%。其中生活需水量增加了 28.7 亿 m³,年增长率为 2.5%;城镇生产需水量增长了 40.7 亿 m³,年增长率为 2.1%;生态需水量增加了 11.6 亿 m³,年增长率为 2.7%;农村生产需水量减少了 19.6 亿 m³,需水所占比例由基准年的 75.5% 下降到 2030 年的 63.4%,生活和城镇生产用水比例继续上升,由基准年的 21.8% 上升到 2030 年 32.1%。主要节水指标和需水量预测见表 9.2-1 和表 9.2-2。

表 9.2-1　黄河流域主要节水定额指标

主要指标	基准年	2020 年	2030 年	目前世界先进水平
GDP 用水定额(m³/万元)	354	127	71	
工业增加值用水定额(m³/万元)	104	53	30	25~50
工业用水重复利用率(%)	61	75	88	85~90
农田灌溉用水定额(m³/亩)	434	379	359	
农田灌溉水有效利用系数	0.49	0.56	0.61	0.60~0.65
农村居民生活用水定额(L/(人·d))	51	63	72	
城镇居民生活用水定额(L/(人·d))	103	115	124	160~260
城镇供水管网漏损率(%)	18	13	11.0	8~10

表 9.2-2　黄河流域河道外需水量预测　　　　（单位:亿 m³）

二级区	水平年	生活	城镇生产	农村生产	生态	合计
龙羊峡以上	基准年	0.15	0.04	1.56	0.69	2.44
	2020 年	0.21	0.06	1.60	0.76	2.63
	2030 年	0.26	0.06	1.64	1.44	3.40
龙羊峡至兰州	基准年	2.96	10.71	26.49	1.62	41.78
	2020 年	4.39	14.43	26.53	2.84	48.19
	2030 年	5.28	15.90	26.10	3.40	50.68
兰州至河口镇	基准年	6.01	15.67	174.64	8.07	204.40
	2020 年	8.55	22.50	158.79	10.42	200.26
	2030 年	10.24	24.49	157.12	13.79	205.64
河口镇至龙门	基准年	2.03	4.43	12.45	0.48	19.39
	2020 年	3.25	9.41	12.52	1.02	26.20
	2030 年	4.08	12.04	14.65	1.60	32.37
龙门至三门峡	基准年	16.35	22.25	94.35	0.77	133.72
	2020 年	24.32	32.41	92.72	1.48	150.93
	2030 年	29.94	34.97	91.36	2.00	158.27
三门峡至花园口	基准年	4.54	9.34	15.88	0.15	29.91
	2020 年	6.64	12.51	18.22	0.35	37.72
	2030 年	8.22	13.75	18.50	0.52	40.99
花园口以下	基准年	4.24	6.82	37.49	0.11	48.66
	2020 年	5.80	8.02	35.28	0.21	49.31
	2030 年	6.87	8.53	34.10	0.30	49.80
内流区	基准年	0.17	0.40	3.77	1.17	5.51
	2020 年	0.26	0.63	3.60	1.39	5.88
	2030 年	0.32	0.67	3.59	1.62	6.20
全流域合计	基准年	36.45	69.67	366.63	13.05	485.80
	2020 年	53.43	99.97	349.25	18.48	521.13
	2030 年	65.21	110.41	347.05	24.65	547.32

注:1. 生活需水量包括城镇居民、建筑业及第三产业以及农村居民需水量;

　　2. 城镇生产需水量为工业需水量,农村生产需水量包括农田、林果、鱼塘和牲畜需水量;

　　3. 生态需水量包括城镇生态和农村生态需水量,其中城镇生态环境指标包括城镇绿化、河湖补水和环境卫生等,农村生态环境指标主要包括人工湖泊和湿地补水、人工生态林草建设、人工地下水回补等三部分。

　　本次规划为进一步复核经济社会发展需水,研究开发了宏观经济发展和水资源需求模型,在对未来黄河流域经济社会发展趋势预测和规划水平年 28 个行业需水定额分析的基础上,对黄河流域经济社会发展需水进行了预测。结果表明,黄河流域 2030 年以前经济社会发展仍呈快速增长态势,考虑强化节水措施,预测 2020 年河道外总需水量达到 539 亿 m³,其中城镇生产需水量为 124 亿 m³,比现状增加 54.3 亿 m³;2030 年河道外总需水量达到 557 亿 m³,其中城镇生产需水量为 138 亿 m³,比 2020 年增加 14 亿 m³。与《黄河流域水资源综合规划》需水量预测成果相比,本次规划预测值偏大 2% ~3%,其中城镇生活需水偏大 10% 左右。为了与全国水资源综合规划成果相协调,本次规划仍采用《黄河流域水资源综合规划》需水预测成果,见表 9.2-2。

9.2.2　干流河道内生态环境需水量预测

河道内生态环境需水量主要包括汛期输沙水量和非汛期生态环境需水量,主要控制断面为利津和头道拐。

9.2.2.1　利津断面需水量

1. 汛期输沙需水量

利津断面汛期输沙需水量取决于进入下游河道的沙量、下游河道允许淤积量、河道边界条件等因素。

根据小浪底水利枢纽初步设计等有关成果,在小浪底水库拦沙期间,为达到下游一定的冲刷效果,塑造下游中水河槽,下游河道冲刷所需年均水量利津断面约 230 亿 m^3,其中汛期约 155 亿 m^3。

在小浪底拦沙期结束后,小浪底水库进入冲淤平衡时期,进入下游的泥沙通过小浪底等水库调水调沙输送入海。在下游河道年淤积量为 1.0 亿 ~ 2.0 亿 t 时,利津断面汛期输沙需水量为 184 亿 ~ 143 亿 m^3。

2. 非汛期生态环境需水量

利津断面非汛期生态环境需水量主要包括维持河道不断流、保护河口三角洲湿地、保护水质及河道内生态所需水量等。20 世纪 80 年代以来,围绕河道不断流、河口生态保护等方面相继开展了多项研究。综合各项研究成果,并考虑到黄河水资源现状利用情况及未来水资源供需形势,利津断面非汛期生态环境需水量为 50 亿 m^3 左右。

综合分析,为尽可能减少黄河下游河道的泥沙淤积,下游河道多年平均汛期输沙用水量利津断面应在 170 亿 m^3 左右。

9.2.2.2　头道拐断面需水量

1. 汛期输沙需水量

根据头道拐水沙关系分析,在控制宁蒙河道年均淤积不超过 0.2 亿 t 条件下,考虑恢复宁蒙河段(主要为内蒙古河段)主槽的行洪排沙能力,头道拐断面汛期输沙塑槽水量为 120 亿 m^3 左右。

2. 非汛期生态环境需水量

头道拐断面非汛期生态环境需水量主要包括河道生态环境需水、中下游用水等,并考虑防凌需求,头道拐断面非汛期生态环境需水量为 77 亿 m^3,最小流量为 250 m^3/s。

9.2.3　供水量预测及供需形势分析

9.2.3.1　黄河水资源可利用量

现状下垫面情况下,1956 ~ 2000 年 45 年系列黄河多年平均水资源总量 647.0 亿 m^3,其中河川径流量 534.8 亿 m^3,地下水与地表水之间的不重复计算量为 112.2 亿 m^3。考虑未来人类活动(主要指水土保持用水)对下垫面的改变和对天然径流量的影响,预测 2020 年、2030 年水平多年平均水资源总量分别为 632.0 亿 m^3、627.0 亿 m^3。

黄河干流河道生态环境需水量多年平均为 220 亿 m^3,2020 年、2030 年地表水资源可利用量分别为 299.8 亿 m³、294.8 亿 m³,见表 9.2-3。

表 9.2-3　不同水平年黄河流域水资源可利用量 　　　　　　(单位:亿 m³)

水平年	天然径流量	水资源总量	河流生态环境需水量	地表水可利用量	地表水可利用率(%)	水资源可利用总量	水资源总量可利用率(%)
现状年	534.79	647.00	220	314.79	58.9	396.33	61.2
2020 年	519.79	632.00	220	299.79	57.7	381.33	60.3
2030 年	514.79	627.00	220	294.79	57.3	376.33	60.0

9.2.3.2　各水平年可供水量

1.地表水可供水量

考虑到黄河流域及邻近地区国民经济发展和河道内生态环境改善对水资源的需求,经长系列调算,在没有跨流域调水的情况下,正常来水年份 2020 年、2030 年黄河地表水可供水量分别为 402.5 亿 m³、390.0 亿 m³,入海水量分别为 188.8 亿 m³、185.8 亿 m³。

2020 年,考虑调入水量 12.63 亿 m³ 的条件下(其中引汉济渭一期 10 亿 m³、引乾济石 0.47 亿 m³、引红济石 0.9 亿 m³,南水北调东线工程调入山东黄河流域 1.26 亿 m³),地表水可供水量 414.4 亿 m³。

2030 年,考虑引汉济渭二期增加 5 亿 m³、南水北调西线一期工程增加 80 亿 m³,调入水量增加到 97.6 亿 m³。调入水量的一部分用于河道内生态环境,一部分用于工农业生产,地表水可供水量达到 472.5 亿 m³。见表 9.2-4。

表 9.2-4　黄河流域各水平年地表水供水量 　　　　　　(单位:亿 m³)

二级区	基准年		2020 年		2030 年		2020 年引汉一期		2030 年引汉西线一期	
	供水量	其中流域外	供水量	其中流域外	供水量	其中流域外	供水量	其中流域外	供水量	其中流域外
龙羊峡以上	2.29	0	2.43	0	3.13	0	2.43	0	3.21	0
龙羊峡至兰州	33.15	0	34.37	0.40	31.29	0.40	34.07	0.40	37.83	0.40
兰州至河口镇	150.81	1.30	136.86	1.60	126.86	1.60	136.82	1.60	172.70	5.60
河口镇至龙门	14.09	0	21.32	5.47	22.51	5.60	21.33	5.47	25.91	5.60
龙门至三门峡	67.00	0	77.38	0	74.85	0	89.15	0	98.35	0
三门峡至花园口	24.81	10.32	30.60	10.58	32.62	10.36	30.83	10.58	33.36	10.72
花园口以下	109.54	86.25	98.14	74.75	97.23	74.46	98.34	74.75	99.27	75.02
内流区	1.00	0	1.39	0	1.46	0	1.39	0	1.82	0
全流域合计	402.69	97.87	402.49	92.80	389.95	92.42	414.36	92.80	472.45	97.34

2.地下水规划开采量

黄河流域平原区多年平均(1980～2000 年)浅层地下水资源量(矿化度≤2 g/L)为

154.6 亿 m^3,可开采量为 119.4 亿 m^3。地下水规划开采量的原则:逐步退还深层地下水开采量和平原区浅层地下水超采量;宁、蒙地区适当增加地下水开采量;山丘区地下水开采量基本维持现状开采量。

基准年地下水开采量 113.2 亿 m^3。规划期新增浅层地下水开采量 12.08 亿 m^3,2030 年浅层地下水开采量达到 125.3 亿 m^3,其中平原区开采量为 92.1 亿 m^3,山丘区开采量维持在 33.2 亿 m^3。见表 9.2-5。

表 9.2-5　黄河流域各水平年地下水规划开采量及其分布　　（单位:亿 m^3）

二级区	地下水可开采量	基准年规划开采量		2020 年规划开采量		2030 年规划开采量	
		总开采量	其中:平原区	总开采量	其中:平原区	总开采量	其中:平原区
龙羊峡以上	0.61	0.11	0.11	0.12	0.12	0.12	0.12
龙羊峡至兰州	2.48	5.30	3.08	5.33	3.11	5.33	3.11
兰州至河口镇	38.52	18.83	15.32	26.38	22.87	27.39	23.88
河口镇至龙门	12.78	4.55	3.07	7.48	6.00	8.62	7.14
龙门至三门峡	41.87	47.27	38.29	47.00	38.02	46.77	37.79
三门峡至花园口	6.68	13.73	7.04	13.76	7.07	13.57	6.88
花园口以下	11.94	20.13	9.77	20.33	9.97	20.20	9.84
内流区	4.51	3.29	3.29	3.29	3.29	3.29	3.29
全流域合计	119.39	113.21	79.97	123.69	90.45	125.29	92.05

3. 其他水源供水预测

污水处理再利用量。根据国家对污水处理再利用的要求,2030 年污水处理率达到90%,再利用率达到 40% ~50%。预计 2020 年和 2030 年黄河流域污水再利用量分别为11.0 亿 m^3 和 18.8 亿 m^3。

雨水资源利用量。现状年黄河流域集雨工程利用雨水资源量 0.8 亿 m^3,预计 2020年和 2030 年雨水利用量分别为 1.4 亿 m^3 和 1.6 亿 m^3。

4. 总供水量预测

综上所述,黄河流域基准年总供水量为 517.6 亿 m^3,在引汉济渭、南水北调西线一期等调水工程生效后,2030 年总供水量可达到 618.1 亿 m^3,其中地表水可供水 472.5 亿 m^3,占 76.4%,地下水开采量 125.3 亿 m^3,占 20.3%,其他水源供水量 20.4 亿 m^3,占3.3%。见表 9.2-6。

表 9.2-6　黄河流域各规划水平年供水总量　　（单位:亿 m^3）

水平年	地表供水量			地下供水量	其他水源供水量	合计
	流域内	流域外	小计			
基准年	304.82	97.87	402.69	113.22	1.72	517.63
2020 年	309.68	92.80	402.48	123.70	12.43	538.61
2030 年	297.54	92.42	389.96	125.28	20.36	535.60
2020 年有引汉	321.57	92.80	414.37	123.70	12.43	550.50
2030 年有西线有引汉	375.12	97.34	472.46	125.28	20.36	618.10

9.2.3.3 供需形势分析

1. 正常来水年份供需分析

在考虑流域地表供水工程和地下水开采量的情况下,对不同水平年进行了供需分析,见表 9.2-7。流域内基准年需水量为 485.8 亿 m³,2020 年、2030 年水平分别增加到 521.1 亿 m³、547.3 亿 m³。在不考虑跨流域调水的情况下,流域内总供水量 419.8 亿～443.2 亿 m³,经济社会缺水量呈增长趋势,由基准年的 66.0 亿 m³ 增加到 2030 年的 104.2 亿 m³。入海水量由基准年的 206.7 亿 m³ 减少到 2030 年水平的 185.8 亿 m³,尚不满足河道内生态环境需水要求,生态环境缺水量由基准年的 13.3 亿 m³ 增加到 2030 年的 34.2 亿 m³。经济社会和生态环境总缺水量由基准年的 79.4 亿 m³ 增加到 2030 年的 138.4 亿 m³。

表 9.2-7　黄河流域各水平年方案供需结果　　　　　（单位:亿 m³）

方案	流域内需水量	流域内供水量				流域内缺水量	流域内缺水率（%）	流域内地表耗水量	流域外供水量	合计耗水量	入海水量	河道内缺水
		地表水	地下水	其他	合计							
基准年	485.79	304.82	113.22	1.72	419.75	66.04	13.6	230.94	97.87	328.81	206.68	13.32
2020 年	521.13	309.68	123.70	12.43	445.81	75.32	14.5	240.34	92.80	333.14	188.82	31.18
2020 年有引汉	521.13	321.57	123.70	12.43	457.70	63.43	12.2	250.05	92.80	342.85	189.12	30.88
2030 年	547.33	297.54	125.28	20.36	443.18	104.16	19.0	239.93	92.42	332.35	185.79	34.21
2030 年有西线一期和引汉	547.33	375.12	125.28	20.36	520.76	26.65	4.9	303.71	97.34	401.05	211.37	8.63

在引汉济渭、南水北调西线一期等调水工程生效后,2030 年水平流域内供水量达到 520.8 亿 m³,其中地表供水 375.1 亿 m³,较南水北调西线一期工程生效前增加 77.6 亿 m³,流域内经济社会缺水量减少到 26.65 亿 m³,入海水量达到 211.4 亿 m³,水资源供需矛盾有所缓解。

2. 中等枯水年供需分析

中等枯水年份黄河天然径流量相当于多年平均的 82.5%。2020 年水平该年份黄河流域总供水量 410.5 亿 m³,比正常来水年份减少 35.3 亿 m³,缺水量达到 121.1 亿 m³。2030 年,在不考虑跨流域调水的情况下,该年份总供水量为 404.4 亿 m³,比正常来水年份减少 38.8 亿 m³,经济社会缺水量达到 153.1 亿 m³;考虑引汉济渭、南水北调西线一期等调水工程生效,以及龙羊峡水库的补水作用,流域内供水量达到 480.4 亿 m³,经济社会缺水量仍达 77.1 亿 m³。详见表 9.2-8。

3. 综合分析

维持黄河健康生命,保障城乡饮水安全、能源基地供水安全、粮食安全、生态安全都需要水资源的支撑。由于黄河水资源十分短缺,在正常来水年份,城乡居民饮水、能源基地工业用水挤占农业和生态环境水量,使粮食安全和生态安全存在一定风险。特别是在枯水年份和连续枯水段,各行业之间的用水矛盾将更加激烈,使粮食安全和生态安全的风险更大。

表 9.2-8　黄河流域各水平年方案中等枯水年供需结果　　（单位：亿 m³）

方案	流域内需水	流域内地表供水	流域内缺水	流域外供水	入海水量	水库补水量
基准年	509.36	276.92	117.72	93.58	172.90	43.03
2020 年	531.65	274.38	121.08	82.42	165.12	39.46
2020 年有引汉	531.65	286.16	109.30	82.42	165.12	39.46
2030 年	557.56	258.76	153.10	78.97	153.98	21.04
2030 年有西线一期和引汉	557.56	334.74	77.12	83.66	184.71	24.87

2020 年水平，在考虑强化节水、严格管理以及引汉济渭调水 10 亿 m³ 生效等措施的情况下，黄河流域仍然缺水 94.31 亿 m³，其中河道外缺水 63.43 亿 m³，河道内缺水 30.88 亿 m³。在优先保证人饮用水安全的前提下，应进一步节水、调整产业结构和压缩用水需求，统筹平衡工业、农业和生态环境用水，争取保证重点行业发展的用水。

2030 年水平，在不考虑跨流域调水的情况下，即使采取强化节水措施，黄河流域缺水量将达到 138.4 亿 m³，其中河道外缺水 104.2 亿 m³，河道内缺水 34.2 亿 m³。

如果河道外缺水都集中在农业灌溉，将有 2 000 万亩有效面积得不到灌溉，在得到灌溉的面积上，灌溉定额比预测减少 40 m³/亩，影响粮食产量约 100 亿 kg，占黄河流域粮食产量的 20%，占全国粮食产量的 2.0%。

如果考虑到经济社会各部门均衡发展，工业也缺部分水量，如工业缺水 20 亿 m³，约占工业需水量的 20%，则减少工业增加值约 7 500 亿元，考虑到对相关行业的影响，将减少国内生产总值 15 000 亿元，从现状到 2030 年的国内生产总值增长率将由 7.4% 下降到 6.4%，下降一个百分点。

2030 年水平黄河流域河道内缺水达 34.2 亿 m³，将减少输沙入海量约 1 亿 t，增加下游河道淤积，对中水河槽维持造成严重影响。且河道内缺水将导致河流水环境承载能力降低，水环境压力越来越大。

可见，即使在正常来水年份，由于水资源的不足，城乡居民饮水、能源基地工业用水挤占农业和生态环境用水量，使粮食安全和生态安全存在一定风险。在枯水年份和连续枯水段，城乡居民饮水、能源基地工业用水、农业灌溉用水和生态环境用水之间的矛盾将更加激烈，使粮食安全和生态安全的风险更大。

2030 年水平，在南水北调西线一期工程等调水工程生效后，黄河流域水资源供需矛盾得到初步缓解，通过水资源的合理配置，协调各区域和各部门的用水关系，可为饮水安全、能源基地供水安全、粮食安全和河流生态安全提供基本保障，促进流域经济社会可持续发展，维持黄河健康生命。

9.2.4　水资源配置

2030 年以前，黄河流域水资源条件将发生较大变化。第一，由于水土保持建设、水利工程建设等人类活动的影响，河川径流量将有所减少，2020 年、2030 年将比目前分别减少

15亿 m³、20亿 m³；第二，南水北调东、中线工程已开始建设，计划2014年生效，引黄济冀、引黄济津等部分黄河供水区的水资源供需形势将发生变化；第三，引汉济渭2020年开始生效，南水北调西线一期工程计划2030年生效。

黄河水资源配置原则，一是统筹兼顾流域经济社会发展和维持黄河健康生命的各方面需求，协调好生活、生产、生态用水的关系；二是以1987年国务院批准的"黄河可供水量分配方案"（简称"87"分水方案）为基础；三是上、中、下游统筹兼顾，地表水、地下水统一配置。

根据上述原则，考虑到黄河水资源量的变化和跨流域调水工程的实施情况，结合供需分析成果，分三个阶段拟定黄河流域水资源配置方案。

9.2.4.1　南水北调东、中线工程生效前

考虑到黄河水资源量的减少，统筹考虑河道内外用水需求，在"87"分水方案的基础上配置河道内外水量，配置河道外水量为341.2亿 m³，入海水量193.6亿 m³。南水北调东、中线工程生效前水资源配置见表9.2-9。

表9.2-9　南水北调东、中线工程生效前水资源配置　　　　　　（单位：亿 m³）

二级区、省(区)	流域内需水量	向流域内配置的供水量				缺水量	黄河地表水消耗量		
		地表水供水量	地下水供水量	其他供水量	合计		流域内消耗量	流域外消耗量	合计
龙羊峡以上	2.44	2.61	0.11	0	2.72	0	2.21	0	2.21
龙羊峡至兰州	41.78	28.84	5.30	0.10	34.24	7.54	21.72	0.40	22.12
兰州至河口镇	204.40	139.20	18.84	0.69	158.73	45.67	96.71	1.60	98.31
河口镇至龙门	19.40	12.72	4.55	0.10	17.37	2.03	9.84	5.60	15.44
龙门至三门峡	133.71	75.97	47.27	0.79	124.03	9.68	68.17	0	68.17
三门峡至花园口	29.89	16.03	13.73	0.02	29.78	0.11	13.53	8.22	21.75
花园口以下	48.66	25.77	20.13	0	45.90	2.76	23.45	88.99	112.44
内流区	5.51	0.91	3.29	0.02	4.22	1.29	0.72	0	0.72
青　海	22.63	15.59	3.24	0.03	18.87	3.76	13.00	0	13.00
四　川	0.17	0.44	0.01	0	0.46	0	0.37	0	0.37
甘　肃	51.95	35.59	5.66	0.35	41.60	10.35	26.03	2.00	28.03
宁　夏	91.24	67.40	5.68	0.69	73.77	17.47	36.88	0	36.88
内蒙古	107.09	63.90	16.88	0.03	80.81	26.28	54.03	0	54.03
陕　西	78.16	41.65	27.56	0.60	69.81	8.35	35.04	0	35.04
山　西	57.19	36.00	21.08	0	57.08	0.11	34.14	5.60	39.74
河　南	54.86	33.34	21.50	0.02	54.86	0	30.36	20.72	51.08
山　东	22.50	8.14	11.60	0	19.74	2.76	6.50	58.05	64.55
河北、天津								18.44	18.44
合　计	485.79	302.05	113.22	1.72	416.99	69.08	236.35	104.81	341.16

9.2.4.2　南水北调东、中线工程生效至西线一期工程生效前

以 2020 年为配置水平年,地表径流量将减少为 519.8 亿 m³,配置河道外各省(区)水量 332.8 亿 m³,入海水量为 187.0 亿 m³。南水北调东、中线工程生效至西线一期工程生效前水资源配置见表 9.2-10。

表 9.2-10　南水北调东、中线生效至西线一期工程生效前水资源配置

二级区、省(区)	流域内需水量(亿 m³)	向流域内配置的供水量(亿 m³)				缺水量(亿 m³)	黄河地表水消耗量(亿 m³)		
		地表水供水量	地下水供水量	其他供水量	合计		流域内消耗量	流域外消耗量	合计
龙羊峡以上	2.63	2.62	0.12	0.02	2.76	0	2.30	0	2.30
龙羊峡至兰州	48.19	28.96	5.33	1.12	35.41	12.78	22.28	0.40	22.68
兰州至河口镇	200.27	135.55	26.40	2.46	164.41	35.86	96.95	1.60	98.55
河口镇至龙门	26.20	14.58	7.48	1.04	23.10	3.10	11.67	5.60	17.27
龙门至三门峡	150.93	80.19	47.00	5.27	132.46	18.47	67.31	0	67.31
三门峡至花园口	37.72	22.00	13.75	1.47	37.22	0.50	17.66	8.22	25.88
花园口以下	49.31	23.37	20.33	0.97	44.67	4.64	20.34	77.52	97.86
内流区	5.88	1.14	3.29	0.08	4.51	1.37	0.94	0	0.94
青　海	25.92	15.60	3.27	0.20	19.07	6.85	13.16	0	13.16
四　川	0.31	0.42	0.02	0	0.44	0	0.37	0	0.37
甘　肃	59.96	35.49	5.68	2.30	43.47	16.49	26.37	2.00	28.37
宁　夏	86.40	64.70	7.68	0.89	73.27	13.13	37.32	0	37.32
内蒙古	107.12	63.96	23.76	1.42	89.14	17.98	54.68	0	54.68
陕　西	90.30	42.00	28.86	3.60	74.46	15.84	35.46	0	35.46
山　西	65.85	41.67	21.11	1.65	64.43	1.42	34.62	5.60	40.22
河　南	60.65	36.57	21.77	1.57	59.91	0.74	30.97	20.72	51.69
山　东	24.62	8.00	11.55	0.80	20.35	4.27	6.50	58.82	65.32
河　北								6.20	6.20
合　计	521.13	308.41	123.70	12.43	444.54	76.72	239.45	93.34	332.79

注:配置水量仅为黄河水量,不包括跨流域调入水量。

对于向河北、天津配置水量,根据 2002 年国务院批复的《南水北调工程总体规划》,在海河流域水资源供需分析时,"考虑到南水北调即将实施,规划只将引黄济冀水量计入可供水量。引黄济冀可供水量按穿卫枢纽能力 5 亿 m³ 计(折算至黄河边为 6.2 亿 m³),其中供城市 1.46 亿 m³,供农村 3.54 亿 m³"。因此,南水北调东、中线工程生效后向河北配置水量 6.2 亿 m³,但必要时可视黄河来水情况,向河北、天津应急供水。

9.2.4.3　南水北调西线一期工程等调水工程生效后

2030 年水平,黄河河川径流量将减少到 514.8 亿 m³,加上引汉济渭、南水北调西线一期等调水工程调入水量 97.6 亿 m³,黄河的径流总量为 612.4 亿 m³,其中配置河道外 401.1 亿 m³,入海水量 211.4 亿 m³。水资源配置见表 9.2-11。

表 9.2-11 南水北调西线一期工程等生效水资源配置

（单位：亿 m³）

二级区、省(区)	流域内需水量	向流域内配置的供水量				缺水量	黄河地表水消耗量			外流域调水消耗量			消耗水量合计
		地表水供水量	地下水供水量	其他供水量	合计		流域内消耗量	流域外消耗量	合计	流域内消耗量	流域外消耗量	合计	
龙羊峡以上	3.40	3.31	0.12	0.04	3.47	0	2.99	0	2.99				2.99
龙羊峡至兰州	50.68	36.72	5.33	1.75	43.80	6.88	18.99	0.40	19.39	10.50		10.50	29.89
兰州至河口镇	205.64	167.15	27.38	3.84	198.37	7.27	98.25	1.60	99.85	31.30	4.00	35.30	135.15
河口镇至龙门	32.37	21.96	8.62	1.63	32.21	0.16	10.91	5.60	16.51	7.50		7.50	24.01
龙门至三门峡	158.28	97.74	46.77	8.74	153.25	5.03	68.86	0	68.86	13.70		13.70	82.56
三门峡至花园口	40.98	23.44	13.57	2.57	39.58	1.40	19.24	8.22	27.46				27.46
花园口以下	49.79	23.41	20.20	1.67	45.28	4.51	19.04	77.52	96.56	1.26		1.26	97.82
内流区	6.19	1.39	3.29	0.12	4.80	1.39	1.17	0	1.17				1.17
青海	27.67	21.35	3.26	0.40	25.01	2.66	13.16	0	13.16	5.00		5.00	18.16
四川	0.36	0.42	0.02	0	0.44	0	0.37	0	0.37				0.37
甘肃	62.61	43.14	5.68	3.56	52.38	10.23	26.37	2.00	28.37	8.00	4.00	12.00	40.37
宁夏	91.16	80.28	7.68	1.34	89.30	1.86	37.32	0	37.32	15.30		15.30	52.62
内蒙古	108.83	78.00	25.08	2.24	105.32	3.51	54.68	0	54.68	15.20		15.20	69.88
陕西	98.09	62.57	29.51	5.68	97.76	0.33	35.46	0	35.46	17.50		17.50	52.96
山西	69.87	43.65	21.06	3.03	67.74	2.13	34.62	5.60	40.22	2.00		2.00	42.22
河南	63.26	36.15	21.55	2.78	60.48	2.78	30.97	20.72	51.69	0		0	51.69
山东	25.48	9.56	11.44	1.33	22.33	3.15	6.50	58.82	65.32	1.26		1.26	66.58
河北								6.20	6.20				6.20
合计	547.33	375.12	125.28	20.36	520.76	26.65	239.45	93.34	332.79	64.26	4.00	68.26	401.05
河道内用水							182.00		182.00	29.37	29.37	29.37	211.37
入海水量									211.37				

9.2.4.4　配置方案分析

现状至南水北调东、中线工程生效前,配置河道外各省(区)水量341.2亿 m³,入海水量193.6亿 m³。黄河流域缺水量为95.5亿 m³,其中河道外缺水69.1亿 m³,缺水率14.2%;河道内缺水26.4亿 m³,缺水率12.0%。

南水北调东、中线工程生效至南水北调西线一期工程生效前,由于需水增加和黄河河川径流量减少,黄河流域缺水量达到109.7亿 m³,其中河道外缺水量76.7亿 m³,缺水率14.7%,河道内缺水量33.0亿 m³,缺水率15.0%,缺水主要集中在河口镇以上。入海水量只有190亿 m³ 左右,其中汛期140亿 m³ 左右。该阶段河口镇以上省(区)缺水较多,在南水北调西线一期工程生效前,只能通过加强节水和产业结构调整缓解缺水矛盾。陕西省可通过引汉济渭等跨流域调水工程解决关中地区的缺水。

南水北调西线一期等调水工程生效后,重点针对河口镇以上省(区)缺水情况增加了水量配置。西线调水80亿 m³,配置河道外水量55亿 m³,配置河道内25亿 m³,此外考虑引汉济渭等调水工程,各省(区)尤其是河口镇以上省(区)河道外缺水情况得到缓解,全流域河道外缺水率4.9%,甘肃省和山东省缺水仍较多,为16%和12%,青海省缺水为10%。由于山西省目前用水量与配置的黄河水量尚有较大差距,因此配置南水北调西线一期工程调水量较少,考虑到山西省作为中国的主要能源重化工基地,未来对水资源的需求增加较快,如在2030年水平山西省缺水量较大,可以增加应急供水。由于调水工程补充河道内水量,入海水量将增加到211.4亿 m³,缺水3.9%,尚未达到220亿 m³ 的需水要求,还需要完善黄河水沙调控体系以调节水沙关系,同时采取水土保持建设、滩区放淤等多种措施进一步减少黄河下游的泥沙淤积,恢复并长期维持中水河槽。

9.3　水资源利用的对策措施

为缓解黄河水资源供需矛盾的严峻形势,实现黄河水资源可持续利用,支撑经济社会可持续发展和维持黄河健康生命,近期必须采取强化节水、加强调度管理、兴建干流调蓄工程等一系列对策和措施,远期实现跨流域调水。

9.3.1　节约用水

按照节水型社会建设的总体要求,在加强节水型社会管理制度建设和建立自觉节水的社会行为规范体系的基础上,根据黄河流域用水特点,针对不同的用水行业,采取工程措施与非工程措施并重的原则,提出相应的节水措施。

9.3.1.1　农业节水措施

农业节水措施包括工程节水措施和非工程节水措施。工程措施是农业节水的基本措施,对于减少输水损失、提高灌溉水利用率、缩短灌水周期具有非常重要的作用。在搞好节水工程措施的同时,必须采取配套的非工程节水措施,包括农业和管理措施,充分发挥节水灌溉工程的节水增产效益。

近期节水改造的重点是大中型灌区,主要是渠系配套差、用水浪费、节水潜力大的宁夏、内蒙古地区引(扬)黄灌区和下游河南、山东灌区,及水资源严重缺乏、通过节水改造和配套可以提高灌溉保证率的晋陕汾渭盆地灌区。对青海湟水河谷、甘肃东部等集中连片灌区也适当安排部分节水改造工程。积极推进宁夏节水型社会示范区建设。

到 2020 年、2030 年，流域新增工程节水灌溉面积分别为 2 617.9 万亩、1 466.1 万亩，2030 年工程节水灌溉面积达到 7 759.5 万亩，将占有效灌溉面积的 89.7%；流域新增非工程节水面积分别为 2 853.8 万亩、1 572.6 万亩，2030 年非工程节水面积由现状的 1 078.0 万亩达到 5 504.4 万亩。

9.3.1.2　工业节水措施

工业行业门类繁多，各行业之间节水技术设备差异较大。主要措施有：①合理调整工业布局和结构，限制高耗水项目、淘汰高耗水工艺和高耗水设备，形成"低投入、低消耗、低排放、高效率"的节约型增长方式；②鼓励节水技术开发和节水设备的研制，推广先进的节水技术和工艺，重点抓好高用水行业的节水技术改造；③加强用水定额管理，逐步建立行业用水定额参照体系，强化企业计划用水，开展达标考核工作，提高企业用水和节水管理水平；④建立工业节水发展基金和技术改造专项资金，或向工业节水项目提供贴息贷款，引导企业的节水投入，运用经济手段推动节水；⑤对废污水排放征收污水处理费，提出实现污染物总量控制指标，促使企业治理废水，循环用水，节约用水。

9.3.1.3　城镇生活节水措施

城镇生活节水措施包括：①改造供水体系和改善城镇供水管网，降低管网漏失率。②全面推广节水器具，逐步改造原有建筑的用水器具，新建民用建筑和城镇公共设施的节水器具普及率要达到 100%。③市政环境节水。发展绿化节水和生物节水技术，采用喷灌、微灌等节水灌溉技术，提倡水循环利用。④制度、政策等非工程措施节水。

根据工业、农业灌溉和城镇生活节水措施的安排，2020 年和 2030 年，黄河流域节水量分别为 56.9 亿 m³ 和 76.4 亿 m³，总投资分别为 436.5 亿元和 717.9 亿元，综合单方水节水投资分别为 7.7 元和 9.4 元，见表 9.3-1。通过采取以上措施，2020 年初步建成节水型农业、节水型工业和节水型城市，2030 年节水型社会建设大见成效。

表 9.3-1　黄河流域节水量与节水投资汇总表

水平年	工业节水			农业节水			城镇生活节水			合计	
	节水量 （亿 m³）	节水投资 （亿元）	单位投资 （元/m³）	节水量 （亿 m³）	节水投资 （亿元）	单位投资 （元/m³）	节水量 （亿 m³）	节水投资 （亿元）	单位投资 （元/m³）	节水量 （亿 m³）	节水投资 （亿元）
2020 年	15.3	157.0	10.3	40.4	267.6	6.6	1.2	11.9	9.9	56.9	436.5
2030 年	20.5	283.4	13.8	54.2	412.2	7.6	1.7	22.3	13.1	76.4	717.9

9.3.2　水资源统一调度

加强水资源统一调度，使有限的水资源得到充分合理的利用，是缓解水资源供需矛盾的重要措施之一。近期在黄河干流水量统一调度的基础上，主要加强对主要支流的水量统一调度体系建设，形成全河水量统一调度体系。远期结合水沙调控体系建设和跨流域调水工程的实施，实现全河水量优化调度。统筹考虑经济社会发展、河道生态和重要湿地的用水需求，最大限度地发挥水资源的效益，逐步实现黄河功能性不断流。

在目前水权转让试点的基础上,扩大水权转让的范围。在条件具备地区结合推进现代高效节水设施农业开展水权转让,以此进一步促进流域节约用水,促进灌区农业向集约化、现代化发展。

9.3.3 调蓄工程

黄河流域水资源年内和年际分配不均,来水与用水在地区和时间上不相适应,现有工程调控能力不足,因此在黄河干流要尽快建设古贤、黑山峡等必要的枢纽工程,增加水量调控能力,优化水资源配置和提高供水保证程度。

在支流有条件的地区,续建、新建一批水库工程,包括泾河的东庄水库和马莲河水库、沁河的河口村水库、洮河的九甸峡水库等,满足当地生活生产用水需求。

根据区域河湖关系特点、水资源条件,统筹考虑防洪减灾、水生态环境修复和保护要求,积极推进建设山西黄河大水网等河湖连通工程,增加区域水资源调蓄和配置功能,提高区域应急保障能力和抗旱能力。

9.3.4 引提水工程

加强现有引提水工程的改造和配套,在具备水资源条件、用水增长较快和饮水困难的地区,适当建设一批引提水工程,解决当地用水增长问题。

规划的主要引水工程包括:引大济湟工程,近期引水量为 1.89 亿 m^3,远期引水量为 6.0 亿 m^3,缓解湟水供水压力,保证西宁市和海东地区的供水;引洮入定工程,规划引水量 5.5 亿 m^3,从洮河九甸峡引水供给水资源短缺且发展落后的定西地区,解决当地人畜饮水和制约经济社会发展的缺水问题;适时建设古贤水库供水工程、引洮二期工程、引洮济渭工程、榆林黄河大泉引水工程、温县引黄补源工程和武陟引黄灌溉工程。

规划新增的提水工程主要位于甘肃、内蒙古、陕西、山西、河南等省(区),从黄河干流及渭河等主要支流提水,以缓解当地水资源紧缺状况。

9.3.5 跨流域调水

跨流域调水是解决黄河缺水的根本措施。2020 年实现引汉济渭调水一期工程,年调水量 10 亿 m^3,为关中地区供水。2030 年引汉济渭工程全部生效,增加调水量 5 亿 m^3;适时建设南水北调西线一期工程,从雅砻江、大渡河干支流调水 80 亿 m^3,为黄河流域及邻近的相关地区增加供水。积极研究其他跨流域调水工程的可行性。

9.3.6 干旱情况下的抗旱减灾对策措施

在严重干旱或者特大干旱年份,加强水资源需求管理,提高水资源利用效率,优化水资源配置,把节水作为抗旱的根本出路,适当压缩用水需求,进一步拓展和挖掘水利工程的供水能力,建设规模合理、标准适度的抗旱应急备用水源工程,保障城乡居民生活、重点工业企业的基本用水需求,基本保障商品粮基地、基本口粮田、主要经济作物生长关键期的最基本用水需求。

9.3.6.1　压缩需求

在保障居民基本生活和重点行业最基本用水需求的条件下,适当减少或暂时停止部分用户供水,对于水质要求不高的用水部门,调整新鲜水和再生水的供水比例,增加再生水供水量以替代新鲜水的供水量,保障干旱情形下合理有序供水。

9.3.6.2　拓展和挖掘水利工程的供水潜力

加强现有水利工程及输配水设施的养护和管理,在确保防洪安全、水资源高效利用的前提下,各类水源工程在正常年份尽量多引、多提、多拦、多蓄水量,合理储备水源;充分发挥龙羊峡水库多年调节作用,增大水库下泄水量;利用供水工程在紧急情况下可动用的水量,适当增加外区调入的水量。

9.3.6.3　抗旱应急备用水源工程

按照轻重缓急,以提高严重受旱、主要受旱区综合抗旱能力为重点,因地制宜建设各种类型的抗旱应急备用水源工程。

黄河下游地区配合南水北调东、中线调水工程,建设必要的调蓄工程,对水源工程进行输水配套。对退减的地下水井进行涵养保护,在遭遇严重、特大干旱情形时,有计划开采包括深层承压水在内的各类地下水,增加特殊情况下的应急供水量。

黄河上中游地区的山区乡(镇),主要采取蓄水池、水窖等工程集蓄雨水,在有水源条件或有地下水开发利用条件地区新建小型引提水工程和机井,保障旱期人畜饮水和基本生产用水。

乡(镇)和城市抗旱主要考虑对已有水源工程的整修和管网配套,新建输水、提水(引黄)配套工程和调蓄工程,建设抗旱应急备用地下水工程和具有抗旱应急备用功能的中小型水库工程,配置必要的机动抗旱运水设备等。建设和完善城市地表水、地下水、非常规水源等多类型、多水源供水保障体系。

9.3.6.4　加强水利工程体系抗旱应急联合调度

在建立健全旱情监测预警和抗旱指挥调度系统、抗旱管理服务体系的基础上,制定特枯水年和连续枯水年等紧急情况下供水量分配方案和水量调度预案,以及重要水库与供水工程应急供水调度预案。

9.3.6.5　人工增雨

在旱情严重时,根据气象条件,进行人工增雨作业以缓解旱情。

9.4　城乡饮水安全

9.4.1　城市饮水安全

9.4.1.1　城市水源地现状

1. 供水现状

黄河流域城市饮用水水源地分地下水型、河道型、水库型三类,现状年黄河流域有643个城市饮用水水源地,其中地下水水源地499个、河道型水源地78个,水库型水源地66个,分别占水源地总个数的77.6%、12.1%和10.3%。各类水源地总供水量25.1亿

m³,供水总人口为 4 400.0 万人,其中地下水供水 2 712.0 万人、河道供水 1 024.3 万人、水库供水 663.7 万人,分别占供水总人口的 61.6%、23.3% 和 15.1%,详见表 9.4-1。

表 9.4-1　黄河流域各省(区)各类型水源地基本情况表

省(区)	水源地合计			地下水型			河道型			水库型		
	个数(个)	水量(万 m³)	人口(万人)	个数(个)	水量(万 m³)	人口(万人)	个数(个)	水量(万 m³)	人口(万人)	个数(个)	水量(万 m³)	人口(万人)
青　海	44	8 726.8	153.66	33	8 296.1	141.68	6	279.9	9.80	5	150.8	2.18
四　川	2	69.5	1.87	1	40.9	1.10	1	28.6	0.77	0	0	0
甘　肃	89	32 927.7	525.22	53	12 775.4	235.08	28	19 011.5	269.01	8	1 140.8	21.13
宁　夏	37	8 083.5	123.31	31	7 411.5	119.02	1	447.0	1.04	5	225.0	3.25
内蒙古	61	22 867.1	496.13	57	17 324.2	391.53	3	5 195.9	95.01	1	347.0	9.59
山　西	153	29 018.7	717.21	138	25 105.4	640.94	4	1 073.2	18.80	11	2 840.1	57.47
陕　西	143	53 057.6	814.54	108	33 401.5	478.89	16	1 955.9	51.77	19	17 700.2	283.88
河　南	81	62 471.2	941.56	57	32 224.0	496.52	17	28 718.1	417.09	7	1 529.1	27.95
山　东	33	34 124.6	626.46	21	12 279.8	207.24	2	8 080.5	161.0	10	13 764.3	258.22
黄河流域	643	251 346.7	4 399.96	499	148 858.8	2 712.00	78	64 790.6	1 024.29	66	3 7697.3	663.67

2. 安全状况评价

根据《全国城市饮用水水源地安全状况评价技术细则》,对饮用水源地的水质进行评价。现状年水质不合格的水源地 104 个、供水人口 566 万人、综合生活供水量 2.65 亿 m³,分别占其总量的 16.2%、12.9% 和 10.6%。其中,不合格地下水水源地为 86 个,相应供水人口为 415.83 万人,占水质不合格水源地总影响人口的 73.5%,主要分布在山西、内蒙古、河南、陕西、宁夏等省(区);河道型水源地 9 个,相应供水人口 108.31 万人,占水质不合格总影响人口的 19.1%;水库型水源地 9 个,相应供水人口 42.01 万人,占水质不合格总影响人口的 7.4%。详见表 9.4-2。

表 9.4-2　黄河流域城市饮用水水源地水质综合评价表

省(区)	水质不合格水源地		河道型		水库型		地下水型		合格率(%)	
	个数(个)	人口(万人)	个数(个)	人口(万人)	个数(个)	人口(万人)	个数(个)	人口(万人)	个数(个)	人口
山　西	27	103.33	0	0	1	0	26	103.33	83	86
内蒙古	26	227.46	2	72.18	1	9.59	23	145.69	57	54
山　东	0	0	0	0	0	0	0	0	100	100
河　南	12	89.62	0	0	2	14.10	10	75.52	85	90
四　川	0	0	0	0	0	0	0	0	100	100
陕　西	16	46.23	0	0	3	12.77	13	33.46	89	94
甘　肃	11	56.71	7	36.13	2	5.55	2	15.03	88	89
青　海	2	5.9	0	0	0	0	2	5.90	95	96
宁　夏	10	36.9	0	0	0	0	10	36.90	73	70
黄河流域	104	566.15	9	108.31	9	42.01	86	415.83	84	87

目前城市水源地存在的主要问题是:水源地布局不合理,资源型缺水和水质型缺水并存,部分城镇供水困难,居民饮水难以保障;饮用水监管制度、体系和机制不健全,水源地监测站网不完善;在突发性污染、输水设施故障、特殊干旱年份等紧急情况下应急供水能力严重不足。

9.4.1.2 城市水源地安全保障措施

城市水源地安全保障措施包括水源地建设工程、水源地保护方案和污染治理措施。其中评价为"不安全"、已经受到较严重污染的水源地采取全面保护和治理措施;评价为"安全"的水源地,根据需要主要采取隔离保护等基本的保护措施。

1. 城市水源地建设工程

城市生活需增供水量由直接缺口(预测各水平年综合生活需水量与现状生活供水量之差)与退出水量(地下水超采和水质严重污染部分)两部分组成。2020年黄河流域需增供水量44.7亿 m³;根据"优先保证饮用水,优水优用"的原则,2020年水源地功能调整水量为4.1亿 m³。在水源地功能调整基础上,优先考虑现有水源地的改扩建,提高供水能力,规划2020年改扩建水源地工程256处,增加供水量17.7亿 m³;以城市为单元,新建水源地工程243处,可增加供水量23.0亿 m³。详见表9.4-3。

表9.4-3　黄河流域城镇近期增供水量　　　　　　　(单位:万 m³)

省(区)	需增供水量 (万 m³)	水源地功能调整 水量(万 m³)	水源地改扩建工程		水源地新建工程	
			个数 (个)	增加供水量 (万 m³)	个数 (个)	增加供水量 (万 m³)
青　海	10 108		14	4 996	4	5 113
四　川	958	443	6	311	7	205
甘　肃	39 738	1 740	22	19 092	22	18 906
宁　夏	26 260		14	16 473	20	9 786
内蒙古	51 000	108	43	21 876	43	29 017
山　西	67 147	2 319	100	33 808	82	31 020
陕　西	101 870	4 717	15	32 656	26	64 496
河　南	113 695	13 118	28	41 996	25	58 581
山　东	35 877	18 155	14	5 396	14	12 326
黄河流域	446 653	40 600	256	176 604	243	229 450

2. 城市水源地保护工程措施

依据《饮用水水源保护区污染防治管理规定》和《全国城市饮用水水源保护区划分技术细则》,结合水源地实际情况,提出饮用水水源保护区划分方案。黄河流域水源保护区面积为5 286.9 km²,准保护区面积为15 225.4 km²,详见表9.4-4。

表 9.4-4　黄河流域城市饮用水水源保护区划分成果表

省（区）	水源地（个数）	保护区面积（km²）	准保护区面积（km²）
青　海	44	125.5	3 017.9
四　川	2	—	—
甘　肃	89	449.7	1 548.6
宁　夏	37	1 417.2	2 402.5
内蒙古	61	364.3	215.7
陕　西	143	427.8	1 972.5
山　西	153	587.1	1 797.7
河　南	81	1 041.1	3 821.7
山　东	33	874.2	448.8
黄河流域	643	5 286.9	15 225.4

　　城市饮用水水源地保护工程是在水源保护区内采取隔离防护、综合整治和生态修复等三个方面的工程措施，详见表 9.4-5。

表 9.4-5　黄河流域城市水源地保护工程措施

省（区）	隔离防护工程		水污染防治工程				
	物理隔离工程量（km）	生物隔离工程量（km²）	污染治理		人口搬迁数量（人）	畜禽养殖控制数量（万头）	农田径流污染控制治理面积（km²）
			排污口关闭数（个）	垃圾处理（万 t）			
青　海	100	7	0	0	0	0	0
四　川	13	4	0	0	0	0	0
甘　肃	422	9	11	3.80	850	1.1	16.59
宁　夏	1 455	21	10	0	80	0.01	60
内蒙古	275	10	5	1.10	255	0.19	58.8
山　西	94	124	20	4.33	1 000	1.042	33.28
陕　西	1 108	17	5	0	50	0.003	15.4
河　南	240	229	0	0	980	28.86	100
山　东	200	28	275	83.00	0	72.189	80
黄河流域	3 907	448	326	92.23	3 215	103.394	364.07

　　对评价为"合格"的水源地主要采取水源地环境保护设施建设，包括水源保护区隔离防护工程、各级水源保护区的标示与警告设施建设项目。隔离工程实施范围在保护区内进行。

　　针对黄河流域安全状况评价不好、已经受到较严重污染的水源地，根据水源地实际特点采取相应的点源治理、面源治理和内源治理等治理措施。内源污染治理包括底泥疏浚和流动线源治理等。

对于重要的湖库型饮用水水源保护区,针对入湖库支流、湖库周边及湖库内建设生态防护工程,改善入湖库支流和湖库水质。规划重点对汾河水库、三门峡水库、巴家嘴水库和昆都仑水库进行生态修复与保护工程试点建设,共进行7处周边生态修复工程,修复面积共为16.8 km²。

3.城市水源地保护非工程措施

加强城镇饮用水水源地法律法规建设,建立饮用水水源区管理制度,强化水源区入河排污口管理,完善水源地监测网络,增强水源地监管能力建设,对突发性污染事故、水质水量变化和水源工程等情况进行监控和预报,建立水源地突发水污染事件管理制度,制定城市饮用水安全保障的应急预案,建立饮用水水源区补偿机制,形成有效的预警和应急救援机制,保障城市居民的饮用水安全。

9.4.2 农村饮水安全

9.4.2.1 农村饮水不安全人口现状

受自然和经济、社会等条件制约,黄河流域大多数农村供水设施主要靠村集体和农民自建,以传统、落后、小型、分散、简陋的供水设施为主,自来水普及率低,农村居民饮水困难和饮水安全问题长期存在。

现状年黄河流域农村总人口为8 022.4万人,其中集中式供水人口为3 890.1万人,占农村总人口的48.5%;分散式供水人口为4 132.3万人,占农村总人口的51.5%。农村饮水不安全人口为3 484.8万人,占流域农村总人口的43.4%。其中饮用水水质不安全人口为2 167.5万人,占流域农村饮水不安全总人口的62.2%;水量、方便程度或保证率不达标人口为1 317.3万人,占流域农村饮水不安全总人口的37.8%。黄河流域各省(区)农村饮水不安全现状调查见表9.4-6。

表9.4-6 黄河流域农村饮水不安全现状调查表 （单位:万人）

省(区)	农村总人口	集中式供水人口	分散式供水人口	饮水不安全总人口	其中	
					饮水水质不安全人口	水量、方便程度、保证率不达标人口
青　海	307.30	181.70	125.60	140.95	11.78	129.17
四　川	8.20	3.90	4.30	2.88	2.70	0.18
甘　肃	1 499.20	519.17	980.03	719.00	359.72	359.28
宁　夏	396.10	149.07	247.03	220.36	142.64	77.72
内蒙古	482.80	197.95	284.85	201.47	163.20	38.27
陕　西	2 025.30	919.85	1 105.45	791.58	447.06	344.52
山　西	1 267.00	999.48	267.53	674.70	403.80	270.90
河　南	1 397.70	654.52	743.18	547.76	527.33	20.43
山　东	638.80	264.50	374.30	186.11	109.26	76.85
黄河流域	8 022.40	3 890.14	4 132.27	3 484.81	2 167.49	1 317.32

在农村饮水水质不安全人口中,主要为高氟水、苦咸水和污染水人口,占饮水水质不安全人口的90.2%,其中高氟水、苦咸水和污染水人口所占比例分别为39.3%、28.0%和22.9%。见表9.4-7。

表9.4-7　黄河流域农村饮水水质不安全人口统计

分类	现状年调查结果(万人)	占比例(%)
氟超标人口	851.66	39.29
砷超标人口	42.07	1.94
苦咸水人口	607.70	28.04
污染水人口	495.40	22.86
其他饮水水质超标人口	170.67	7.87
合计	2 167.50	100.00

9.4.2.2　农村饮水安全工程措施

因地制宜兴建各种类型的农村供水工程,山丘区利用地形条件和落差兴建自压供水工程,平原区兴建无塔供水工程。

1. 集中式供水工程建设

管网延伸:距城镇现有供水管网较近的农村地区,利用已有自来水厂的富余供水能力,或扩容改建已有水厂,延伸供水管网,发展自来水。

新建水厂:距城镇现有供水管网较远,且人口稠密、水源水量充沛的地区,可根据地形、管理、制水成本等条件,结合当地村镇发展规划,统筹考虑区域供水整体规划,兴建适度规模的跨村镇联片集中供水工程,如宁夏固原地区城乡水源工程等,应抓紧开展前期工作;水源水量较少,居民点分散时,兴建单村集中供水工程。

分质供水:在高氟水、高砷水、苦咸水等难以找到良好水源的地区,采用特殊水处理措施。制水成本较高时,兴建集中供水站,分质供水。处理后的优质水用于居民饮用,利用原有供水设施(如手压井、水窖)提供洗涤、饲养牲畜等其他生活杂用水。

2. 分散式供水工程建设

对山丘区居住分散的农户,兴建联户的分散式供水工程。在有浅层地下水的地区,采用浅井供水;在有山溪(泉)水的地区,建设引溪(泉)水设施;在水资源缺乏或利用困难的地区,建设雨水集蓄饮水工程。

规划2015年农村饮水不安全人口得到全部解决。建设各类农村饮水安全工程25.1万处,其中兴建集中供水、分散供水工程分别为2.9万处、22.2万处,解决不安全人口分别为3 258.8万人、226.0万人。分散式供水工程中集雨工程21.6万处,解决不安全人口91.1万人。见表9.4-8。

9.4.2.3　农村饮水安全非工程措施

为实现保障农村饮水安全总体目标,在采取工程措施的同时,还需要实施水源保护工程,保护水源地,提高饮用水安全的保障能力。

表 9.4-8　农村饮水安全规划近期解决人口及供水工程

省(区)	集中式工程		分散式工程				工程合计(处)
	数量(处)	解决人口(万人)	数量(处)	解决人口(万人)	其中:集雨工程		
					数量(处)	解决人口(万人)	
青 海	906	132.20	852	8.75	19	2.32	1 758
四 川	104	2.31	381	0.57			485
甘 肃	1 474	665.96	79 922	53.04	79 411	44.59	81 396
宁 夏	303	199.87	63 042	20.49	62 569	13.44	63 345
内蒙古	3 401	201.47					3 401
陕 西	11 747	762.01	1 195	29.57	185	2.47	12 942
山 西	9 661	646.87	2 177	27.83			11 838
河 南	944	491.14	74 378	56.62	73 788	28.31	75 322
山 东	849	156.94	48	29.17			897
黄河流域	29 389	3 258.77	221 995	226.04	215 972	91.13	251 384

　　按照《中华人民共和国水法》、《饮用水水源保护区污染防治管理规定》等相关法律法规,划定集中式饮用水水源地保护区,在保护区内严禁存在可能影响水源水质的污染源,清除垃圾、厕所、码头、水产养殖、排污口等点污染源,避免农药、化肥、畜禽养殖等面源污染。水源保护区外,也应加强点源污染治理,尽量减少面源污染。

　　地方各级政府按照有关规范,分区域设立监测点,建立健全农村饮水安全监测体系,建立科学有效的水质监测体系和相应的水质监测制度,保障农村饮水安全。

第 10 章　灌溉规划

　　黄河流域耕地资源丰富、土壤肥沃、光热资源充足,有利于小麦、玉米、棉花、花生和苹果等多种粮油和经济作物生长。上游宁蒙平原、中游的汾渭盆地以及下游的沿黄平原是我国粮食、棉花、油料的重要产区,在我国国民经济建设中具有十分重要的战略地位。搞好流域的灌溉事业,对于保障流域乃至全国的粮食安全具有重要的作用。

10.1　灌溉现状和存在的问题

10.1.1　现状灌区规模与分布

　　黄河流域灌溉事业历史悠久。公元前 246 年战国时期兴建的郑国渠引泾河水灌溉农田 210 万亩,使关中地区成为良田;秦汉时期宁夏平原引黄灌溉,使荒漠泽卤变成"塞上江南鱼米之乡";北宋时期在黄河下游引水沙淤灌农田。20 世纪 20 年代修建的泾惠渠等"关中八惠",是国内较早一批具有先进科学技术的近代灌溉工程。新中国成立后,进行了大规模的水利建设,不仅改造扩建了原来的老灌区,而且兴建了一批大中型灌区工程。20 世纪 60 年代三盛公及青铜峡水利枢纽相继建成,宁夏、内蒙古平原灌区引水得到保证,陕西关中地区兴建宝鸡峡引渭灌溉工程和交口抽渭灌区,晋中地区的汾河灌区和文峪河灌区相继扩建,汾渭平原的灌溉发展进入一个新的阶段。20 世纪 70 年代,在上中游地区先后兴建了甘肃景泰川灌区、宁夏固海灌区、山西尊村灌区等一批高扬程提水灌溉工程,使这些干旱高原变成了高产良田,增产效果显著。

　　通过多年的建设,流域灌溉事业得到了长足发展。新中国成立初期,黄河流域灌溉面积仅有 1 200 万亩,现状年有效灌溉面积达到 8 556 万亩,其中农田有效灌溉面积 7 765万亩,林牧灌溉面积 791 万亩。黄河流域的气候条件与水资源状况,决定了农业发展在很大程度上依赖于灌溉,大中型灌区在农业生产中具有支柱作用。现状年设计规模 10 万亩以上的灌区有 87 处,有效灌溉面积 4 223 万亩,占流域有效灌溉面积的 49.4%;16 处设计规模 100 万亩以上的特大型灌区,设计灌溉面积 3 629 万亩,有效灌溉面积 2 808 万亩,占流域有效灌溉面积的 32.8%。

　　受水土资源条件的制约,大片灌区主要分布在黄河上游宁蒙平原、中游汾渭盆地和伊洛沁河、黄河下游的大汶河等干支流的川、台、盆地及平原地区,这些地区灌溉率一般在70% 以上,有效灌溉面积占流域灌溉面积的 80% 左右。其余较为集中的地区还有青海湟水地区、甘肃中部沿黄高扬程提水地区。山区和丘陵地带灌区分布较少,耕地灌溉率为5% ~15%。10 万亩以上的灌区,上游地区有 23 处,中游汾渭盆地及黄河两岸地区有 39处,下游地区 25 处,有效灌溉面积分别为 1 964 万亩、1 653 万亩和 606 万亩。黄河流域各省(区)设计规模大于 10 万亩灌区情况见表 10.1-1。

表 10.1-1　黄河流域大于 10 万亩灌区分布情况表

省(区)	大于 100 万亩(处)	30 万~100 万亩(处)	10 万~30 万亩(处)	大于 10 万亩(处)	设计灌溉面积(万亩)	有效灌溉面积(万亩)
甘　肃		4	4	8	292.5	237.2
宁　夏	1	3	2	6	567.0	577.1
内蒙古	3	5	1	9	1 395.8	1 149.2
陕　西	6	5	6	17	1 236.0	1 029.8
山　西	2	6	8	16	709.7	530.9
河　南	4	8	11	23	1 297.8	611.8
山　东		3	5	8	158.8	86.7
上游地区	4	12	7	23	2 255.3	1 963.5
中游地区	8	14	17	39	2 105.3	1 653.4
下游地区	4	8	13	25	1 297.0	605.8
合　计	16	34	37	87	5 657.6	4 222.7

注:不包括流域外引黄灌区数。

黄河下游是"地上悬河",两岸是海河、淮河平原地区,自流灌溉条件十分优越。经过几十年的发展,河南、山东两省流域外已建成大中型引黄灌区 85 处,现状灌溉面积约 3 300 万亩。

现状黄河流域及下游引黄灌区粮食总产量约 6 685 万 t,占全国粮食总产的 13.4%,为国家粮食安全作出了一定贡献。

10.1.2　现状有效灌溉面积

黄河流域现状农田有效灌溉面积为 7 765 万亩,其中渠灌 4 591 万亩,井灌 2 035 万亩,井渠结合灌区 1 140 万亩,分别占总面积的 59.1%、26.2% 和 14.7%。现状农田实灌面积 6 572 万亩,粮食总产 3 958 万 t,人均粮食产量 350 kg,农村人口人均农田有效灌溉面积 1.03 亩,均低于全国平均水平。黄河流域灌溉面积分布情况见表 10.1-2。

表 10.1-2　黄河流域现状年灌溉面积分布情况表

二级区、省(区)	流域内灌溉面积(万亩)							农田实灌面积(万亩)	人均农田有效灌溉面积(亩/人)
	农田有效灌溉面积				灌溉林果地	灌溉草场	合计		
	渠灌区	井灌区	井渠结合灌区	小计					
龙羊峡以上	24.0		0.1	24.1	3.0	17.2	44.3	17.6	0.4
龙羊峡至兰州	491.2	8.3	8.1	507.6	26.8	21.9	556.3	412.1	0.6
兰州至河口镇	1 962.4	262.6	84.3	2 309.3	238.9	129.2	2 677.4	2 055.8	1.4
河口镇至龙门	177.6	97.5	18.3	293.4	13.6	15.9	322.8	243.3	0.3
龙门至三门峡	1 140.1	761.8	973.2	2 875.1	194.4	2.8	3 072.3	2 379.5	0.6

续表 10.1-2

二级区、省（区）	流域内灌溉面积（万亩）							农田实灌面积（万亩）	人均农田有效灌溉面积（亩/人）
	农田有效灌溉面积				灌溉林果地	灌溉草场	合计		
	渠灌区	井灌区	井渠结合灌区	小计					
三门峡至花园口	316.8	240.8	16.6	574.2	21.2	0.3	595.8	476.8	0.4
花园口以下	442.0	613.6	38.4	1 094.1	46.9	0.1	1 141.1	915.3	0.8
内流区	36.6	50.0	0.5	87.1	11.0	47.6	145.7	71.7	1.6
青 海	270.7		2.7	273.4	16.9	22.9	313.2	207.5	0.6
四 川	0.55			0.55		1.1	1.65	0.41	0.05
甘 肃	656.5	73.6	33.2	763.3	37.6	15.2	816.1	657.7	0.4
宁 夏	635.1	33.8		668.9	107.4	5.9	782.2	624.6	1.1
内蒙古	1 169.1	302.3	87.4	1 558.8	131.0	185.7	1 875.5	1 370.9	1.8
陕 西	912.2	451.3	289.6	1 653.0	156.1	1.3	1 810.4	1 348.5	0.6
山 西	212.4	330.1	688.0	1 230.5	24.9	2.8	1 258.2	1 012.9	0.6
河 南	573.7	541.2		1 114.9	41.0		1 155.9	927.2	0.7
山 东	160.6	302.3	38.7	501.6	40.9	0.1	542.6	422.5	0.6
黄河流域	4 590.8	2 034.6	1 139.5	7 765.0	555.8	235.0	8 555.8	6 572.1	0.7

现状林草灌溉面积 790.8 万亩，其中灌溉林果地面积 555.8 万亩，灌溉草场面积 235.0 万亩。兰州至河口镇河段、龙门至三门峡河段林草灌溉面积较大，分别占总灌溉面积的 46.6% 和 25.0%。

10.1.3 灌区节水改造现状

现状年黄河流域灌区平均灌溉水利用系数为 0.49，其中山西、陕西和山东三省的灌溉水利用系数在 0.60 左右，达到较高水平；宁夏灌溉水利用系数为 0.40，处于较低水平。大型灌区和自流灌区灌溉水利用系数较低，小型灌区和井灌区灌溉水利用系数较高。现状年黄河流域亩均用水量 420 m³，详见表 10.1-3。

表 10.1-3　黄河流域现状农田灌溉用水水平

省（区）	全国	黄河流域	青海	甘肃	宁夏	内蒙古	陕西	山西	河南	山东
实灌定额（m³/亩）	450	420	639	359	983	543	252	225	398	232
灌溉水利用系数	0.46	0.49	0.38	0.47	0.40	0.44	0.57	0.60	0.55	0.62

黄河流域现状工程节水灌溉面积 3 773 万亩，占有效灌溉面积的 48.6%。其中渠道防渗占节水灌溉面积的 51.8%，管道输水占 36.5%，喷灌占 9.6%，微灌占 2.0%。山西省和陕西省节水面积所占比例较高，分别为 68.7% 和 54.6%，青海省和宁夏比例较低，仅

为 27.9% 和 31.0% 。现状非工程措施节水面积为 1 142.8 万亩,包括改进灌溉制度(非充分灌溉、调亏灌溉、水稻浅湿灌溉等)、农艺节水(秸秆覆盖技术、抗旱节水作物品种技术等)。现状农业节水情况见表 10.1-4。

表 10.1-4　黄河流域现状节水灌溉面积　　　　　(单位:万亩)

省(区)	有效灌溉面积	渠道防渗	管道输水	喷灌	微灌	合计	节灌率(%)	非工程节水措施面积
青　海	273.39	74.31	0	2.00	0	76.31	27.90	3.11
四　川	0.55	0	0.41	0	0	0.41	75.00	0
甘　肃	763.26	375.80	32.36	34.98	10.86	454.00	59.48	64.79
宁　夏	668.88	169.10	19.70	11.63	6.70	207.13	30.97	84.00
内蒙古	1 558.77	427.28	212.03	25.96	2.45	667.72	42.84	0
陕　西	1 653.03	574.83	252.38	52.99	22.46	902.66	54.61	103.00
山　西	1 230.47	157.43	490.43	176.84	20.23	844.93	68.67	681.06
河　南	1 114.85	126.47	211.84	43.79	6.83	388.93	34.89	24.15
山　东	501.62	49.97	159.45	15.66	5.69	230.77	46.00	182.69
黄河流域	7 764.82	1 955.19	1 378.60	363.85	75.22	3 772.86	48.58	1 142.80

10.1.4　灌区存在的主要问题

(1)灌区老化失修、配套不完善。

现有大中型灌区大多是 20 世纪 50 年代至 70 年代修建的,多数工程因陋就简,很多工程未能全部完成,普遍存在着建设标准低、配套不全的现象。流域内 10 万亩以上灌区有效灌溉面积仅相当于设计规模的 74.6% 。在长期运行中骨干建筑物老化损坏、干支渠漏水和坍塌问题严重。提水灌区的水泵、电机等机电设备中,应淘汰的高耗能设备占 1/2 左右。特别是遇到干旱年份,常因工程基础条件差,有水源而不能满足抗旱要求。

目前上中游地区已实施大型灌区续建配套及节水改造项目共 30 处,但由于投入不足,仅对大型灌区部分“卡脖子”工程、“病险”工程以及一些关键骨干工程进行了更新改造。同时,由于田间工程配套资金主要依靠地方和农民自筹,资金落实困难,目前大型灌区田间配套工程建设普遍滞后。10 万 ~30 万亩灌区及 10 万亩以下中小型灌区还没有实施续建配套及节水改造项目,灌区今后的建设任务还很繁重。

(2)水源不足,部分灌区难以发挥应有作用。

随着经济的快速发展,水资源供需矛盾加剧,灌溉用水日趋紧张。如汾渭盆地灌区水源不足,遇干旱年份,部分灌区灌水不足或得不到灌溉,致使农业生产受到影响。

10.2　灌区节水改造

目前黄河流域工程节水灌溉面积为 3 773 万亩,占总灌溉面积的 48.6% ,灌区节水潜力较大。为缓解黄河水资源供需矛盾,需进一步提高灌区水资源利用效率和效益。考虑到灌区节水改造的实际情况,规划到 2020 年,农田灌溉水利用系数提高到 0.56,节灌率达到 75.1%;到 2030 年,农田灌溉水利用系数提高到 0.61,节灌率达到 89.2%。

根据黄河灌区的自然条件、经济实力和目前的用水情况,近期节水改造的重点是大中型灌区,包括渠系配套差、用水浪费、节水潜力大的灌区,如宁夏、内蒙古地区引(扬)黄灌区及下游河南、山东灌区;水资源严重缺乏,供需矛盾突出,通过节水改造、配套可以提高灌溉保证率的灌区,如晋陕汾渭盆地灌区;对青海湟水河谷、甘肃东部等集中连片灌区也适当安排部分节水改造工程。

节水措施包括工程措施和非工程措施。工程措施主要包括:渠系工程配套与渠系防渗、低压管道输水、喷灌和微灌节水措施。考虑到黄河灌区现状以地面灌为主和经济发展水平较低,以及黄河水源含沙量大的特点,大部分灌区主要采取容易实施和管理的渠系防渗与配套工程措施,以及技术相对简单的低压管道输水措施,以提高渠系水利用系数;在少部分灌区和经济作物种植区采取喷灌、微灌等节水措施。

非工程节水措施主要包括农业措施和管理措施等。农业措施主要有:土地平整、大畦改小畦、膜上灌、蓄水保温保墒等;采用优良抗旱品种,调整作物种植结构,大力推广旱作农业。管理措施主要有:加强宣传和引导,提高全民节水意识;制定和完善节水政策、法规;抓好用水管理,实行计划用水、限额供水、按方收费、超额加价等措施,大力推广经济、节水灌溉制度,优化配水;建立健全县、乡、村三级节水管理组织和节水技术推广服务体系,加强节水工程的维护管理,确保节水灌溉工程安全、高效运行,提高使用效率,延长使用寿命。

规划 2020 年新增工程节水灌溉面积 2 521 万亩,工程节水面积达到 6 294 万亩,占灌溉面积的 75.1%。其中渠道防渗节水达到 3 693 万亩,占节水面积的 58.7%;低压管道输水达到 1 962 万亩,占 31.2%;喷灌节水面积达到 477 万亩,占 7.6%;微灌节水面积达到 162 万亩,占 2.6%。新增非工程节水措施面积 2 789 万亩,达到 3 932 万亩。考虑工程和非工程节水措施,与现状年相比,2020 年流域可节约灌溉用水量 40.4 亿 m³。不同水平年灌区节水措施安排见表 10.2-1。

表 10.2-1 黄河流域各水平年灌区节水改造安排表

省(区)	水平年	有效灌溉面积(万亩)	节水工程措施面积(万亩)					节灌率(%)	非工程节水措施面积(万亩)	节水量(亿 m³)
			渠道衬砌	管道输水	喷灌	微灌	合计			
青海	现状年	273.39	74.31	0	2.00	0	76.31	27.9	3.11	—
	2020 年	326.96	182.98	0	3.60	0	186.58	57.1	119.15	2.92
	2030 年	347.97	246.96	0	4.72	0	251.68	72.3	178.65	3.74
四川	现状年	0.55	0	0.41	0	0	0.41	74.5	0	—
	2020 年	0.59	0	0.44	0	0	0.44	74.6	0.2	0
	2030 年	0.59	0	0.50	0	0	0.50	84.7	0.3	0
甘肃	现状年	763.26	375.80	32.36	34.98	10.86	454.00	59.48	64.79	—
	2020 年	830.34	483.20	43.02	46.66	21.44	594.32	76.2	427.91	2.63
	2030 年	830.34	572.49	53.89	56.56	28.35	711.29	91.2	619.16	3.90

续表 10.2-1

省(区)	水平年	有效灌溉面积(万亩)	节水工程措施面积(万亩)					节灌率(%)	非工程节水措施面积(万亩)	节水量(亿 m³)
			渠道衬砌	管道输水	喷灌	微灌	合计			
宁夏	现状年	668.88	169.10	19.70	11.63	6.70	207.13	31	84	—
	2020 年	694.24	400.54	24.95	23.00	17.30	465.79	67.1	340.05	11.88
	2030 年	797.8	560.56	30.95	27.86	22.30	641.67	80.4	505.05	15.96
内蒙古	现状年	1 558.77	427.28	212.03	25.96	2.45	667.72	42.8	0	—
	2020 年	1 648.69	800.30	316.90	36.95	4.84	1 158.99	70.3	458.8	11.65
	2030 年	1 693.69	1 019.10	387.20	43.55	7.21	1 457.06	86	776.3	15.60
陕西	现状年	1 653.03	574.83	252.38	52.99	22.46	902.66	54.6	103	—
	2020 年	1 764.93	976.99	277.08	79.61	53.79	1 387.47	78.6	761.65	3.71
	2030 年	1 847.43	1 227.82	292.46	92.99	70.09	1 683.36	91.1	1 125.21	4.62
山西	现状年	1 230.47	157.43	490.43	176.84	20.23	844.93	68.7	681.06	—
	2020 年	1 375.25	311.49	624.20	185.00	34.13	1 154.82	84	965.55	2.27
	2030 年	1 395.25	390.94	694.20	190.15	40.58	1 315.87	94.3	1 112.15	3.27
河南	现状年	1 114.85	126.47	211.84	43.79	6.83	388.93	34.9	24.15	—
	2020 年	1 233.58	416.50	441.87	70.68	12.49	941.54	76.3	496.3	4.26
	2030 年	1 271.81	550.85	556.38	81.65	15.46	1 204.34	94.7	722.3	5.66
山东	现状年	501.62	49.97	159.45	15.66	5.69	230.77	46	182.69	—
	2020 年	508.41	120.65	233.42	31.42	18.20	403.69	79.4	362.18	1.10
	2030 年	512.29	156.24	273.24	39.70	24.68	493.86	96.4	465.3	1.50
合计	现状年	7 764.82	1 955.19	1 378.60	363.85	75.22	3 772.86	48.6	1 142.80	—
	2020 年	8 382.69	3 692.65	1 961.88	476.92	162.19	6 293.64	75.1	3 931.79	40.43
	2030 年	8 697.17	4 724.96	2 288.82	537.18	208.67	7 759.63	89.2	5 504.42	54.25

2020～2030 年规划新增工程节水灌溉面积 1 466 万亩,2030 年工程节水面积达到 7 760 万亩,占灌区面积的 89.2%。其中渠道防渗节水 4 725 万亩,占节水面积的 60.9%;低压管道输水面积 2 288 万亩,占 29.5%;喷灌节水面积 537 万亩,占 6.9%;微灌节水面积 209 万亩,占 2.7%。规划新增非工程节水措施面积 1 573 万亩,2030 年全流域非工程节水措施面积达到 5 504 万亩。与现状年相比,2030 年全流域每年可节约灌溉用水量 54.3 亿 m³。

10.3　灌溉发展规模

10.3.1　粮食需求对灌溉发展的要求

灌溉是保证农业高产稳产的重要手段,灌溉地粮食亩产一般为旱作耕地的 2～6 倍,在西北干旱地区,没有灌溉就没有农业。黄河流域灌溉面积占耕地面积的 30% 左右,生产的粮食占流域总量的 70% 左右。

黄河流域各地区自然条件差异较大,农作物种类及作物组成也有很大不同。黄河上游主要种植春小麦,一般占 50%~70%,其他作物有早玉米、高粱、谷类、豆类等,复种作物有糜子、蔬菜等,复种指数 1.0~1.2。中游的丘陵区主要种植早秋作物,有玉米、谷类、薯类,其次是小麦;晚秋作物以夏糜子为主,复种指数为 1.2~1.3。汾渭盆地、下游沿黄平原、伊洛沁河及大汶河等地,主要种植冬小麦,占 60%~70%,棉花占 20%~30%;复种作物以玉米为主,复种指数约 1.6。水稻种植面积不大,主要集中在宁夏平原灌区及下游沿黄平原。经济作物以棉花为主,种植面积占经济作物播种面积的 86%,主要集中在关中及下游沿黄平原;油料、甜菜和大麻等经济作物主要分布在上游地区。

近 20 多年来,黄河流域粮食生产有了很大提高。与 1980 年相比,目前粮食总产量由 229.6 亿 kg 增加到 395.8 亿 kg,平均亩产由 122 kg 增加到 203 kg,人均占有粮食由 281 kg 增加到 350 kg。目前,黄河流域灌溉地亩产约 440 kg,非灌溉地亩产约 120 kg。根据黄河流域粮食单产变化趋势分析,预测 2020 年流域灌溉地亩产 510 kg,非灌溉地亩产 186 kg;2030 年灌溉地亩产 542 kg,非灌溉地亩产 197 kg。

根据《国家粮食安全中长期规划纲要》和《全国新增 1 000 亿斤粮食生产能力规划》,到 2020 年全国粮食消费量将达到 5 725 亿 kg,人均约 400 kg。2030 年黄河流域按照人均 400 kg 的粮食消费水平,流域粮食综合生产能力需达到 525.5 亿 kg,比现状增加 129.7 亿 kg。黄河流域及下游引黄灌区共有 85 个县(市、区、旗)列入全国产粮大县,灌溉面积达 5 900 万亩。

由于受水资源短缺等影响因素制约,今后黄河流域粮食新增生产能力将主要依靠提高单产、提高灌溉保证率和适度发展灌溉面积来解决。根据规划水平年粮食单产及种植结构分析,2030 年黄河流域农田有效灌溉面积需达到 8 700 万亩左右,比现状年增加 900 多万亩。

10.3.2 灌溉发展规模

综合考虑灌溉面积发展需求,今后农田灌溉发展的重点是搞好现有灌区的改建、续建、配套和节水改造,提高管理水平,充分发挥现有有效灌溉面积的经济效益,在巩固已有灌区的基础上,根据各地区的水土资源条件,结合水源工程的兴建,适当发展部分新灌区。

根据《全国大型灌区续建配套与节水改造规划报告》,黄河流域已被列入续建配套与节水改造规划的大型灌区有引大入秦、景泰川电灌、青铜峡、河套、汾河、尊村、宝鸡峡、泾惠区、引沁、陆浑等灌区,共计 33 处。通过节水改造和续建配套,至 2020 年将增加灌溉面积 346 万亩。

新建、续建灌区主要包括:青海引大济湟、塔拉滩生态治理工程;甘肃引大入秦、东乡南阳渠等灌溉工程配套;结合洮河九甸峡枢纽的建设,逐步开发引洮灌区;续建宁夏扶贫扬黄工程(即"1236"工程)、陕甘宁盐环定灌区;结合南水北调西线工程的实施和黑山峡河段工程的建设,逐步开发黑山峡生态灌区,2030 年水平黑山峡生态灌区规划灌溉面积 500 万亩,其中新增灌溉面积 364 万亩(农田有效灌溉面积 212 万亩,林草灌溉面积 152 万亩);续建陕西东雷二期抽黄灌溉工程,在此基础上结合南沟门水库等的建设发展部分灌溉面积;新建、续建河南省小浪底南北岸灌区、故县水库灌区等工程。

　　现状年黄河流域农田有效灌溉面积为 7 765 万亩,考虑大型灌区续建与节水改造以及新建灌溉工程等,2020 年农田有效灌溉面积达到 8 383 万亩,2030 年达到 8 697 万亩,2030 年比现状增加农田有效灌溉面积 932 万亩。现状年流域林牧灌溉面积为 791 万亩,2020 年、2030 年分别发展到 958 万亩和 1 183 万亩,2030 年比现状增加林牧灌溉面积 392 万亩。详见表 10.3-1。

表 10.3-1　黄河流域农田、林牧灌溉面积发展预测

二级区、省（区）	农田有效灌溉面积（万亩）			林牧灌溉面积（万亩）		
	现状年	2020 年	2030 年	现状年	2020 年	2030 年
龙羊峡以上	24.08	24.12	24.12	20.20	28.62	54.50
龙羊峡至兰州	507.55	570.22	591.23	48.68	92.29	117.81
兰州至河口镇	2 309.31	2 488.30	2 635.40	368.06	420.47	523.19
河口镇至龙门	293.36	304.72	349.72	29.48	51.29	90.74
龙门至三门峡	2 875.07	3 118.74	3 177.70	197.22	213.57	222.84
三门峡至花园口	574.22	685.80	724.33	21.52	27.17	31.50
花园口以下	1 094.09	1 102.32	1 106.21	46.99	51.20	54.30
内流区	87.14	88.46	88.46	58.60	73.72	87.67
青　海	273.39	326.96	347.97	39.84	78.55	122.36
四　川	0.55	0.59	0.59	1.10	8.21	11.69
甘　肃	763.26	830.34	830.34	52.78	69.84	81.87
宁　夏	668.88	694.24	797.80	113.31	140.64	205.59
内蒙古	1 558.77	1 648.69	1 693.69	316.73	360.90	414.58
陕　西	1 653.03	1 764.93	1 847.43	157.37	164.81	194.81
山　西	1 230.47	1 375.25	1 395.25	27.68	41.09	47.33
河　南	1 114.85	1 233.28	1 271.81	41.00	50.51	58.61
山　东	501.62	508.41	512.29	40.97	43.79	45.70
黄河流域	7 764.82	8 382.69	8 697.17	790.78	958.34	1 182.54

10.4　主要地区灌溉规划意见

　　根据黄河流域水土资源条件和粮食需求,灌区改造和灌溉发展的重点地区为水利条件较好、农业增产潜力较大的宁蒙平原地区、陕西关中及山西汾涑河地区、下游引黄平原地区和上游的湟水河谷及陇中地区。

10.4.1　湟水河谷及陇中台地

　　湟水流域是青海省的精华地带,区内集中了青海省 59.3% 的人口、62.6% 的耕地和

54.9%的灌溉面积,聚集了青海省56%的国内生产总值。目前湟水川地大部分已实现灌溉,两岸浅山地区受自然条件的制约,耕地灌溉率较低。根据湟水流域的实际情况和客观要求,今后该地区在搞好现有灌区续建配套与节水改造基础上,实施引大济湟工程,适当扩大两岸浅山地区灌溉面积。该区现状有效灌溉面积191万亩,其中农田灌溉面积175.5万亩;2020年、2030年有效灌溉面积分别达到284.7万亩和315.9万亩,其中农田灌溉面积分别为232.9万亩和243.9万亩。与现状相比,2030年农田和林牧灌溉面积将分别增加68.4万亩和56.5万亩。

甘肃陇中台地干旱缺水严重,经济发展缓慢,人畜饮水困难,20世纪70年代以来修建了一大批高扬程抽黄工程和远距离调水工程,如甘肃的靖会电灌、景泰一期、景泰二期、引大入秦等工程,对农业生产发展、社会稳定、当地生态环境改善起到了重要作用。现状陇中台地耕地面积为1 084万亩,农田有效灌溉面积为226万亩,耕地灌溉率为20.8%,人均农田灌溉面积仅0.5亩。今后该地区要以解决人畜饮水困难和经济发展急需为目标,在搞好现有灌区续建配套与节水改造的基础上,主要结合九甸峡水利枢纽,建设引洮灌区。2020年、2030年该区有效灌溉面积将分别达到349.3万亩和355.8万亩,其中农田灌溉面积均为326万亩。与现状年相比,2030年农田灌溉面积和林牧灌溉面积将分别增加100.0万亩和14.3万亩。

10.4.2 宁蒙平原引黄灌区

现状宁蒙平原引黄灌区的水资源利用效率较低,节水潜力较大。灌区建设要以现有灌区的续建配套和节水改造为重点,提高用水效率,适当发展井渠结合灌溉。

引(扬)黄灌区续建配套和节水改造的工程措施主要包括:加强灌区输配水系统的调整与改造,对渠道进行防渗衬砌,完善配套排水系统;在有条件的灌区积极发展井灌,配合管灌,合理利用地下水资源,治理土壤盐碱化;在有条件的灌区发展喷微灌节水灌溉,做好示范区建设;通过水权转让,促进宁蒙灌区骨干渠道的节水改造,有计划推广设施农业技术。与此同时,开展非工程节水措施建设。

非工程措施主要包括:在田间以平整土地、精耕细作、培肥地力为主,实行小畦灌溉;加强灌区管理,建设地表、地下水联合运用的现代化灌溉系统;调整农业种植结构,控制水稻种植面积,采取水稻"薄、浅、湿、晒"控制灌溉技术;逐步提高水价。

2020年宁蒙灌区节水灌溉面积将达到1 625万亩,占农田有效灌溉面积的69.4%,与现状年相比,增加节水灌溉面积750万亩;2030年宁蒙灌区节水灌溉面积为2 099万亩,占农田有效灌溉面积的84.2%,与现状年相比,增加节水灌溉面积1 224万亩。

规划开发的黑山峡生态灌区地域辽阔,地形平坦且土地集中连片,特别是宁夏的清水河川、红寺堡、惠安堡,内蒙古的孪井滩,有近百万亩或几十万亩的连片土地。黑山峡生态灌区的建设,可从根本上改善当地经济发展用水、生态用水和人畜饮水条件,为当地贫困人口和周边贫困地区异地移民的脱贫致富创造良好机遇,解决全国最大贫困地区百万以上人口的生活和经济发展问题,真正实现贫困农民脱贫致富奔小康,结合生态环境修复,实现区域生态环境良性发展。结合南水北调西线工程的实施和黑山峡枢纽工程的建设,开发黑山峡生态灌区,2030年水平黑山峡灌区灌溉面积达到500万亩,其中新增364

万亩。

现状宁蒙地区有效灌溉面积为 2 658 万亩,其中农田灌溉面积 2 228 万亩,林牧灌溉面积 430 万亩;通过灌区配套和节水改造,2020 年该区有效灌溉面积将达到 2 844 万亩,其中农田灌溉面积 2 343 万亩,林牧灌溉面积 501 万亩;2030 年考虑黑山峡灌区生效,有效灌溉面积达到 3 112 万亩,其中农田灌溉面积 2 492 万亩,林牧灌溉面积 620 万亩。

10.4.3　汾渭盆地灌区

汾渭盆地包括陕西关中盆地及山西汾涑河盆地灌区,灌溉历史悠久,是两省的农业生产基地。灌区当前存在的主要问题是:灌区水利设施老化失修现象严重,部分灌区水源不足,地下水超采,灌区供水保证率不高;渭北高原和晋南台塬春夏干旱较为严重,农作物产量低而不稳,已建抽黄灌区受黄河小北干流河势摆动影响,引水较为困难。

今后该地区应在搞好现有灌区续建配套及节水改造的基础上,提高农田灌溉保证率。考虑到该区管理水平和用水效率相对较高的情况,近期应结合供水工程的建设开展节水灌溉,进一步对渠系工程进行配套,对老化的设施更新改造,在田间加强方田化建设;加快高新节水技术如管灌、喷灌、微灌等的推广应用,提高灌溉保证率。规划近期新增节水灌溉面积 654 万亩,2020 年节水灌溉面积达到 2 049 万亩,节灌率达到 73.6%;远期增加节水灌溉面积 1 009 万亩,2030 年节水灌溉面积达到 2 404 万亩,节灌率为 84.6%。

现状该区有效灌溉面积 2 706 万亩,其中农田灌溉面积 2 533 万亩,林牧灌溉面积 173 万亩。近期主要通过东雷、交口抽渭、石堡川、桃曲坡、尊村、禹门口、汾西、夹马口等大型灌区续建配套与节水改造,增加部分灌溉面积,另外结合南沟门、张峰水库等的建设也发展部分灌溉面积,2020 年该区有效灌溉面积将达到 2 965 万亩,其中农田灌溉面积 2 782 万亩,林牧灌溉面积 183 万亩;2030 年有效灌溉面积 3 027 万亩,其中农田灌溉面积 2 840 万亩,林牧灌溉面积 187 万亩。

10.4.4　下游引黄灌区

黄河下游引黄灌区涉及豫、鲁两省,众多的引黄灌区集中连片,形成分布在黄河两岸的庞大引黄灌溉系统,农业生产水平较高,是我国的粮食主产区。根据不同河段自然地理和河道引水条件,经过长期的实践探索,该区形成了多种灌溉模式,如自流引黄、渠井结合、井灌结合引黄补源、蓄水灌溉和工业生活用水结合等模式。现状有效灌溉面积约 4 000 万亩,其中流域外的淮河和海河流域灌溉面积约 3 300 万亩。

灌区存在的主要问题是:灌排工程配套程度低,续建改造任务大;引黄灌区泥沙处理难度大,河渠淤积严重;大部分灌区管理落后;水资源利用不够合理,临近黄河地区,地面大水漫灌,地下水位高,有发生次生盐碱化的危险。

下游引黄灌区应进一步搞好现有引黄灌区的改建、续建、配套和节水改造,提高管理水平,充分发挥现有灌区的经济效益,提高水资源利用效率,进一步提高粮食增产潜力。大力开展渠道防渗和管道输水灌溉,在距黄河近的灌区适当开采地下水,进一步发展井渠双灌。在提水灌区发展管道输水灌溉和喷、微灌技术。田间工程以平整土地、大畦改小畦、长畦改短畦,提高沟、畦灌溉水平为主。

第 11 章　水资源和水生态保护规划

随着流域经济社会发展,黄河流域水资源和水生态保护形势严峻。加强流域水资源保护、修复河流生态系统功能,是保障流域及相关地区的供水安全、维持黄河健康生命的重要任务。

11.1　地表水资源保护

11.1.1　水功能区划

根据黄河流域水资源自然条件、开发利用和保护的要求,在流域各省(区)人民政府已批复辖区水功能区划的基础上,按照流域水资源统一管理的原则,进行复核、协调和调整。

黄河流域 176 条(个)河湖共划分一级水功能区 355 个,其中保护区 110 个,保留区 36 个,开发利用区 160 个,缓冲区 49 个。在开发利用区内划分 399 个二级水功能区,其中饮用水源 57 个、工业用水区 55 个、农业用水区 145 个、渔业用水区 8 个、景观娱乐用水区 16 个、过渡区 53 个、排污控制区 65 个。流域一级、二级水功能区不重复统计共 594 个。详见表 11.1-1、表 11.1-2。

表 11.1-1　黄河流域一级水功能区划分结果

水资源二级区	一级区划总计		保护区		保留区		缓冲区		开发利用区	
	个数(个)	河长(km)	个数(个)	河长(km)	个数(个)	河长(km)	个数(个)	河长(km)	个数(个)	河长(km)
龙羊峡以上	24	5 016.6	16	2 470.4	7	2 402.9			1	143.3
龙羊峡至兰州	37	3 585.6	11	903.7	3	436.3	4	173.8	19	2 071.8
兰州至河口镇	51	5 090.1	7	297.3*	4	455.9	3	189.6	37	4 147.3*
河口镇至龙门	80	4 365.4	19	913.5	8	560.1	24	630.8	29	2 261.0
龙门至三门峡	104	7 646.4	38	1 628.3	9	844.8	11	354.9	46	4 818.4
三门峡至花园口	29	1 917.3	11	437.7	1	54.7	4	130.7	13	1 294.2
花园口以下	30	2 207.3	8	197.4*	4	75.1	3	121.0	15	1 813.8
总计	355	29 828.7	110	6 848.3	36	4 829.8	49	1 600.8	160	16 549.8

注:* 未包括乌梁素海、沙湖、东平湖三个内陆湖泊,其面积分别为 293 km²、8.2 km²、167.5 km²。

表 11.1-2　黄河流域二级水功能区划分成果

水资源二级区	项目	饮用水水源区	工业用水区	农业用水区	渔业用水区	景观娱乐用水区	过渡区	排污控制区	合计
龙羊峡以上	个数（个）			1					1
	河长（km）			143.3					143.3
龙羊峡至兰州	个数（个）	9	10	17		2	2	1	41
	河长（km）	375.7	501.7	1 133.9		7.2	43.1	10.2	2 071.8
兰州至河口镇	个数（个）	8	2	27	5	1	11	12	66
	河长（km）	463.4	54.5	2 348.0	281.5		520.7	479.2	4 147.3
河口镇至龙门	个数（个）	9	10	24		2	5	11	61
	河长（km）	346.7	371.7	1 323.0		29.6	92.0	98.0	2 261.0
龙门至三门峡	个数（个）	17	25	46	2	6	16	22	134
	河长（km）	609.2	1 073.5	2372.1	206.8	54.7	307.1	195.0	4 818.4
三门峡至花园口	个数（个）	5		18	1	5	15	14	60
	河长（km）	245.7	56.5	523.4	34.0	49.9	261.6	123.1	1 294.2
花园口以下	个数（个）	9	6	12			4	5	36
	河长（km）	694.8	477.5	489.0			85.5	67.0	1 813.8
总计	个数（个）	57	55	145	8	16	53	65	399
	河长（km）	2 735.5	2 535.4	8 332.7	522.3	141.4	1 310.0	972.5	16 549.8

　　其中,黄河干流(5 464 km)共划分 18 个一级水功能区,其中保护区 2 个,保留区 2 个,开发利用区 10 个,缓冲区 4 个。开发利用区内共划分了 50 个二级区,其中饮用水水源区 15 个、工业用水区 2 个、农业用水区 12 个、渔业用水区 6 个、景观娱乐用水区 1 个、过渡区 7 个、排污控制区 7 个。详见表 11.1-3。

表 11.1-3　黄河干流水功能区划分成果

一级水功能区名称	二级水功能区名称	起始断面	终止断面	长度（km）	水质目标
黄河玛多源头水保护区		河源	黄河沿水文站	270.0	Ⅱ类
黄河青甘川保留区		黄河沿水文站	龙羊峡大坝	1 417.2	Ⅱ类
黄河青海开发利用区	黄河李家峡农业用水区	龙羊峡大坝	李家峡大坝	102.0	Ⅱ类
	尖扎循化农业用水区	李家峡大坝	清水河入口	126.2	Ⅱ类
黄河青甘缓冲区		清水河入口	朱家大湾	41.5	Ⅱ类
黄河甘肃开发利用区	刘家峡渔业饮用水源区	朱家大湾	刘家峡大坝	63.3	Ⅱ类
	盐锅峡渔业工业用水区	刘家峡大坝	盐锅峡大坝	31.6	Ⅱ类
	八盘峡渔业农业用水区	盐锅峡大坝	八盘峡大坝	17.1	Ⅱ类
	兰州饮用工业用水区	八盘峡大坝	西柳沟	23.1	Ⅱ类
	兰州工业景观用水区	西柳沟	青白石	35.5	Ⅲ类
	兰州排污控制区	青白石	包兰桥	5.8	
	兰州过渡区	包兰桥	什川吊桥	23.6	Ⅲ类
	皋兰农业用水区	什川吊桥	大峡大坝	27.1	Ⅲ类
	白银饮用工业用水区	大峡大坝	北湾	37.0	Ⅲ类
	靖远渔业工业用水区	北湾	五佛寺	159.5	Ⅲ类

续表 11.1-3

一级水功能区名称	二级水功能区名称	起始断面	终止断面	长度（km）	水质目标
黄河甘宁缓冲区		五佛寺	下河沿	100.6	Ⅲ类
黄河宁夏开发利用区	青铜峡饮用农业用水区	下河沿	青铜峡水文站	123.4	Ⅲ类
	吴忠排污控制区	青铜峡水文站	叶盛公路桥	30.5	
	永宁过渡区	叶盛公路桥	银川公路桥	39.0	Ⅲ类
	陶乐农业用水区	银川公路桥	伍堆子	76.1	Ⅲ类
黄河宁蒙缓冲区		伍堆子	三道坎铁路桥	81.0	Ⅲ类
黄河内蒙古开发利用区	乌海排污控制区	三道坎铁路桥	下海勃湾	25.6	
	乌海过渡区	下海勃湾	磴口水文站	28.8	Ⅲ类
	三盛公农业用水区	磴口水文站	三盛公大坝	54.6	Ⅲ类
	巴彦淖尔盟农业用水区	三盛公大坝	沙圪堵渡口	198.3	Ⅲ类
	乌拉特前旗排污控制区	沙圪堵渡口	三湖河口	23.2	
	乌拉特前旗过渡区	三湖河口	三应河头	26.7	Ⅲ类
	乌拉特前旗农业用水区	三应河头	黑麻淖渡口	90.3	Ⅲ类
	包头昭君坟饮用工业用水区	黑麻淖渡口	西柳沟入口	9.3	Ⅲ类
	包头昆都仑排污控制区	西柳沟入口	红旗渔场	12.1	
	包头昆都仑过渡区	红旗渔场	包神铁路桥	9.2	Ⅲ类
	包头东河饮用工业用水区	包神铁路桥	东兴火车站	39.0	Ⅲ类
	土默特右旗农业用水区	东兴火车站	头道拐水文站	113.1	Ⅲ类
黄河托克托缓冲区		头道拐水文站	喇嘛湾	41.0	Ⅲ类
黄河万家寨调水水源保护区		喇嘛湾	万家寨大坝	73.0	Ⅲ类
黄河晋陕开发利用区	天桥农业用水区	万家寨大坝	天桥大坝	96.6	Ⅲ类
	府谷保德排污控制区	天桥大坝	孤山川入口	9.7	
	府谷保德过渡区	孤山川入口	石马川入口	19.9	Ⅲ类
	碛口农业用水区	石马川入口	回水湾	202.5	Ⅲ类
	吴堡排污控制区	回水湾	吴堡水文站	15.8	
	吴堡过渡区	吴堡水文站	河底	21.4	Ⅲ类
	古贤农业用水区	河底	古贤	186.6	Ⅲ类
	壶口景观用水区	古贤	仕望川入口	15.1	Ⅲ类
	龙门农业用水区	仕望川入口	龙门水文站	53.8	Ⅲ类
黄河三门峡水库开发利用区	渭南运城渔业农业用水区	龙门水文站	潼关水文站	129.7	Ⅲ类
	三门峡运城渔业农业用水区	潼关水文站	何家滩	77.1	Ⅲ类
	三门峡饮用工业用水区	何家滩	三门峡大坝	33.6	Ⅲ类

续表 11.1-3

一级水功能区名称	二级水功能区名称	起始断面	终止断面	长度(km)	水质目标
黄河小浪底水库开发利用区	小浪底饮用工业用水区	三门峡大坝	小浪底大坝	130.8	II类
黄河河南开发利用区	焦作饮用农业用水区	小浪底大坝	孤柏嘴	78.1	III类
	郑州新乡饮用工业用水区	孤柏嘴	狼城岗	110.0	III类
	开封饮用工业用水区	狼城岗	东坝头	58.2	III类
黄河豫鲁开发利用区	濮阳饮用工业用水区	东坝头	大王庄	134.6	III类
	菏泽工业农业用水区	大王庄	张庄闸	99.7	III类
黄河山东开发利用区	黄河聊城、德州饮用工业用水区	张庄闸	齐河公路桥	118.0	III类
	黄河淄博、滨州饮用工业用水区	齐河公路桥	梯子坝	87.3	III类
	滨州饮用工业用水区	梯子坝	王旺庄	82.2	III类
	东营饮用工业用水区	王旺庄	西河口	86.6	III类
黄河河口保留区		西河口	入海口	41.0	III类

11.1.2 水功能区现状纳污能力及承载状况

11.1.2.1 水污染现状

现状年黄河流域水功能区废污水入河量 33.76 亿 m³,主要污染物 COD、氨氮入河量分别为 100.60 万 t、9.44 万 t。入河污染物主要来自工业点源,造纸、石油化工、炼焦、食品加工、冶金等是流域工业排污的重点行业。流域入河污染物 70%左右集中在黄河干流及湟水、汾河、渭河、伊洛河、沁河等主要支流的大中城市河段,西宁、兰州、银川、石嘴山、包头、太原、宝鸡、西安、三门峡、洛阳等大中城市河段是流域水污染控制的重点区域。根据有关成果,黄河流域水功能区面污染源污染物入河量 COD 68.9 万 t/a、氨氮 1.6 万 t/a、总氮 13.3 万 t/a、总磷 1.9 万 t/a,水土流失和农业面源是主要来源。

其中,黄河干流和湟水、汾河、渭河、伊洛河、沁河等主要支流的 142 个水功能区中,全年达到其水质目标的 69 个,达标率 48.6%。黄河干流石嘴山、潼关等河段水质超标,主要支流水质较差,湟水西宁以下、汾河太原以下、渭河宝鸡以下、伊洛河洛阳、沁河武陟以下等河段污染严重,这些河段是流域水环境综合治理的重点区域。

11.1.2.2 水功能区现状纳污能力

分析黄河流域水资源现状,考虑水量调度实际,经核定黄河流域水功能区 COD、氨氮现状纳污能力分别为 125.25 万 t/a、5.81 万 t/a。流域纳污能力主要分布于黄河干流等水资源量相对较大的水域,其中干流纳污能力占流域总量的 70%左右,湟水、汾河、渭河、伊洛河、沁河、大汶河等支流占 12%左右。详见表 11.1-4。

表 11.1-4　黄河流域水功能区现状纳污能力　　（单位:万 t/a）

水资源二级区	COD	氨氮
龙羊峡以上	0.18	0.01
龙羊峡至兰州	23.76	1.13
兰州至河口镇	44.72	1.91
河口镇至龙门	10.45	0.54
龙门至三门峡	20.86	1.07
三门峡至花园口	13.24	0.60
花园口以下	12.04	0.55
总计	125.25	5.81

11.1.2.3　水功能区承载现状

黄河水域纳污能力分布与流域经济社会发展布局需求间矛盾突出。受流域经济社会布局、沿河地形条件等影响,黄河流域污染物入河状况相对集中,与流域纳污能力分布不相一致,主要纳污河段以约 20% 的纳污能力承载了全流域约 90% 的入河污染负荷,尤其是城市河段入河污染物超载情况严重,并造成了典型的河流跨界污染问题。

流域内接纳入河污染物的水功能区 274 个,占流域水功能区总数的 46.1%,接纳污染物水功能区的 COD、氨氮纳污能力分别为 73.91 万 t/a、3.42 万 t/a,占流域总量的 60% 左右。

污染物入河量大于水域纳污能力的超载水功能区共 197 个,占流域水功能区总数的 33.2%,是流域入河污染物控制的重点,其 COD、氨氮纳污能力分别为 25.45 万 t/a、1.03 万 t/a,占流域总量的 20.3%、17.7%,COD、氨氮的入河量分别为 93.16 万 t/a、8.66 万 t/a,占流域总量的 92.6%、91.7%。

未超载水功能区共 77 个,占流域水功能区总数的 13.0%,COD、氨氮纳污能力为 48.46 万 t/a、2.39 万 t/a,分别占流域总量的 38.7%、41.1%,COD、氨氮入河污染物量 7.44 万 t/a、0.78 万 t/a,只占流域总量的 7.4%、8.3%。流域水功能区纳污能力及实际承载情况详见表 11.1-5。

表 11.1-5　黄河流域水功能区现状年承载状况　　（单位:万 t/a）

区域		COD				氨氮			
		纳污能力		污染物入河量		纳污能力		污染物入河量	
		总量	比例(%)	入河量	比例(%)	总量	比例(%)	入河量	比例(%)
未受纳入河污染物水功能区		51.34	41.0			2.40	41.3		
受纳入河污染物水功能区	超载	25.45	20.3	93.16	92.6	1.03	17.7	8.66	91.7
	不超载	48.46	38.7	7.44	7.4	2.38	41.0	0.78	8.3
	小计	73.91	59.0	100.60	100	3.41	58.7	9.44	100

11.1.3　规划年水功能区纳污能力及限制排污总量意见

11.1.3.1　规划年水功能区纳污能力

2020 年流域水资源配置较现状变化不大,黄河纳污能力未发生根本性变化。2030 年在南水北调西线一期工程等水资源配置措施生效后,黄河重点河段环境水量有所增大,水功能区纳污能力较现状年有所增加。

经核定,2030 年黄河流域水功能区 COD、氨氮纳污能力分别为 155.23 万 t、7.27 万 t,较现状分别增加 23.9%、25.1%。详见表 11.1-6。

表 11.1-6　黄河流域水功能区规划年纳污能力　　（单位:万 t/a）

水资源二级区	COD	氨氮
龙羊峡以上	0.18	0.01
龙羊峡至兰州	24.26	1.15
兰州至河口镇	59.82	2.66
河口镇至龙门	15.74	0.8
龙门至三门峡	23.44	1.2
三门峡至花园口	15.52	0.71
花园口以下	16.27	0.74
总计	155.23	7.27

11.1.3.2　水功能区限制排污总量意见

1. 提出限制排污总量意见的前提

随着流域经济社会发展和能源重化工基地的快速建设,排污总量的控制压力越来越大,流域水资源保护总体形势仍然不容乐观,解决重点水功能区污染超载问题的任务艰巨。需在规划总体原则下,制定入河污染物总量控制方案,促进分阶段、分区域实现流域水功能目标。

面对现状年严峻的流域水污染问题,严格国家污染源达标排放等控制原则的落实,是实现污染减排的首要措施,而考虑黄河经济布局和纳污能力的特点以解决重点控制单元的水污染问题,则需要进一步在实施污染源达标排放等控制原则基础上,采取转变生产方式、调整产业结构、推行清洁生产、提高中水回用水平、实施流域水生态保护等综合性的污染减排及入河污染控制措施。

2. 限制排污总量意见

提出流域水功能区限制排污总量意见的前提,是点污染源的达标排放,控制的重点是入河污染物超载的重点水功能区,污染控制的约束条件是核定的水域纳污能力。限制排污总量意见与流域经济社会和治污技术水平紧密结合,并通过实施严格的流域水污染防治、水资源管理及保护制度予以保障。

2020 年流域饮用水水源区、省界河段,黄河干流及重要支流等水功能区达到水质目标,流域工业点污染源实现稳定达标排放,城市污水处理率、中水回用率分别达到 80%、

30% 以上。2030 年流域主要水功能区达到水质目标,流域工业点污染源在稳定达标排放基础上实现进一步减排控制,城市污水处理率、中水回用率分别达到 90%、40% 以上。依据黄河流域水资源配置方案,预测 2020 年废污水、COD、氨氮入河量分别为 38.8 亿 m³、43 万 t 和 7 万 t,2030 年分别为 39.7 亿 m³、40 万 t 和 6.4 万 t,COD、氨氮入河量较现状年减少 50% 左右。

　　受河道地形条件、流域社会经济布局等限制,黄河流域仅 50% 左右的水功能区承纳了入河污染物,可供经济社会承纳污染物的水域纳污能力,仅占流域总量的 60% 左右,流域主要纳污河段更以约 20% 的纳污能力承载了全流域约 90% 的入河污染负荷。按照 2020 年"饮用水水源区、黄河干流等重要水功能区水质达到或优于Ⅲ类,重要支流水质达到或优于Ⅳ类"、2030 年"流域水功能区全部达到水质目标要求"的总体目标,2020 年、2030 年黄河流域水功能区 COD 限制排污总量意见分别为 29.50 t、25.88 万 t,氨氮限制排污总量意见分别为 2.80 万 t、2.18 万 t,较现状需削减 70% 左右,水污染控制任务艰巨。黄河流域尤其是城市河段必须在执行污水集中处理、回用和达标排放等国家基本要求的基础上,实行更为严格的水资源和水环境保护制度,采取转变生产方式、调整产业结构、推进清洁生产等综合治理措施,基本实现入河污染物控制总量和重要水功能区水质目标的要求。详见表 11.1-7。

表 11.1-7　黄河流域水功能区污染物限制排污总量意见　　　　　　　（单位:万 t/a）

水资源二级区	水平年	COD	氨氮
龙羊峡以上	2020 年	0.02	0.002
	2030 年	0.02	0.002
龙羊峡至兰州	2020 年	3.98	0.54
	2030 年	3.40	0.46
兰州至河口镇	2020 年	8.55	0.87
	2030 年	7.92	0.79
河口镇至龙门	2020 年	1.86	0.17
	2030 年	1.46	0.10
龙门至三门峡	2020 年	11.06	0.87
	2030 年	9.87	0.65
三门峡至花园口	2020 年	2.30	0.19
	2030 年	1.92	0.10
花园口以下	2020 年	1.73	0.16
	2030 年	1.29	0.08
合计	2020 年	29.50	2.802
	2030 年	25.88	2.182

　　湟水、汾河、渭河、沁河和伊洛河等支流人口稠密,工农业生产发达,城市河段排污集中,以占流域约 12% 的纳污能力承纳了流域 70% 左右的入河污染物,水污染尤为严重,污染物削减压力较干流更大。因此,必须进一步强化污染严重支流的水资源保护和水污染防治力度,方可基本实现既定水功能区水质目标,保证在黄河偏枯年份干流也可达到Ⅲ类水体的目标。

11.1.4　水环境综合治理意见

黄河水污染受特殊的经济社会发展格局、水资源条件等多种因素影响和制约。为此必须统筹协调、综合治理,以纳污能力优化配置和合理利用为基础,落实水功能保护的工程和非工程措施,实现近期和远期目标及任务的衔接,实施多部门协作的流域和重点区域水环境综合治理。近期应重点突出饮用水水源地、干流和流域省(区)界河段水功能区的保护工作。

11.1.4.1　统筹协调流域水资源保护和水污染防治工作

1.建立健全水资源保护和水污染防治联合工作机制

建立以流域、地方水利、环保和发展改革等相结合的水资源保护和水污染防治联合工作机制,统筹兼顾地表水和地下水、水量和水质、上下游、左右岸、干支流,以及水资源保护、开发、利用的各个环节。流域水资源保护和水污染防治相关部门各司其职,加强协作、团结治污。进一步完善黄河流域水资源保护监控中心,建立以流域为依托的水资源保护和水污染防治信息交流、重大问题会商制度,加强黄河突发性水污染事件处置的沟通与协作机制的建设。

2.编制水污染防治规划和实施方案

流域各省(区)应切实贯彻国家有关节能减排等环境保护政策,编制各省(区)及湟水、汾河、渭河、沁河和伊洛河等污染严重支流的水污染防治规划和实施方案,国务院相关部门编制黄河流域水污染防治规划和实施方案。

3.建立科学的目标责任制和考核机制

实行水功能区保护目标责任制,将水功能区保护目标纳入地方考核目标,流域和省(区)根据水功能区水质目标进行分解和落实,建立水功能区尤其是省(区)界缓冲区水质达标评价体系,以依法实施的省界水质监测结果为依据,实行省(区)界目标考核制,省区负责所辖区域的监督和考核。

11.1.4.2　加强集中式饮用水水源地保护,保障供水安全

建立流域集中式饮用水水源地保护制度,实行饮水安全保障行政首长负责制,依法划定饮用水水源保护区,报各省(区)人民政府批准。采取隔离防护、生态修复、排污口治理等措施,加强水源地保护工程的建设,关闭饮用水水源地保护区内排污口,严格审批保护区内入河排污口设置,加强万家寨、小浪底等重要湖库的入河排污口管理。

完善集中式水源地监测体系,建设监控信息管理系统,制定水源地安全保障应急预案,形成有效的预警和应急救援机制,保障饮用水安全。

11.1.4.3　全面提高水污染治理水平

1.进一步优化调整产业结构

根据黄河水环境承载能力,合理调整经济布局,按照循环经济理念优化调整经济发展模式和产业结构。坚决关停"十五小"企业,强制淘汰污染严重企业和落后的工艺、设备与产品,严格环保准入制度,严格控制在黄河流域建设高耗水、重污染项目,提高用水效率和效益。近期应重点关停3.4万t/a以下碱法制浆企业,对流域炼焦、造纸、化工、食品酿造、石油加工等行业企业,及有严重污染隐患的其他企业依法实行强制清洁生产审核,所

有焦化行业实施深度治理与零排放。

流域内宁东、呼包鄂"金三角"经济圈、陕北榆林等能源基地的建设,应根据黄河水资源与水环境承载能力合理确定建设规模和布局,大力发展区域循环经济,全面推进节水防污型社会建设,实施取水、耗水和退水的动态管理,重点监控存在重大污染风险的行业和企业。

2.进一步加大流域废污水治理和控制力度

严格执行建设项目取水许可、环境影响评价和环保"三同时"等制度,工业污染源在稳定达标排放的基础上,进一步满足水功能区污染物限制排污总量意见的要求。完善城镇污水收集配套管网,因地制宜继续开展城市的污水处理设施建设,2020 年城市生活污水收集和处理率达到 80% 以上,2030 年力争达到 90% 以上,重点城市达到 95% 以上,城市污水处理厂尾水达到一级 B 排放标准(GB 18918—2002),流域水污染重点控制区域的城市污水处理厂配套脱氮工艺。

加大流域城镇污水处理厂中水回用设施建设,进一步提高中水回用率,一般城市2020 年、2030 年中水回用率达到 30%、40% 以上,西宁、兰州、银川、呼和浩特、西安、太原等省会城市,白银、石嘴山、乌海、包头、天水、宝鸡、咸阳、渭南、洛阳等重点城市在此基础上提高 10% 以上。

3.加强面污染源治理和控制

加强水土流失、农村及农业等面源的治理。根据国家有关要求,加强流域的农村环境保护工作,控制农村生活及规模化畜禽养殖等面源污染。宁蒙、汾渭等灌区通过提高节水灌溉水平和控制农药化肥施用量,减少农灌退水入黄污染影响,并将农灌退水纳入水资源保护的监控体系。对乌梁素海、万家寨、小浪底等重点湖库实施面源污染控制措施,建设生态修复工程。

4.在流域重点控制单元实行更为严格的污染物排放标准

将黄河流域列为国家水环境治理重点区域,进一步加大流域尤其是湟水、汾河、渭河、沁河和伊洛河等支流水环境治理力度和资金投入。根据流域水功能区纳污能力分布和入河污染物控制的要求,在积极推进重点控制区域污染限排方案的同时,研究实行污染物排放的地方控制标准,以满足流域重点控制单元水功能区保护的要求。

11.1.4.4 以水功能区为核心,完善水资源保护监督管理体系

1.建立健全流域水资源保护政策法规和运行机制

以水功能区监督管理为核心,建立健全水资源保护政策法规和流域与区域相结合的运行体制、机制。根据黄河流域水质目标及入河污染物总量,实行水功能区限制纳污制度,进一步完善黄河取水许可水质管理、黄河入河排污口管理、黄河饮用水水源保护等制度,建立健全水环境和水生态保护补偿机制,逐步建立适应市场经济规律的纳污能力使用权制度。

充实和完善流域与区域水资源保护专职机构及执法队伍,加强执法能力与执法水平建设。

2.进一步完善水功能区的监督管理

水功能区管理是流域水资源保护管理的核心,在切实贯彻《水功能区管理办法》的基

础上,建立流域水功能区调整论证制度,适时提出水功能区限制排污意见,严格控制入河污染物总量,推动水利部门监测网络与环保部门监测网络的整合;按照《中华人民共和国环境保护法》和《中华人民共和国水污染防治法》的要求,建立统一的水环境监测网络,并按照统一的监测规范开展水环境质量监测工作,实施重要水功能区和入河排污口的实时监控,建立水功能区信息管理系统,定期通报水功能区水质和入河污染物总量状况。

3. 进一步强化黄河流域入河排污口管理

加强入河排污口监督管理。在江河、湖泊新建、改建或者扩大排污口,应当经过有管辖权的水行政主管部门或者流域管理机构同意,由环境保护行政主管部门负责对该建设项目的环境影响报告书进行审批,加强监测和执法检查,严格管理和审批程序。各级政府要把限制排污总量作为水污染防治和污染减排工作的重要依据,明确责任,落实措施。对排污量已超出水功能区限制排污总量的地区,限制审批新增取水和入河排污口。

4. 依法加强省(区)界缓冲区的监督管理

依法监测河流省(区)界水功能区水质及污染物入河总量,建设和完善省(区)界断面水质自动监控系统,开展省(区)界缓冲区入河排污口、入河污染物总量监督管理,参与省(区)界缓冲区水事纠纷调处,向国务院环境保护主管部门和国务院水行政主管部门报告省(区)界水功能区水质及入河排污总量变化情况。

5. 完善突发性事件快速反应机制

逐步完善黄河突发性事件快速反应机制和黄河重大事件应急预案,提高水污染事件应急监测能力,全面提升水污染应急预警预报水平,建立水污染事件决策支持系统。

11.1.4.5　完善与监督管理相适应的流域水质监测体系

全面强化水质监测体系为黄河流域水资源保护监督管理服务的功能,有效监控水功能区水质、省(区)界断面、饮用水水源地水质、污染物入河总量,以及突发性水污染事件等动态过程。

充分利用已有的水利、环保、农业等监测站点,优化和补充完善以水功能区为核心的流域水质监测站网,进一步提高监测频次和精度,建设覆盖黄河流域 355 个一级区、399个二级区的水功能区水质网络,包含所有省(区)界、重要城市供水水源地、入河排污口、入黄支流口和农灌退水口在内的全方位流域水质监测站点,加强小浪底、乌梁素海等重要湖库常规、富营养化监测,以及潜在重要水污染风险区域等监测。

完善流域、地方水质标准实验室和移动实验室的建设,更新和配置满足黄河水质监测要求的现代化装备仪器设备,强化流域水质机动监测能力、快速反应能力、现场综合处置能力,发展遥感监测等现代化监测手段。逐步建设 54 个省界、45 个重要饮用水水源地等重点水域水质自动监测站,重点水域和湖库配置移动监测船;在重点排污口安装在线自动监测设备,建立流域入河排污口数据库和实时监控平台,实施黄河纳污总量动态实时监控;逐步开展饮用水水源地有毒有机物和流域生态监测。

建设完善流域水质监测信息管理系统,提高水质监测信息的自动化管理能力,实现水质固定、自动、移动和遥感监测信息的远程传输和数据管理。加强水质监测队伍建设,提高流域水质监测业务素质与技能。

11.1.4.6　加强流域水资源保护工程建设

对排污集中及入河排污口对饮用水源功能区构成影响的河段,应根据水源保护的要求进行排污口改造和调整。有条件的支流城市段、入黄口等河段,在不影响防洪和河道整治工程的前提下,开展生态修复、清淤等工程,大力推广城市污水处理厂尾水生态处理。重点在渭河、涑水河、汾河、沁蟒河等污染严重支流的城市河段,开展水资源保护工程建设试点,结合城市景观改造,利用生物过滤、净化等技术,采用湿地、土地处理等措施,改善环境,净化水质。

11.1.4.7　保障黄河干支流生态环境用水量,维持和提高河流自净能力

将河流生态环境用水作为黄河流域水资源配置的重点目标之一,合理规划和安排流域生活、生产和生态用水,优化流域水资源配置。实施黄河干流和重要支流的水资源统一调度和管理,维持河流一定的自净能力,重点加强枯水期、应急期等特殊时期的水量调度,保障黄河干支流主要断面的生态环境水量,非汛期头道拐及利津断面最小流量要分别达到 250 m^3/s 和 100 m^3/s 以上。

11.2　地下水资源保护

11.2.1　地下水资源保护面临的问题

黄河流域地下水资源的开发利用在经济社会发展中发挥了重要作用。从 1980 年至现状年,流域地下水开采量从 93.27 亿 m^3 增加到 137.18 亿 m^3,增加了 43.91 亿 m^3,增幅达 47.1%。随着地下水开采量的增大,地下水资源的保护问题也越来越突出。

11.2.1.1　部分地区地下水超采严重

黄河流域地下水的开发,主要集中在干、支流的河谷平原区。随着地下水开采量迅猛增加,部分地区地下水位持续下降,降落漏斗迅速扩展,诱发出地面沉降、地裂缝、地面塌陷等一系列的环境地质问题。据不完全统计,现状流域地下水超采区面积为 1.593 万 km^2,其中严重超采区面积为 1.245 万 km^2,占总超采区面积的 78%;一般超采区面积 0.348 万 km^2,占 22%。山西省超采区面积最大,为 1.056 万 km^2,占总超采区面积的 66%。影响范围较大的地下水降落漏斗有 10 处,包括宁夏的银川、大武口漏斗,陕西的沣东、兴化、鲁桥、渭滨漏斗,山西的宋古、太原、运城漏斗,河南的武陟—温县—孟州漏斗,其中深层承压水降落漏斗 4 个、浅层地下水降落漏斗 6 个。现状浅层地下水超采量约 13 亿 m^3。

11.2.1.2　部分地区地下水污染形势严峻

流域丘陵山区及山前平原地区地下水水质较好,部分平原地区的浅层地下水污染比较严重。地下水污染物主要来自城镇生活污水和工业废水,其次是农业施用化肥和农药的面源污染。在评价面积 19.62 万 km^2 中,Ⅱ类水占总评价面积的 3.4%,Ⅲ类水占 48.5%,Ⅳ类水占 16.4%,Ⅴ类水占 31.7%。Ⅳ类、Ⅴ类水主要分布在兰州—河口镇河段。

11.2.1.3 地下水开发利用管理工作薄弱

目前黄河流域对地下水开发利用和保护缺乏有效的管理手段，普遍存在重开发、轻保护的现象，缺乏地下水监测和计量设施，管理办法和管理机制不健全。

11.2.2 地下水资源功能区划和保护目标

11.2.2.1 功能区划分体系

浅层地下水功能区划采用一级区划和二级区划两级体系：一级功能区划分为 3 类，即开发区、保护区、保留区，主要是协调经济社会用水和生态环境保护的关系，体现对地下水资源合理开发利用和保护的总体部署；二级功能区划主要是协调地区之间、用水部门之间和不同地下水功能区之间的关系，依据地下水资源的主导功能进行，在一级功能区划的框架内共划分为 8 类，包括开发区的集中式供水水源区、分散式开发利用区，保护区的生态脆弱区、地质灾害易发区和地下水水源涵养区，保留区的不宜开采区、储备区和应急水源区。

11.2.2.2 功能区划分

功能区划分的基本要求：一是以水文地质单元界线为基础，结合水资源分区和地级行政区的界线进行分割，作为功能区的基本单元；二是基本单元不能跨越水资源一级区和省级行政区，以地级行政区套水资源二级区为汇总单元，平原区、山丘区分别进行统计；三是某一区域地下水有多种实用功能时，以主导功能划分地下水功能区，同时考虑其他功能的要求，不同地下水功能区之间不重叠。黄河流域浅层地下水功能区划成果见表 11.2-1。

表 11.2-1 黄河流域浅层地下水功能区划数量分区统计表

分区		开发区			保护区				保留区			
		集中式供水水源区	分散式开发利用区	小计	生态脆弱区	地质灾害易发区	地下水水源涵养区	小计	不宜开采区	储备区	应急水源区	小计
二级区	龙羊峡以上		6	6	18		6	24				
	龙羊峡至兰州	23	6	29	3		14	17		1		1
	兰州至河口镇	58	28	86	8	1	24	33	27	5	1	33
	河口镇至龙门	7	20	27			13	13	18	1		19
	龙门至三门峡	90	78	168	10	7	43	60	32			32
	三门峡至花园口	18	17	35	9		10	19	13			13
	花园口以下	32	21	53	6		4	10	1			1
	内流区	3	3	6	2		2	4	3	1		4
省（区）	青海	9	12	21	20		12	32		1		1
	四川				1		1	2				
	甘肃	42	2	44			17	17				
	宁夏	26	10	36	7		8	15	22		1	23
	内蒙古	34	27	61	2	1	17	20	11	7		18
	山西	20	54	74	12	3	9	24	58			58
	陕西	50	41	91	4	4	41	49	2			2
	河南	29	19	48	8		7	15				
	山东	21	14	35	2		4	6	1			1
黄河流域		231	179	410	56	8	116	180	94	8	1	103

　　黄河流域共划分地下水二级功能区 693 个,总面积 79.5 万 km²。其中开发区、保护区、保留区个数分别为 410 个、180 个、103 个,分别占流域二级功能区总数的 59.2%、26.0%、14.8%;面积分别为 19.2 万 km²、49.2 万 km²、11.1 万 km²,分别占全流域面积的 24.1%、61.9%、14.0%。

　　在黄河流域 693 个地下水二级功能区中,平原区 315 个,山丘区 378 个。平原区浅层地下水多年平均总补给量为 186.48 亿 m³,可开采量 119.39 亿 m³,现状年实际开采量 87.94 亿 m³。平原区中开发区、保护区、保留区浅层地下水可开采量分别为 114.69 亿 m³、2.47 亿 m³、2.23 亿 m³,现状年实际开采量分别为 83.58 亿 m³、2.72 亿 m³、1.64 亿 m³,分别占可开采量的 72.9%、110.1%、73.5%。

11.2.2.3　功能区保护目标

　　集中式供水水源区:具有生活供水功能的区域,水质标准不低于国家标准的Ⅲ类水的标准值,现状水质优于Ⅲ类水时,以现状水质作为控制目标;具有工业供水功能的区域,以现状水质为控制目标。年均开采量不大于可开采量,地下水超采基本遏制。

　　分散式开发利用区:具有生活供水功能的区域,水质标准不低于国家标准的Ⅲ类水的标准值;具有工业供水功能的区域,水质标准不低于国家标准的Ⅳ类水的标准值;农田灌溉的区域,现状水质或治理后水质要符合农田灌溉有关水质标准,现状水质优于Ⅴ类水的地区,以现状水质作为保护目标。各区域现状水质优于水质标准时以现状水质作为保护目标。年均开采量不大于可开采量,地下水超采基本遏制。开采地下水期间,不会造成地下水水位持续下降,不引起地下水系统和地面生态系统退化,不诱发环境地质灾害。

　　生态脆弱区:现状水质良好的地区,维持现有水质状况;受到污染的地区,原则上以污染前该区域天然水质作为保护目标。合理控制开发利用期间的开采强度,始终保持地下水水位相对稳定,维持合理生态水位,不致引发湿地退化或绿洲荒漠化。

　　地质灾害易发区:现状水质良好的地区,维持现有水质状况;受到污染的地区,原则上以污染前该区域天然水质作为保护目标。控制开发利用期间的开采强度,始终保持地下水水位维持合理生态水位,不致引发咸水入侵、地面塌陷、地下水污染等灾害。

　　地下水水源涵养区:现状水质良好的地区,维持现有水质状况;受到污染的地区,原则上以污染前该区域天然水质作为保护目标。限制地下水开采,始终保持泉水出露区一定的喷涌流量或维持河流的生态基流。在开发利用期间,维持较高的地下水水位,保持泉水出露区一定的喷涌流量或河流的生态基流。

　　不宜开采区、储备区基本维持地下水现状。应急水源区一般情况下严禁开采,严格保护。

11.2.3　地下水保护措施

11.2.3.1　工程措施

1.地下水保护工程

　　地下水压采工程。充分考虑地下水的开发利用现状和工程实施的可能性,通过优化流域水资源配置,实施节水、跨流域调水及其他替代水源措施等,控制地下水的开采。2020 年水平,逐步退还深层地下水开采量和平原区浅层地下水超采量,封填地下水井

3 336眼,新建替代供水管网1 695 km。2020~2030年,封填机电井3 601眼,新建替代供水管网1 863 km。地下水压采工程主要集中在陕西的关中地区、山西的汾河中下游、河南的沁河下游等地区。

地下水保护工程。重点针对集中式供水水源地,建设保护工程。2020年水平,建设围栏(网)长度442 km,保护集中式供水水源地面积88 km²。2020~2030年,建设围栏(网)长度358 km,保护集中式供水水源地面积72 km²。

2. 地下水修复工程

地下水补源工程建设。与当地水利工程建设、生态保护工程紧密结合,纳入水利建设和生态建设保护规划中。2020年前建设人工回灌补源工程19处,2020~2030年建设人工回灌补源工程35处。

污染治理工程。根据地下水超采区的治理目标,到2020年,共建设地下水污染治理工程110处;到2030年,共建设地下水污染治理工程161处。地下水污染治理工程主要分布在甘肃、宁夏和山西三省(区)。

11.2.3.2 非工程措施

1. 完善地下水监测体系

黄河流域现状地下水监测站(井)监测方法落后,监测站点集中,成井质量差,无法完整地掌握流域地下水位运动规律,不能适应目前经济社会发展的需求。因此,要补充调整优化基本监测站(井)网,大力发展统测井网,合理布设试验站(井)网,建成先进的全流域地下水监测站(井)系统。

2020年对比较重要的地下水基本监测站(井)进行重点建设,对其他地下水基本监测站(井)、统测井、试验井完成新建和改建任务。规划地下水监测站(井)8 700眼,其中浅层地下水5 632眼、深层地下水3 068眼,水位监测井4 924眼、水质监测井5 872眼和水温监测井4 710眼。

2030年完成地下水监测井更新改建,加强信息系统建设和监测分析评价能力建设。地下水监测站(井)达到17 574眼,其中浅层地下水11 376眼、深层地下水6 198眼,水位监测井9 369眼、水质监测井11 768眼、水温监测井9 191眼。

2. 加强地下水管理制度建设

实行最严格的地下水资源管理,严格地下水取水许可。超采区内严禁工业、农业和服务业新建、改建、扩建的建设项目取用地下水;已建的地下水取水工程应结合地表水等替代水源工程建设,按照治理目标限期封闭。新建、改建、扩建的地下水取水建设项目,按照《建设项目水资源论证管理办法》,进行严格的水资源论证,避免高耗水项目取用地下水。

合理配置,加强调控,运用经济杠杆,促进节约用水。要优先利用地表水,严格限制开采地下水,采取调整用水结构等多种宏观调控手段,逐步控制地下水超采。提高超采区地下水水资源费征收标准,严格定额管理,计划指标考核,加强计量工作,用水实行计量收费和超定额、超计划累进加价制度,促进节约用水。

健全机制,明确职责,强化监督。建立健全地下水管理制度,明确各级政府对地下水的管理职责。抓紧制定地下水超采区水资源管理和保护的法律法规和规章,依法行政,严格执法,强化监督管理的力度。

11.3　水生态保护与修复

黄河流域生态类型多样,河流廊道是流域各生态类型的纽带,河流生态系统是流域生态系统重要的组成部分,其中位于水陆交错带的湿地对维持流域生态完整性和结构稳定性具有重要作用,湿地、鱼类栖息地规模和数量是黄河水生态系统良性维持的重要标志之一。

黄河是资源型缺水流域,大多数河段已高度人工化,黄河水生态保护以维持河流健康为目标,以确保防洪安全为前提,以干流为主线,以源区和河口为重点区域,以湿地和鱼类为重点保护对象,以黄河可供水量为约束条件,妥善处理开发与保护之间的关系,基本保障断面生态流量和河道外生态用水,促进流域生态系统良性循环。

11.3.1　水生态现状

11.3.1.1　湿地

国家林业局 1996 年调查的黄河流域湿地面积约 2.8 万 km^2。现状年流域湿地面积约 2.5 万 km^2,河流湿地和沼泽湿地是湿地的主体,与 1996 年、1986 年相比,流域湿地面积总体上呈萎缩趋势,分别减少了 10.7% 和 15.8%,其中源区湿地减少最多,湿地斑块个数增加,湿地破碎化程度加深,是湿地退化的主要表现形式之一;湿地结构发生了变化,面积比重较大的自然湿地减少,其中湖泊湿地减少 24.9%、沼泽湿地减少 20.9%,而面积比重较小的人工湿地增加了 60.0%。详见表 11.3-1。

表 11.3-1　黄河流域湿地面积、结构变化情况

湿地类型	1986 年遥感调查			现状年遥感、地面调查		
	斑块数 (个)	湿地面积 (km^2)	占湿地总 面积比例(%)	斑块数 (个)	湿地面积 (km^2)	占湿地总 面积比例(%)
河流湿地	4 113	10 903	36.51	5 187	9 100	36.20
湖泊湿地	736	2 674	8.96	611	2 009	7.99
沼泽湿地	4 433	14 473	48.47	5 963	11 453	45.57
滨海湿地	3	723	2.42	3	837	3.33
人工湿地	288	1 086	3.64	472	1 736	6.91
总计	9 573	29 859	100	12 236	25 135	100

注:表中"沼泽湿地"包括泥炭沼泽、草本沼泽、沼泽化草甸、高山湿地、灌丛沼泽、森林沼泽及内陆盐沼等湿地类型。

黄河流域重要湿地主要分布于源区、宁蒙地区、中下游河道和河口区等,是流域生物多样性最为集中和丰富的区域,对维持流域生态平衡和河流健康具有重要意义,是流域生态系统应优先保护的对象。

其中黄河源区湿地占流域湿地总面积的 40.9%，占源区总面积的 8.4%，是流域重要水源涵养地。国家将源区湿地定位为对维持国家生态安全具有重要意义的"水源涵养重要区"，并划定了三江源、若尔盖等湿地自然保护区，是源区生态保护的重点。受气候变化和人类活动等影响，1986 年至现状年黄河源区湿地面积减少了 20.8%，高于流域湿地平均退化速率。

上游河道外湿地主要包括宁夏平原湿地、内蒙古平原湿地和毛乌素沙地湿地，位于西北干旱半干旱区，区域水资源贫乏。其中宁夏平原湿地、内蒙古平原湿地水源主要通过引黄灌溉退水补给，大部分为人工和半人工湿地；毛乌素沙地湿地位于黄河闭流区，浅层地下水埋藏较浅，多为盐、碱湖沼和淡水湖泊，与黄河无水力联系，位于国家生态功能区划的"毛乌素沙地防风固沙重要区"。

黄河干流沿黄湿地属洪漫湿地，具有蓄水滞洪、保护生物多样性、净化水质等功能，湿地布局与黄河水文情势变化密切相关，沿主河道向两侧主要分布有水域、沼泽、草地、农田、林地等生态类型，其中水域、沼泽是其核心生境单元。受黄河特殊水沙条件、河势摆动等影响，沿黄洪漫湿地具有动态性、季节性、受人类活动干扰强等特点。

黄河河口湿地是我国主要江河河口中最具重大保护价值的生态区域之一，在我国生物多样性维持中具有重要地位，受河口水沙冲淤变化、入海流路摆动等影响，黄河河口湿地具有动态演变特点。黄河三角洲自然保护区是全国最大的河口自然保护区，其淡水湿地对维持河口地区水盐平衡、提供鸟类栖息地、维护生态平衡等具有重要生态功能。1992 年至现状年，受来水减少、人为干扰等因素影响，保护区淡水湿地面积减少约 50%。近年来实施了黄河水量统一调度及湿地修复工程，淡水湿地面积减少和功能退化问题有所缓解。

11.3.1.2　水生生物

受水沙条件、水体物理化学性质及流域气候、地理条件等因素影响，黄河水生生物种类和数量相对贫乏，生物量较低，鱼类种类相对较少，但许多特有土著鱼类具有重要保护价值，是国家水生生物保护和鱼类物种资源保护的重要组成部分。

根据原国家水产总局的调查，20 世纪 80 年代黄河水系有鱼类 191 种（亚种），干流鱼类有 125 种，其中国家保护鱼类、濒危鱼类 6 种。

2002 年至现状年，干流主要河段调查到鱼类 47 种，濒危鱼类 3 种。其中黄河上游特殊地理环境、气候特点形成了适应高原生境的黄河特有土著鱼类，龙羊峡以上河段是其集中分布区，上游鱼类区系组成以中亚高山复合体为主；黄河中、下游鱼类区系组成以中国江河平原复合体等为主，鱼类种类较多，大部分是广布种，下游河口洄游性鱼类占较高比例。

受人类活动干扰等影响，本次调查与 20 世纪 80 年代调查相比，黄河鱼类种类下降，珍稀濒危及土著鱼类减少，其中水电资源开发集中河段鱼类生境发生较大改变，土著鱼类物种资源严重衰退，详见表 11.3-2。

11.3.1.3　水生态保护存在的问题

黄河流域生态环境脆弱，人类活动干扰强烈，水土资源开发过度，加上气候变化因素的影响，水资源量持续减少，水污染日益严重，河流连通性遭到破坏，黄河水生态系统受到胁迫越来越大,导致水生态系统恶化,生态功能退化。主要表现在:黄河源区湿地萎缩严重,水源涵养功能下降;下游河道断流,入海水量减少,湿地尤其是河口淡水湿地退化严重;水文情势发生变化,水体污染,大坝阻隔,土著鱼类栖息地破坏,生物多样性降低。

表 11.3-2　黄河鱼类变化情况

调查时间	20 世纪 80 年代		本次规划调查	
	物种个数及名称	分布	物种个数及名称	分布
鱼类种类	125	—	47	—
列入《国家重点保护水生野生动物名录》	松江鲈	黄河河口	—	—
列入《中国濒危动物红皮书》	松江鲈	黄河河口	—	—
	拟鲇高原鳅	黄河上游	拟鲇高原鳅	黄河上游
	骨唇黄河鱼	黄河上游	骨唇黄河鱼	黄河上游
	极边扁咽齿鱼	黄河上游	极边扁咽齿鱼	黄河上游
	平鳍鳅鲀	黄河贵德至孟津河段	—	—
	北方铜鱼	兰州、宁夏青铜峡及其上游河段	—	—
土著鱼类	24 种	上中下游(集中于上游)	15 种	上中下游(集中于上游)

同时,流域生态保护与区域生态保护,生态保护与河流治理、农业开发等关系协调不够。部分区域在水资源供需矛盾极为突出情况下,过度开展湿地的人工修复和重建,对本地区及下游自然生态单元造成一定不利影响。沿黄洪漫湿地自然保护区划分未充分考虑黄河防洪工程建设与管理的要求,湿地保护与河道治理、农业开发关系有待进一步协调。

11.3.2　国家对流域生态保护的要求

为维护国家生态安全,保护生物多样性,国家有关部门在黄河流域划定了限制和禁止开发区、重要生态功能区、水功能区、生态脆弱区、自然保护区及水产种质资源保护区等不同类型保护区,是国家生态保护的重要组成部分,应予以严格保护和管理。

11.3.2.1　限制和禁止开发区

《全国主体功能区规划》将黄河流域的"三江源草原草甸湿地生态功能区"等划为限制开发区域,并提出坚持保护优先、适度开发,加强生态修复和环境保护等要求。同时,将流域内的国家级自然保护区、国家级风景名胜区、国家森林公园、国家地质公园、世界文化遗产等划为禁止开发区域,并提出要依据有关法律法规实施强制性保护等要求。

11.3.2.2　重要生态功能区

《全国生态功能区划》根据各生态功能区对保障国家生态安全的重要性,初步确定了50 个重要生态服务功能区域,其中黄河流域 6 个。《青藏高原区域生态建设与环境保护规划》在黄河流域划定了 4 个生态安全保育区。其范围及生态保护方向详见表 11.3-3。

表 11.3-3　黄河流域重要生态功能区

重要生态功能区名称	涉及区域	生态保护主要方向
青海三江源水源涵养重要区、三江源草原草甸湿地生态功能区	位于青海省南部,涉及玉树、果洛、海南、黄南 4 个州的 16 个县,面积 250 782 km²	严格保护具有水源涵养功能的植被,限制各种不利于保护水源涵养功能的经济社会活动和生产方式;加强生态恢复与生态建设,提高草地、湿地等生态系统的水源涵养功能
若尔盖水源涵养重要区、若尔盖草原湿地生态功能区	四川省境内,包括若尔盖中西部、红原、阿坝东部,面积 16 950 km²	
甘南水源涵养重要区、甘南黄河重要水源补给生态功能区	地处青藏高原东北缘,青海、甘肃、四川三省交界处,面积 9 835 km²	
祁连山冰川与水源涵养生态功能区	黄河流域内涉及甘肃省的天祝及青海省的祁连、门源等 3 县	加强沙化土地和水土流失综合治理,切实保护好大通河、湟水等河流源头林地植被,加强流域水资源统一调配管理
毛乌素沙地防风固沙重要区	位于鄂尔多斯高原向陕北的过渡地带,涉及内蒙古的鄂尔多斯、陕西的榆林、宁夏的银川,面积 49 015 km²	加强植被恢复和保护;改变粗放生产经营方式;合理利用水资源,保护沙区湿地
黄土高原丘陵沟壑区土壤保持重要区	包括甘肃的庆阳、平凉、天水、陇南、定西、白银,宁夏的固原,陕西的延安、榆林,面积 137 044 km²	退耕还林还草,进行小流域综合治理,严格资源开发的生态监管,控制地下水过度利用
黄河三角洲湿地生物多样性保护重要区	地处黄河下游入海处三角洲地带,涉及山东的垦利、利津、河口和东营 4 个县(区),面积 2 445 km²	保障黄河入海口的生态需水量,严格保护河口新生湿地;加强自然保护区建设和管理;保护自然生态系统与重要物种栖息地,防止生态建设导致栖息环境的改变;维护生态系统的完整性

11.3.2.3　水功能区

黄河流域 176 条(个)河湖共划分一级水功能区 355 个,其中保护区 110 个、保留区 36 个,主要分布于干支流源区及对自然生态、珍稀濒危物种保护具有重要意义的河段。

黄河干流划分一级水功能区 18 个,其中保护区 2 个,分别是玛多源头水保护区、万家寨调水水源保护区;保留区 2 个,分别是青甘川保留区、河口保留区。根据国务院批复的《全国重要江河湖泊水功能区划》,保护区应遵守现行法律法规的规定,禁止进行不利于功能保护的活动;保留区作为今后开发利用预留的水域,原则上应维持现状。

11.3.2.4　生态脆弱区

黄河流域是我国生态脆弱区分布面积最大、脆弱生态类型最多、生态脆弱性表现最明显的流域之一。根据《全国生态脆弱区保护规划纲要》,我国有八大生态脆弱区,其中黄河流域主要分布有青藏高原复合侵蚀、西北荒漠绿洲交接、北方农牧交错、沿海水陆交错带等生态脆弱区。各生态脆弱区的重点区域保护方向详见表 11.3-4。

表 11.3-4　黄河流域生态脆弱区

生态脆弱区名称	分布范围	生态保护主要方向
青藏高原复合侵蚀生态脆弱区	青海三江源地区	以维护现有自然生态系统完整性为主,恢复天然植被,减少水土流失。加强生态监测,严格控制人类经济活动,保护冰川、雪域、冻原及高寒草甸生态系统,遏制生态退化
西北荒漠绿洲交接生态脆弱区	河套平原及贺兰山以西	以水资源承载力评估为基础,重视生态用水,以水定绿洲发展规模,限制水稻等高耗水作物的种植,严格保护自然本底
北方农牧交错生态脆弱区	主要分布于北方干旱半干旱草原区,涉及蒙、晋、陕、甘等省(区)	以退耕还林、还草和沙化土地治理为重点;发展替代产业和特色产业,降低人为活动对土地的扰动;合理开发、利用水资源,增加生态用水量
沿海水陆交错带生态脆弱区	我国东部水陆交错地带	合理调整湿地利用结构,退耕还湿;加强湿地及水域生态监测,防止水体污染,保护滩涂湿地及近海海域生物多样性

11.3.2.5　自然保护区

从生物多样性及典型生态系统保护角度,相关部门在黄河流域共建立各级自然保护区 167 个。在自然保护区中,湿地类自然保护区 32 个,是流域珍稀、濒危物种及特有土著鱼类的集中分布区;与黄河干流有水力联系的湿地类自然保护区 21 个,是黄河水生态保护的重点。

11.3.2.6　水产种质资源保护区

为维护水生生物多样性,保护水产种质资源及其生存环境,农业部在黄河流域划定了 13 个国家级水产种质资源保护区,其中干流 8 个,主要分布在龙羊峡以上、下河沿至头道拐、龙门至潼关、花园口以下等河段,其中龙羊峡以上河段以保护拟鲇高原鳅、花斑裸鲤等珍稀、特有、土著鱼类及其栖息地为主,其他河段以保护兰州鲇和黄河鲤等土著、经济鱼类及其栖息地为主。详见表 11.3-5。

表 11.3-5　黄河国家级水产种质资源保护区

批次	保护区名录	分布河段 （湖泊）	面积及河长	重点保护对象
首批	黄河上游特有鱼类国家级水产种质资源保护区	龙羊峡以上河段	总面积 320 km²，总河长 926 km，其中黄河干流河长 429 km	拟鲶高原鳅、骨唇黄河鱼、极边扁咽齿鱼、花斑裸鲤、黄河裸裂尻鱼、黄河高原鳅等高原冷水鱼
	黄河刘家峡兰州鲶国家级水产种质资源保护区	刘家峡库区河段	总面积 10 km²，总河长约 23 km，其中库区约 7 km	兰州鲶、黄河鲤、拟鲶高原鳅等
	黄河卫宁段兰州鲶国家级水产种质资源保护区	青铜峡库区河段	总面积 154 km²，总河长约 180 km	兰州鲶等
	黄河青石段大鼻吻鮈国家级水产种质资源保护区	青铜峡至石嘴山河段	总面积 231 km²，总河长约 160 km	大鼻吻鮈、北方铜鱼等
	黄河鄂尔多斯段黄河鲶国家级水产种质资源保护区	鄂尔多斯河段	总面积 315 km²，总河长约 786 km	兰州鲶、黄河鲤等
	黄河郑州段黄河鲤国家级水产种质资源保护区	郑州河段	总面积 178 km²，总河长约 118 km	黄河鲤等
第二批	扎陵湖鄂陵湖花斑裸鲤极边扁咽齿鱼国家级水产种质资源保护区	扎陵湖、鄂陵湖	总面积 1 142 km²	花斑裸鲤、极边扁咽齿鱼等
	黄河洽川段乌鳢国家级水产种质资源保护区	小北干流河段	总面积 258 km²，核心区河长 40 km²	乌鳢、黄河鲤等

11.3.3　水生态保护目标

11.3.3.1　重要保护湿地

根据国家对流域生态保护要求、湿地在维持国家和流域生态安全中的作用及其生态功能的重要性,考虑黄河水资源支撑条件,确定源区、河口等重要湿地作为流域层面的重要生态保护目标,详见表 11.3-6。

表 11.3-6　黄河重要保护湿地

区域	湿地保护区名称	国家相关定位和要求		主要生态功能	与黄河关系	保护级别
源区	青海三江源湿地（黄河源部分）	水源涵养生态功能区、水功能区的保护区和保留区、国家限制开发区	国家水源涵养重要区	涵养水源、保护生物多样性、调节气候,维护流域生态平衡	是黄河流域重要水源涵养地	国家级
	四川曼则唐湿地					省级
	四川若尔盖湿地					国家级
	甘肃黄河首曲湿地					省级

续表 11.3-6

区域	湿地保护区名称	国家相关定位和要求		主要生态功能	与黄河关系	保护级别
上游	甘肃黄河三峡湿地	土壤保持生态功能区		提供社会服务、保护生物多样性	黄河干流水库库区	省级
	宁夏青铜峡库区湿地	农产品提供生态功能区		保护生物多样性	黄河农灌退水补给湿地	
	宁夏沙湖湿地			社会服务、调节小气候		
	内蒙古乌梁素海湿地			保护生物多样性、调节区域小气候		
	包头南海子湿地			提供社会服务、保护生物多样性		
	内蒙古杭锦淖尔湿地			保护生物多样性		
中游	陕西黄河湿地	农产品提供生态功能区		保护生物多样性、净化水质、提供社会经济服务	黄河漫滩、侧渗补给湿地	省级
	山西运城湿地	农产品提供、水源涵养生态功能区				省级
	河南黄河湿地	水源涵养生态功能区				国家级
下游	郑州黄河湿地	农产品提供生态功能区		保护生物多样性、洪水滞蓄		省级
	新乡黄河湿地					国家级
	开封柳园口湿地					省级
河口	黄河三角洲湿地	生物多样性保护、水功能区的保留区	国家生物多样性保护重要区	保护生物多样性、防止海水入侵、调节气候、维护流域生态平衡	黄河漫滩、侧渗和引黄河水补给湿地	国家级

11.3.3.2　重要保护鱼类及其栖息地

按照国家生物多样性和鱼类物种资源保护要求,根据鱼类土著意义、特有性、经济价值以及濒危程度等,结合现状调查结果,确定黄河干流重要保护鱼类及其栖息地。详见表 11.3-7。

表 11.3-7　黄河重要保护鱼类及其栖息地

河段	重要保护鱼类	重要栖息地	
龙羊峡以上	拟鲇高原鳅、极边扁咽齿鱼、花斑裸鲤、骨唇黄河鱼、黄河裸裂尻鱼、厚唇裸重唇鱼、黄河高原鳅等	鄂陵湖、扎陵湖及其以上干支流及附属湖泊;黄河峡谷激流河段和较为宽阔的回水湾	分布有扎陵湖、鄂陵湖花斑裸鲤、极边扁咽齿鱼国家级水产种质资源保护区,黄河上游特有鱼类国家级水产种质资源保护区

续表 11.3-7

河段	重要保护鱼类	重要栖息地	
龙羊峡至刘家峡	极边扁咽齿鱼、黄河裸裂尻鱼、厚唇裸重唇鱼、花斑裸鲤、兰州鲇	水库库尾河段、支流河口	分布有黄河刘家峡兰州鲇国家级水产种质资源保护区
刘家峡至头道拐	兰州鲇、黄河鲤、大鼻吻鉤、北方铜鱼	中卫至石嘴山、三盛公至头道拐	分布有黄河卫宁段兰州鲇国家级水产种质资源保护区、黄河青石段大鼻吻鉤国家级水产种质资源保护区、黄河鄂尔多斯段黄河鲇国家级水产种质资源保护区
头道拐至龙门	兰州鲇、黄河鲤	万家寨库区、天桥库区	—
龙门至小浪底	黄河鲤、兰州鲇	龙门至潼关、小浪底库区	分布有黄河洽川乌鳢国家级水产种质资源保护区
小浪底至高村	黄河鲤、赤眼鳟、草鱼	黄河郑州河段、伊洛河口	分布有黄河郑州段黄河鲤国家级水产种质资源保护区
高村至入海口	刀鲚、鲻鱼和梭鱼	黄河济南河段、东平湖口、黄河入海口	分布有山东东营黄河口生态国家级海洋特别保护区、山东东营利津底栖鱼类生态国家级海洋特别保护区等

11.3.4 水生态保护与修复总体意见

从维持河流健康角度,在确保防洪安全下,协调水生态保护与经济社会发展之间的关系,基本保证流域湿地面积不萎缩、水源涵养等生态功能不退化,保持重要河段连通性。根据水资源条件,将重要生态保护目标的用水纳入水资源配置,通过基本保障断面流量及过程和河道外生态用水,使水资源短缺受损的重要湿地、重要栖息地得到保护与修复。根据国家生态保护要求和《全国主体功能区规划》,加强重要生态保护区、水源涵养、干支流源头区、湿地的保护,将敏感水生态保护目标划为限制或禁止开发区域,给予严格保护,建立黄河流域生态保护协同机制和水生态补偿机制。

11.3.4.1 黄河源区

黄河源区属于国家禁止和限制开发区、水功能区的保护区和保留区、水源涵养重要区、生态脆弱区,是黄河流域重要水源涵养地,黄河特有土著鱼类重要栖息地,具有极重要的生态价值。源区水生态保护应与国家"三江源"保护政策、生态保护相关法律法规协调,坚持保护优先,限制或禁止各种不利于水源涵养功能发挥的经济社会活动和生产方式,严格限制水电资源开发,以自然保护为主,生态建设为辅,加强监测、监督和管理,建立生态补偿等机制,采取综合措施保证源区水源涵养、生物多样性保护等功能的正常发挥。

根据国家"三江源"保护政策、相关法律法规要求,及国家生态保护和流域水资源保护的总体要求,将黄河龙羊峡以上干流及重要支流列为限制开发河段,以生态保护为主,其中吉迈以上及沙曲河口至玛曲河段禁止水电开发。其他河段依法协调开发与保护之间的关系,加强水生态保护研究,合理有序开发水电资源。

依据法律法规规定和相关规划要求,对青海三江源、四川若尔盖等国家禁止开发区(国家级自然保护区)实行强制性保护,控制人为因素对自然生态的干扰。

11.3.4.2 黄河上游

黄河上游(不包括源区)属于全国农产品提供等生态功能区、生态脆弱区,水资源贫乏,生态、生产用水矛盾极为突出,水生态保护应根据国家生态保护的战略要求,加强天然湿地和土著鱼类栖息地保护,根据水资源条件以水定保护规模,严格限制人工湿地规模和数量,将生态用水纳入省(区)水资源配置,协调农业发展与生态用水之间的关系。

11.3.4.3 黄河中下游

黄河中下游(不包括河口)属于全国水土保持、农产品提供、洪水调蓄等生态功能区,人口密集,防洪形势严峻,河道管理范围内分布有大面积洪漫湿地,湿地保护与农业生产、河道治理矛盾突出。水生态保护应与防洪、滩区群众生产生活之间的关系相协调,遵循《中华人民共和国防洪法》、《中华人民共和国河道管理条例》,在确保黄河防洪安全前提下,调整湿地自然保护区功能区划分。加强水资源统一配置和调度,基本保障主要断面生态水量,保护沿黄洪漫湿地和土著鱼类栖息地。

11.3.4.4 黄河河口

黄河河口位于国家生物多样性保护重要区、水陆交错带生态脆弱区,水生态保护应遵循河口自然演变规律,以河口生态系统良性维持为目标,以淡水湿地和河口洄游鱼类为重点,加强生物多样性保护,根据河口综合治理和入海流路总体布局,严格保护河口新生湿地,保障生态用水,以自然保护为主,适度人工修复,加强监测和管理,减少人类活动干扰。

11.3.4.5 黄河重要支流源头区

加强流域重要支流源头区保护,将洮河禄曲源头、湟水干流海晏源头、大通河吴松他拉源头、汾河静乐源头、洛河洛南源头、伊河栾川源头、渭河渭源源头、沁河沁源源头等水功能区的保护区划为限制开发河段,严格遵守《水功能区管理办法》,禁止不利于水资源和水生态功能保护的活动。

11.3.5 水生态保护与修复措施

11.3.5.1 生态用水保障措施

生态用水包括河道内和河道外两部分,其中河道内生态用水通过重要断面流量及过程的保障而实现。

1. 断面流量、过程及水质保障

河川径流是鱼类生长发育和沿黄湿地维持的关键和制约因素之一,根据重点河段保护鱼类繁殖期、生长期对径流条件的要求及沿黄洪漫湿地水分需求,考虑黄河水资源条件和水资源配置实现的可能性,确定主要断面关键期生态需水量,详见表11.3-8。

应加强流域水资源统一管理和调度,将河道内生态用水纳入黄河水资源统一配置指标,加强全河水量统一调度,在确保黄河防洪安全前提下,保障重要断面关键期生态流量,尽可能提高流量过程满足程度,逐步实现黄河功能性不断流。

表 11.3-8　黄河主要断面关键期生态需水　　　　　　(单位:m³/s)

断面	需水等级划分	4 月	5 月	6 月	7~10 月	水质要求
石嘴山	适宜	330	350*		一定量级洪水	Ⅲ类
	最小	330				
头道拐	适宜	250	250		输沙用水	Ⅲ类
	最小	75	180			
龙门	适宜	240*			一定量级洪水	Ⅲ类
	最小	180				
潼关	适宜	300			一定量级洪水	Ⅲ类
	最小	200				
花园口	适宜	320*			一定量级洪水	Ⅲ类
	最小	200				
利津	适宜	120	250*		输沙用水	Ⅲ类
	最小	75	150			

注:表中"＊"表示淹及岸边水草小洪水或小脉冲洪水,为鱼类产卵期所需要。

强化流域用水总量控制,按照黄河水资源总体配置,严格控制超指标用水,保障河流最基本生态需求,枯水年保障利津断面最小生态流量,确保黄河下游不断流,维持河流廊道连通性和水流连续性及河流与海洋连通性。

加强水功能区管理,严格控制污染物超标排放,有效实施入黄污染物总量控制制度,加大流域工业污染源治理和非点源污染控制力度,提高水质生物监测能力,逐步改善生态保护重点河段水环境质量,初步满足鱼类正常发育所需水质。

2. 河道外生态用水保障

加强水资源的管理与协调,重点在省(区)层面大力推进节水型社会建设,提高用水效率,研究、细化省(区)水生态保护需水指标,将河道外生态用水纳入省(区)内水资源配置,将湿地及自然保护区用水指标和落实保障措施纳入省(区)水资源监管体系,并监督实施,保证河道外重要保护目标生态用水。

11.3.5.2　重要湿地保护与修复

以维持河流健康为总体目标,加强自然湿地保护,优先保护源区、河口等重要湿地,遵循湿地自然演替规律,以自然保护为主,对受损重要湿地进行适度人工干预和修复。

1. 源区湿地

以湿地水源涵养功能保护为重点,加强"三江源草原草甸湿地生态功能区"、"若尔盖草原湿地生态功能区"、"甘南黄河重要水源补给生态功能区"等国家重点生态功能区的保护,采取综合措施确保源区湿地现有规模不再萎缩,保证其水源涵养等生态功能的正常发挥。落实《青海三江源自然保护区生态保护和建设总体规划》、《甘南黄河重要水源补给生态功能区生态保护与建设规划》、《青藏高原区域生态建设与环境保护规划》等相关规划,实施封育、退牧禁牧、封沙育草、鼠害防治、生态移民等保护措施,加强湿地生态、水文监测。

"三江源草原草甸湿地生态功能区"以水源涵养和生物多样性保护为主,加强退化草原的防治,实施生态移民和超载草场减畜,封育草地,恢复湿地,涵养水源,启动三江源二期建设;"若尔盖草原湿地生态功能区"以水源涵养为主,停止开垦,禁止过度放牧,严禁沼泽湿地疏干改造,保护湿地及草原植被,维持湿地规模,逐步恢复湿地水源涵养功能;"甘南黄河重要水源补给生态功能区"以水源涵养为主,加强天然林、湿地和高原野生动植物保护,实施退牧还草、退耕还林还草、牧民定居和生态移民。

2. 上游河道外湿地

优化区域水资源配置,将乌梁素海、沙湖等湿地生态用水纳入有关省(区)水资源配置,制定湿地生态补水规划,维持现有湿地水域面积不萎缩,严格限制忽视水资源支撑条件实施湿地过度修复、重建,避免区域湿地过度修复影响流域湿地整体功能正常发挥。

进行乌梁素海湿地综合治理。加大乌梁素海湿地周边区域污染源治理力度,实施富营养化湖泊生物治理工程,控制乌梁素海芦苇区、水草区面积,防止湖泊沼泽化,保障乌梁素海湖泊湿地主体功能正常发挥。

3. 干流沿黄湿地

沿黄湿地生态需水以黄河侧渗、漫滩补给为主,通过断面流量及过程保障实现。

位于河段管理范围内的湿地自然保护区规划、建设应征求河道主管部门意见,在服从黄河防洪安全总体要求和防洪工程总体布局前提下,实施有效保护。根据河道管理、岸线保护、物种栖息地保护要求,调整小浪底以下河段湿地自然保护区划分。因调整区域大部分位于高滩,为农田、防护林等人工生态系统,不属于湿地核心生境单元,调整后不影响湿地主体生态功能发挥。

按照《中华人民共和国防洪法》、《中华人民共和国自然保护区条例》等法律法规规定,合理划分核心区域,在确保防洪安全前提下,对功能区进行优化和调整。对中游河道管理范围内、湿地保护区核心区及缓冲区内建设的风景名胜区进行调整,确保黄河防洪安全和湿地生态安全。

根据水资源实际,在确保防洪安全前提下,在保护湿地的同时,在有条件的河段合理开发利用湿地资源。

4. 河口湿地

加强珍稀濒危物种栖息地保护和湿地生态监测、评价及监督管理,建立河口近海生态保护与流域管理的协调机制,保护湿地生态环境质量,实施湿地动态管理,维护河口生态系统的完整性、稳定性。利用汛期黄河调水调沙实施湿地补水,对黄河三角洲自然保护区受损淡水湿地进行适度人工修复,同时协调好与海洋、滩涂资源保护的关系,避免过度人工干预,防止湿地破碎化程度加深。保护与修复的淡水湿地补水规模为 236 km^2,补水量为 3.5 亿 m^3。重点对河口现行流路两侧淡水湿地进行生态补水,对不具备黄河自然补水条件的湿地,在确保防洪安全前提下建设湿地引水工程。同时根据黄河来水及工程条件,结合入海流路总体安排,适时对刁口河流路淡水湿地进行补水。

黄河重要湿地具体保护与修复措施详见表 11.3-9。

表 11.3-9　黄河重要湿地保护与修复措施、意见

湿地名称	主要威胁因子	存在问题	保护措施、意见
源区湿地	气候变化、人类活动如过度放牧、沼泽疏干等	草甸、沼泽退化，湖泊萎缩，湿地沙化	（1）未受到破坏的湿地：实施封育保护； （2）轻度退化湿地：实施退牧、限牧、禁牧、围栏保护等措施； （3）疏干改造湿地：实施填沟蓄水工程； （4）退化严重湿地：实施植被恢复等生态修复工程； （5）沙化湿地：实施封沙育草、工程固沙、补播植物等措施； （6）受鼠害影响严重湿地：实施生物、物理等鼠害防治措施
上游河道外湿地	水资源短缺与不合理利用、污染等	湿地水域面积萎缩，湿地环境质量恶化	（1）保障湿地生态用水，纳入省（区）水资源配置； （2）加强区域点、面源污染治理，减少污染物入湖总量； （3）实施乌梁素海富营养化控制工程（收割芦苇、挖深湖底等）； （4）限制人工湿地规模和数量
干流沿黄湿地	湿地围垦、黄河水沙情势变化、污染等	湿地保护、管理与河道治理、农业开发、旅游开发等矛盾突显，自然湿地面积萎缩	（1）加强水量统一调度，基本保障断面生态流量及过程； （2）调整郑州黄河、开封柳园口、新乡黄河等湿地自然保护区划分，调整范围为堤防工程、河道治理工程两侧 200 m； （3）调整合阳洽川风景名胜区，禁止在陕西黄河湿地自然保护区核心区、缓冲区内建设旅游设施； （4）禁止围垦河道，保护湿地核心生境
河口三角洲湿地	淡水资源短缺、不合理开发、人为阻隔等	淡水湿地面积萎缩、湿地破碎化程度加深	（1）汛期调水调沙期间补给自然保护区淡水湿地，补水规模为 236 km² ，补水量约 3.5 亿 m³； （2）加强珍稀物种栖息地保护和湿地生态监测，保护湿地环境质量，减少湿地破碎化程度

11.3.5.3　重要鱼类栖息地保护与修复

根据《中华人民共和国渔业法》、《中华人民共和国野生动物保护法》、《中华人民共和国水生野生动物保护实施条例》等法律法规，加强黄河土著鱼类和珍稀濒危鱼类及其栖息地保护，保护重点河段鱼类洄游通道，严禁在鱼类产卵场、沿黄洪漫湿地采砂，实施禁渔区和禁渔期制度，禁止不合理捕捞，开展增殖放流，改善黄河水环境质量，优化水库生态调度。

龙羊峡以上为黄河上游特有土著鱼类天然生境保留河段，以鱼类及其栖息地保护为主，限制水电资源开发；上游梯级开发较集中河段因地制宜采取增殖站、过鱼设施建设及

外来物种监管等措施保护土著鱼类物种资源,对水电工程进行生态设计,按照"谁开发谁保护、谁受益谁补偿"的原则,水电开发责任主体承担鱼类资源保护补偿责任;中下游加强沿黄湿地植被保护,限制岸边带不合理开发和开垦,实施植被修复工程,水生态保护重点河段堤防工程建设兼顾鱼类生境保护需求,保留一定宽度浅滩区域,保护鱼类产卵场;河口保持一定入海水量,保护河口鱼类洄游通道,实施排沙作业时应统筹考虑海洋生物繁育敏感时段的特殊要求。

伊洛河河口是黄河土著鱼类黄河鲤重要栖息地,河口整治要在满足行洪要求前提下,充分考虑黄河鲤繁殖对生境条件的要求,保持一定的浅滩宽度和植被带,保护黄河鲤重要产卵场。

黄河干流水产种质资源保护区建设与管理应遵循《中华人民共和国防洪法》、《中华人民共和国河道管理条例》等法律、法规,保护区的划分应与黄河河道管理相协调。

11.3.6　水生态监测与管理

加强水生态监测基础研究、基础设施建设,建立黄河水生态监测体系,重点监测湿地、水生生物及其生境要素,建设黄河水生态数据库,构建基于水量调度的生态效益监测评估反馈体系,为优化黄河水资源统一调度提供科学依据。

建立黄河重点河段水生态保护监测预警机制,建立长效机制,对河流治理开发利用可能诱发的水生态问题进行长期预警监督。

建立健全水生态保护监管组织机构及多部门协调机制,建立流域水生态保护管理和制度体系,提高水生态保护监管能力。

第 12 章 干流梯级工程布局和 水力发电规划

黄河流域 90% 以上的可开发水力资源集中在干流河段,沿黄城市、工业、能源基地及油田、农田主要依赖黄河干流供水,解决防洪减淤问题,也主要依靠在干流兴建骨干水库工程。因此,搞好干流梯级工程布局,对于治理黄河水害、开发利用水利水能资源、维持黄河健康生命、促进流域及相关地区经济社会发展具有十分重要的战略意义。

12.1 干流梯级工程布局

根据国民经济发展对黄河治理开发的要求,结合黄河干流各河段特点,统筹考虑上中下游紧密联系、除害兴利相互制约的关系,《规划纲要》在干流龙羊峡至桃花峪河段共布置了 36 座梯级工程,总库容 1 007 亿 m³,长期有效库容 505 亿 m³,共利用水头 1 930 m,发电装机容量 24 926 MW,年平均发电量 862 亿 kW·h。梯级工程采用高坝大库与径流电站或灌溉壅水枢纽相间布置,形成较为完整的综合利用工程体系,龙羊峡、刘家峡、黑山峡、碛口、古贤、三门峡和小浪底等七大控制性骨干工程构成黄河水沙调控体系的主体。截至现状年年底,干流龙羊峡以下河段已建、在建梯级工程 28 座,尚未开发建设的 8 座梯级工程全部开展过前期勘测设计工作。对于龙羊峡以上河段,由于前期工作薄弱,当时开发要求不迫切,《规划纲要》没有明确该河段梯级工程布局。

经过近年来大量的勘测和研究,本次规划提出了龙羊峡以上河段的梯级工程布局,初步布置了 10 座梯级工程;对于龙羊峡以下干流,在《规划纲要》成果的基础上,进一步论证了黑山峡河段开发方案,复核了其他梯级技术指标,仍维持原规划的 36 座梯级工程。本次规划在干流共布置梯级工程 46 座(不包括上游已建的黄河源水电站),总有效库容为 473.7 亿 m³,装机容量总计 30 411 MW,年发电量总计 1 054.3 亿 kW·h。

12.1.1 龙羊峡以上河段梯级工程布局

龙羊峡以上干流总长 1 687 km,平均比降 1.51‰,水力资源较为丰富。2003 年完成的《中华人民共和国水力资源复查成果》(第 2 卷 黄河流域)(以下简称《水力资源复查》),对鄂陵湖口至龙羊峡河段进行了初步规划,布置了 13 座梯级工程。该河段开发以构建全国稳固的高原生态屏障、促进可持续发展、加强民族团结为根本,坚持涵养水源、保护优先、适度开发的原则,统筹考虑生态环境保护、水资源配置、水力发电、民族宗教等关系,保障经济社会可持续发展,维系河流健康。综合河段地形特点、水力资源分布及生态环境情况,本次规划在吉迈至羊曲河段初步布置了 10 座梯级工程,利用水头约 716 m,总装机容量 4 675 MW,其中塔格尔、夏日红梯级工程具有年调节能力。梯级工程技术经济指标见表 12.1-1。

表 12.1-1　黄河龙羊峡以上河段干流主要梯级工程主要技术经济指标表

序号	名称	坝址控制流域面积（km²）	正常蓄水位（m）	总库容（亿 m³）	调节库容（亿 m³）	平均水头（m）	装机容量（MW）	年发电量（亿 kW·h）	调节性能
1	塔格尔	49 268	3 920	16.1	4.2	62	145	5.9	年调节
2	官仓	52 494	3 845	3.7	0.3	42	90	3.7	日调节
3	赛纳	53 522	3 795	7.4	0.2	69	150	6.2	日调节
4	门堂	59 655	3 700	8.8	1.2	64	200	8.2	日调节
5	塔吉柯一级	61 367	3 608	7.0	0.3	63	210	8.6	日调节
6	塔吉柯二级	62 424	3 539	0.4	0.1	18	60	2.6	日调节
7	夏日红	96 547	3 380	41.0	34.3	188	1 700	68.9	年调节
	宁木特	90 510	3 390	21.8	15.9	100	870	34.12	
8	玛尔挡	98 346	3 160	0.9	0.1	66	580	23.7	日调节
	玛尔挡		3 270	12.6	0.75	174	1 500	61.19	
9	班多	107 520	2 758	0.1		38	340	14.0	径流式
10	羊曲	123 264	2 715	21.2	5.1	106	1 200	50.4	季调节
合计				106.6	45.8	716	4 675	192.2	

注:塔格尔—塔吉柯二级等6座为初步布置梯级工程,需进一步论证。

12.1.1.1　扎陵湖湖口以上河段

扎陵湖湖口以上河段为黄河源头区,地形相对平坦、低洼,排泄不畅,形成了大片的湖泊、沼泽湿地,河谷较宽,草滩广阔,滩丘相间,无明显分界。该河段径流量较小,鄂陵湖湖口以下 65 km 处的黄河沿水文站年径流量仅 6.86 亿 m³。按照河段功能定位,该河段以生态环境保护为重点,不宜进行梯级开发。

12.1.1.2　扎陵湖湖口至吉迈河段

扎陵湖湖口至吉迈河段长 387 km,落差 307 m,平均比降 0.79‰,该河段年径流量较小,吉迈水文站年径流量 38.73 亿 m³,占唐乃亥以上径流量的 19%。该河段技术可开发装机容量为 178 MW,仅占龙羊峡以上河段的 2.2%。除已建的黄河源水电站外,《水力资源复查》在该河段曾布置了特合土、建设两座梯级水电站,装机容量分别为 84 MW、150 MW。

该河段高程在 4 000 m 以上,高寒缺氧,地广人稀,生态环境脆弱。该河段有青海三江源自然保护区的"扎陵—鄂陵湖保护区"和"星宿海保护区",保护区河段长分别约 53 km、185 km,分别占河段总长的 13.7%、47.8%,生长有多种土著鱼类,其中极边扁咽齿鱼、骨唇黄河鱼、拟鲇高原鳅等三种鱼类,被列入《中国濒危动物红皮书》。该河段径流量较小,水力资源较少,水电开发淹没草场面积较大,且梯级开发将打破原来的自然生境,可能对当地生态环境带来难以修复的损失。按照河段功能定位和自然保护区要求,该河段应以生态环境保护为重点,对河段开发方案要深入论证、慎重决策。

12.1.1.3　吉迈至沙曲河口河段

吉迈至沙曲河口河段长 338 km,落差 399 m,平均比降 1.18‰。河段高程在 3 947 ～ 3 548 m,人口较为稀少。沙曲河口年径流量 73.62 亿 m³,占唐乃亥站的 36%。该河段技术可开发装机容量 1 168 MW,《水力资源复查》成果曾布置官仓、门堂、塔吉柯 3 座梯级工程,其中官仓和门堂为高坝。

河段内宽谷与高山深谷相间,林草植被较好,虽然具备梯级开发的地形条件,但库区淹没面积相对较大,不适宜修建高坝大库。下日乎寺至门堂的 110 km 范围,为青海三江源自然保护区的"年保玉则保护区",占该河段长度的 32.5%,有多种土著鱼类分布;门堂以下河段被列为"黄河上游特有鱼类国家级水产种质资源保护区"。

按照资源开发条件分析,该河段可布置塔格尔、官仓、赛纳、门堂、塔吉柯一级、塔吉柯二级等 6 座梯级工程,利用水头约 318 m,总装机容量 855 MW。由于下日乎寺至门堂河段为青海三江源自然保护区的"年保玉则保护区",门堂以下河段被列为"黄河上游特有鱼类国家级水产种质资源保护区",生态保护的要求高,应根据河段的功能定位,考虑梯级开发对自然保护区、鱼类保护区等影响,进一步研究完善梯级开发方案。

12.1.1.4　沙曲河口至玛曲河段

沙曲河口至玛曲河段长 250.4 km,落差 140 m,平均比降 0.59‰,有黑河和白河汇入,在齐哈玛乡扣哈村以下河段地势平缓,河道形态接近平原型河道,平均比降在 0.2‰左右。玛曲站年径流量 142.7 亿 m³,占唐乃亥站水量的 70%,该河段技术可开发装机容量仅 74 MW。

由于水力资源较少,开发条件较差,且阿万仓至玛曲县城附近的 209 km 河段为甘肃省黄河首曲湿地自然保护区及甘肃玛曲青藏高原土著鱼类省级自然保护区,按照河段功能定位和自然保护区要求,该河段应以生态环境保护为重点,对河段开发方案要深入论证、慎重决策。

12.1.1.5　玛曲至羊曲河段

玛曲至羊曲河段长 418 km,落差 830 m,平均比降 1.99‰。径流量由玛曲站的 142.7 亿 m³ 增加至唐乃亥站的 205 亿 m³。根据《水力资源复查》成果,该河段水力资源技术可开发装机容量 6 560 MW,占龙羊峡以上河段的 82.0%,是龙羊峡以上水力资源最丰富的河段。《水力资源复查》曾布置了多松、多尔根、玛尔挡、尔多、茨哈峡、班多、羊曲等 7 座梯级电站,其中多松为该河段调蓄水库,调节库容为 31 亿 m³。

该河段以高山峡谷地貌为主,河谷狭窄,比降较陡,水力资源丰富,水库淹没影响较小,开发条件好,是龙羊峡以上干流水电开发的重点河段。南水北调西线一期工程调水 80 亿 m³ 从贾曲入黄,由于水量的增加,该河段水电开发指标将更加优越。自宁木特至班多 162 km 的范围,为青海三江源自然保护区的"中铁—军功"保护区,占该河段长度的 38.8%,有多种土著鱼类分布,野狐峡、军功附近河段和甘肃玛曲河段是部分土著鱼类的产卵场。按照河段功能定位,该河段要在生态保护的前提下合理开发水力资源,并适当承担南水北调西线工程入黄水量的调节任务。

中国水电工程顾问集团近年来开展的《黄河上游湖口至尔多河段水电规划》(以下简称《水电规划》),在《水力资源复查》成果的基础上,将调蓄工程坝址由多松下移至宁木特,正常蓄水位为 3 390 m,装机容量 870 MW;宁木特下游依次为玛尔挡、尔多、茨哈峡、班多、羊曲梯级,共 6 座梯级水电站。其中玛尔挡梯级正常蓄水位为 3 270 m、装机容量 1 500 MW;由于《水力资源复查》初步规划的茨哈峡梯级位于"中铁—军功"核心区,《水电规划》将该梯级坝址下移约 50 km,正常蓄水位为 2 980 m,装机容量为 2 000 MW。

考虑到该河段的自然保护要求和淹没影响,本次规划在《水电规划》的基础上,对宁木特、玛尔挡、尔多、茨哈峡梯级进行了调整。由于宁木特水库回水淹没青海省的上藏寺(高程 3 380 m),且调节库容只有 15.9 亿 m^3,库容偏小,为满足梯级发电对径流调节的要求并尽量减少水库淹没,本次规划将调蓄工程坝址由宁木特下移至夏日红,正常蓄水位为 3 380 m,调节库容为 34.3 亿 m^3,装机容量 1 700 MW;坝址下游的玛尔挡梯级正常蓄水位调整为 3 160 m,装机容量为 580 MW。《水电规划》初拟的尔多、茨哈峡两梯级涉及自然保护区核心区,本次规划暂不列入。对于茨哈峡坝址以下的班多、羊曲梯级,本次规划与《水电规划》成果一致,即班多正常蓄水位由《水力资源复查》的 2 845 m 调整为 2 758 m,装机容量由 1 000 MW 降为 340 MW,羊曲梯级的正常蓄水位由《水力资源复查》的 2 680 m 提高为 2 715 m,装机容量由 650 MW 增加为 1 200 MW。综上所述,将该河段梯级由《水力资源复查成果》初步规划的 7 座梯级调整为 4 座,共利用水头约 398 m,总装机容量 3 820 MW,年发电量合计 157.0 亿 kW·h。本次规划成果与《水电规划》成果有一定差别。对目前提出的"夏日红 + 玛尔挡"、"宁木特 + 玛尔挡"方案,下阶段进一步研究论证;对于尔多、茨哈峡梯级,可根据国家今后对自然保护区的调整情况,在深入分析论证的基础上,进一步研究开发方案。

12.1.2　黑山峡河段开发方案

黄河乌金峡至黑山峡河段出口长 255 km,落差 187 m,平均比降 0.74‰,是上游龙羊峡至青铜峡河段中至今尚未开发的河段。黑山峡河段开发长期存在一级开发和二级开发的争论。一级开发是在峡谷出口以上 2 km 处的大柳树坝址修建水库,正常蓄水位 1 380 m,相应总库容约 115 亿 m^3,长期有效库容 57.6 亿 m^3,装机容量 2 000 MW。二级开发是在小观音坝址修建水库,正常蓄水位 1 380 m,相应总库容约 70 亿 m^3,长期有效库容 36.7 亿 m^3,装机容量 1 400 MW;大柳树坝址修建径流电站,正常蓄水位 1 276 m,相应总库容 1.5 亿 m^3,装机容量 440 MW。1992 年水利部上报国务院的《黄河黑山峡河段开发方案论证报告》和 1997 年黄委完成的《规划纲要》,推荐黑山峡河段采用一级开发方案。近年来,甘肃省从减少水库淹没损失、减轻移民安置难度和减少环境影响等方面出发,提出红山峡、五佛、小观音和大柳树低坝四级径流式电站开发方案,装机容量 1 680 MW,总有效库容约 1.67 亿 m^3,并以甘政函〔2005〕10 号文报送国家发改委和水利部。也有专家提出不开发方案。本次规划在以往工作基础上,根据新的情况变化,对黑山峡河段的功能定位、开发任务及开发方案进一步论证。

12.1.2.1　黑山峡河段的功能定位和开发任务

正确处理上下游、左右岸、开发与保护的关系,科学论证河段功能定位和开发任务,是决策黑山峡河段开发方案的关键。从河段开发论证的历程看,大部分部门和单位对开发任务的认识基本一致,即对水资源进行合理配置,满足防凌、防洪、供水、灌溉、改善生态环境、发电等要求,充分发挥上游梯级电站的发电效益。甘肃省和一些单位提出河段开发应以发电为主。

黑山峡河段特殊的地理位置和工程建设条件,决定了其在黄河上游治理开发中具有承上启下的战略地位,该河段开发应以科学发展观为统领,统筹考虑维持黄河健康生命和经济社会发展的各项需求,正确处理上下游、左右岸及治理开发与保护的关系,除害和兴利结合,综合利用。

一是协调水沙关系和防凌防洪。随着经济社会用水的增加,加之龙羊峡、刘家峡水库汛期大量蓄水,宁蒙河段水沙关系恶化,河道主槽严重淤积萎缩,河道形态恶化。由于刘家峡水库距内蒙古河段达 900 km,在防凌运用方面存在着较大的局限性,虽然刘家峡水库按防凌调度控制凌汛期流量,但是 1986 年以来内蒙古河段仍发生了 6 次凌汛决口,防凌形势依然严峻。黑山峡河段特有的地理位置和具备修建高坝大库的地形条件,决定了该河段应首先满足调水调沙、防凌防洪的功能定位要求。通过水库的反调节对黄河水量进行合理配置,增加汛期输沙水量,并拦沙减淤,塑造有利于宁蒙河段输沙的水沙过程,恢复和维持河道主槽的行洪能力,并为中游骨干水库调水调沙提供水流动力;根据宁蒙河段凌情的实时变化情况,较为灵活地控制水量下泄过程,减少发生冰塞、冰坝的几率,为保障防凌安全创造条件。

二是协调水量调度和发电运用之间的矛盾,充分发挥水资源综合效益。黑山峡河段以上是黄河上游水电基地,有 21 座梯级电站,是西北电网供电安全的重要保障;其下是广阔的宁蒙平原,灌溉事业发达,煤炭资源丰富,是宁蒙两自治区的精华地带,工农业用水量大,维持河流健康要求高。由于目前黄河上游尚没有形成完善的水量调控体系,黄河水资源管理与上游水电基地发电调度矛盾突出。因此,黑山峡河段开发要满足协调水量调度和上游梯级发电之间矛盾的要求,在维持河流健康生命、保障工农业供水安全的同时,充分发挥上游梯级电站的发电效益,为经济社会发展提供大量的清洁可再生能源。

三是为附近地区供水,改善生态环境。黑山峡附近地区气候干旱,水资源贫乏,生态环境十分脆弱,不仅是我国频繁发生的沙尘暴的主要发源地,而且严重的水土流失还增加了入黄粗泥沙,同时人民生存环境恶劣,饮水十分困难,经济发展十分落后。解决上述问题的主要途径是,通过黄河向附近地区供水,建设高效节水灌区,发展地方工业,实施生态移民,使周边广大地区的生态环境得到保护。因此,黑山峡河段开发应满足附近地区生态建设的供水要求,通过水库调节径流并抬高水位,为黑山峡高效节水灌区和人饮工程提供可靠的水源条件。

四是全河水资源合理配置,满足国家长远发展战略需要。黄河流域属资源性缺水地区,水资源难以支撑流域经济社会的可持续发展。从国家长远发展战略出发,需要实施南水北调西线工程,增加黄河水资源可利用量。因此,黑山峡河段开发应满足调节南水北调西线工程入黄水量,实现全河水资源合理配置的要求。

综上所述,对于黑山峡河段可规划赋予协调水沙关系、防凌防洪、全河水资源合理配置、供水和发电等任务,但由于该河段开发工程建设、移民、生态环境影响等方面问题较为复杂,下阶段应在科学论证、综合比选的基础上合理确定开发任务。

12.1.2.2　黑山峡河段开发方案意见

黑山峡河段开发,必须遵循"全面规划、统筹兼顾、标本兼治、综合治理"的原则,开发方案服从河段功能定位。

四级开发方案考虑防护后,淹没人口约 1.46 万人,淹没耕地约 2.2 万亩,具有水库淹没少、环境影响及移民安置难度小等优点,但该方案以发电为主,不完全符合河段的功能定位要求。

一级、二级开发方案长期有效库容分别为 57.6 亿 m^3、36.7 亿 m^3,淹没耕地、人口数量均较大,并对景泰国家石林地质公园产生一定影响。一级开发比二级开发总库容大 40 多亿 m^3,长期有效库容大 20 亿 m^3,可满足近期及远期反调节和调水调沙、防凌防洪以及径流调节对库容的需求,在满足黄河治理开发长远要求方面优于二级开发方案。一是通过水库调水调沙、利用死库容拦沙,以及合理调控凌汛期下泄流量,在协调黄河水沙关系、减轻河道淤积、保障宁蒙河段防凌安全等方面能够发挥更为重要的作用;二是能更好地协调上游梯级电站发电与宁蒙地区用水的矛盾,提高上游梯级发电效益,为黑山峡生态灌区开发提供自流引水条件。大柳树坝址地震基本烈度 8 度,小观音坝址地震基本烈度 7 度,虽然小观音坝址的地质条件优于大柳树坝址,但两坝址建高坝在技术上都是可行的,可保证工程安全。两方案水库淹没损失和对环境的影响基本相同,工程投资也相差不大。

鉴于有关方面对该河段开发方案仍存在争议,要按照科学发展观的要求,从维持黄河健康生命的大局出发,统筹兼顾水资源合理配置、协调水沙关系、宁蒙河段防凌防洪、改善附近地区生态环境、提高上游梯级发电效益等客观需要,对于黑山峡河段开发方案及大柳树水利枢纽涉及的水库功能定位、梯级开发方案、水库淹没、移民安置、环境影响、权益分配、调水调沙运用等重大问题,要进一步从长计议,深入研究论证。

12.1.3　龙羊峡至桃花峪河段梯级工程技术指标复核

经本次规划复核,黄河干流龙羊峡至桃花峪河段原则上仍维持《规划纲要》规划的 36 座梯级。随着机组更新改造和前期勘测设计工作的深入,复核后各梯级工程的技术指标有所变化,见表 12.1-2。

表 12.1-2　黄河龙羊峡至桃花峪河段干流梯级工程主要技术经济指标表

序号	工程名称	建设地点	控制面积 (万 km^2)	正常蓄水位 (m)	总库容 (亿 m^3)	有效库容 (亿 m^3)	最大水头 (m)	装机容量 (MW)	年发电量 (亿 kW·h)
1	●龙羊峡	青海共和	13.1	2 600	247.0	193.5	148.5	1 280	59.4
2	●拉西瓦	青海贵德	13.2	2 452	10.1	1.5	220	4 200	102.2
3	●尼那	青海贵德	13.2	2 235.5	0.3	0.1	18.1	160	7.6
4	山坪	青海贵德	13.3	2 219.5	1.2	0.1	15.5	160	6.6
5	●李家峡	青海尖扎	13.7	2 180	16.5	0.6	135.6	2 000	60.6
6	●直岗拉卡	青海尖扎	13.7	2 050	0.2	—	17.5	192	7.6
7	●康扬	青海尖扎	13.7	2 033	0.2	0.1	22.5	283.5	9.9
8	●公伯峡	青海循化	14.4	2 005	5.5	0.8	106.6	1 500	51.4
9	●苏只	青海循化	14.5	1 900	0.3	0.1	20.7	225	8.8
10	●黄丰	青海循化	14.5	1 880.5	0.7	0.1	19.1	225	8.7

续表 12.1-2

序号	工程名称	建设地点	控制面积（万 km²）	正常蓄水位（m）	总库容（亿 m³）	有效库容（亿 m³）	最大水头（m）	装机容量（MW）	年发电量（亿 kW·h）
11	•积石峡	青海循化	14.7	1 856	2.4	0.4	73	1 020	33.6
12	大河家	青海、甘肃	14.7	1 783	0.1	—	20.5	120	4.7
13	•炳灵	甘肃积石山	14.8	1 748	0.5	0.1	25.7	240	9.7
14	•刘家峡	甘肃永靖	18.2	1 735	57.0	35.0	114	1 690	60.5
15	•盐锅峡	甘肃兰州	18.3	1 619	2.2	0.1	39.5	472	22.4
16	•八盘峡	甘肃兰州	21.5	1 578	0.5	0.1	19.6	252	11.0
17	河口	甘肃兰州	22	1 558	0.1	—	6.8	74	3.9
18	•柴家峡	甘肃兰州	22.1	1 550.5	0.2	—	10	96	4.9
19	•小峡	甘肃兰州	22.5	1 499	0.4	0.1	18.6	230	9.6
20	•大峡	甘肃兰州	22.8	1 480	0.9	0.6	31.4	324.5	15.9
21	•乌金峡	甘肃靖远	22.9	1 436	0.2	0.1	13.4	140	6.8
22	黑山峡	宁夏中卫	25.2	1 380	114.8	57.6	137	2 000	74.2
23	•沙坡头	宁夏中卫	25.4	1 240.5	0.3	0.1	11	120.3	6.1
24	•青铜峡	宁夏青铜峡	27.5	1 156	0.4	0.1	23.5	324	13.7
25	•海勃湾	内蒙古乌海	31.2	1 076	4.9	1.5	9.9	90	3.6
26	•三盛公	内蒙古磴口	31.4	1 055	0.8	0.2	8.6	—	—
	1~26 小计				467.7	292.9	—	17 418.3	603.4
27	•万家寨	山西、内蒙古	39.5	977	8.2	4.5	81.5	1 080	27.5
28	•龙口	山西、内蒙古	39.7	898	2.0	0.7	36.2	420	13
29	•天桥	山西、陕西	40.4	834	0.7	—	20.1	128	6.1
30	碛口	山西、陕西	43.1	785	125.7	27.9	73.4	1 800	43.6
31	古贤	山西、陕西	49	633	146.6	55.56	167.1	2 100	71.7
32	禹门口（甘泽坡）	山西、陕西	49.7	425	4.1	2.4	38.7	440	13
33	•三门峡	山西、河南	68.8	335	96.4	—	52	410	12
34	•小浪底	河南	69.4	275	126.5	51	138.9	1 800	58.5
35	•西霞院	河南	69.5	134	1.5	0.45	14.4	140	5.8
36	桃花峪	河南	71.5	110	17.3	11.9	—	—	—
	27~36 小计				529.0	154.4		8 318	251.2
	1~36 小计				996.7	447.3		25 736.3	854.6

注：•——已建、在建工程。

12.1.3.1　龙羊峡至河口镇河段

《规划纲要》在黄河上游龙羊峡至河口镇河段布置了 26 座梯级。目前该河段规划的梯级工程大部分已建成或正在建设，海勃湾水利枢纽也已立项，待建的仅有黑山峡河段工程及山坪、大河家、河口水电站。

本次规划龙羊峡至河口镇河段仍维持原规划的 26 座梯级工程，其中龙羊峡、刘家峡、黑山峡为控制性骨干工程，总有效库容约 286.1 亿 m³，其中龙羊峡水库有效库容 193.5

亿 m³,主要对黄河径流进行多年调节,黑山峡水库有效库容 57.6 亿 m³,主要满足防凌、反调节的共同需要。海勃湾水利枢纽主要配合上游水库应急防凌和调水调沙运用,正常蓄水位为 1 076.0 m,总库容 4.9 亿 m³,有效库容 1.5 亿 m³。

12.1.3.2　河口镇至桃花峪河段

《规划纲要》在该河段布置了 10 座梯级工程,目前已建成万家寨、龙口、天桥、三门峡、小浪底、西霞院工程,待建的有碛口、古贤、禹门口(即《规划纲要》布置的甘泽坡)、桃花峪水利枢纽。

本次规划仍维持原规划的 10 座梯级工程,碛口、古贤、三门峡和小浪底四座骨干水库,构成中游洪水泥沙调控工程体系的主体。其中古贤、碛口的开发任务以防洪减淤为主,兼顾发电、供水和灌溉等综合利用,工程规模保持不变;禹门口(甘泽坡)水利枢纽以放淤、供水为主,结合发电,工程规模暂仍维持原规划成果。在古贤水利枢纽建成前,万家寨水库要配合小浪底水库调水调沙运用,并考虑冲刷降低潼关高程的要求,优化桃汛期水库运用方式。中游四座骨干水库总有效库容约 134 亿 m³,主要由汛期调水调沙库容和防洪库容组成。

12.2　水力发电规划

黄河流域水力资源理论蕴藏量和技术开发量在我国七大江河中居第二位,合理开发利用水力资源,有利于保障我国能源安全,优化能源供应结构,减轻环境污染。

12.2.1　水力资源及开发现状

12.2.1.1　水力资源概况

黄河流域水力资源理论蕴藏量共 43 312 MW。在全国第三次水力资源复查成果的基础上,经本次规划复核,可开发水电站装机容量 34 741.3 MW,年发电量 1 234.0 亿 kW·h。水力资源主要集中在干流,理论蕴藏量和技术可开发量分别占全流域的 75.8% 和 87.6%,见表 12.2-1。

表 12.2-1　黄河干流水力资源情况表

河段	河道长度(km)	落差(m)	理论蕴藏量(MW)	技术可开发的水力资源			已建、在建电站			
				装机容量(MW)	年发电量(亿 kW·h)	占干流比例(%)	电站数量	装机容量(MW)	年发电量(亿 kW·h)	占干流比例(%)
玛曲以上	1 181	1 080	1 581	855.0	35.2	2.8				
玛曲至野狐峡	413	820	4 948	3 820	157.0	12.6	0	0	0	0
野狐峡至青铜峡	1 009	1 447	12 767	17 328.3	599.8	57.0	20	14 974.3	510.4	78.6
青铜峡至河口镇	869	149	1 467	90	3.6	0.3	1	90	3.6	0.5
河口镇至龙门	725	607	6 205	5 968	174.1	19.6	3	1 628	46.6	8.6
龙门至潼关	125	52	710	0	0	0	0	0	0	0
潼关至花园口	374	236	3 643	2 350	76.3	7.7	3	2 350	76.3	12.3
花园口以下	768	89	1 506	0	0	0	0	0	0	0
合计	5 464	4 480	32 827	30 411.3	1 046.0		27	19 042.3	636.9	

黄河干流水力资源理论蕴藏量为 32 827 MW，可开发水利枢纽及水电梯级 45 座，装机容量 30 411.3 MW，年发电量 1 046.0 亿 kW·h。干流水力资源主要集中在玛曲至野狐峡、野狐峡至青铜峡、河口镇至龙门和潼关至小浪底 4 个河段，梯级开发的自然条件和建设条件较好，淹没损失小，技术经济指标优越，综合利用效益显著，是国家重点开发建设的水电基地。

黄河支流水力资源理论蕴藏量为 10 485 MW，技术可开发水电装机容量 4 330 MW，年发电量 188.0 亿 kW·h。支流水力资源主要分布在上游的湟水和洮河，中游的渭河、汾河、伊洛河和沁河。据统计，流域技术可开发装机容量大于 500 MW 的支流有洮河、湟水、渭河，分别为 1 351.1 MW、1 019.5 MW 和 606.1 MW；技术可开发装机容量为 100 ~ 500 MW 的支流有曲什安河、汾河、伊洛河和沁河，分别为 300.7 MW、195.7 MW、248.8 MW 和 192.3 MW，其余支流技术可开发装机容量均小于 100 MW。

12.2.1.2　水力资源开发现状

1946 年以前，黄河流域内仅有甘肃省的天水水电站和青海省的北山寺水电站两座小水电站，总装机容量仅 378 kW。新中国成立以来，在黄河干流修建了一系列大中型水电站，支流上的小水电站也是星罗棋布，水力资源的开发利用对沿黄各省区的经济发展和人民生活改善起到了巨大的推动作用。截至现状年年底，黄河流域干支流已建、在建的水电站 535 座，装机容量 21 381 MW，年发电量 737.3 亿 kW·h，容量和电量分别占技术可开发相应量的 61.5% 和 59.7%。

黄河干流已建成龙羊峡、李家峡、公伯峡、刘家峡、万家寨、三门峡、小浪底等水利枢纽和水电站工程共 23 座，发电总装机容量 13 507 MW；在建工程有拉西瓦、黄丰、积石峡和海勃湾等水利枢纽和水电站共 4 座，总装机容量 5 535 MW。黄河干流已建、在建的 27 座水电站共利用水头 1 454 m，总装机容量 19 042 MW，年发电量总计 636.9 亿 kW·h，分别占可开发量的 62.2% 和 60.4%，是全国大江大河中开发程度较高的河流之一。

黄河支流上已建、在建 500 kW 以上的水电站共有 509 座，总装机容量约 2 429 MW，年发电量 104.0 亿 kW·h，容量和发电量分别占技术可开发量的 56.1% 和 55.1%，支流已建、在建水电站情况见表 12.2-2。上游地区各支流已建、在建水电站 231 座，装机容量 1 737.9 MW，主要集中在湟水和洮河上，已建、在建装机容量分别为 643.1 MW 和 922.7 MW，分别占其技术可开发量的 63.1% 和 68.3%。中游各支流已建、在建水电站 274 座，总装机容量 688.9 MW，主要集中在渭河、伊洛河、沁河和汾河，其已建、在建水电站装机容量分别为 366 MW、104 MW、91 MW 和 80 MW，分别占其技术可开发量的 60.4%、41.8%、47.2% 和 41.0%。

水能资源的开发，为黄河流域经济社会发展提供了大量的清洁能源，发挥了巨大的经济效益，极大地促进了沿黄各省区经济社会的发展。黄河上游已建的龙羊峡、李家峡、公伯峡、刘家峡等水电站形成了西北电网的水电基地，为工农业和城乡人民生活提供了稳定、可靠和廉价的电力，为西北电网提供了可靠的调峰电源；黄河中游的小浪底水利枢纽电站自建成以来，一直是河南电网最主要的调峰电源，对缓解电网调峰容量不足起到了至关重要的作用。水电站的建设改善了当地交通运输条件，增加了地方财政收入，促进了地区工业、城乡建设和文化教育事业的发展。上游梯级水电站为甘肃的景泰、靖会、皋兰、榆中、靖远等 20 多处电灌工程,宁夏的固海、同心等扬水工程提供了廉价的电力,使昔日的不毛之地变成了今日的米粮川。支流的中小水电开发和农村电气化建设使农村地区用电普及率提高,有效调整了产业结构,促进了经济发展,为山区农民脱贫致富奔小康创造了有利条件,农村小水电以电代柴,有利于保护森林植被、改善气候,促进了生态的良性循环。

黄河干支流水电建设也存在一些问题:一是水库大量拦蓄汛期水量,导致水库下游河道主槽泥沙淤积加剧。二是开发不平衡,上游龙羊峡至青铜峡河段,尤其是龙羊峡至乌金峡河段开发较快,中游河段由于大部分梯级为综合利用工程,涉及问题较多,水电开发建设的速度相对缓慢。三是有些项目存在无序开发现象,对河流健康造成不利影响。四是工程建设对生态环境造成不利影响,使原本脆弱的生态环境受到破坏。

12.2.2 电力发展对流域水电开发的要求

"西电东送"是国家实施西部大开发战略的标志性工程。为解决我国电力资源分布和用电负荷分布不均衡的矛盾,实现电力资源优化配置,《国家"十五"规划纲要》提出建设"西电东送"北、中、南 3 条大通道,其中北通道由内蒙古、陕西和宁夏等省(区)火电与黄河上游的水电基地捆绑,采用直流或直流背靠背联网方式向华北、华中电网输电,由黄河上游水电梯级承担华北电网高峰期送电任务。

西北电网覆盖青海、甘肃、陕西、宁夏、新疆五省(区),是全国六大跨省电网之一。现状年西北电网统调最高发电负荷 26 180 MW(不含新疆),发电总装机容量约为 57 500 MW,其中水电 15 810 MW,占 27.5%。预测 2020 年、2030 年需电量分别为 4 530 亿 kW·h、7 449 亿 kW·h,年最高负荷分别为 72 480 MW、120 330 MW。考虑送电华北电网以及与四川联网后,系统需要的总装机容量分别为 96 530 MW、155 386 MW。西北电网电源建设的思路是积极发展水电,优化发展火电,因地制宜发展风电等新能源,根据《国家能源发展"十一五"规划》,重点开发的黄河流域水电项目包括黄河龙羊峡以上、黑山峡河段等梯级水电站。

山西省和内蒙古自治区所在的华北电网(包括京津唐、山西、河北南部、内蒙古西部和山东),煤炭、石油等资源丰富,但水资源严重短缺、可开发的水电资源很少,基本为纯火电系统。现状年华北电网最高供电负荷达 112 650 MW,总装机容量达到 145 000 MW,其中水电站装机容量 3 280 MW,仅占 2.3%。预计 2020 年、2030 年华北电网最高负荷分别达到 198 000 MW 和 280 200 MW,峰谷差分别为 72 500 MW、105 480 MW,考虑"西电东送"后,系统需要的装机容量分别为 237 600 MW 和 336 240 MW。华北电网今后电源建设仍以火电为主,为解决电网调峰问题,还需开发黄河北干流水电资源,并建设一批抽水蓄能电站。

合理有序开发水力资源,可为西北电网和华北电网提供清洁能源和调峰电源,有利于火电站的稳定安全运行和风电等新能源的开发,有利于优化能源供应结构、减轻环境污染,对于配合"西电东送"、保障供电安全,促进区域经济社会可持续发展,具有重要的战略意义。

12.2.3　干流水电开发规划意见

干流水电站的建设和运行,应服从黄河治理开发的总体部署,统筹考虑水资源合理配置、防洪、防凌、协调水沙关系、供水、生态环境保护等任务以及维护河流健康的要求,统筹兼顾、有序开发、综合利用。

12.2.3.1　黄河上游河段

根据梯级工程布局,吉迈至沙曲河口初步布置了 6 座梯级,装机容量 855 MW;玛曲至羊曲河段共规划了 4 座梯级,总装机容量 3 820 MW;龙羊峡以下河段布置了 25 座梯级水电工程,装机容量 17 418.3 MW,目前已建、在建工程 21 座,总装机容量 15 064.3 MW,待建的仅有黑山峡水利枢纽以及山坪、大河家、河口等中型电站。

近期除继续建设已开工的拉西瓦、黄丰、积石峡等水电站和海勃湾水利枢纽外,开工建设班多、羊曲等水电站。根据黄河水沙调控体系建设规划,尽快建成黑山峡河段工程,在满足综合利用要求的前提下,发挥其巨大的发电效益。继续开展吉迈至沙曲河口河段的水电梯级工程布局研究,进一步开展夏日红 + 玛尔挡方案、宁木特 + 玛尔挡方案的论证工作,加快其他规划水电工程的前期工作,根据黄河治理开发的总体部署和地区经济社会发展需要,严格按照国家基本建设管理程序进行核准(审批)和开发建设。

到 2030 年,上游建成和开工建设的水电装机容量达到 21 438 MW,年发电量 769 亿 kW·h,玛曲以下规划的水电梯级基本全部开发。

12.2.3.2　黄河中游河段

黄河中游共布置了 10 座梯级(其中桃花峪为防洪水库,不进行水电开发),发电装机容量 8 318 MW,年平均发电量 251.2 亿 kW·h,其中已建、在建的工程有 6 座,总装机容量 3 978 MW,占中游技术可开发量的 45.2%,待建的工程有碛口、古贤、禹门口(甘泽坡)水利枢纽。

近期争取在"十二五"期间开工建设古贤水利枢纽,2020 年前后建成生效,在满足防洪减淤、供水等综合利用的条件下,开发利用该河段丰富的水力资源。适时建设碛口和禹门口(甘泽坡)水利枢纽。2030 年黄河中游建成的水电装机容量达到 6 078 MW,年发电量 194 亿 kW·h,水电开发利用程度达到 73.1%。

12.2.4　支流水电开发意见

支流水电开发要依据黄河治理开发的总体部署,重视区域生态环境和河流生态的保护,立足于经济社会发展、新农村建设、小水电代燃料的需求,有序开发水电资源,逐步提高供电质量和用电水平,推动各地区脱贫致富,缩小中西部地区差距。规划到 2030 年水平,黄河支流水电总装机容量达到 4 263.4 MW。各省(区)支流水电开发规划见表 12.2-2。

黄河上游支流水电开发主要集中在湟水(含大通河)、洮河、隆务河、曲什安河、宝库河和大夏河,近期建成水电站 205 座,装机容量 1 282.0 MW。到 2030 年,黄河上游支流水电站装机容量达到 3 019.9 MW。

黄河中游支流水电开发主要集中在渭河、汾河、伊洛河、沁河等支流。近期建成水电站 78 座,装机容量 264.1 MW;远期建成 59 座,装机容量约 268.4 MW。到 2030 年,中游支流水电站装机容量达到 1 221.4 MW。

表 12.2-2　黄河流域支流水电开发规划统计表

省(区)或区域	现状装机容量(MW)	现状年~2020 年			2020~2030 年			装机容量总计(MW)
		座数(座)	装机容量(MW)	年发电量(亿 kW·h)	座数(座)	装机容量(MW)	年发电量(亿 kW·h)	
青　海	482.77	89	657.9	27.41				1 140.67
四　川	1	4	7.60	0.39				8.60
甘　肃	1 265.97	154	696.02	31.64				1 961.99
宁　夏	2.12	1	2.17	0.08	4	6.52	0.22	10.81
内蒙古	5.6	2	1.8	0.07				7.40
陕　西	371.11	6	16.84	0.11	29	169.49	8.76	557.44
山　西	149.99	20	98.16	2.8	22	71.66	3.2	319.81
河　南	148.3	7	65.52	2.48	4	20.7	0.81	234.52
山　东	2.46	3	2.24	0.04	5	17.5	0.37	22.20
上游合计	1 737.90	205	1 281.96	55.63	0	0	0	3 019.86
中游合计	688.96	78	264.05	9.35	59	268.37	12.99	1 221.38
全流域合计	2 429.32	286	1 548.25	65.02	64	285.87	13.36	4 263.44

第 13 章　跨流域调水规划

　　黄河流域土地、矿产、能源资源丰富,是我国重要的能源重化工基地和粮食基地,在支撑我国经济社会可持续发展中具有举足轻重的战略地位。"水少、沙多,水沙关系不协调"的自然特性,决定了黄河有限的水资源承载能力。在水资源总量严重不足的情况下,黄河还要向河南、山东、山西、甘肃的流域外地区以及河北、天津供水约 100 亿 m³,加剧了水资源短缺的局面。因此,做好跨流域向黄河调水工程的规划和建设,提高黄河水资源对流域及沿黄地区经济社会发展的支撑能力,对于促进我国经济社会又好又快发展具有极为重要的战略意义。

13.1　实施跨流域向黄河调水的必要性

13.1.1　跨流域调水是解决黄河水资源供需矛盾、支撑经济社会可持续发展的需要

　　黄河是我国西北、华北地区重要水源。目前地表水耗水率已达到 72%,水资源开发利用程度已大大超出了黄河水资源的承载能力。由于水资源供需矛盾突出,部分能源建设项目因没有用水指标,使立项建设受到影响,约 1 000 万亩农田有效灌溉面积得不到灌溉,现状河道内外实际缺水约 95 亿 m³,并且以资源型缺水为主。黄河水资源短缺已严重制约了流域经济社会的发展。同时,由于地区间、部门间激烈争水,大大增加了水资源管理的难度。

　　随着西部大开发、中部崛起等国家发展战略的实施,"西气东输"、"西电东送"、能源重化工基地等重点工程的建设,未来黄河流域经济社会呈快速发展态势,对水资源的需求将日益增加,水资源供需矛盾将更加尖锐。据预测,2030 年水平,即使采取强化节水措施,黄河流域缺水量将达到 138 亿 m³,其中河道外缺水 104 亿 m³,河道内缺水 34 亿 m³。如河道外缺水都集中在农业灌溉,影响粮食产量约 100 亿 kg,占黄河流域粮食产量的20%,占全国粮食产量的 2.0%,对国家粮食安全造成影响;若考虑城镇生产缺水 50 亿m³,将使 2011～2030 年黄河流域 GDP 增长率下降 2 个百分点左右。可见,若不实施跨流域调水工程,严峻的缺水形势将对国家粮食安全、能源安全、经济安全造成一定影响,制约黄河流域经济社会的可持续发展。

13.1.2　跨流域调水是维持黄河健康的需要

　　为了减轻河道淤积,维持河流健康,必须在黄河河道内留有一定的生态环境水量,利津断面生态环境水量应为 220 亿 m³。但由于黄河水资源总量不足,随着经济发展用水的增加,河道内生态环境用水被挤占。20 世纪 90 年代以来,黄河天然年径流量 438 亿 m³,

入海水量 133 亿 m^3,河道内生态环境用水被挤占 47 亿 m^3。河道内生态环境水量不足,导致了河道淤积、"二级悬河"加剧、水环境恶化等一系列问题。

河道内生态环境用水被大量挤占导致黄河断流频繁。1972～1999 年的 28 年间,黄河下游 22 年出现断流。断流最严重的 1997 年,断流时间长达 226 天,断流河长达到开封。1999 年开始实施黄河干流水量统一调度以来,在严格限制上中游用水的情况下,虽然黄河下游没有出现断流,但最小流量也只有十几个立方米每秒,远没有达到功能性不断流的要求。

据预测,2030 年黄河流域河道内缺水多年平均达 34.2 亿 m^3,将减少输沙入海量约 1 亿 t,增加下游河道淤积,对中水河槽维持造成严重影响。且河道内缺水将导致河流水环境承载能力降低,水环境压力越来越大。

13.1.3　跨流域调水是改善流域生态环境的关键支撑

由于气候干旱、水资源短缺,以及不合理的人类活动影响,黑山峡河段附近的宁蒙陕甘地区草场退化和土地荒漠化、沙漠化严重,沙尘暴频繁发生,是流域生态环境最为脆弱的区域。长城沿线干旱风沙区是我国四大沙尘暴源区之一。该地区生态环境的恶化,不仅威胁到人民的生存环境,严重制约着当地经济社会发展,而且对我国中、东部地区和首都圈的生态安全及环境质量构成严重威胁。2000 年鄂尔多斯地区发生沙尘暴 18 次,其中直接危及京津地区的就有 12 次。

此外,与黄河邻近的石羊河流域水资源贫乏,现状水资源利用大大超过其承载能力,导致下游民勤绿洲水资源危机和日趋严重的生态环境问题,地下水位持续下降,地表植被日益退化,土地沙化面积增加和荒漠草原面积逐年扩大,其北部湖区生态已濒于崩溃。民勤绿洲是阻挡我国第三大沙漠巴丹吉林沙漠和第四大沙漠腾格里沙漠合拢的重要屏障,民勤绿洲的消亡,必将危及中游绿洲甚至河西走廊大通道的社会和生态安全,进而影响到整个西部地区的健康发展与稳定,是关系国家经济社会发展和民族和谐相处的重大问题。

水资源是遏制和改善地区生态环境的最基本条件,但黄河水资源极其匮乏,难以支撑生态环境建设对水资源的需求。通过跨流域调水,增加供水量,建设生态绿洲,可以有效地改善黑山峡河段附近地区和石羊河下游的生态环境。

综上所述,为了增强黄河水资源的承载能力,支撑经济社会可持续发展和维持黄河健康生命,在强化流域节水的前提下,实施跨流域向黄河调水,是十分必要和迫切的。

13.2　跨流域向黄河调水工程

为解决华北地区和黄河流域缺水问题,经过 50 多年的研究和论证,2002 年水利部编制了《南水北调工程总体规划》,并经过国务院批准。规划推荐南水北调东线、中线和西线三条调水线路,将长江、黄河、淮河和海河四大江河相互联通,构成以"四横三纵"为主体的总体布局,有利于实现我国水资源南北调配、东西互济的合理配置格局,具有重大的战略意义。该规划指出:南水北调东线、中线、西线三条调水线路,各有其合理的供水范围和供水目标。要解决黄淮海流域、胶东地区和西北内陆河部分地区的缺水问题,三条调水线路都需要建设。

东线工程从长江下游江苏省扬州附近抽引长江水,供水目标是解决调水线路沿线江苏、安徽和山东半岛的城市生活、环境和工业用水,改善淮北地区的农业供水条件,在北方需要时利用工程的供水能力,提供农业和生态环境用水。中线工程近期从长江支流汉江上的丹江口水库向华北引水,远景再从长江干流引水以扩大引水量。供水目标为重点城市生活及工业用水,兼顾沿线农业及其他用水,供水范围包括北京市、天津市、河南省沿线11 个省辖市 30 个县级市及县城,河北省沿线 7 个省辖市及其范围内的 18 个县级市、70个县城。目前,南水北调东线、中线工程已开工建设,虽然引水工程都跨越黄河,但都没有向黄河供水的任务,也与黄河下游引黄灌区供水范围不重复,仅在长江、汉江丰水年份存在相机向黄河补水的可能,且补水量很小,对增加黄河供水能力的作用十分有限。

西线工程的研究工作开始于 20 世纪 50 年代初,经过了初步研究、超前期规划、规划和项目建议书等阶段的工作,取得了大量研究成果。近年研究的向黄河跨流域调水方案还有引汉济渭和引江济渭入黄。

13.2.1　南水北调西线工程

南水北调西线工程从长江上游干支流调水进入黄河上游,是补充黄河水资源不足、解决黄河流域乃至西北地区干旱缺水问题的重大战略措施。

南水北调西线工程的供水范围覆盖黄河全流域及邻近的河西内陆河地区,其作用主要是缓解黄河水资源紧缺的严峻局面,结合黄河干流调蓄工程,为流域供水安全、能源安全和粮食安全提供水资源保障,支撑经济社会的可持续发展;补充黄河河道内生态用水,为维持黄河健康生命提供水资源支撑;为黄河上中游部分地区和相邻石羊河下游的生态建设提供水资源保障,遏制生态环境严重退化的趋势。

根据 2002 年 12 月国务院批复的《南水北调工程总体规划》,南水北调西线工程规划在长江上游通天河、支流雅砻江和大渡河上游筑坝建库,开凿输水隧洞穿过长江与黄河的分水岭巴颜喀拉山,调水进入黄河上游。规划选择了工程布置集中、海拔较低、施工难度较小、运行管理相对方便、与后续水源衔接较好的布局,分为三条引水线路,总调水规模170 亿 m³,其中第一条调水线路(一期工程)从大渡河和雅砻江支流引水,多年平均可调水量 40 亿 m³;第二条调水线路(二期工程)从雅砻江干流引水,多年平均可调水量 50 亿m³;第三条调水线路(三期工程)从通天河干流引水,多年平均可调水量约 80 亿 m³。

考虑南水北调西线工程受水区缺水的严峻形势、调出区经济社会和资源环境情况、工程技术经济条件等因素,2006 年水利部要求对可调水量和规划方案进行复核,补充论证原规划确定的第一期工程和第二期工程水源合并开发方案,并作为南水北调西线一期工程。目前已经完成补充论证工作,并提出了项目建议书报告。

根据项目建议书成果,南水北调西线一期工程从雅砻江上游甘孜以上地区、雅砻江支流鲜水河的达曲和泥曲、大渡河西源绰斯甲河的色曲和杜柯河、大渡河东源足木足河的玛柯河和阿柯河直接调水到黄河干流,线路全长 325.5 km,隧洞段长 320.9 km。根据各引水坝址上下游河段水资源供需平衡分析,考虑调水河流未来用水增长及河道内生态环境用水需求,西线第一期工程热巴、阿安、仁达、洛若、珠安达、霍那、克柯二级等 7 个坝址多年平均的可调水量为 94.61 亿 m³。综合比较受水区需求、调水影响、工程规模及投资等因素,并考虑避开重要寺院、县城淹没,以及高原区长隧洞、大洞径、高坝大库的复杂施工技术等问题,推荐调水规模为 80 亿 m³。

南水北调西线一期工程受水区规划范围为黄河流域及其邻近的内陆河地区,河道外受水区集中在黄河上中游的青海、甘肃、宁夏、内蒙古、陕西、山西六省(区)及邻近的石羊河流域,一期工程受水对象主要包括重点城市、能源化工基地、黑山峡生态灌区及石羊河流域,以及向黄河河道内补充部分生态环境水量。

西线一期工程调入水量与黄河自身水资源统一配置和管理,可有效缓解黄河水资源供需矛盾,提高流域及沿黄地区的供水安全;能够确保重点城市、重要能源基地的用水需求,并退还部分被挤占的农业灌溉水量,促进粮食生产;通过向黄河干流河道内补充水量,结合骨干水利枢纽的联合调控,进一步协调水沙关系,减轻河道淤积,促进干流生态系统和河道形态的恢复与改善;通过向生态环境恶化地区供水,恢复和改善当地生态环境状况和居民生存条件。一期工程对促进流域经济社会可持续发展,保障流域乃至全国供水安全、能源安全、粮食安全和生态安全均具有重要作用。

随着工程的逐步建设,大量资金、信息、技术的输入和交通、通信等基础设施的完善,必将对调水区经济社会发展起到显著的拉动作用。但由于水量的调出,将减少长江干支流梯级发电量,对相关地区经济社会和近坝河段水生态环境造成负面影响,应进一步研究调水影响的程度以及合理的补偿措施,结合黄河水资源优化配置和调度与南水北调工程关系研究等前期工作,进一步研究论证。

13.2.2　引汉济渭工程

引汉济渭工程规划从汉江干流黄金峡水库引水进入渭河,是解决关中地区缺水问题的有效措施。在国务院批复的《渭河流域重点治理规划》中,将引汉济渭作为解决渭河流域中长期缺水的措施之一。2003 年陕西省水利厅提出了《引汉济渭调水工程规划》报告,目前已经完成了项目建议书。

引汉济渭工程规划从黄金峡水库库区设泵站提水 210 m,经隧洞引水入子午河中游规划的三河口水库;经三河口水库调蓄后,从库区引水,沿蒲河向北穿过秦岭,汇入渭河。引水线路长约 79 km,主要为隧洞。

供水范围为渭河流域关中地区,供水目标以城市工业和生活用水为主,兼顾农业灌溉和生态环境用水。调水规模为年调水量 15 亿 m³,其中一期调水 10 亿 m³,二期调水 5 亿 m³。调水实施后可基本满足关中地区国民经济用水要求,大大缓解渭河流域的缺水问题;并可适当补充渭河河道内生态用水,对确保渭河不断流起到积极的作用。

13.3　跨流域向黄河调水工程实施意见

作为解决黄河流域水资源供需矛盾的战略措施,应尽早实施跨流域向黄河调水工程。由于各调水工程的供水目标、供水范围和作用各不相同,因此应统筹考虑工程的建设条件、工程规模、工程投资、作用和效益,综合分析比较,合理安排,逐步实施。

13.3.1　引汉济渭工程

目前渭河流域水资源供需矛盾十分突出,预测 2020 年水平渭河流域缺水量达 15.5 亿 m³,水资源短缺已成为该流域特别是关中地区经济社会发展的重要制约因素。为了缓解渭河流域严峻的缺水形势,应尽快实施引汉济渭工程,力争 2020 年实现调水 10 亿 m³,2030 年全部生效,调水量达到 15 亿 m³。

13.3.2　南水北调西线一期工程

与其他跨流域调水方案相比,南水北调西线一期工程具有以下特点:一是供水范围和作用大。由于其入黄位置高,调入水量流经黄河上中游的主要城市、生态脆弱带、重要能源基地、干流水电基地,完全覆盖了黄河上中下游的主要缺水地区,并为解决宁蒙河段和黄河下游淤积萎缩问题创造了条件,具有巨大的经济效益、环境效益和社会效益,是解决黄河流域水资源供需矛盾的战略措施。二是调入水量可进行有效的调控。利用黄河水沙调控体系的调控能力,可以对调水进行调控,协调水沙关系,优化水资源配置,支持流域经济社会发展。

南水北调西线一期工程调水进入黄河后,可全面缓解黄河水资源供需矛盾,对促进流域经济社会可持续发展,保障流域乃至全国供水安全、能源安全、粮食安全和生态安全,维持黄河健康生命均具有重要作用。通过干流水沙调控体系联合调节,对入黄水量与黄河自身水资源进行统一配置和管理,为城乡生活、工业增加配置水量约 42 亿 m³,可确保 2030 年水平重点城市、重要能源基地的用水需求,并退还部分被挤占的农业灌溉水量,促进粮食生产;向黄河干流河道内补充水量约 25 亿 m³,进一步协调水沙关系,促进干流宁蒙河段和黄河下游河段河道形态的恢复与改善,为维持河流健康生命创造条件;向黄河黑山峡生态灌区和邻近的石羊河流域分别供水约 9 亿 m³ 和 4 亿 m³,恢复和改善当地生态环境状况和居民生存条件。

由于西线工程所处的江河上游地区生态环境脆弱、地质条件复杂、工程技术难度高、社会影响大、调水区和受水区关系有待协调,因此需要在开展南水北调工程受水区用水需求分析的基础上,结合黄河水资源优化配置和调度与南水北调工程关系研究等前期工作,统筹开展西线工程前期工作,综合比选。

13.3.3　其他跨流域调水工程

由于黄河水资源总量严重不足,从长远看黄河水资源供需矛盾仍十分突出,除继续开展南水北调西线工程前期工作外,还需要考虑其他外流域调水方案,以满足流域及相关地区经济社会发展和维持黄河健康生命的用水需求,如引江济渭入黄方案、白龙江引水工程等。

第 14 章　岸线利用规划和干流航运规划

14.1　岸线利用规划

岸线规划的范围主要是水利部授权黄委管理的河道范围内的重要河道岸线和城市河段,包括干流的上游城市河段、岸线利用矛盾较为突出的省际界河、重要规划水库的库区段、黄河下游(包括河口及备用流路)以及部分重要支流,规划河段总计长 2 846.1 km,岸线长 5 543.0 km。

黄河干流包括上游的兰州、中卫、吴忠、石嘴山、乌海、包头等城市段;中游的河曲与准格尔旗交界河段、府谷与保德交界河段、禹门口至潼关河段、潼关至三门峡河段等岸线利用矛盾突出的省际界河段,规划的黑山峡、碛口、古贤、甘泽坡水库河段;下游的白鹤以下至入海口河段(含东平湖滞洪区),刁口河、马新河、十八户流路三条入海备用流路。规划河段长 2 223.5 km,岸线长 4 427.2 km。

支流包括渭河下游、伊洛河夹滩、沁河下游、大清河等重要支流,以及窟野河、黄甫川、泾河省际界河段。规划河段长 622.6 km,岸线长 1 115.8 km。

14.1.1　现状岸线利用存在的问题

黄河流域河道岸线利用由来已久,其主要利用方式有桥梁、码头、取排水口、跨河电(光)缆、油气管道、旅游建筑物、景观工程、滩地利用等。目前,黄河流域岸线利用主要集中在经济发达、临河城市等岸线较为稳定的河段。岸线利用长 355 km,利用率为 6.4%,岸线利用面积 323 km²,占自然岸线面积 7 842 km² 的 4.1%。

14.1.1.1　取排水口

据不完全统计,沿黄干流规划河段内分布有取水口 560 处,其中农业取水口 516 处,工业取水口 27 处,城镇生活取水口 17 处。主要分布在下游河段、兰州河段、宁蒙河段和北干流河段。干流规划河段内分布有各类排水(污)口 163 处,主要分布在兰州河段和宁蒙河段。支流规划河段内有取水口 62 处,主要是农业取水口,分布在沁河下游、渭河下游;排水(污)口近 50 处,其中渭河下游多为工业和城市排污口,其他则多为排涝口。

14.1.1.2　桥梁管线

干流规划河段内现有各种桥梁 192 座,其中大型铁路、公路桥梁 120 座;输油(气)管道、电(光)缆等跨河(穿堤)管线 156 条。支流规划河段范围也有各类跨河建筑物近百座(条)。

14.1.1.3　港口码头

黄河流域沿岸正规兴建的港口为数不多,早年曾建有包头港、碛口港、渌口港、北镇港、利津港,近年新建的有兰州客运站、龙羊峡客运站等。其他简易码头有内蒙古的海勃湾,北干流的府谷、马镇、佳县、保德、石坪、河津等,普遍无装卸机械、库房堆场等。

近年来,黄河流域涉河建筑物日益增多,尤其是城市河段、矿产资源开发集中或有滩涂开发利用条件的河段,河道岸线被大量占用,甚至挤占行洪河道,严重影响河势稳定和防洪安全,省际界河的围河造地引发两岸严重的水事纠纷。而目前黄河岸线利用尚无统一的规划,缺乏与国民经济发展及其他相关行业规划的统筹、协调,常以单一功能进行岸线的开发利用;开发利用与治理保护不协调,无序开发和过度开发问题突出;单纯重视经济效益,忽视防洪、供水安全和生态环境功能;缺乏规范的管理制度和政策,岸线利用的管理和审批依据不充分。

14.1.2　岸线利用需求

随着区域内经济社会的快速发展和城市规模的迅速扩张,各种岸线利用规模及标准不断提高,岸线利用需求总体上呈上升趋势,有水资源开发利用规划安排的提水工程及其他水源工程,航运规划的港口和码头,交通规划的跨河建筑物,城市河段、矿产资源开发集中河段的滩涂开发利用,以及电(光)缆、管道等跨河建筑物。

黄河干流上中游及窟野河等支流,主要是跨河建筑物、城市临河设施、城市景观,在省际界河段有滩涂开发利用。黄河下游除滩区农民的生产、生活活动外,多集中在郑州、开封、滨州、济南等城市河段,以城市供水、跨河桥梁、输油(气、水)管道、电(光)缆、景区游览等为主;在农村地区,则以引黄闸门、扬水站为主,多是滩涂开发利用。

据统计,黄河流域规划范围内岸线利用新增 9 km,即由现状的 355 km 增加至 364 km,岸线平均利用率为 6.6%。

14.1.3　岸线功能区划

岸线指临水控制线和外缘控制线之间的带状区域。临水控制线指为稳定河势、保障河道行洪安全和维护河流健康生命的基本要求,在河岸的临水一侧顺水流方向划定的管理控制线,一般以河道治导线或滩槽界限进行划定。外缘控制线是指为保护和管理岸线资源,维护河流功能正常发挥而划定的管理控制线,一般以堤防工程背水侧管理范围的外边线进行划定,对无堤段河道以设计洪水位与岸边的交界线进行划定。

根据岸线资源的自然和经济社会功能属性,综合考虑河道行洪安全、水功能分区、自然生态分区等,将黄河流域岸线资源共划分为 114 个功能区段,其中岸线保护区 21 个,占自然岸线长度的21%;岸线保留区 30 个,占自然岸线长度的31%;岸线控制利用区 63个,占自然岸线长度的48%。

岸线保护区主要是国家和省级保护区(自然保护区、风景名胜区、森林公园、地质公园、自然文化遗产等)、水功能区划的保护区、重要水源地,或岸线开发利用对防洪和生态保护有重要影响的河段。

岸线保留区主要是河道处于剧烈演变中的河段、河道治理和河势控制方案尚未确定的河段、河口备用流路,或有生态保护或特定功能要求的区段,包括防洪保留区、水资源保护区、规划供水水源地河段,规划的黑山峡、碛口、古贤、海勃湾、甘泽坡等水库库区。

岸线控制利用区主要是开发利用对防洪安全、河流生态保护存在一定风险,或开发利用程度已较高,进一步开发利用对防洪、供水和河流生态安全等造成一定影响,而需要控制开发利用程度的区段。

岸线开发利用区是指河势基本稳定,无特殊生态保护要求或特定功能要求,开发利用对河势稳定、防洪安全、供水安全及河流健康影响较小的岸线区。本次规划没有划定开发利用区。

14.1.4　岸线功能区的管理目标

14.1.4.1　保护目标

岸线各功能区要保护河势稳定,保护堤防、控导、险工等工程,保护岸线湿地生态环境和水质,保护水文测验基本断面的通视性,保持支流入黄口河势稳定和黄河入海流路相对稳定。按照有关法律法规,依法保护岸线区域内的跨河铁路、公路桥梁,跨河或穿堤电(光)缆、输气(油、水)管道等公共设施的安全。

14.1.4.2　控制目标

岸线各功能区禁止有违相关法律、法规的开发活动,一般禁止在岸线内修建景观、城市设施,控制城市生活、化工厂排水口等设施建设。开发利用活动需履行相关程序,确保消除或控制其不利影响。要根据相关的规划,规范黄河下游岸线内的采砂活动。

14.1.4.3　允许开发目标

岸线保护区仅允许防洪工程、当地农民生产生活活动、生态保护建设和经批准的引排水口、大中型跨河建筑物等项目进驻岸线区域。岸线保留区在规划期内也仅允许上述项目建设。岸线控制利用区允许开展浮桥、景观和旅游项目,适度利用滩涂、坑塘、水域进行水产养殖、土地集约化种植项目,以及经流域管理机构河道主管部门审批(核)的其他项目。

对小北干流、潼关至三门峡河段、宁蒙河段中的包头河段、黄河下游设立的各类自然保护区,无论是实验区、缓冲区,还是核心区,为保障防洪安全,规划建设的各类防洪保安工程不应受到制约。

14.1.5　岸线利用调整意见

目前黄河流域存在着一些不合理的岸线利用开发行为,影响黄河防洪安全、供水安全,地方政府和建设单位应根据岸线管理的相关规定提出整改意见和措施,上报水行政主管部门审批。

宁蒙河段石嘴山城市河段的左岸为控制利用区,目前临河堆放的矿渣等废弃物影响了黄河的水质;潼关至三门峡大坝河段的三门峡保护区,库岸已建的垃圾场等危害环境。这些行为应坚决取缔。

中游府谷与保德交界河段、河曲与准格尔旗交界河段、渭河的相关河段为岸线保留区,目前该区内跨河建筑物过密,最小间距远低于相关管理规定;小北干流 335 m 高程以上保护区,有些河段已划的风景名胜区及相关建筑物进入治导控制线,影响防洪安全,应给予调整和规范。

黄河下游岸线区域,在加强滩区安全建设、落实滩区洪水淹没补偿政策的基础上,地方政府应逐步废除生产堤,恢复河道正常行洪断面;进一步清理手续不全、违规建设或对防洪安全有较大影响的浮桥;严格排查排污口,取缔不符合排放要求、严重污染水质的排污口。

14.2　干流航运规划

14.2.1　航运现状

黄河局部河段的航运开发历史悠久。早在春秋时期(公元前647年)就有"秦粟输晋,泛舟之役"的记载。汉唐之际,黄河上中游局部河段也曾通航。清末民初,公路、铁路兴起,黄河水运逐渐衰落。为了配合西部大开发战略,交通运输部在黄河干流沿线陆续实施了一些干流河段和库区河段的水运建设项目,目前干流通航的河段有甘肃兰州钟家河至包兰铁路桥河段,全长38.4 km,五级航道标准;甘肃白银四龙至龙湾河段,全长110 km,五级航道标准;山西石坪至禹门口河段,全长21 km,六级航道标准;已建的龙羊峡、李家峡、刘家峡、万家寨、小浪底等水库库区河段,通航里程总计为311 km。水运项目的建设,改善了航道和港口条件,开辟了一些客运航线,对方便库区周围人民群众的出行、发展水上旅游、进行短途季节性客货运输起到了积极的作用。

与其他大江大河相比,黄河干流通航条件较差。北干流大部分河段险滩多、水流湍急,有国家名胜风景区壶口瀑布;黄河下游和禹门口至潼关河段泥沙冲淤变化大,河道游荡摆动剧烈,易于形成浅滩碍航;洪水期、枯水期流量变化大,尤其随着工农业用水的不断增加,河道通航流量和水深难以保证;宁蒙河段和黄河下游在冬季结冰封河;龙羊峡至桃花峪河段已建、在建的28座梯级工程,均没有考虑通航要求。

14.2.2　航运发展总体要求

黄河干流沿岸地区矿产资源特别是煤炭资源十分丰富,煤炭开发需要大量外运,开发黄河航运有利于缓解陆上交通运输压力,同时对开发流域旅游景观资源也有直接的促进作用。根据交通部门预测,2020年需要黄河的货运、客运总量分别为2 290万 t和1 215万人次,2030年分别为4 514万 t和1 864万人次。

由于黄河特殊的河情,通航条件较差,因此黄河航运开发建设首先要做好科学研究工作,在流域综合规划的框架下,与防洪、发电、供水、环境保护、城市建设等相协调,考虑水资源条件和河床演变规律,探索航道整治的方法和手段,并通过区段航道的开通和运行,取得治理经验。

根据黄河沿岸煤炭运输、工矿企业建设、旅游资源开发和客货运量情况,本次规划本着"全面规划、远近结合、分期实施、逐步提高"的基本原则,先易后难、先通后畅,先分段通航,后逐步延伸,2020年实现重点区段的分段通航,2030年实现全河适宜河段的分段通航。

根据黄河各河段水资源和河道演变情况,合理确定各河段的航道标准,通过"疏、建、配"合理有效地引导和控制航运基础工程建设,做好航道疏浚工作,建设必要的航标和通信设施,科学布局建设港口、码头和航道岸线,提高航道的等级、质量和船型吨级,充分利用黄河航运资源,发挥水资源综合利用效益。

14.2.3   航道发展规划

14.2.3.1   上游河段

在龙羊峡库区建设龙羊峡至沙沟、曲沟和拉干三条客货运输航线,通航总里程 115 km;进一步完善李家峡、公伯峡等库区航道;刘家峡库区在继续搞好大坝至炳灵寺 41 km 旅游航线的基础上,重点疏浚库区末端航道。建设拉西瓦库区航道,通航里程 37 km。在现有工程基础上,根据梯级布局情况,分段建设兰州至银川河段的库区航道,其中黑山峡河段开发形成约 200 km 的库区航道。

疏浚与工程措施相结合,继续搞好兰州市西固区钟家河桥至东岗黄河包兰铁路大桥 40 km 航道,达到通航 100 客位的客货轮标准;建设宁夏沙坡头至青铜峡、青铜峡至石嘴山的航道;建设内蒙古乌达至三盛公、三盛公至万家寨河段的水运航道。

14.2.3.2   中游河段

建设小浪底、三门峡和古贤水库等库区航道。已建的小浪底库区航道长 120 km,水库水位变化大,库区末端冲淤变化大,要做好库区航道的规划和整治;三门峡水库目前泥沙已冲淤平衡,要根据泥沙冲淤变化情况,进行航道的规划和整治。根据古贤水利枢纽的规划和建设安排,做好库区航道的规划和建设。

在石坪至禹门口航道整治的基础上,向上延伸,进行壶口至禹门口河段的航道整治。

14.2.3.3   下游河段

黄河下游属游荡性宽浅河道、泥沙冲淤变化大,通航条件较差,目前航运处于停滞状态。根据经济社会发展对航运的要求,结合水沙条件、河道泥沙冲淤情况,分析航道的稳定性,开展通航的可行性研究,合理进行航道规划和建设。

14.2.4   航道和港口建设

根据水运、交通和旅游资源开发的要求,与岸线规划相协调,在不影响防洪安全的前提下,合理配置和建设港口和码头,主要港口位于省会城市、中心城市和煤炭资源中转基地。近期航道和港口的建设主要在甘肃、内蒙古、宁夏河段。航道要合理配置和建设航标、各种岸标及桥涵标,规划航道上桥梁建设要满足净跨 60 m、净高 8 m 的要求。

第 15 章　主要支流规划意见

黄河支流众多,直接入黄的一级支流有 111 条,其中流域面积大于 1 000 km² 的支流有 76 条。按照自然特点与流域开发的要求,黄河的主要支流大体上可分为四种类型。第一类是具有水资源开发利用和保护、防洪、水土保持等综合利用要求的支流,如渭河、伊洛河、沁河等支流;第二类是以水资源开发利用和保护为主,兼有其他综合利用要求的支流,如湟水、汾河等支流;第三类是以水土保持为主,兼有其他综合利用要求的河流,如无定河、窟野河等支流;第四类是以防洪除涝为主的支流,如天然文岩渠、金堤河等支流。

本次规划综合考虑黄河治理开发保护和省(区)经济社会发展的要求,对流域内 49 条支流(其中跨省(区)支流 18 条)进行了初步规划,提出了指导性规划意见。按照流域面积大于 10 000 km²,或年径流量大于 10.0 亿 m³,或年输沙量大于 0.5 亿 t 的标准,同时考虑治理开发的重要性,选择了湟水、洮河、祖厉河、清水河、大黑河、黄甫川、窟野河、无定河、汾河、渭河、伊洛河、沁河、大汶河等 13 条主要支流分别提出规划意见。13 条主要支流中跨省(区)的有 10 条,不跨省(区)但对流域治理开发影响较大的有 3 条,主要支流基本情况详见表 15-1。其他支流主要规划意见见附表。

表 15-1　黄河主要支流特征值表

序号	支流名称	所在省(区)	流域面积 (km²)	河道长度 (km)	多年平均径流量 (亿 m³)	多年平均实测输沙量 (亿 t)
1	湟 水	青海、甘肃	32 863	374	48.76	0.20
2	洮 河	甘肃、青海	25 527	673	48.25	0.27
3	祖厉河	甘肃、宁夏	10 653	224	1.53	0.52
4	清水河	宁夏、甘肃	14 481	320	2.02	0.46
5	大黑河	内蒙古	15 911	226	3.77	0.05
6	黄甫川	内蒙古、陕西	3 246	137	1.52	0.50
7	窟野河	内蒙古、陕西	8 706	242	5.54	1.38
8	无定河	陕西、内蒙古	30 261	491	11.51	1.27
9	汾 河	山西	39 471	694	18.47	0.22
10	渭 河	陕西、甘肃、宁夏	134 766	818	92.50	4.43
11	伊洛河	河南、陕西	18 881	447	28.32	0.12
12	沁 河	山西、河南	13 532	485	13.00	0.05
13	大汶河	山东	9 098	239	13.70	0.01
	合　计		357 396		288.89	9.48

支流治理开发的总体要求是要符合黄河治理开发与管理的总体部署,水资源开发利用要考虑支流本身的生态环境用水要求和所在省(区)的水量配置指标。对于跨省(区)支流的治理开发,需要有关省(区)共同协商,流域管理机构组织协调。支流用水管理要实行用水总量控制,主要控制断面最小下泄水量及入黄水质目标要满足控制性指标要求。多沙粗沙区主要支流治理要承担拦沙任务,进一步减少入黄粗泥沙。水力资源丰富的支流水电开发,要尽量减少对生态环境的影响,引水式电站运用应保持坝下河段一定的生态基流。

15.1　湟水

15.1.1　流域概况

湟水流域涉及青海和甘肃两省,大部分位于青海省境内,主要由湟水干流及其支流大通河组成,流域面积 32 863 km²。湟水发源于青海省海晏县大坂山南坡,于甘肃省永靖县上车村注入黄河,流域面积 17 733 km²,全长 374 km。支流大通河与湟水干流平行,流域面积 15 130 km²,全长 560.7 km。湟水流域多年平均径流量 48.76 亿 m³,其中湟水干流 21.10 亿 m³,大通河 27.66 亿 m³,实测多年平均输沙量 0.20 亿 t。

现状年流域总人口 373.5 万人,国内生产总值 503.0 亿元,人均国内生产总值 1.35 万元。湟水干流河谷人口集中,经济发达,是青海省主要的工农业生产基地,中游的西宁市是青海省政治、经济和文化中心;大通河流域水资源较为丰富,人口较少,水能资源较为丰富,具有较好的开发条件。

15.1.2　治理开发与保护重点及主要措施

湟水流域治理要以解决西宁市和浅山区的缺水为重点,加强水资源的节约保护和合理配置,提高城镇河段防洪能力,进一步开展浅山区水土流失治理,合理开发利用水力资源。

15.1.2.1　水资源利用及保护

流域已建大型水库 1 座、中型水库 3 座、小型水库 86 座,有效灌溉面积 237.2 万亩,其中农田灌溉面积 218.0 万亩。针对西宁市和浅山区突出的缺水问题,水资源开发利用的重点是对现有灌区进行节水改造,建设水源工程,增加可供水量,实施引大济湟调水,缓解干流水资源不足。近期规划新增灌区节水改造面积 73.3 万亩,扩建小南川、大南川水库,适当发展灌溉面积。远期规划新增灌区节水改造面积 112.2 万亩;建设牙扎、西纳川等水库,进一步发展浅山丘陵区的灌溉。同时要加强对流域水污染的防治,加快西宁市及主要城镇污水处理设施建设,加强工业污染源治理,提高中水回用率,强化水功能区监督管理。

大通河流域水资源较为丰富,具有向邻近流域调水的条件,而相邻的湟水干流两岸、庄浪河流域及河西地区干旱缺水严重,都要求从大通河跨流域调水。在南水北调西线工程生效前,考虑黄河可供水量分配指标,建设引大济湟工程,为西宁市供水,适当发展灌溉面积；继续进行以供水结构调整为主要内容的引大入秦续建配套工程建设，充分发挥工程效益。同时应在考虑大通河流域经济社会发展和生态用水的基础上，进一步研究有关规划调水工程的合理规模。

根据河道内生态环境用水及入黄控制要求和水资源配置方案，主要控制断面应满足以下控制性指标要求：湟水干流民和断面多年平均下泄水量不低于 13.9 亿 m³；支流大通河扣除调出水量后，2020 年、2030 年享堂断面多年平均下泄水量分别不低于 19.3 亿 m³、17.4 亿 m³，湟水入黄口水质目标为Ⅳ类。

15.1.2.2　水土保持

流域水土流失初步治理面积 3 933 km²，治理程度 20.9%，已建淤地坝 1 961 座。针对浅山区水土流失较为严重的特点，进一步开展坡面治理及淤地坝建设。近期开展水土流失治理面积 6 010 km²，建设骨干坝 286 座，中小型淤地坝 557 座。远期开展水土流失治理面积 4 000 km²，建设骨干坝 188 座，中小型淤地坝 356 座。

15.1.2.3　防洪

湟水干支流已建堤防、护岸工程长度约 80 km，并进行了山洪沟道治理。随着城市规模的扩大，城镇河段的防洪问题仍比较突出。流域防洪以西宁市及其他沿河城镇防洪和山洪地质灾害防治为重点，确保重要城镇和重要设施的防洪安全。近期重点安排湟水干流及支流大通河、北川河、南川河城镇河段防洪工程，规划建设堤防及护岸工程 164.1 km；完成病险水库除险加固；加快山洪地质灾害重点防治区治理。远期安排湟水干流及支流堤防及护岸工程 129.7 km。

15.1.2.4　水电开发

流域目前已开发水电站 85 座，总装机容量 473.0 MW，年发电量 25.4 亿 kW·h。近期应在妥善保护生态环境的基础上，合理开发利用大通河丰富的水力资源。针对水电无序开发问题，在开发过程中要统一规划，加强监管，保证河道内生态环境用水需求。

15.2　洮河

15.2.1　流域概况

洮河发源于甘肃、青海两省交界处的西倾山东麓，由西向东流经甘肃岷县折向北流，至永靖县境内汇入黄河刘家峡库区。流域涉及青海和甘肃两省，大部分位于甘肃省境内。干流全长 673 km，流域面积 25 527 km²。洮河水量较为丰富，多年平均径流量 48.25 亿 m³，实测多年平均输沙量 0.27 亿 t。流域水力资源比较丰富，水能理论蕴藏量 2 094 MW。

现状年流域总人口 209.7 万人，其中城镇人口 21.7 万人，是以农牧业生产为主的少数民族区域，城镇化水平较低。国内生产总值 55.2 亿元，人均国内生产总值 0.26 万元。

15.2.2　治理开发与保护重点及主要措施

洮河流域治理要以水资源合理开发利用为重点，加强水资源的节约与保护，完善城镇河段防洪设施，加强黄土丘陵区水土流失治理，合理开发利用水力资源。

15.2.2.1　水资源利用及保护

流域内共兴建水库 11 座,总库容 1 920 万 m³,农田有效灌溉面积 92.8 万亩。针对水资源利用效率较低,干旱地区饮水不安全问题突出的情况,水资源开发利用的重点是进行灌区的节水改造,提高水资源利用效率,兴建水源工程提高供水能力。近期规划通过水源工程建设,解决农村饮水不安全问题,并适当发展灌溉面积;继续建设九甸峡水利枢纽及引洮供水工程,研究论证引洮济渭工程的任务和规模,向甘肃中东部干旱地区供水。

根据河道内生态环境用水及入黄控制要求和水资源配置方案,主要控制断面应满足以下控制性指标要求:洮河干流红旗断面多年平均下泄水量不低于 40.6 亿 m³,入黄口水质目标为Ⅲ类。

15.2.2.2　防洪

洮河干支流重要保护河段已建堤防及护岸工程 361.6 km。目前城镇河段防洪工程标准低,防洪设施不完善,应加强城镇河段防洪工程建设,以非工程措施为主做好山洪地质灾害防治。近期规划干流建设堤防及护岸工程 311.2 km,加固改建堤防及护岸工程 25.1 km,完成病险水库的除险加固。远期规划建设堤防及护岸工程 121.9 km,进一步完善防洪工程措施。

15.2.2.3　水土保持

流域水土流失初步治理面积 4 452 km²,治理程度为 32.4%。针对洮河下游水土流失较为严重的情况,重点对下游黄土丘陵区进行治理。近期规划开展水土流失治理面积 6 413 km²,建设骨干坝 316 座,中型淤地坝 827 座。远期规划开展水土流失治理面积 4 276 km²,建设骨干坝 111 座,中型淤地坝 604 座。

15.2.2.4　水电开发

洮河流域水力资源比较丰富,目前干支流已建水电站 62 座,总装机容量 885 MW,年发电量 35.1 亿 kW·h。应在妥善保护生态环境的基础上,进一步开发利用水力资源。针对水电无序开发问题,在开发过程中要统一规划,加强监管,保证河道内生态环境用水需求。

15.3　祖厉河

15.3.1　流域概况

祖厉河由祖河、厉河两条河流汇集而成,两河分别发源于甘肃省会宁县太平店乡大山顶和华家岭北麓,于靖远县附近汇入黄河。流域涉及甘肃和宁夏两省(区),大部分位于甘肃省境内。干流河长 224 km,流域面积 10 653 km²,多年平均径流量 1.53 亿 m³,年输沙量 0.52 亿 t。流域水土流失面积 10 614 km²,是黄河上游主要产沙区之一。

现状年流域总人口 124.9 万人,其中城镇人口 21.5 万人,城镇化率 17.2%。流域经济以农、牧业为主,经济发展落后。国内生产总值 44.9 亿元,人均国内生产总值 0.36 万元。

15.3.2　治理开发与保护重点及主要措施

祖厉河流域要以水土流失综合治理和保障城乡饮水安全为重点,加强水资源的节约与保护,合理调配水资源,提高城镇河段防洪能力。

15.3.2.1　水土保持

流域水土流失初步治理面积 4 709 km²,治理程度为 44.4% ,已建淤地坝 129 座。针对流域生态环境比较脆弱,水土流失依然严重的问题,需进一步加大水土流失综合治理力度,改善生态环境,减少入黄泥沙。近期规划开展水土流失治理面积 4 208 km²,建设骨干坝 472 座,中小型淤地坝 1 170 座。远期规划开展水土流失治理面积 2 805 km²,建设骨干坝 214 座,中小型淤地坝 888 座。

15.3.2.2　水资源利用及保护

流域内已建灌溉工程包括靖会电力提灌工程以及靖乐渠、西河渠等,建成了石门、七一等小型综合利用水库工程 25 座,有效灌溉面积 49.4 万亩。针对流域水资源匮乏、供需矛盾突出、水质较差、饮水不安全问题突出的特点,水资源开发利用的重点是保障城乡饮水安全,进行灌区续建配套和节水改造,实施引洮调水工程,增加水资源可利用量。近期规划新增节水灌溉面积 6.1 万亩,实施农村饮水安全工程,解决饮水不安全问题,通过引洮灌区等工程建设,适当发展灌溉面积。同时要加强对饮用水源地的保护,确保人民群众饮水安全。

根据河道内生态环境用水及入黄控制要求和水资源配置方案,主要控制断面应满足以下控制性指标要求:祖厉河干流靖远断面多年平均下泄水量不低于 0.5 亿 m³,入黄口水质目标为Ⅳ类。

15.3.2.3　防洪

祖厉河干支流城镇河段已修建堤防及护岸工程 22 km。目前已建防洪工程标准偏低,城镇河段防洪设施不完善。防洪治理以会宁、靖远、定西等城区河段为重点,加强防洪工程建设,提高城市防洪保障能力,并对病险水库进行除险加固。近期规划建设城镇防护工程 61.0 km,农田防护工程 335.3 km;完成病险水库的除险加固。远期规划建设城镇防护工程 31.9 km,农田防护工程 175.3 km。

15.4　清水河

15.4.1　流域概况

清水河发源于宁夏固原市开城乡黑刺沟,流经原州、海原、同心、中宁四县(区),在中宁县泉眼山汇入黄河。流域涉及宁夏和甘肃两省(区),大部分位于宁夏境内。干流全长 320 km,流域面积 14 481 km²。流域多年平均径流量 2.02 亿 m³,多年平均实测输沙量 0.46 亿 t。流域北部降水稀少,年降水量仅 200 mm 左右,是黄河流域少雨干旱地区。

现状年流域总人口 123.7 万人,其中城镇人口 23.8 万人,城镇化率 19.2%,国内生产总值 46.7 亿元,人均国内生产总值仅 0.38 万元。清水河流域是宁夏最贫困的地区,由于严重的水土流失和水资源匮乏,当地生态环境恶化,自然灾害频繁,区域经济落后,人民群众生活贫困。

15.4.2 治理开发与保护重点及主要措施

清水河流域要以水土流失治理和保障城乡饮水安全为重点,加强水资源的节约与保护,合理调配水资源,完善城镇河段防洪工程,提高防洪能力。

15.4.2.1 水土保持

流域水土流失面积 11 245 km²,水土流失比较严重。目前初步治理面积 2 732 km²,治理程度 24.3%,已建淤地坝 852 座。由于已建的大部分库坝群失去拦沙作用,应在大力开展水土流失综合治理的同时,对已建库坝群进行必要的加高加固。近期规划开展水土流失治理面积 3 282 km²,建设骨干坝 298 座,中小型淤地坝 697 座。远期规划开展水土流失治理面积 2 174 km²,建设骨干坝 129 座,中小型淤地坝 584 座。

15.4.2.2 水资源利用与保护

流域已建水库 86 座,其中中型水库 10 座;已发展灌溉面积 99 万亩,其中扬黄灌溉面积 77 万亩;建有各类饮水工程 148 处,受益人口 24.53 万人。针对流域水资源匮乏,天然水质差,城乡饮水安全问题突出的特点,水资源利用的重点是解决城乡饮水不安全问题,进行灌区续建配套和节水改造工程,充分发挥现有供水工程的效益。近期规划新增节水灌溉面积 63.2 万亩,建设固原地区城乡饮水安全工程、扬黄提水工程以及集雨水窖工程等,解决城乡饮水不安全问题;发展集雨节水灌溉和高效节水补灌工程,提高抗御干旱的能力。同时加强对饮用水源地的保护,确保人民群众饮水安全。

根据河道内生态环境用水及入黄控制要求和水资源配置方案,主要控制断面应满足以下控制性指标要求:清水河干流泉眼山断面多年平均下泄水量不低于 0.9 亿 m³,入黄口水质目标为Ⅳ类。

15.4.2.3 防洪

清水河固原、同心等城镇已建堤防及护岸工程 56.3 km。目前城镇河段防洪设施不足,不能满足防洪要求。流域防洪的重点是建设防洪拦沙水库,建立和完善城镇河段防洪工程。近期规划建设李沿子、大沟门等防洪拦沙水库;在固原城区段和红寺堡石炭沟段建设堤防及护岸工程 73 km,完成病险水库的除险加固。远期规划建设园子湾、大红沟等防洪拦沙水库,建设护岸工程 35 km。

15.5 大黑河

15.5.1 流域概况

大黑河发源于内蒙古中部乌兰察布市卓资县境内,流经卓资县城和呼和浩特市近郊,于托克托县河口镇汇入黄河,干流全长 226 km,流域面积 15 911 km²。水系包括大黑河干流、大青山诸支流及哈素海退水渠,流域多年平均径流量 3.77 亿 m³,其中干流美岱以上 1.42 亿 m³。

现状年流域总人口 217.8 万人,其中城镇人口 109.1 万人,城镇化率 50.1%。国内生产总值 796.6 亿元,人均国内生产总值 3.66 万元。大黑河美岱以下的土默特川平原,地形平坦,土壤肥沃,是内蒙古自治区重要的粮食生产基地之一。

15.5.2　治理开发与保护重点及主要措施

大黑河流域治理要以水资源的节约和保护为重点,提高水资源利用效率,加强美岱以下河段防洪工程建设,提高城镇河段防洪能力,加大上中游地区水土流失治理力度。

15.5.2.1　水资源利用及保护

流域已建水库 17 座,其中中型水库 5 座,总库容 1.76 亿 m³;已建成大黑河干流灌区、哈拉沁灌区等 14 个万亩以上灌区,有效灌溉面积 247.5 万亩。针对水资源短缺、供需矛盾突出的问题,水资源利用的重点是大力开展灌区节水改造,提高水资源利用效率;建设水源工程,增加可供水量。近期规划新增节水灌溉面积 143.6 万亩;在干流美岱以上建设红吉水库,为呼和浩特市供水。远期规划新增节水灌溉面积 23.2 万亩;建设红峡水库及其他水源工程,进一步提高供水能力。

流域应加强对饮用水源地的保护,强化工业污染源治理,稳定达标排放,新建和扩建呼和浩特市、土默特左旗、托克托县污水处理工程,使河流水质达到水功能区水质目标。

根据河道内生态环境用水及入黄控制要求和水资源配置方案,主要控制断面应满足以下控制性指标要求:大黑河干流三两断面多年平均下泄水量不低于 0.3 亿 m³,入黄口水质目标为Ⅳ类。

15.5.2.2　防洪

大黑河干流已修建堤防及护岸工程 214 km,针对干流美岱以下局部河段防洪工程标准偏低的情况,今后应加强美岱以下河段防洪工程建设,重点是扩大排洪通道,加固培厚堤防,提高下游河段防洪能力。近期规划新建堤防及护岸工程 111 km,并对标准不足的堤防及护岸进行加固,完成病险水库的除险加固。

15.5.2.3　水土保持

流域水土流失初步治理面积 3 978 km²,治理程度为 40.0%,水土流失治理措施不足,尚需加大治理力度。近期规划开展水土流失治理面积 2 868 km²,建设骨干坝 180 座,中小型淤地坝 428 座。远期规划开展水土流失治理面积 1 773 km²,建设骨干坝 120 座,中小型淤地坝 276 座。

15.6　黄甫川

15.6.1　流域概况

黄甫川发源于内蒙古自治区准格尔旗西北部的点畔沟,在陕西省府谷县黄甫镇川口村汇入黄河。流域涉及内蒙古和陕西两省(区),大部分位于内蒙古境内。干流河长 137 km,流域面积 3 246 km²,多年平均径流量 1.52 亿 m³,多年平均输沙量 0.50 亿 t,平均含沙量 329 kg/m³。流域地处黄河中游多沙粗沙区,水土流失面积 3 069 km²,占流域总面积的94.5%,是黄河粗泥沙的主要来源区之一。

现状年流域总人口13.8万人,其中城镇人口5.6万人,城镇化率40.5%。流域国内生产总值35.3亿元,人均国内生产总值2.55万元。流域内煤炭资源丰富,开发潜力巨大。

15.6.2　治理开发与保护重点及主要措施

黄甫川流域要以水土流失综合治理为重点,控制人为新增水土流失,有效减少入黄泥沙,提高水资源的调配能力,加强水污染防治,完善重点河段防洪工程,提高防洪能力。

15.6.2.1　水土保持

流域水土流失初步治理面积1 286 km²,治理程度41.9%,已建淤地坝582座。针对流域生态环境脆弱,水土流失依然严重的问题,今后水土流失治理应以小流域为单元,通过沟道治理、坡地改造和生态建设等工程的实施,合理布设拦沙措施,有效减少入黄泥沙,特别是粗泥沙。近期规划开展水土流失治理面积997 km²,建设骨干坝249座,中小型淤地坝414座;远期规划开展水土流失治理面积666 km²,建设骨干坝129座,中小型淤地坝720座。

15.6.2.2　水资源开发利用和保护

黄甫川流域已建小型水库19座,总库容0.43亿m³,主要用于农业灌溉,现状农田有效灌溉面积10.3万亩。随着能源基地的开发和工业发展,流域水资源供需矛盾较为突出。今后水资源开发利用的重点是:对现有灌区进行节水改造,通过兴建水库及其他水源工程,增加供水能力;合理开发地下水资源和建设水窖等集雨工程,解决农村饮水不安全问题。规划在纳林川和十里长川上分别建设磨盘塔、五色狼水库,调蓄地表径流,解决工农业生产用水不足问题。

水污染防治主要通过污水处理厂建设,提高中水回用率,加强工业污染源治理,减少污染物排放与入河量,改善流域水环境。

根据河道内生态环境用水及入黄控制要求和水资源配置方案,主要控制断面应满足以下控制性指标要求:黄甫川干流黄甫断面多年平均下泄水量不低于0.6亿m³,入黄口水质目标为Ⅳ类。

15.6.2.3　防洪

流域内现状仅有少量零星农防工程,多为群众自发修筑的临时性防护措施,标准较低,不能满足防洪要求。今后防洪治理应以保障干流纳林镇、沙圪堵镇河段及黄甫工业集中区河段的防洪安全为重点。近期规划建设堤防及护岸工程53.5 km,完成病险水库的除险加固。远期规划建设堤防及护岸工程15.0 km。

15.7　窟野河

15.7.1　流域概况

窟野河发源于内蒙古自治区鄂尔多斯市柴登乡拌树村,流经内蒙古伊金霍洛旗和陕西省府谷县,于神木县贺家川镇沙峁村汇入黄河。干流全长 242 km,流域面积 8 706 km²,多年平均径流量 5.54 亿 m³,实测多年平均输沙量 1.38 亿 t。流域毗邻毛乌素沙地,流经黄河中游多沙粗沙区,水土流失面积 8 305 km²,是黄河粗泥沙的主要来源区之一,也是水土流失治理重点地区。

现状年流域总人口 56.4 万人,城镇人口 31.0 万人,城镇化率 55%。国内生产总值 331.4 亿元,人均国内生产总值 5.88 万元。流域矿产资源丰富,神府、东胜矿区已成为特大型优质煤和出口煤的生产基地。

15.7.2　治理开发与保护重点及主要措施

窟野河流域要以水土流失综合治理为重点,控制人为新增水土流失,有效减少入黄泥沙,合理利用水资源,缓解供需矛盾,加强水污染防治,提高城镇河段防洪能力。

15.7.2.1　水土保持

流域水土流失初步治理面积 3 157 km²,治理程度为 38.0%,已建淤地坝 1 192 座。针对流域生态环境脆弱、水土流失严重的情况,应进一步加大治理力度,大力开展以淤地坝建设为主的水土保持综合治理,有效控制水土流失,同时结合生态移民,减少人为破坏,改善生态环境。近期规划开展水土流失治理面积 3 187 km²,建设骨干坝 257 座,中小型淤地坝 569 座。远期规划开展水土流失治理面积 2 125 km²,建设骨干坝 311 座,中小型淤地坝 1 135 座。

15.7.2.2　水资源利用及保护

流域已建设中小型水库 6 座,总库容 1.76 亿 m³;在干支流建成暖水、一云渠、二云渠等引水灌溉工程,有效灌溉面积 31.48 万亩。随着工业的发展,特别是煤炭资源的大规模开发,流域水资源供需矛盾突出。今后水资源开发利用的重点是调整产业结构,突出节约、高效用水,适度兴建水源工程,缓解供需矛盾。近期规划建设转龙湾、朱盖沟等水库;新增节水灌溉面积 2.2 万亩。远期规划建设乌兰不拉、牸牛川等水库。为解决流域缺水问题,需进一步研究黄河干流向窟野河流域供水的合理规模。

水污染防治的重点是对神木以下干支流河段进行治理,加强污水处理厂和管网建设,建设神木县污水处理厂、大柳塔污水处理厂等工程,加强工业污染源治理,严格控制污染物入河总量,改善流域水环境。

根据河道内生态环境用水及入黄控制要求和水资源配置方案,主要控制断面应满足以下控制性指标要求:窟野河干流温家川断面多年平均下泄水量不低于 2.2 亿 m³,入黄口水质目标为Ⅲ类。

15.7.2.3　防洪

窟野河干流上已建堤防及护岸工程 86.2 km。流域防洪的重点是保障国家能源基地及重要城镇河段的防洪安全。规划防洪河段包括干流上游乌兰木伦河水库—转龙湾河段、中游的转龙湾—神木河段及支流城镇河段。近期规划建设干流堤防及护岸工程 85 km。远期规划对已有防洪工程进行加固,并开展支流城镇河段防洪工程建设。

15.8 无定河

15.8.1 流域概况

无定河发源于陕西省白于山北麓,上游称红柳河,向北流入内蒙古乌审旗后称无定河,于陕西省横山县庙口村再入陕西境内,后汇入黄河。干流全长 491 km,流域面积 30 261 km²,多年平均径流量 11.51 亿 m³,多年平均输沙量 1.27 亿 t。流域内干旱、风沙灾害频繁,水土流失面积 29 893 km²,是黄河泥沙特别是粗泥沙的主要来源区之一。

现状年流域总人口 208.7 万人,其中城镇人口 59.9 万人,城镇化率 28.7%。国内生产总值 380 亿元,人均国内生产总值 1.82 万元。流域煤炭、石油、天然气资源十分丰富,能源化工基地建设对水资源的需求日益迫切。

15.8.2 治理开发与保护重点及主要措施

无定河流域要以水土流失综合治理为重点,进一步减少入黄粗泥沙,合理配置水资源,加强水污染防治,做好库坝群除险加固及重点河段防洪治理,提高城镇河段防洪能力。

15.8.2.1 水土保持

无定河流域是全国水土保持的重点治理区,以拦沙为主要目标,在上游红柳河、芦河和榆溪河等支流,建成了新桥、金鸡沙等大中型滞洪拦沙库,加上已建成的众多小型水库和淤地坝,形成了红柳河、芦河、榆溪河三大库坝群。流域水土流失初步治理面积 1.36 万 km²,占水土流失面积的 45.5%,水土流失治理任务依然艰巨。今后应以拦减泥沙、改善生态环境和提高当地群众生产生活条件为目标,进一步加大水土流失治理力度。近期规划开展水土流失治理面积 16 666 km²,建设骨干坝 915 座、中小型淤地坝 2 803 座。远期规划开展水土流失治理面积 11 110 km²,建设骨干坝 610 座、中小型淤地坝 1 772 座。

15.8.2.2 水资源利用及保护

无定河流域已建成中小型水库 99 座,建成雷惠渠、响惠渠、定惠渠等重点引水灌溉工程,农田有效灌溉面积 124.5 万亩。无定河流域水资源短缺,随着能源基地的建设,用水量增加,水资源供需矛盾日益突出,水污染问题也逐渐严重。流域水资源开发利用应做好现有水利工程的节水改造,提高中水回用率,在合理利用本地水资源的基础上,考虑从黄河干流引水,补充当地水资源的不足。近期规划新增节水灌溉面积 51.8 万亩;在合理确定内蒙古和陕西省用水指标的基础上,建设王圪堵水库和大草湾水源工程,为能源基地供水,并适当发展灌溉面积;为解决流域缺水问题,需进一步研究黄河干流向无定河流域供水的合理规模。

流域水资源保护应按照黄河入河污染物总量控制指标要求,制定落实总量控制目标具体方案和措施,加强污水处理工程建设,加大水污染防治力度,保障水质达到水功能区水质目标要求。

根据河道内生态环境用水及入黄控制要求和水资源配置方案,主要控制断面应满足以下控制性指标要求:无定河干流白家川断面多年平均下泄水量不低于 7.3 亿 m³,入黄口水质目标为Ⅲ类。

15.8.2.3 防洪

流域防洪治理以上游库坝群除险加固为重点,同时修建防洪骨干水库,拦蓄上中游洪水泥沙,减轻下游防洪压力。近期规划建设蒋家窑则、雷河嘴等防洪拦沙水库;建设干流堤防及护岸工程18.4 km,加固堤防及护岸32.0 km;完成病险水库的除险加固。远期规划对干流巴图湾—大草湾河段进行整治,进一步提高防洪能力。

15.9 汾河

15.9.1 流域概况

汾河位于山西省境内,是黄河的第二大支流,发源于宁武县东寨镇管涔山脉,在万荣县庙前村附近汇入黄河。干流全长694 km,流域面积39 471 km²,多年平均径流量18.47亿 m³,实测多年平均输沙量0.22亿 t。

现状年流域总人口1 270.3万人,其中城镇人口635.8万人,城镇化率50.1%。国内生产总值2 360.9亿元,人均国内生产总值1.86万元。汾河流域是山西省城镇化程度较高、工业集中、农业发达地区,中游的太原市是山西省政治、经济和文化中心,流域矿产资源丰富,是我国重要的能源重化工基地。

15.9.2 治理开发与保护重点及主要措施

汾河流域治理以水资源节约和保护为重点,合理配置水资源,缓解缺水问题,保障城镇河段防洪安全,进一步加强水土流失治理。

15.9.2.1 水资源利用及保护

汾河流域已建成汾河水库、汾河二库、文峪河水库等3座大型水库和13座中型水库以及数量众多的小型水库等工程;建成了万家寨引黄工程及引沁入汾一期工程;建成大中型自流灌区33处,大中型泵站28处,农田有效灌溉面积712.4万亩。汾河属于资源性缺水地区,随着经济社会的发展,水资源供需矛盾突出,造成地下水超采,河道断流,水污染严重。流域水资源开发利用的重点是进行灌区节水改造,加强水污染防治,涵养和保护水资源。通过建设水源工程、集雨工程、中水回用、矿坑水利用等多种措施增加供水能力。近期规划在支流建设松塔、柏叶口等水库工程,提高晋中盆地的供水能力;在下游建设北赵提黄工程、续建禹门口引黄提水工程,适当发展灌溉面积;为缓解流域缺水问题,需研究从拟建的古贤水库引水的规模及经济合理性。远期规划建设下静游、西贾等水库工程,进一步提高供水能力。

汾河流域生态环境问题比较突出,水污染防治是今后工作的重点。应加大对汾河水库以下干流河段水污染治理力度,全面推行污染物排放总量控制和取排水许可制度,满足河流水功能区保护要求。加强太原、临汾等城镇水污染防治工作,提高城市污水处理率和中水回用率,加强工业污染源治理,优化调整排污口设置,强化水功能区监督管理。

根据河道内生态环境用水及入黄控制要求和水资源配置方案,主要控制断面应满足以下控制性指标要求:汾河干流河津断面多年平均下泄水量不低于 6.2 亿 m³,入黄口水质目标为Ⅳ类。

15.9.2.2　防洪

流域已建设堤防工程 589.1 km,丁坝 4 673 条。今后防洪治理应以病险水库除险加固、重点城市防洪为重点,完善汾河干流及主要支流的防洪工程,加强山洪地质灾害防治,做好汾河口的治理。近期主要安排县城河段防洪工程及重要山洪防治河段的河道治理,治理河段长度干流为 458.1 km,支流为 238.1 km;完成病险水库的除险加固。远期安排其余山洪防治河段的河道治理,规划治理河段长度干流为 135.5 km,支流为 22.0 km。

15.9.2.3　水土保持

流域水土流失初步治理面积 15 092 km²,治理度 63%,已建淤地坝 14 611 座。目前流域水土流失问题依然十分严重,需进一步加大治理力度。近期规划开展水土流失治理面积 1.68 万 km²,新建骨干坝 665 座,中小型淤地坝 2 659 座;远期规划开展水土流失治理面积 1.12 万 km²,新建骨干坝 343 座,中小型淤地坝 1 373 座。

15.10　渭河

15.10.1　流域概况

渭河是黄河第一大支流,发源于甘肃省渭源县鸟鼠山,涉及甘肃、宁夏、陕西等三省(区),在陕西省潼关县注入黄河。渭河干流河长 818 km,流域面积 134 766 km²,多年平均径流量 92.5 亿 m³,占黄河流域的 17.3%,实测多年平均入黄泥沙 4.43 亿 t,占黄河泥沙的 35%,为黄河泥沙的主要来源区之一。泾河是渭河最大的支流,河长 455.1 km,流域面积 4.54 万 km²,多年平均径流量 18.5 亿 m³。

现状年流域总人口 3 345 万人,其中城镇人口 1 359 万人,城镇化率 40.6%。国内生产总值 4 407.8 亿元,人均国内生产总值 1.32 万元。渭河盆地人口密集,经济发达,是我国重要的粮棉油产区和工业生产基地,是国务院批复的关中—天水经济区所在区域。

15.10.2　治理开发与保护重点及主要措施

渭河流域治理要水沙兼治,兴利除害结合,节流治污并重,防洪抗旱并举;加强节水防污型社会建设,加快引汉济渭等调水工程建设;建设和完善防洪减淤工程体系;加强以多沙粗沙区为重点的水土流失综合治理。

15.10.2.1　水资源利用及保护

渭河流域发展水利事业的历史悠久。流域内兴建了巴家嘴、宝鸡峡、冯家山、石头河、交口抽渭、东雷抽黄等一批大中型水利工程,农田有效灌溉面积 1 639 万亩。目前流域水资源短缺,供需矛盾突出,部分地区地下水超采严重,水污染问题突出。水资源开发利用的重点是开展宝鸡峡、泾惠渠、交口抽渭等大中型灌区的节水改造,提高水资源利用效率;建设水源工程,增加供水能力;实施跨流域调水,补充流域水资源的严重不足。近期规划新增节水灌溉面积 434 万亩;建设泾河兔里坪、马莲河、亭口水库和北洛河南沟门等水库;

适当发展灌溉面积;继续进行引红济石、引洮供水工程建设,开展引汉济渭工程、宁夏固原地区城乡水源工程建设,积极研究论证引洮济渭、葫芦河调水工程的任务和规模。为解决陇东能源基地发展的用水问题,积极研究从黄河干支流以及嘉陵江支流白龙江引水的可行性。远期规划新增节水灌溉面积255万亩;建设渭河鸳鸯水库,增加甘肃省天水市城市供水量。

渭河流域水污染问题比较突出,应加强对重点河段水污染的防治与监督管理。加大天水、宝鸡、咸阳、西安、渭南等重点城镇水污染防治力度,进一步加强城市污水处理厂建设和工业污染源治理,提高中水回用率,采取生态修复等多种措施综合治理水污染,减少污染物排放与入河量,强化水功能区监督管理,保障渭河干流水质目标的实现。

根据河道内生态环境用水及入黄控制要求和水资源配置方案,主要控制断面应满足以下控制性指标要求:渭河干流林家村、华县断面非汛期的低限生态环境流量分别为10 m³/s、20 m³/s,多年平均下泄水量分别不低于20.5亿 m³、51.1亿 m³。渭河入黄口水质目标为Ⅳ类。

15.10.2.2　防洪

渭河干流上中游已建有各类堤防300 km;下游建有堤防192 km,河道整治工程58处,工程总长121 km;支流泾河和北洛河也修建了防洪工程。受潼关高程升高和不利水沙条件的共同影响,渭河下游河道泥沙淤积严重,排洪能力下降,洪水灾害频繁,防洪问题突出。渭河流域防洪以下游为重点,进行堤防加固和河道整治,进一步提高抗御洪水和河道排洪输沙能力;同时对干流中上游、支流泾河和北洛河城镇河段进行治理;加大流域病险水库除险加固力度。

近期规划渭河下游堤防加高培厚长139.4 km,加固堤段长145.4 km,河道整治续建工程11处,总长6.0 km,加高加固工程25处,总长20.2 km;中上游新建堤防护岸165.4 km,加固堤防护岸76.8 km;南山支流新建堤防46.4 km,加高加固64.2 km;泾河新建及改建护岸78.5 km,堤防加固34.6 km;北洛河新建护岸工程9处,总长2.4 km;完成中小型病险水库除险加固;适时开工建设泾河东庄水库,减轻渭河下游河道淤积,保障防洪安全。

远期规划渭河下游堤防加固69.5 km,河道整治续建工程13处,总长8.2 km,加高加固17处,总长9.0 km;中上游新建堤防护岸189.1 km,加固堤防护岸113.1 km;南山支流移堤新建堤防8.0 km,加高加固36.2 km;泾河新建堤防护岸143.6 km;北洛河新建护岸工程7处,总长11 km。

15.10.2.3　水土保持

渭河流域位于黄土高原地区,水土流失面积10.46万 km²,占渭河流域面积的77.6%,是黄河流域水土流失较为严重的地区之一。流域水土流失初步治理面积4.54万 km²,治理程度43.4%。目前流域多沙粗沙区治理和沟道工程建设力度不足,水土流失治理任务仍然艰巨。流域水土保持以减少入渭泥沙、改善生态环境和提高当地群众生产生活条件为目标,以多沙粗沙区治理为重点,强化以淤地坝建设为主体的水土流失综合防治措施。近期规划开展水土流失治理面积2.96万 km²,建设骨干坝3 032座,中小型淤地坝8 361座,使水土流失严重的状况有所改善。远期规划开展水土流失治理面积2.47万

km²,建设骨干坝 2 028 座,中小型淤地坝 5 840 座,建成较为完善的沟道坝系。

15.11　伊洛河

15.11.1　流域概况

伊洛河是黄河三门峡以下的最大支流,流经陕西、河南两省,在巩义市神北村注入黄河,流域面积 18 881 km²。干流洛河发源于陕西省蓝田县灞源乡,流经陕西省的洛南县和河南省的卢氏、洛宁、宜阳、洛阳、偃师、巩义等县(市),河长 447 km。伊河发源于河南省栾川县陶湾乡,流经嵩县、伊川县,在偃师市顾县镇杨村注入洛河,河长 265 km,流域面积 6 041 km²。伊洛河流域水资源相对丰富,多年平均径流量为 28.32 亿 m³,多年平均输沙量 0.12 亿 t。在黄河中游各支流中,伊洛河是水多沙少的支流之一。

现状年流域内总人口 734.8 万人,其中城镇人口 345.2 万人,城镇化率为 47.0%。国内生产总值 1 847.3 亿元,人均国内生产总值 2.51 万元。流域中下游地区城市集中,工农业发达,是中原城市群的重要组成部分。

15.11.2　治理开发与保护重点及主要措施

伊洛河流域治理以水资源的合理利用和水污染防治为重点,提高城镇河段防洪能力,继续开展水土流失防治,合理开发利用水力资源。

15.11.2.1　水资源利用及保护

伊洛河流域已建陆浑、故县 2 座大型水库,11 座中型水库,318 座小型水库,总库容 29.8 亿 m³,农田有效灌溉面积 215.3 万亩。针对流域水资源利用效率较低的问题,今后水资源开发利用的重点是完善现有水库及灌区配套工程,充分发挥现有水利工程效益,同时建设水源工程,保障城乡供水安全。近期规划建设小浪底南岸灌区和故县水库灌区,续建配套建设陆浑水库灌区,适当发展灌溉面积;在洛河上游和支流建设张坪水库和佛湾水库,发挥供水、防洪等综合利用效益;研究陆浑水库向郑州市供水的合理规模,缓解城市供水不足问题。远期进行葫芦湾、麻张、洛南、双庙等灌区续建配套建设,进一步提高水资源利用效率。

加强对伊河栾川、陆浑水库等饮用水源地的保护,重点加强洛阳、巩义等城市水污染综合治理;按照伊洛河水功能区纳污能力,严格控制污染物排放与入河量;加强污水处理工程建设,加大废污水集中处理力度,提高中水回用率;强化流域水功能区监管。

根据河道内生态环境用水及入黄控制要求和水资源配置方案,主要控制断面应满足以下控制性指标要求:伊洛河把口站黑石关断面多年平均下泄水量不低于 20.0 亿 m³,入黄口水质目标为Ⅳ类。

15.11.2.2　防洪

伊洛河流域防洪工程主要由陆浑水库、故县水库及河道防洪工程组成,已建堤防及护岸总长 389.3 km,险工 43 处。伊洛河流域下游有洛阳、偃师、巩义等城市,人口密集,淹没损失大,是伊洛河流域防洪的重点。近期规划在洛南、卢氏、洛阳、偃师、巩义等城区河段新建堤防及护岸 60.4 km,加固堤防及护岸 277.0 km;完成病险水库的除险加固。远期规划在洛宁、宜阳、伊川、栾川、嵩县等城区河段加固堤防及护岸 39.5 km。

15.11.2.3　水土保持

流域水土流失初步治理面积 3 804 km²,治理程度 32.6%,已建淤地坝 1 905 座。流域水土流失治理以中下游黄土丘陵区为重点,近期规划开展水土流失治理面积 4 538 km²,建设骨干坝 243 座,中小型淤地坝 513 座。远期规划开展水土流失治理面积 3 050 km²,建设骨干坝 94 座,中小型淤地坝 216 座。

15.11.2.4　水电开发

伊洛河流域具有一定的水电开发条件,已开发水电站 37 座,总装机容量 104 MW,年发电量约 4.5 亿 kW·h。今后应结合农村小水电建设,进一步开发利用水电资源。在开发过程中要统一规划,加强监管,保证河道内生态环境用水需求。

15.12　沁河

15.12.1　流域概况

沁河发源于山西省沁源县霍山南麓,在河南省武陟县南贾村汇入黄河。干流全长 485 km,流域面积 13 532 km²,多年平均径流量 13.00 亿 m³,多年平均实测输沙量 0.05 亿 t。在黄河中游各支流中,沁河是水多沙少的支流之一。沁河是黄河三门峡至花园口区间洪水主要来源区之一,沁河下游防洪与黄河防洪息息相关,历史上“黄沁并溢”,危害相当严重,保证沁河下游的防洪安全十分重要。

现状年流域总人口 345 万人,其中城镇人口 138 万人,城镇化率 40.0%。国内生产总值 800.8 亿元,人均国内生产总值 2.32 万元。流域煤炭资源丰富,沁水煤田是我国 26 个已探明储量超过百亿吨的重要煤田之一。

15.12.2　治理开发与保护重点及主要措施

沁河流域治理以水资源的合理配置和下游防洪工程建设为重点,提高上中游城镇河段防洪能力,加强水污染和水土流失防治,合理开发利用水力资源。

15.12.2.1　水资源利用及保护

沁河流域已建成 6 座中型水库和 95 座小型水库,农田有效灌溉面积 171.1 万亩,引沁入汾一期马房沟提水工程建成通水(年均引水量 5 900 万 m³),张峰水库已经建成。针对流域水资源短缺,局部地区地下水超采严重,水污染较为严重的情况,今后水资源利用主要是对现有灌区进行节水改造,充分发挥现有水利设施的效益,兴建综合利用枢纽工程,提高对水资源的调控能力,同时要加强对水污染的防治与监督。近期规划新灌区节水改造面积 31.3 万亩,建设调蓄水库及部分小型提水工程,改善现有灌区的供水条件,并提高供水保证程度;远期规划新增灌区节水改造面积 16.5 万亩,进一步提高供水能力。

流域应全面推行污染物排放与入河总量控制和取排水许可制度,加强晋城市、阳城县、武陟县等城市污水处理设施建设和工业污染源治理,提高中水回用率,使污染物排放与入河量满足不同规划水平年要求,保障水功能区水质目标的实现。

根据河道内生态环境用水及入黄控制要求和水资源配置方案,主要控制断面应满足以下控制性指标要求:沁河干流润城和武陟断面多年平均下泄水量分别不低于 4.5 亿 m^3 和 8.7 亿 m^3,入黄口水质目标为Ⅳ类。

15.12.2.2　防洪

沁河上中游已建堤防及护岸工程约 40 km,下游已建各类堤防 161.6 km,险工 49 处。目前沁河下游防洪问题仍然十分突出,上中游城镇河段防洪治理滞后。在干流五龙口以上河段,应以城镇河段防洪工程建设为重点,结合防洪水库建设,确保城镇河段防洪安全;五龙口以下河段为黄河下游防洪工程体系的组成部分,应实施全面综合治理,重点做好现有堤防加固和险工续建改建,通过修建河口村水库,提高下游防洪标准。近期在重点做好沁河下游防洪治理的同时,规划在干支流的晋城、高平等市区河段,沁源、安泽、沁水、阳城等县城河段,安排治理河段长度 119.2 km;完成病险水库的除险加固。

15.12.2.3　水土保持

流域水土流失初步治理面积 4 855 km^2,治理程度 48.1%,已建淤地坝 4 598 座。近期规划开展水土流失治理面积 5 430 km^2,建设骨干坝 229 座,中小型淤地坝 888 座;远期规划开展治理面积 3 620 km^2,建设骨干坝 131 座,中小型淤地坝 520 座。

15.12.2.4　水电开发

沁河干流及支流丹河已建 1 MW 以上水电站 35 座,总装机容量 90.8 MW,年发电量 2.6 亿 kW·h,已开发的电站多数为引水式电站。流域水力资源较为丰富,应在妥善保护生态环境的基础上,合理开发利用。在开发过程中要统一规划,加强监管,保证河道内生态环境用水需求。

15.13　大汶河

15.13.1　流域概况

大汶河又名汶水,是黄河下游最大的一条支流,主流发源于山东省沂源县松崮山南麓,于东平县马口村注入东平湖,经陈山口和清河门闸出东平湖进入黄河。干流河长 239 km,流域面积 9 098 km^2,多年平均径流量为 13.70 亿 m^3,多年平均实测输沙量 0.01 亿 t。东平湖是黄河下游的滞洪区,承担着滞蓄黄河及大汶河洪水的任务。

大汶河流域自然条件较好,矿产资源丰富,是黄河流域经济发展水平较高的地区之一。现状年流域总人口 576.0 万人,其中城镇人口 298.0 万人,城镇化率 51.7%。国内生产总值 1 446 亿元,人均国内生产总值 2.51 万元。

15.13.2　治理开发与保护重点及主要措施

大汶河流域治理以水资源的合理配置和高效利用为重点,加强下游河段及支流重要城镇河段防洪治理,加大水污染治理力度,搞好水土流失防治。

15.13.2.1　水资源利用与保护

大汶河流域内共兴建大、中、小型水库 757 座，其中大型水库 2 座，总库容 13.9 亿 m³，农田有效灌溉面积 362.2 万亩。针对流域供水保证程度低，水资源供需矛盾突出的问题，水资源利用以加强灌区节水改造，提高水资源调蓄能力，合理调配水资源量为重点。近期规划新增节水灌溉面积 26.4 万亩；建设金水河、宅科、中皋等水库及区域内调（引）水工程，为城市生活及工业供水，并适当发展灌溉面积。远期规划新增节水灌溉面积 15.2 万亩，建设和庄、南鄙等水库，进一步提高供水能力。

流域水资源保护以水源地保护为重点，强化入河排污口的管理，加强流域水污染防治，对流域内莱芜、泰安城市河段进行重点治理。要强化水资源保护监督管理能力，提高水污染事故的应急处理能力。

根据河道内生态环境用水及入黄控制要求和水资源配置方案，主要控制断面应满足以下控制性指标要求：大汶河戴村坝断面多年平均下泄水量不低于 8.6 亿 m³，入黄口水质目标为Ⅲ类。

15.13.2.2　防洪

大汶河干流已建各类堤防 175.6 km，险工护岸工程 52 处。流域防洪以干流及主要支流城镇河段防洪治理及病险水库除险加固为重点，同时开展大汶河滩区村庄安全建设。近期安排对大汶河下游淤积严重的入湖口段 78.2 km 河道进行扩挖、疏浚，新建堤防及护岸长 220 km，加高培厚堤防及护岸长 235.6 km；完成病险水库的除险加固，适当建设调蓄水库，减少下游河道防洪压力；采取村庄搬迁、加固围村堰等安全建设措施，保障滩区群众生命财产安全。

15.13.2.3　水土保持

流域水土流失初步治理面积 2 253 km²，治理程度为 39.6%。近期规划开展水土流失治理面积 1 949 km²，建设骨干坝 60 座，中小型淤地坝 120 座；远期规划开展水土流失治理面积 1 301 km²，建设骨干坝 25 座，中小型淤地坝 50 座。

第 16 章　流域综合管理规划

黄河治理开发与管理是一项复杂庞大的系统工程,既要综合解决矛盾特殊的水事问题,又要统筹协调流域与区域之间的管理关系,以及流域内有关各方之间的利益分配关系。为此,黄河治理开发与管理要建立完善流域管理与区域管理相结合的管理体制及运行机制,健全黄河水利政策法规,增强流域执法能力、监督能力、工程管理能力和信息发布能力,积极推进流域统一规划、统一管理和统一调度。

16.1　流域管理体制

按照流域管理与区域管理相结合的原则,建立健全事权明晰、运作规范、权威高效的黄河流域管理体制。根据实际需要,建立健全流域管理及区域管理各级机构,按照权力与责任相统一的原则依法划分流域管理与区域管理的事权,强化流域管理机构对社会的涉水事务管理和公共服务能力。依法行政、依法管水,切实履行水行政管理职责,建立完善水行政政务公开和公共服务信息平台,有力保障社会公众有序参与流域管理。

16.1.1　防汛抗旱管理

进一步强化黄河防总对流域各省(区)防汛抗旱工作的组织、指导、协调和监督。加强防汛与抗旱统筹协调,落实各级政府、各部门以行政首长负责制为核心的各项责任制度;健全防汛抗旱统一指挥、分级负责、部门协作、反应迅速、协调有序、运转高效的应急管理机制;加强各级防汛抗旱部门的能力建设,建立专业化与社会化相结合的应急抢险救援队伍,健全防汛应急抢险和抗旱物资储备体系,完善防汛抗旱应急预案,提高防汛抗旱现代化管理水平。进一步理顺各省(区)防汛抗旱指挥机构和黄河流域管理机构在日常防汛抗旱管理中的关系,实现黄河防汛抗旱业务部门和各级政府的有机配合。加强黄河防总对干流及支流主要水库的统一调度,强化流域防汛抗旱行政监督和调控手段。按照统一管理与分级分部门管理相结合的原则,加强防洪保护区、蓄滞洪区、行洪区和滩区的管理。进一步完善流域防汛抗旱预案并组织实施。鼓励和支持发展洪水保险。

16.1.2　黄河水资源统一管理和调度

强化取水许可管理中流域总量控制与区域总量控制的协调统一,加强黄河干流和重要支流水量、水质的统一管理和调度,明确流域管理与区域管理的事权。进一步加强流域水量调度的协商、协调和沟通职能,水力发电调度主管部门及生态主管部门参与黄河水量调度协商。对黄河干流梯级水电站及支流主要水库的水量实行统一调度,水力发电调度服从水量调度。对流域地下水实行开采总量控制和严重超采区水位控制管理。

16.1.3　流域水资源保护监督管理

按照《中华人民共和国水法》、《中华人民共和国水污染防治法》等法律法规的规定，以流域为单元，充分发挥地方各级人民政府及水利、环保等部门和流域管理机构在水资源保护和水污染防治中的优势，切实履行各自职责，联合治污。建设流域管理机构与地方政府及水利、环保等部门间的交流平台，建立水资源保护和水污染防治会商及信息交流制度，实现水质水量、污染源与入河排污口的信息共享，提高跨区域突发水污染事件的应急处置能力，进一步强化水功能区、饮用水水源、水域纳污能力、入河排污和省界水质的管理，促进黄河水资源的保护。

16.1.4　河道管理

黄河中游禹门口至潼关、下游西霞院坝下至入海口河道由黄河流域管理机构直接管理，上中游河道应根据实际情况建立流域管理与区域管理相结合的管理体制，明确划分有关各方管理事权，加强流域管理机构对上中游省际边界河段、跨省（区）河段及重要支流的管理。建立健全河道巡查报告制度。加强河道岸线资源开发利用的管理，按照国家授权严格实行河道管理范围内水工程建设项目的规划同意书制度并加强监管，及时清除河道内严重影响行洪的障碍物。

为保证黄河下游及河口地区的防洪安全，要切实加强对入海备用流路和浅海容沙区的管理。刁口河作为近期备用流路，要按照有关规定进行管理，限制流路区内的生产建设活动。马新河、十八户作为远景备用流路，研究提出对马新河、十八户与刁口河备用流路实行差别化管理的意见。

16.1.5　水利工程建设与管理

积极探索推进黄河流域水利工程建设管理体制改革，充分调动地方政府和各方面的积极性。在加快建立政府水利投资稳定增长机制、发挥政府在水利建设中主导作用的同时，向社会开放水利工程投融资和建设管理领域，建立收费补偿机制，采取业主招标、承包租赁、投资补助、特许经营等方式，鼓励引导民间资本参与水利工程建设和管理。对有经营收益的项目，要积极引导走向市场，推行项目法人招标，对非经营性政府投资项目，加快推行代建制；逐步形成政企分开、政事分开、政资分开、事企分开的建设管理体制，明晰水利工程产权，明确管理主体，完善公益性水利工程管护机制，加快推行管养分离，加强资产及收益监管，强化水利工程环境与安全管理。进一步完善流域管理与区域管理相结合的水利工程管理体制，实行水利工程建设规划同意书制度，强化流域管理机构对重要控制性水利工程、上中游省际边界河段、跨省（区）河段水利工程的建设及运行管理的指导与安全监管，建立和完善流域内重要控制性水利工程的安全通报制度；优化工程调度运用方案，保障流域生产、生活和生态用水需求。

16.1.6　水土保持管理

完善流域管理与区域管理相结合的黄河水土保持管理体制，实施最严格的水土保持监督监测制度,强化流域管理机构在流域水土保持生态建设与保护管理中的职责;加强流域水土保持统一规划,强化对国家水土保持重点工程的监督管理,加强对各省(区)水土保持法律法规执行情况和大型生产建设项目水土保持"三同时"制度落实情况的督察工作。进一步强化黄河中游水土保持委员会在统筹黄河流域水土流失防治工作中的指导和协调职能。

16.1.7　水行政执法

建立行为规范、运转协调、公正透明、廉洁高效的流域与区域相结合的水行政执法体制。按照流域管理机构直管河段、省际边界河段、跨省(区)支流河段、重要水库库区河段及其他河段的特点,确定相应的管理方式,并合理界定流域管理机构和地方水行政主管部门及相关执法部门之间的水行政执法权限,在明晰事权基础上各司其职、各负其责,在重大水事案件中实施联合执法。依据法律法规的规定和水利部的授权,进一步强化流域管理机构的水行政管理职能和执法权限,建立完善黄河水利公安队伍和水政执法队伍联合执法体系,合理设置流域管理机构的各级水行政管理部门和水行政执法队伍。

16.2　流域管理运行机制

16.2.1　进一步完善流域管理议事协商机制

按照流域管理与区域管理相结合的原则,进一步完善流域管理议事协商机制。黄河流域管理机构组织建立议事协商平台,由国家发展改革、财政、水利、环境保护、住房和城乡建设、农业、林业、气象、能源、海洋等部门,流域内各省(区)人民政府(部门),以及其他利益相关者共同参与,协商流域治理开发与保护的重大问题和重大事项,统筹协调地区之间、部门之间的利益分配关系,使流域重大决策建立在民主协商的基础上,并使流域、区域及部门的要求在决策过程中得到充分体现。建立相应的议事协商规则、联席会议制度、信息共享制度,保障流域管理议事协商机制的有效运行。

16.2.2　建立干流及支流重要水利枢纽工程的管理和调度机制

黄河干流及支流重要水利枢纽工程是综合利用工程,具有防洪(防凌)、减淤、供水、灌溉、发电等多种功能,在管理黄河洪水、协调水沙关系、实现水资源统一管理与调度、改善河流生态环境和确保黄河不断流等方面具有重要的地位和作用。因此,必须加强统一管理和调度,建立健全流域管理机构对干流及支流重要水利枢纽工程的管理和调度机制。

对在黄河水沙调控体系中具有防洪、减淤作用的干流及重要支流水利枢纽工程,应由流域管理机构直接管理和调度。尤其对规划建设中的干流骨干水利枢纽,应由流域管理机构组织建设,促进形成滚动开发和统一管理机制,建成后由流域管理机构直接管理和调度。

对干流以发电或其他兴利效益为主,兼有防洪(防凌)、减淤任务的水利枢纽工程,由黄河防总对防洪(防凌)进行统一调度,由流域管理机构对水资源进行统一管理和调度。

黄河流域管理机构应加强流域控制性水利枢纽的联合调度和监督管理,严格执行黄河防洪、防凌安全控制指标,有效控制和科学管理洪水,实施水沙联合调度,维持中水河槽,充分发挥其在防洪（防凌）、减淤、供水、灌溉、发电等方面的社会效益、经济效益和生态效益。

16.2.3　强化水资源统一管理和调度机制

实行最严格的黄河水资源管理制度,严格执行用水总量控制指标,依法有序开发利用水资源;严格执行用水效率控制指标,坚决遏制用水浪费,保障黄河主要断面生态环境基本用水量及下泄水量;严格执行入河排污总量控制指标,保障黄河水质安全。按照国家法律法规和水利部授权,加强需水管理,严格执行黄河取水许可制度和建设项目水资源论证制度。强化取水许可总量控制和用水定额管理,限制高耗水、重污染建设项目,逐步建立覆盖流域和省、市、县三级行政区域的水量分配和取水许可总量控制指标体系,强化流域与行政区域的取水许可分级总量控制管理。积极推进省（区）用水定额修订工作,结合国家行业用水标准,建立黄河流域用水定额管理体系,从流域管理层面发布黄河流域用水定额指导意见,为建设项目水资源论证、取水许可审批等提供科学依据。对黄河流域内地下水开发利用实行总量控制管理,建立地下水年度开采总量控制和水位控制管理指标,制定地下水管理制度。加强对建设项目入河排污口设置的审查和取用水户退水情况的监督检查。

加强黄河水量统一调度,严格执行《黄河水量调度条例》,依据经批准的黄河水量分配方案和年度预测来水量、水库蓄水量,按照同比例丰增枯减、多年调节水库蓄丰补枯的原则,在综合平衡各省（区）年度用水计划建议和水库运行计划建议的基础上制订年度水量调度计划。黄河流域管理机构和省（区）各级人民政府水行政主管部门按照职责权限实施黄河水量调度。制订旱情紧急情况下的水量调度预案及实施方案,采取有效措施,做好应急调度。进一步完善黄河水量调度管理系统,积极协调上下游、左右岸、干支流用水需求,在满足城乡居民生活用水的基础上合理安排生产、生态用水,保障流域供水安全和生态用水安全。

16.2.4　完善省界断面水量、水质责任监督机制

黄河水量统一调度遵循总量控制、断面流量控制、分级管理、分级负责的原则,实行地方人民政府行政首长负责制,明确责任人并向社会公告,同时纳入行政考核目标。进一步强化省界断面流量的监测、监督和控制能力,提高水量调度方案的执行力。建立省界断面流量责任考核指标体系,加强流域管理机构对省界断面流量的责任监督,对于省界断面流量不符合规定指标的、超计划用水或不严格执行调度指令的省（区）,流域管理机构对相关省（区）水量调度责任制的落实情况进行监督检查,并依据《中华人民共和国水法》、《黄河水量调度条例》等法律、法规规定追究相关责任人责任。定期将省界断面流量执行情况向国务院水行政主管部门、省（区）人民政府通报,并及时向社会公告。确保省界断面流量、水量达到规定要求。

向环境保护主管部门提出区域入河污染物总量限制排放意见,建立流域统一的省界

断面水质监测网,建设重点省际断面远程监控系统,全面实施省界水体水质水量同步的监督性监测,及时向国务院水行政主管部门和环境保护主管部门报告监测结果,并通报有关省级人民政府。强化对省界缓冲区的监督管理,建立省界缓冲区监督管理考核指标体系,及时向社会公告或向有关省级人民政府通报考核结果。

16.2.5　完善河道管理范围内建设项目管理机制

为维护正常的河道管理秩序和良好的水事秩序,应依法强化河道管理范围内建设项目的审查审批、施工和运行监督管理,严格执行建设项目洪水影响评价和审查许可制度,落实行政审批责任,保障行政审批公正、公开。建立涉河建设项目防洪补偿工程管理制度,强化建设项目的动态监管,做好建设项目施工监督、竣工验收和运行监督管理,落实建设项目防汛及管理维护责任。依法查处未经许可擅自在河道管理范围内修建工程的违法、违章行为,保证工程完整与河道防洪(凌)安全。

16.2.6　健全突发水事事件预警和应急管理机制

按照预防为主、常备不懈,统一领导、分级负责,依法规范、措施果断,快速反应、协同应对,依靠科技、提高素质的原则,在防汛抗旱、水量调度、水污染、工程建设与管理和省际水事纠纷调处等方面,按突发事件级别和类型,建立职责明确、规范有序、结构完整、功能全面、运转高效的突发黄河水事事件预警和应急机制,包括组织机构、预警和预防、应急响应、应急处置、应急保障、责任追究制度等内容。完善包括预测预警、应急信息报告、应急决策协调、应急公众沟通、应急处置程序、应急社会动员、应急资源调配、权力监督和责任追究等方面的运行机制。

16.3　政策法规建设

为了保障治黄事业的健康发展,要积极贯彻实施《中华人民共和国水法》、《中华人民共和国防洪法》、《中华人民共和国水土保持法》、《中华人民共和国水污染防治法》及《黄河水量调度条例》、《黄河河口管理办法》等法律、法规。结合黄河实际,在法律层面制定《黄河法》,在行政法规层面制定《黄河流域水资源保护条例》,在部门规章层面要对黄河源区管理、黄河东平湖管理等方面作出规定,并根据国家的法律法规和治黄工作需要制定有关政策。同时,流域内地方依据国家法律法规制定有关黄河水事管理的地方性法规和规章,构建完善的黄河水法规体系。

16.3.1　制定《黄河法》

黄河水资源是西北、华北地区的重要水源,防洪安全关系着黄淮海平原经济社会的稳定发展,黄土高原地区的水土保持生态建设关系着我国的生态安全。黄河流域土地、矿产资源尤其是能源资源十分丰富,经济发展潜力巨大,在我国经济社会的可持续发展中具有重要的战略地位。

《中华人民共和国水法》、《中华人民共和国防洪法》等水事法律的颁布实施,使我国水管理步入了法制轨道,并为流域管理提供了有力的法律支持。但由于这些法律是针对全国的普遍情况制定的,对黄河的特殊性还不能涵盖。流域内有些地方立法机关和政府制定了有关黄河的地方性法规或规章,但仅适用于本地区。黄河是一条复杂难治的河流,下游是"地上悬河",防洪形势严峻,滩区治理和安全建设具有特殊性;水资源极其短缺,经济社会的快速发展对水的需求日益强烈,供需矛盾更加尖锐;黄土高原地区水土流失严重,是导致下游河道淤积抬高的根本原因,是黄河复杂难治的症结;黄河流域跨多个省级行政区,省界河段长,水事纠纷频发,协调难度大。这些特殊性、复杂性及其造成的突出问题,都需要有针对性地建立特殊的法律制度来解决。黄河是国家确定实施流域管理的重要河流,应由国家立法来规范黄河管理事项。因此,需要制定《黄河法》,将黄河治理开发保护与管理的成功经验和成熟的政策上升为法律制度,有针对性地解决黄河特殊矛盾与问题,依法规范黄河治理开发活动,依法调整和规范黄河治理开发保护与管理中各方面的关系,促进黄河水资源可持续利用,改善流域生态环境,维持黄河健康生命,保障流域及相关地区经济社会的可持续发展。

制定《黄河法》,需要建立符合黄河流域特点和反映流域管理需求的法律制度。主要内容包括:一是完善流域管理与行政区域管理相结合的管理体制及运行机制,明确有关各方事权,理顺有关各方关系;二是完善黄河防洪管理制度,明确黄河防汛工作和防洪工程建设与管理中地方人民政府及其行政首长、流域管理机构各自的职责;三是建立和完善黄河河道管理制度,完善下游滩区安全建设与管理制度,建立下游滩区洪水淹没补偿和河口新淤土地开发利用等制度;四是完善黄河水资源流域统一管理制度,健全生态需水管理及遏制地下水超采管理措施;五是建立具有黄河特色的水资源保护制度,明确流域管理机构水资源保护执法监督管理权;六是建立水土保持生态建设和保护制度,建立河源地区、湿地系统、河口地区的生态补偿保护制度等。

16.3.2 制定《黄河流域水资源保护条例》

黄河流域能源资源富集的特殊资源禀赋,能源、重化工、有色金属等工业比重大的经济结构和水环境承载能力低的矛盾,导致水污染问题突出,加之水资源保护与水污染防治缺少必要衔接,黄河水资源保护是跨地区、跨部门的事项,因此需要在行政法规层面上制定《黄河流域水资源保护条例》,为黄河水资源保护提供法制保障。

建立符合黄河流域特点的水资源保护法律制度。主要内容包括:理顺流域水资源保护与水污染防治管理关系,建立流域管理机构、省级地方政府、水利与环保等有关部门参与的联合治污机制;完善流域入河污染物总量控制制度;实行流域统一的监测标准和信息共享机制;建立水资源保护的公众参与机制;建立完善的监督管理制度和责任追究制度。

16.3.3 政策制度

16.3.3.1 实行水工程建设规划同意书制度

按照《水工程建设规划同意书制度管理办法》,结合黄河流域实际,明确流域管理机构负责审签水工程建设规划同意书的河流湖泊名录,制定水工程建设项目分类管理指标,明确流域管理机构和省级水行政主管部门的水工程建设管理权限。流域管理机构负责黄河干流、主要一级支流及其他跨省（区）重要支流、省际边界河段等范围内水工程建设规划同意书的签署,省级水行政主管部门负责管理权限内的水工程建设规划同意书的签署,并向流域管理机构报送本行政区域内水工程建设规划同意书签署情况。

16.3.3.2　建立健全黄河水权制度

当前,流域内部分省（区）耗用黄河水量超过或达到分配指标,为解决国民经济发展中新增工业项目的用水问题,近年来经过探索实行了水权转让制度,使需增加用水的工业项目投资农业节水改造,节约水量转让给工业项目使用,取得了显著成效。为深入长期开展水权转让,需将流域管理机构及有关省（区）制定的水权转让的规范性文件上升为政策法规,建立并逐步完善黄河水权制度,明晰初始用水权、培育水权转让市场、规范水权转让活动,充分运用市场机制优化配置水资源。明确黄河水权转让中坚持总量控制、统一调度、水权明晰、可持续利用以及政府监管和市场调节相结合等原则,明确黄河流域管理机构、地方政府及其有关部门在黄河水权转让中的组织实施和监督管理职责;对节水效果评估、节水工程核验等作出规定,规范黄河水权转让技术审查和审批程序。近期在条件具备地区结合推进现代高效节水设施农业开展水权转让,促进灌区农业向集约化、现代化发展。建立健全水资源开发权许可制度、引导和规范市场主体通过公开公平竞争获得水资源开发权;完善水资源有偿使用制度,合理调整水资源费征收标准,扩大征收范围,严格征收、使用和管理等。

16.3.3.3　实行黄河下游滩区洪水淹没补偿政策

黄河下游滩区面积广阔,居住人口众多,是行洪、滞洪、沉沙的重要区域,也是滩区广大群众的生存家园,具有蓄滞洪区功能。与一般河流的滩区相比,黄河下游滩区除承担一般河流滩区的行洪功能和蓄滞洪区的滞洪功能外,还有显著的沉沙作用,承担了黄河泥沙的处理功能,是特殊的蓄滞洪区。由于下游滩区为承担滞洪沉沙作用而频繁受淹,受淹后又没有相应政策进行补偿,加之滩区安全建设、教育、医疗卫生等基础设施落后,导致滩区与周边地区群众生活水平的差距越来越大,形成了特殊的沿黄贫困带,已成为豫、鲁两省,乃至全国最贫困的地区之一。因此,无论从下游防洪安全、滩区经济社会发展,还是构建和谐社会来看,对滩区实施洪水淹没补偿政策都是十分必要的。

黄河下游滩区洪水淹没补偿项目主要包括滩区淹没补偿、安全建设补偿、经济发展扶持补偿及因满足滞洪沉沙需要而影响的经济发展机会成本补偿等。滩区淹没补偿内容包括农作物、专业养殖和经济林水毁损失,住房水毁损失,无法转移的家庭农业生产机械和役畜以及家庭主要耐用消费品水毁损失。补偿资金由中央财政支付。

16.3.3.4　研究制定流域生态补偿政策

为了遏制黄河流域生态持续恶化,需要制定符合流域实际和管理特性的生态补偿政策,解决流域生态利益及其衍生的经济利益在受益者、保护者、破坏者和受害者之间的不公平问题。

一是研究制定超计划用水补偿政策和挤占生态用水补偿政策。上游用户超计划用水影响下游用户用水对其造成损失应予补偿。根据确定的生态环境用水指标,对于挤占生态用水的应予缴纳补偿金,以经济手段保证基本的生态环境用水,尤其是河源地区、河口地区的生态保护。

二是研究制定水污染补偿政策,并明确补偿的标准和方式。

三是研究制定水土保持生态补偿政策。为了遏制人为造成的水土流失,需要按照"谁破坏、谁治理,谁受益、谁补偿"的原则,建立黄河流域水土保持生态补偿政策。制定水土保持生态补偿标准,建立水土保持生态补偿费征收和生态补偿保证金制度,加大水土保持生态建设资金投入,保障开发建设中的生态安全。

16.4　管理能力建设

增强流域管理能力是提高流域管理水平的重要保证。结合黄河流域管理实际,在充分发挥现有管理能力的基础上,进一步加强水行政执法能力、监督能力、工程管理能力和信息发布能力建设。

16.4.1　水行政执法能力建设

加强各级水行政管理机构执法能力建设,增强科学的执法理念和超前监督管理意识,实现同步管理和超前管理并重,重点做好执法队伍建设、执法保障建设和执法信息化建设,保证水法律、法规在黄河流域范围内的全面贯彻实施,维护良好的水事秩序。

(1)黄河水行政执法队伍建设。为切实履行《中华人民共和国水法》赋予流域管理机构的水行政管理和执法职责,黄委已在所属具有行政管理职能的单位设立水政监察总队、支队、大队共 120 支,形成了较为完善的黄河水行政执法网络。随着黄河流域经济社会的快速发展,涉河水事活动越来越多,水事违法行为不断发生,因此要加强水行政执法队伍建设。以加强基层水政监察队伍、黄河公安派出所建设为重点,积极推进基层专职执法队伍建设。按照执法工作需要,落实编制和人员,提高专职执法人员比例,调整充实执法力量。充分发挥黄河下游沿黄各县(市、区)黄河公安派出所的作用,实行水政监察、公安联合执法。

(2)执法保障建设。制定和落实水行政执法责任制,严格落实执法过错责任追究制。建立健全河道巡查报告制度。制定省际水事纠纷调处预案,有效防范水事群体事件和突发事件。落实水行政执法经费,把各级水政监察队伍和黄河公安派出所履行法定职责所需经费及省际水事纠纷调处经费,纳入国家财政预算予以保障。加强水政监察队伍、黄河公安派出所基础设施建设,按照水利部《水政监察队伍执法装备配置》和公安部公安派出所建设标准的要求,配备执法交通工具、调查取证设备、办公设备等执法装备。

(3)执法信息化建设。加大执法信息化建设力度,应用卫星遥感技术,在上中游省际边界河段和下游直管河段,建立卫星遥感信息接收和处理系统,提高信息化应用水平,为开展河道水事活动监控提供支持。构建重大水事案件网上会商平台,提高执法办案的效率。

16.4.2　监督能力建设

(1)规划实施监督能力。为维护规划的规范性和权威性,所有涉及开发、利用、治理、配置、节约、保护、管理水资源和防治水害的各项水事活动,都应以批准的流域综合规划及各类专业规划为依据。为确保规划的实施,需要建立完善的规划实施监督制度,增强规划实施监督能力,对不执行已批准规划,或规划实施滞后,或违反规划,对完成规划目标和任务造成严重影响等问题,加大规划实施监督检查力度,及时纠正、查处违规行为,维持良好的水事活动秩序。

(2)防汛抗旱监督能力。健全完善防汛抗旱监督制度,规范黄河防汛抗旱指挥机构在洪水预报、防汛抗旱调度及组织指挥等方面的工作程序,完善水旱灾害的防范措施和处置程序,落实行政首长负责制,加大执法力度,严格责任追究,维持良好的防汛抗旱工作秩序。

(3)水资源管理与调度监督能力。建立和完善水资源管理与调度监督工作制度。加强建设项目水资源论证制度实施的监督管理;按照国务院水行政主管部门的授权,流域管理机构对黄河干流和重要跨省(区)支流实行取水许可全额或限额管理。严格取水许可审批,建立取水许可总量控制与分级控制相结合的约束机制,明确各级监督管理的职责。开展取水许可现场执法检查,及时纠正违规取水行为。强化对取用水户的后续监督管理,建立用水考评机制。同时,要加强对限额以下地方审批的黄河取水项目的检查。各级水量调度机构应加强监督检查,确保调度指令的执行。

(4)水资源保护监督能力。建立和完善水资源保护监督制度。加强流域水功能区监督管理,对水功能区确界。强化饮用水功能区的监督管理。

(5)水土保持预防监督能力。建立健全水土保持预防监督工作制度,充分发挥流域管理机构的组织、协调和管理作用。加强水土保持监督队伍自身能力建设,建立严重人为水土流失违法事件的快速反应与联合查处机制,建立健全黄河流域水土保持预防监督标准体系,提高流域水土保持预防监督能力。

(6)水利工程建设与管理的监督能力。按照国务院水行政主管部门授权,健全完善流域内重大水利建设项目建设管理分级管理制度,认真做好流域内重大水利建设项目建设管理工作。完善水利工程质量监督管理体制和长效工作机制。进一步健全安全生产监管机构,加强安全监督力量;建立工程质量与安全风险评估制度,加强重大质量与安全事故应急管理,健全完善水利工程质量安全事故应急救援体系和安全监管服务体系。要加大对重点领域、重点项目、重点环节的监管,全面提高黄河流域水利工程质量与安全事故应急管理能力。

16.4.3　工程管理能力建设

针对黄河流域水利工程体系的配套完善及大量水工程竣工投入运营,重点解决水利工程运行管理能力薄弱的问题,全面扭转长期以来"重建轻管"的思维模式,切实加强水利工程管理队伍能力建设,加强工程观测设施、养护机械设施配备,改善与提高管理技术手段,促进工程管理现代化。

16.4.4　信息发布能力建设

流域治理开发和管理中形成了大量的信息,根据法律法规和有关规定,向社会和有关机构进行发布,以反映流域治理情况、保障社会公众知情权、取得社会支持和接受社会监督。因此,应进一步增强政务、水文、汛旱情、水质、水土保持等方面的信息发布能力。建设信息发布保障环境,制订完善流域信息发布管理制度,保障流域信息发布工作顺利开展。

(1)政务信息发布能力。根据国家关于政务信息公开的法律法规和依法行政的要求,对黄河治理开发和管理中的政务信息和各类行政管理事项,向社会公众发布。加快电子政务信息发布平台建设,建立内外网互为补充的信息平台。建立完善的黄河"政务公开"网,使其成为流域管理机构履行水行政管理职能的门户网站之一,成为向社会发布政务信息的重要窗口。

(2)水文信息发布能力。依托水沙监测、数据采集传输、数据存储及管理和黄河水文信息网,建立水文数据资源的交换和共享机制,完善水资源公报和泥沙公报发布机制,对黄河流域各类水雨情实时信息,洪水、水资源和泥沙预报信息进行发布。

(3)汛、旱情发布能力。建立流域与区域相结合的汛、旱情发布制度。流域和各省(区)洪水预报信息,实时雨情、水情、工情、旱情、灾情信息由黄河防总或各省(区)防指统一发布。建立黄河汛、旱情发布新闻发言人制度,及时向社会公众和组织发布水旱灾情和防汛抗旱工作情况。

(4)水质信息发布能力。流域各有关部门根据职能和分工适时发布黄河流域入河排污口和重点河段入河污染物总量信息,定期发布黄河流域重点水功能区水资源质量状况公报,及时向地方政府及其主管部门发布黄河流域省界水体及重点河段水资源质量状况通报。

(5)水土保持信息发布能力。水土保持信息以公报形式向社会定期发布,以客观反映黄河流域特别是多沙粗沙区等重点区域和重点工程水土流失与水土保持状况。信息发布的内容包括全流域或重点区域或重点项目水土流失状况及其危害、水土流失治理进展与成效、预防监督情况、重要水土保持事件等。

第17章 科技支撑体系规划

黄河科技支撑体系以现代科技应用和研发为基础,通过水沙观测、实体模型试验、信息化建设等手段,加强科学研究,掌握黄河各种现象之间的内在规律,为黄河治理开发保护与管理提供科学依据和决策支持。该体系包括黄河水沙监测与预测预报体系、"数字黄河"工程、"模型黄河"工程和科学研究等四个方面。其中,黄河水沙监测与预测预报由黄河流域水文机构承担,统一向全社会提供基础信息。黄河水沙监测与预测预报既为黄河的治理开发保护与管理提供决策支持,也为"模型黄河"工程和"数字黄河"工程提供系统、完整的数据支持;"数字黄河"可以对黄河治理开发保护与管理的各种方案进行模拟、分析和研究,并在可视化的条件下提供治黄决策支持;"模型黄河"主要通过对黄河所反映的自然现象进行反演、模拟和试验,从而揭示黄河的内在规律,可为黄河治理开发与保护提供具体方案和决策依据,同时也为"数字黄河"模拟分析提供物理参数。科技是治黄的先导,无论是治理开发保护与管理的实践,还是为其提供决策支持的黄河水沙监测与预测预报体系、"数字黄河"工程和"模型黄河"工程建设,都需要通过科学研究探索其内在规律、分析解决实践中可能遇到的重大技术问题。

17.1 科技支撑体系建设概况

17.1.1 水沙监测与预测预报体系

黄河水沙监测与预测预报体系,依据完善的水文站网,借助现代化设施、设备和科技手段,及时、准确地监测和预测黄河水沙量,分析黄河水沙变化规律,为黄河的治理开发保护与管理提供决策支持。

黄河流域水文站网承担着全流域降水、蒸发、径流、泥沙、地下水、凌情、墒情等各种水文水资源资料的监测任务。目前,已初步建成覆盖流域大部分河流与地区,布局较为合理、项目较为齐全、整体功能较强的水文站网体系。全流域现有基本水文站348处,水位站76处,雨量站1 950处,泥沙观测站252处,蒸发观测站161处,地下水观测井2 128处。黄河流域水库、河道及河口滨海区淤积测验断面数量为1 308个,其中流域管理机构808个,主要分布在三门峡库区及其以下地区。

水文情报预报与水文信息服务方面,目前主要开展的预报项目有气象预报、洪水预报、径流预报、凌情预报等,先后建设了实时水雨情数据库、历史水文数据库、气象数据库等,建设了水文信息的查询、服务体系,开发了新一代水文气象信息查询与会商软件系统等。

黄河水沙监测与预测预报工作在黄河防汛抗旱、水资源管理、水利工程的规划设计与管理、国民经济建设等方面发挥了巨大作用。但现有的水沙监测与预测预报能力还难以适应黄河治理开发保护与管理工作的要求,主要表现在现有站网的布局、密度及功能等不能完全满足今后一个时期黄河治理开发保护与管理的需求,水文基础设施建设相对落后,测报能力偏低,河源区水文情势变化规律尚不能准确把握,宁蒙河段及部分重要支流水文测验断面数量不足,河三区间暴雨预警系统有待进一步完善,洪水预警预报系统尚未建立,中长期水资源预报、冰凌预报和泥沙预报等关键环节的服务能力还有待进一步提高等。

17.1.2　"数字黄河"工程

"数字黄河"工程主要借助现代化手段及传统手段采集基础数据,针对黄河治理开发保护与管理、流域经济社会发展的相关要素,构建一体化的数字集成平台和虚拟环境,对有关方案进行模拟、分析和研究,并在可视化的条件下提供决策支持,增强黄河治理开发保护与管理决策的科学性和预见性。"数字黄河"工程主要由应用系统、应用服务平台、基础设施等构成。2003 年水利部批复了《"数字黄河"工程规划》。

目前,"数字黄河"工程的框架已基本建立。在基础设施建设方面,初步建成了黄河下游通信专网,完成了黄河数据中心一期工程建设。在应用服务平台方面,开发完成了工情险情会商系统和电子政务服务平台,正在开展数据交换与共享服务平台建设。在应用系统建设方面,基本建成了黄河下游工情险情会商系统和国家防汛抗旱指挥系统一期工程、黄河下游防洪工程维护管理试点系统、黄河水资源保护监控中心,建成了水量总调度中心、黄河流域水土保持生态环境监测系统一期工程、电子政务一期工程;基本建成了基于 GIS 的黄河下游二维水沙数学模型和三门峡、小浪底、陆浑、故县水库联合调控模型。

"数字黄河"工程在重点治黄业务领域虽已发挥了重要的作用,但仍不能满足新的需求。主要表现在:基础设施建设依然薄弱,信息采集的时空密度、时效性尚不能满足要求,网络安全存在隐患;应用服务平台建设不能满足业务应用的需求,不同系统间相互联动、信息资源和应用的集成不够充分;应用系统不完善,缺乏成熟的数学模型支撑,不能满足防汛、水量调度、水资源保护、水土保持等核心业务的决策需要。

17.1.3　"模型黄河"工程

"模型黄河"工程以黄河水沙监测数据和实体模型试验结果为基础,通过对黄河各种自然现象进行反演和试验,不断揭示黄河的内在规律和联系,在为黄河治理开发保护与管理提供方案和决策依据的同时,也为"数字黄河"工程模拟分析提供物理参数。2003 年水利部批复了《"模型黄河"工程规划》。

目前,"模型黄河"工程已建成了包括小浪底至陶城铺河段河道模型、小浪底库区模型、三门峡库区模型、部分概化模型、基础研究试验水槽和土壤侵蚀土槽等在内的诸多实体模型以及相关的基础设施和测控系统。"模型黄河"工程围绕三门峡水库和小浪底水库等重点工程建设,以及河道整治、调水调沙、小北干流放淤等重大治黄实践,完成了大量的关键技术研究和基础试验研究,为多沙河流研究与治理提供了理论基础和决策依据。但是,目前"模型黄河"工程还不能满足黄河治理开发保护与管理科学研究的需要,具体表现在:现有模型基地已无法满足更多模型试验研究的需要,黄土高原水土保持室外试验场及宁蒙河段实体模型等尚未建设,部分模型配套基础设施尚不完全满足试验研究要求,模型试验测控系统关键技术研究滞后等问题。

17.1.4　科学研究

黄河科学研究立足于以为治黄实践服务为宗旨,以河流泥沙研究为中心,进行了多学科、综合性水利科研工作,相继开展了国家自然科学基金、国家科技支撑(攻关)计划、国家重点基础研究发展计划(973)项目、国家"948"计划、省(部)级科研任务以及世界银行贷款等中外科技合作项目的研究,众多成果已投入治黄实践和生产,推动了各专业领域的发展,为黄河治理开发保护与管理提供了重要的科技支撑。但是黄河下游河道演变、水库异重流运动规律、黄土高原土壤侵蚀机理等自然规律还没有被充分认识,且随着流域经济社会的高速发展,对黄河水资源的承载力要求越来越高,开发和节约水资源、保护和改善水生态与水环境的任务愈来愈重,都对黄河科研工作提出了更新更高的要求。

17.2　水沙监测与预测预报体系建设

黄河水沙监测与预测预报体系包括水文站网布设、水文监测基础设施和测报能力、水库河道及滨海区水文泥沙测验、水情报汛通信网络、水文水资源预测预报、水文气象和水资源信息资源管理等。

17.2.1　水文站网布设

水文站网布设是黄河水沙监测与预测预报体系的基础。为满足黄河防汛抗旱、水沙调控体系联合调度、水资源统一管理与调度、水土保持特别是多沙粗沙区治理、河源区和河口生态保护等水文监测需要,按照《水文站网规划技术导则》等有关规定,规划近期全流域新设部分水文站、水位站、独立雨量站、蒸发站、引退水站、地下水监测站、墒情站、实验站和巡测基地等。规划到 2020 年,站网密度由目前的 2 280 km^2/站提高到 781 km^2/站。

为满足黄河治理开发保护与管理事业发展的需要,远期全流域继续补充新建部分水文站、水位站、独立雨量站、蒸发站、引退水站、地下水监测站、墒情站、实验站和巡测基地等。规划到 2030 年,站网密度提高到 649 km^2/站。

17.2.2　水文监测基础设施和测报能力

依据《水文基础设施建设及技术装备标准》,对新布设的水文测站进行建设,对现有的测站进行升级改造。主要包括各类测验设施,生产、生活用房及附属设施,先进的测验仪器设备和必要的通信、交通及维护检测设备、水文巡测基地等。测报能力建设包括多沙河流及高寒地区的测流、测深、测沙等测验仪器的研发,水文站综合测验平台、巡测基地应急和机动测验能力建设。通过水文监测基础设施设备和测报能力建设,加强监测预警能力建设,建立国家级北方片水文应急监测队,提高机动应急和处理异常事件的能力,逐步实现水文信息采集现代化。

17.2.3　水库、河道及滨海区水文泥沙测验

根据流域防汛抗旱、水资源调度与管理、水库和河道减淤等治黄发展的需要,建设完善的水库、河道及河口滨海区测验体系。近期新建(改建)重点干流河段、水库、滨海区及重要支流等区域水文泥沙测验断面,建设必要的水沙因子站、库区专用水位站、水库异重流测验断面、滨海区潮水位观测站。建造专用测验船只,配置相关仪器设备。配置滨海潮位自动监测、异重流监测、遥感数据解析和航测仪器设备,切实提高水库、河道、滨海测验和异重流监测水平。

远期进一步完善水库河道和滨海区淤积断面测验体系和测验设施,提高监测能力,开展相关监测。

17.2.4　水情报汛通信网络

在现有报汛站的基础上,近期增加一批报汛站,全河建立 1 个流域中心、9 个省(区)中心和 43 个水情分中心。建成覆盖全流域的水情报汛通信网络,形成多种信道互为备份的通信体系。利用通信卫星,全面实现雨量站和水位站自动报汛。加强应急报汛能力建设,重点部位实现移动报汛。建设覆盖流域和省(区)水文机构的水文计算机广域网络系统,实现流域管理机构和沿黄 9 省(区)各级水文机构互连互通,建立水文计算机网络安全平台。

远期建成高效可靠的水文计算机网络系统,全面实现黄河流域水情报汛自动化。

17.2.5　水文水资源预测预报

近期开发完善天气监测、强对流天气预报、热带气旋警报、短时和临近天气预警预报等系统,升级现有气象信息综合分析处理系统。建立适应黄河流域特征的暴雨预报系统,提高模式时空分辨率。引进新一代数值预报业务体系,使中期数值预报可用时效在北半球平均达到 3～5 天。进一步研发适合黄河流域特点的预报模型,提高洪水预报的精度和时效,预报断面(节点)由现状的 34 个扩展到 60 个。建设和完善不同河段暴雨洪水和局地突发性暴雨洪水预警预报系统。研发重要水文站泥沙预报模型,重点是小浪底入库泥沙预报和黄河下游泥沙预报模型。加强粗泥沙集中来源区产沙预报模型研发,开展小流域产水产沙、主要产沙支流入黄泥沙预测。建设基于卫星的黄河流域及供水区旱情监测系统,研发黄河流域径流预报模型和干旱预测模型。建立和初步完善宁蒙河段和下游河段冰情预报模型。加强气象灾害监测预警服务系统建设。

远期建立具有黄河流域特色的新一代数值预报业务系统,开展延伸期预报,预测未来一定时期的天气变化趋势。进一步提高模式时空分辨率,构建覆盖整个黄河流域的洪水预警预报系统,完善泥沙预报模型和冰凌洪水预报模型。

17.2.6　水文、气象和水资源信息资源管理

近期建设标准统一的气象、水情信息传输与接收处理系统,水情监视告警系统和水情分析系统。建设先进的气象信息交换系统,全面接收处理存储常规气象信息、数值预报产

品、不同分辨率的卫星信息和黄河流域及周边地区的气象雷达信息,并加强水文、气象和水资源等信息的共享。开发、配置统一的流域水文资料整汇编软件系统,实现水文资料整编所需数据与水文监测采集数据的自动化衔接。建设和完善黄河流域国家水文数据库体系。建立黄河流域水文数据中心、分中心和九省(区)数据中心(含异地水文数据备份中心),实现各水文数据中心信息共享和互访。构筑流域水文地理信息平台、流域统一的业务应用服务平台和数据仓库体系,建设水文业务应用系统和综合服务管理系统,实现与水文数据采集、水文数据库群等基础资源的有机结合。

远期建立智能化水情信息管理和服务平台。

17.3 "数字黄河"工程建设

"数字黄河"工程总体框架由应用系统、应用服务平台、基础设施等组成,水利部于2003年批复了《"数字黄河"工程规划》。目前"数字黄河"工程的基本框架已经建立,在黄河治理开发与管理中发挥了很大的作用。规划期按照"统一规划、分步实施"的原则,在现状发展水平的基础上,进一步建设和完善"数字黄河"工程。

17.3.1 应用系统

主要包括防汛减灾、水资源管理与水量调度、水土保持生态环境监测、水资源保护、水生态保护、水利工程建设与管理、电子政务等应用系统。

17.3.1.1 防汛减灾

近期建立涵盖黄河流域及相关省(区)的工情信息采集中心,完善防洪、防凌调度系统和调度运行监视子系统,建成防汛组织指挥系统,开发防汛抢险管理系统,建成基于"3S"(RS、GIS、GPS)的4级指挥调度中心和1级监测站网络,构建减灾管理系统。远期建成覆盖黄河流域重点防洪地区的防汛减灾系统。

17.3.1.2 水资源管理与水量调度

近期建设水资源管理业务应用系统,完善信息采集设施设备,加强引水计量和供水管理,扩大支流水调相关信息收集的覆盖范围,增加供水、水政、旱情监测预警和抗旱指挥调度等应用系统开发建设,进一步完善水调、水政、供水管理应用系统建设,开展人工增雨业务系统建设。远期广泛开展地下水监测,升级各应用系统以满足水量调度管理需要。

17.3.1.3 水土保持生态环境监测

近期完善黄河水土保持生态环境监测中心、监控中心、省(区)级监测总站和水土流失重点区监测分站,形成覆盖黄河流域的监测站网;开发、完善水土保持数据库,建设水土保持监测评价系统、公告发布系统、预测预报系统、淤地坝预警预报系统等。

17.3.1.4 水资源保护

近期完善现有水质监测网络,加强各级实验室基础设施、自动监测站与移动实验室建设,完善监控中心会商环境和网络环境,初步建立水资源保护会商决策支持系统。开发水资源保护应用系统,完善监测管理、监督管理、突发水污染事件应急处置及信息发布系统,建立水资源保护数据库。远期进一步完善水质信息采集和监督管理设施,建成水质自动预警预报系统,实现水资源保护决策会商。

17.3.1.5　水生态保护

近期基本建成黄河水生态监测体系,开发水生态数据库,建立水生态信息管理系统。远期进一步完善水生态信息采集与应用系统。

17.3.1.6　水利工程建设与管理

近期建设完善水利枢纽工程及黄河下游重要工程的建设管理、运行管理和安全监测等系统,开发工程安全评估系统,建设工程维护管理系统,建立流域水利工程建设管理信息系统。远期进一步完善重要工程的远程安全监测系统。

17.3.1.7　电子政务系统

近期完善电子政务内网安全,建设流域电子政务系统。远期实现电子政务辅助决策支持功能。

17.3.1.8　综合决策会商和应急响应

近期建立黄河综合决策会商支持系统、综合管理应急响应及支持系统,增强决策支持信息的综合性和可视化。远期进一步完善顶层决策会商和应急指挥系统。

17.3.2　应用服务平台

近期通过完善应用系统开发运行环境和开发共享应用资源,扩展应用服务平台。远期进一步完善数学模型共享机制,建立健全应用系统管理和应用共享服务体系,逐步实现应用资源的统一管理。

17.3.3　基础设施

17.3.3.1　数据采集

近期完善黄河遥感中心建设,进行遥感基础设施、遥感应用平台、遥感应用系统等专项建设;完善黄河基础地理信息中心建设,建立黄河空间数据体系,开发黄河空间信息服务平台,构建黄河空间信息服务体系。远期进一步完善遥感应用和空间数据采集体系,提高数据采集的范围、精度、时效性。

17.3.3.2　数据传输

近期建设下游沿堤骨干光纤环网,更新改造黄河下游支线网络和程控交换网,建设黄河下游移动宽带接入系统,组建黄河上中游地区主要通信专网,建设黄河水调和防汛等闸站控制专网,完善并建设覆盖流域、相关省(区)和主要水利枢纽的综合业务网络。构建统一的黄河计算机网络安全防护体系,推进语音、数据和视频三网合一工程建设,构建包括通信网管理、计算机网络管理和程控交换管理的综合管理平台。

远期进一步完善黄河流域数据传输网络,建成覆盖全流域、承载各种治黄信息、具有多种接入手段、智能化强的黄河流域物联网。

17.3.3.3　数据存储与管理

近期建立黄河异地数据灾备中心,完善全河数据灾备体系;对黄河数据中心和节点进行扩容完善;建设和完善黄河工程、社会经济等数据库,开展流域经济社会信息采集系统建设,完善黄河数据共享服务平台和综合信息服务系统。结合第一次全国水利普查建立的基础信息,初步形成黄河流域的水信息平台。远期进一步加强数据仓库技术、数据挖掘技术的应用,完善以黄河数据中心为核心的数据存储、共享、服务与管理体系建设。

17.3.4　数学模型研发

近期建成黄河数学模拟系统可视化集成平台。建成土壤侵蚀、径流预报、泥沙预报、水库水沙模拟和联合调度、河道和河口水沙演进、干流重点河段河道水质、干旱预测等模型,建立和初步完善宁蒙河段和下游河段冰情预报模型,研究开发流域经济社会发展和水资源需求预测模型,建成农作物需水、枯水期径流预报和演进模型。远期基本建成黄河数学模拟系统,建立自然—经济—生态耦合系统,实现黄河水文过程、流域经济社会发展和生态系统过程的耦合模拟。

17.4　"模型黄河"工程建设

"模型黄河"工程总体框架由基础设施、试验应用体系和应用服务平台构成,水利部于 2003 年批复了《"模型黄河"工程规划》。按照"统筹规划、先进实用,突出重点、分步实施"的原则,规划征地 1 000 亩,建设流域科研与创新试验基地,继续完善"模型黄河"工程的实体模型系统、测控系统和基础设施等建设任务。

17.4.1　实体模型系统

实体模型系统主要由黄土高原模型、水库模型、河道模型、河口模型、堤防与防汛抢险模型、节水灌溉与水文水资源技术试验场、基础与综合研究模型构成。

17.4.1.1　黄土高原模型

黄土高原模型主要用于研究黄土高原多沙粗沙区小流域侵蚀产沙规律、坝系"相对平衡"机理、沟道重力侵蚀规律等重大研究课题,解决黄土高原水土流失治理的关键技术问题。主要包括黄土高原野外水土保持试验站、小流域室内比尺模型及侵蚀土槽、水土保持室外试验场。近期完成室内坡面、沟坡和坡沟系统侵蚀土槽和概化小流域模型建设,完成自动化量测控制系统建设;建设黄土高原室外试验场地及辅助配套设施,完成室外全坡面、坡沟系统、小流域试验场建设;改建和新建黄土高原野外小流域原型模拟试验场及辅助配套设施。远期建设黄土高原土壤侵蚀小流域比尺模型。

17.4.1.2　水库模型

水库模型主要用于研究库区水沙运行规律、多水库联合调控水沙关键技术、优化水库运用方式等重大问题,为构建和完善黄河水沙调控及防洪减淤体系提供科技支撑。主要包括小浪底库区、三门峡库区模型和古贤、碛口等水库模型,东平湖防洪调度模型。近期进一步完善三门峡库区模型和小浪底库区模型,建设古贤水库模型和东平湖防洪调度模型。远期建设碛口水库模型。

17.4.1.3　河道模型

河道模型主要用于研究解决黄河干支流河道河床演变规律,黄河洪水塑槽机理及滩槽冲淤分布规律,黄河下游游荡性河段河势演变机理,河道整治技术及整治方案优化等一系列关键技术问题。主要包括小浪底至陶城铺河段、小北干流河段、陶城铺至利津河段、宁蒙河段、渭河下游等河道模型。近期完善小浪底至陶城铺河段河道模型,建成陶城铺至利津河段、东平湖、宁蒙河段、小北干流河段、渭河下游等河道模型。远期适时建设其他重要支流河道等实体模型。

17.4.1.4　河口模型

河口模型主要用于研究解决黄河河口演变规律及其与下游河道的关系、河口综合治理等关键技术问题。规划近期建成河口模型。远期结合河口变化情况,进行模型的改造和完善工作。

17.4.1.5　堤防与防汛抢险模型

堤防与防汛抢险模型主要用于研究解决堤防除险加固、安全监测与评估、堤防隐患探测、堤坝病害防治、堤防抗冲刷能力、堤防险情发展过程模拟、堤防工程健康诊断理论、方法及技术标准体系等方面的关键技术。主要包括室内河道整治工程局部模型、室内堤防工程实体模型和室外堤防工程抢险技术试验场。近期建成堤防工程模型及堤防工程抢险技术试验场。

17.4.1.6　节水灌溉与水文水资源技术试验场

节水灌溉技术试验场主要用于研究灌区的需水规律、水生态平衡、节水工程等方面的关键技术。近期建成变坡引水渠槽系统、流量控制系统和水位流量自动监测系统,建成田间节水灌溉试验区。水文水资源技术试验场主要用于对水文水资源基本规律和河流生态问题进行攻关,近期建成室外试验平台以及室内实验室两部分。

17.4.1.7　基础与综合研究模型

基础与综合研究模型主要包括基础研究水槽、土壤侵蚀土槽、工程水力学模型、山地灾害模型及各种概化模型等。近期建成不同类别的基础与综合研究模型、概化模型、实验水槽。远期适时改造、完善和补充其他不同类别的相关模型及实验水槽。

17.4.2　测控系统

测控系统工程建设要与实体模型建设规模相匹配,主要包括量测设备、控制设备、控制网络、通信网络、测控中心等。根据实体模型建设需要,近期完成相应模型测控系统的建设,包括53类仪器设备和系统,共计2 581台(套)。远期继续做好其他各模型厅及野外试验场地的自动化测控系统的建设、升级改造和维护工作。

17.4.3　基础设施工程

基础设施工程包括各类模型试验厅(场)、水循环系统、道路、供电系统等附属设施。规划近期建设各类模型试验厅(场)共14处;建立黄土高原水土流失重点实验室,包括1个分析测试中心和6个野外开放试验基地。远期对不同试验基地的模型厅及试验辅助设施进行必要的维护、改造,确保各项试验研究工作快速、便捷、高效开展。

17.5　科学研究

根据黄河治理开发保护与管理事业对科学研究的要求,进一步加强基础研究,加强关键技术和高新技术的开发与应用,加快科技创新,推动科技成果转化,促进国际合作与交流,建立现代治黄科研工作机制,为黄河治理开发保护与管理实践提供坚实的科技支撑。

17.5.1　基础研究及重大技术问题研究

17.5.1.1　加强黄河基础研究和应用技术研究

近期将重点围绕黄河防洪(防凌)减灾、水沙调控、水资源统一管理和调度、水资源保护、黄土高原水土保持等面临的突出问题,进一步加强基础研究和重大技术问题研究。

防洪(防凌)减灾方面,主要研究黄河长治久安战略措施,下游河道治理战略,下游洪水演进异常现象形成机理及主槽调整规律,下游滩区综合治理措施及滞洪沉沙运用关键技术,黄河口演变规律,黄河宁蒙河段防凌安全关键技术,中游重点河段暴雨、洪水、泥沙监测及预报技术,堤防工程安全评估与病害防治技术等。

水沙调控方面,主要研究黄河水沙变化趋势,黄河中游水库复杂流态与边界下水沙运移及河床调整机理,基于多目标的水沙调控动态指标,水沙调控过程模拟及动态优化耦合系统,黄河水沙调控体系运行机制,古贤、三门峡、小浪底联合运用方式,古贤水利枢纽开发重大关键技术问题等。

水资源统一管理和调度方面,主要研究黄河上中游径流减少成因、黄河干流和重要支流功能性不断流调度指标、黄河引黄灌区农作物需水和干旱风险管理技术与示范等流域抗旱减灾技术。深入开展水权、水市场相关问题研究,开展流域自然—经济—生态耦合系统关键技术研究,继续深入开展南水北调西线工程重大科学和关键技术问题研究,进一步研究引江济渭入黄方案关键技术问题,积极开展其他跨流域调水方案研究。

水资源和水生态保护方面,主要研究多沙河流污染物及湖库污染物输移扩散规律、水质模型及预警预报关键技术、黄河水环境承载能力优化配置技术、河道及河口生态系统演变规律、环境流实施及监测评估、河湖健康评估体系及河湖健康保障关键技术、河流及河口生态系统保护与修复关键技术及试点、生态价值评估、生态补偿机制、水利工程对河流生态环境的影响、黄河治理开发环境影响跟踪评价和后评价、黄河入海泥沙减少对河口和近海生态环境的影响等,尽快启动黄河水生态调查工作,建设流域水资源和水生态保护科研基地。

水土保持方面,主要研究黄土高原多沙粗沙区特别是粗泥沙集中来源区土壤侵蚀规律、黄土高原水土流失数学模型、水土保持措施效益评价及优化、淤地坝坝系布局优化等,开展黄河流域水土流失面积及土壤侵蚀强度变化研究工作。

远期黄河科学研究的着力点放在影响治河决策的基础性问题上。在已有研究基础上,继续深化对水库泥沙冲淤规律、河道演变规律、黄河口演变规律、黄土高原土壤侵蚀规律等自然规律的认识。开展黄河流域生态补偿、维持黄河健康生命与流域经济社会可持续发展等研究,为支撑流域经济的快速发展提供科学依据。

17.5.1.2　重大技术装备及高新技术开发与应用

在重大技术装备方面,重点开展水库泥沙处理关键技术及装备、管道输沙关键技术及装备、ADCP在高含沙洪水中的应用、水利量测技术设备等研究,研发集成化异重流测验技术及仪器、泥沙在线监测和颗分系统、智能无人吊箱测验平台等,开发黄河水沙信息服务平台。

在高新技术开发与应用方面,结合国内外水利及相关领域科学技术的发展,重点开展水沙预报、水沙调控、水库及河道配沙、防汛抢险、水工程安全监测、水生态监测体系和网络、"数字黄河"和"模型黄河"工程等方面的关键技术研究工作。包括暴雨洪涝、水沙测报预报关键技术研究,黄河下游河道整治工程新结构和施工工艺以及防汛抢险新技术、新材料、新机具研发,堤防工程安全监测和预警技术及适合黄河特点的管护设备等关键技术设备研究,多沙粗沙区,特别是粗泥沙集中来源区水土保持监测、水土流失防治等关键技术研究,水环境与水生态监测技术、水质预警预报、应急处理等关键技术研究,黄土高原模型模拟理论及技术、黄河河口模型模拟理论及技术、堤防工程模型模拟技术、水库降水冲刷相似条件及模拟技术,以及自动制模技术、浑水水下地形自动量测技术、浅滩含沙量自动量测技术、高含沙进口流量自动控制技术等研究。

17.5.2　科技成果推广转化

治黄科技成果推广转化将以黄河水利委员会科技推广中心、黄河科技推广示范基地、亚太地区水利知识中心水利信息与流域管理知识中心为载体,健全相关体制,建立科技成果推广的投入、评价长效机制,进一步完善科技成果推广转化体系,大力促进创新成果的推广转化与应用。在堤防工程安全探测与施工、水资源及水生态保护与管理、水土保持关键技术、防汛抢险及工程建设管理技术、水利量测与检测技术、水利信息化技术、农业节水灌溉技术、多沙河流综合治理技术、泥沙资源处理与利用等方面,筛选、挖掘一批先进、实用且经济效益显著的成果,推动其在生产实践中的转化。对具有良好市场前景和经济效益的科技成果,走产业化道路,培育科技型企业,利用市场机制促进科技成果推广转化。

17.5.3　国际合作与交流

继续开展国际合作项目管理模式研究,建立国际合作项目的立项、投资、监督评估及管理机制;建立多边及双边国际交流机制,与世界大江大河以及相关水利机构建立互访机制,加强水利国际经济技术合作,推动技术与经验的输出;继续加强国际合作交流网络与平台建设,参加国际重大水事活动;加强能力建设,培养与国际接轨的科技与管理人才。

17.5.4　科研工作机制

为了建立良好的黄河科研运行环境,推动治黄科技进步,逐步建立完善科学、长效的黄河科研工作机制,拓宽科研投入渠道,建立多元化的科研投入体制;建立多层次的项目储备,完善项目立项机制;完善重大项目攻关组织模式,形成科学有效的项目组织机制;探索科研成果评价方法,完善科研绩效评价机制;加大学术交流力度,建立完善的学术交流机制;建立黄河科研支撑服务平台,完善科研资源共享机制;鼓励创新、宽容失败,形成积极的奖励机制;构建科技成果推广转化体系,完善科技成果推广转化机制。

第 18 章　环境影响评价

根据《规划环境影响评价技术导则(试行)》,针对黄河流域主要环境特点及治理开发造成的影响,识别规划的环境影响,确定评价指标,分析规划实施对黄河自然功能的恢复改善情况和流域经济社会可持续发展的支撑作用,针对可能引起的不利环境影响,提出应采取的预防和减缓措施,以促进经济社会与环境协调发展。

评价范围为黄河流域 79.5 万 km², 分析评价的重点区域为干流龙羊峡以上区域、宁蒙河段、中游水土流失区、下游防洪区以及河口地区等。

18.1　流域环境状况

18.1.1　流域环境特点

黄河流域地处干旱、半干旱地区,横跨青藏高原、黄土高原和华北平原,生态条件多样,生态环境脆弱,且土地、矿产资源丰富,社会历史悠久,流域环境特点突出。

一是水资源匮乏,供需矛盾突出。黄河流域水资源量仅占全国的 2%,人均水资源量远低于全国平均水平,时空分布不均,水资源和水环境承载能力低,生产、生活用水和生态环境用水矛盾突出。二是植被稀疏,水土流失严重。黄土高原是我国水土流失最严重的地区,当地生态环境恶劣,大量的入黄泥沙是造成黄河下游河道淤积、河床高悬的根源。三是水沙关系不协调,河道淤积严重。黄河下游河道高悬于两岸平原之上,而且是槽高、滩低、堤根洼的"二级悬河",宁蒙河段部分河道为地上悬河,流域洪水威胁严重,一旦决堤,将对流域及相关地区的经济社会发展和生态安全造成灾难性影响。四是生境类型多样,生态环境脆弱,分布有高寒草原草甸、荒漠草原、半干旱草原、落叶阔叶林、河流、湖泊、湿地等自然生态系统和农田、水库等人工生态系统。流域整体生态承载力低,经济社会发展与生态环境保护矛盾突出。五是经济社会发展相对滞后,未来发展潜力巨大。流域经济社会发展低于全国平均水平,但土地、矿产资源,特别是能源资源十分丰富,随着经济社会的快速发展,对水资源的需求持续增加,对生态环境造成的压力不断加大。

18.1.2　治理开发对环境影响的回顾分析

经过多年坚持不懈的治理,黄河治理开发取得了巨大的经济、社会和环境效益,但由于黄河特殊的复杂性,加上受当时社会认知和技术水平的限制,在流域治理开发过程中也带来了一定的不利影响。

18.1.2.1　有利环境影响

一是初步建成了黄河防洪减淤工程体系,有力地保障了流域防洪防凌安全,使河道内外的生态系统相对稳定,避免了洪凌灾害对经济社会和生态系统带来的毁灭性灾害。二是修建了一大批蓄水、引水、提水工程等,新建、扩建和改善的有效灌溉面积达到 8 554 万亩,黄河干流已建、在建梯级工程 28 座,为流域及相关地区生活、工农业发展提供供水保障和清洁能源,促进人民群众生活质量的提高和经济社会的发展。三是累计初步治理水土流失面积 22.56 万 km^2,黄土高原地区水土流失防治取得了显著成效,减缓了下游河床的淤积抬高速度,并取得显著的生态效益,改善了当地的生产、生活条件。四是通过实施水量统一管理和调度,加强水资源保护,改善了流域生活和工农业供水条件,遏制了黄河频繁断流,为改善生态环境起到了一定的积极作用。

18.1.2.2　不利环境影响

一是目前地表水资源过度开发利用和部分梯级工程的不合理运用恶化了黄河水沙关系,下游河道主槽淤积萎缩,"二级悬河"迅速发展,宁蒙河段主槽萎缩,河道行洪输沙的自然功能有所衰退。二是流域废污水及污染物排放量大,治理水平低。三是河道生态环境用水被挤占,湿地面积萎缩,保护性鱼类生境破坏,水源涵养、维持生物多样性等生态功能退化。四是在水电开发比较密集的上游河段尤其是龙羊峡至刘家峡河段,大坝阻隔、水文情势的改变,对该河段的水生生物产生一定的影响。龙羊峡至刘家峡河段土著鱼类种类和数量不断减少,分布区域萎缩,同时,外来物种增加,鲤科、鳅科等形成优势种群,资源量大幅增长。五是部分地区地下水超采,山西、陕西等地区形成大范围降落漏斗,造成了一系列环境地质灾害。

18.2　环境保护对象及影响识别

18.2.1　环境保护对象

18.2.1.1　环境保护要求

黄河治理开发要有利于建设资源节约型和环境友好型社会,促进人水和谐,维持黄河健康生命,保障流域及相关地区的防洪安全、供水安全、粮食安全,为保障国家经济安全、生态安全、能源安全创造条件,支撑流域经济社会的可持续发展。

（1）有利于协调水沙关系,改善黄河下游、宁蒙河段和渭河下游河道形态,恢复和维持河道的行洪输沙功能,保障黄淮海平原、宁蒙平原、渭河下游等区域的防洪安全。

（2）有利于促进节水型社会建设、优化水资源配置、改善城乡生活与工农业供水条件,有利于改善水环境质量,促进水功能区达到水质目标要求,保障黄河供水安全。

（3）有利于恢复和改善流域生态系统功能,维持生态平衡,进一步遏制严重的水土流失。

（4）基本保障重点河段生态环境需水,促进生态系统的良性维持。

18.2.1.2　环境敏感保护对象

（1）自然保护区。黄河流域共建立各级自然保护区 167 个,其中湿地类自然保护区 32 个,流域层面的重点保护湿地 17 个,见表 11.3-6。

（2）重要生态功能区域。根据《全国生态功能区划》,黄河流域涉及 6 个重要生态功能区域,详见表 11.3-3。

（3）生态脆弱区。根据《全国生态脆弱区保护规划纲要》,黄河流域主要涉及 4 个重要生态脆弱区域,详见表 11.3-4。

（4）重要鱼类保护区。主要包括黄河干流分布的 8 个国家级水产种质资源保护区以及重要栖息地,见表 11.3-5 和 11.3-7。

（5）重要风景名胜区和地质公园。包括甘肃景泰黄河石林国家地质公园、黄河壶口瀑布风景名胜区、黄河壶口瀑布国家地质公园、黄河蛇曲国家地质公园。

18.2.2　环境影响识别

18.2.2.1　各河段主要规划内容环境影响识别

根据规划制定的各河段治理开发与保护的主要任务及安排的主要工程,结合区域自然、社会环境特点,分河段识别规划可能引起的环境影响及影响性质、范围和历时,见表 18.2-1。

18.2.2.2　各规划体系环境影响识别

根据规划拟定的水沙调控、防洪减淤、水土保持、水资源开发利用、水资源和水生态保护等重大工程布局,对可能引起的有利、不利环境影响进行识别,见表 18.2-2。

18.2.3　主要评价指标

根据环境影响识别结果,从社会环境、水资源、水环境和生态环境等环境要素方面筛选主要评价指标 26 个(见表 18.3-1)。社会环境包括防洪、供水、节水、经济社会 4 个子要素共 10 个评价指标,水资源包括地表水资源和地下水资源 2 个子要素共 4 个评价指标,水环境包括地表水环境和地下水环境 2 个子要素共 2 个评价指标,生态环境包括陆生生态、水生生态、水土流失 3 个子要素共 10 个评价指标。

18.2.4　主要环境制约因素

根据环境影响识别结果,本次规划的所有工程中,干流梯级开发将对河段生态与环境产生较为显著的影响,存在一定的生态环境制约因素,见表 18.2-3。结合工程所在区域、河段的环境现状及功能定位,提出干流梯级开发方案需遵循的生态保护原则和要求。

表 18.2-1　各河段主要规划内容环境影响识别表

河段	治理开发与保护的主要任务	主要工程	环境影响要素及因子		影响源	影响范围	影响性质	影响时段
龙羊峡以上	吉迈以上河段和沙曲河段要以水源涵养为主。吉迈至沙曲河口至玛曲河段要以生态环境与水源涵养保护为主。玛曲至龙羊峡河段，以生态环境保护为主，兼顾发电	• 水源涵养工程 • 龙羊峡以上河段梯级开发 • 水资源和水生态保护措施	社会环境	经济社会发展	水电开发	青海省、甘肃省	有利	长期
				土地利用	梯级工程淹没和移民安置	青海省、甘肃省	不利	短期
			生态环境	陆生生态	水源涵养工程	龙羊峡以上河段	有利	长期
				水生生态	水资源和水生态保护措施	龙羊峡以上河段	有利	长期
				水生生态	梯级开发	龙羊峡以上河段	不利	长期
				自然保护区	梯级开发	青海三江源自然保护区"中铁—军功"片、"年保玉则"片、甘肃黄河首曲湿地自然保护区	不利	长期
				水产种质资源保护区	梯级开发	黄河上游特有鱼类国家级水产种质资源保护区，甘肃玛曲青藏高原冷水鱼类省级自然保护区	不利	长期
龙羊峡至下河沿	黑山峡以上河段以水资源合理配置、发电和防洪等，黑山峡河段开发以反调节，协调水沙关系和防凌防洪为主，兼顾供水和发电	• 黑山峡河段工程 • 水土保持工程 • 防洪工程 • 水资源开发利用 • 水资源和水生态保护措施	社会环境	经济社会发展	黑山峡河段工程运用、水资源开发利用、水电开发	青海、甘肃、宁夏、内蒙古等	有利	长期
				土地利用	黑山峡河段工程淹没和移民安置	主要为甘肃省	不利	长期
			水环境	水质	水资源保护措施	龙羊峡至下河沿河段	有利	长期
			生态环境	陆生生态	水土保持工程	水土流失区	有利	长期
				水生生态	水资源和水生态保护措施	龙羊峡至下河沿河段	有利	长期
				水产种质资源保护区	黑山峡河段工程	库区及黑山峡至青铜峡河段	不利	长期
				水产种质资源保护区	黑山峡河段工程	黄河卫宁兰州鲟鱼国家级水产种质资源保护区	不利	长期
			景观	地质公园	黑山峡河段工程	甘肃景泰黄河石林国家地质公园	不利	长期

续表 18.2-1

河段	治理开发与保护的主要任务	主要工程	环境影响要素及因子		影响源	影响范围	影响性质	影响时段
下河沿至河口镇	以防凌防洪、供水、灌溉为主	• 水土流失综合治理 • 防洪工程 • 海勃湾水利枢纽 • 水资源开发利用 • 水资源和水生态保护措施	社会环境	经济社会发展	防洪工程，水资源开发利用，水土流失综合治理措施	宁夏、内蒙古两省（区）	有利	长期
			水环境	水质	水资源保护措施	宁蒙河段	有利	长期
			生态环境	陆生生态	水土流失综合治理措施	宁夏、内蒙古的水土流失区	有利	长期
			生态环境	水生生态	水资源优化配置，水资源和水生态保护措施	宁蒙河段及其沿河湿地	有利	长期
					海勃湾水利枢纽	主要为库区	不利	长期
河口镇至禹门口	以防洪减淤为主，兼顾水力发电、供水和灌溉等综合利用	• 古贤水利枢纽 • 水土流失综合治理 • 水资源开发利用 • 水资源和水生态保护	社会环境	经济社会发展	古贤水利枢纽	黄河下游防洪保护区、渭河下游	有利	长期
					水资源开发利用与保护，水土流失综合治理措施	陕西、山西两省	有利	长期
				土地利用	古贤水利枢纽淹没和移民安置	陕西、山西两省	不利	长期
			水环境	水质	水资源保护措施	河口镇至禹门口河段	有利	长期
			生态环境	陆生生态	水土流失综合治理措施	水土流失区，尤其是多沙粗沙区	有利	长期
			生态环境	水生生态	水资源优化配置，水资源和水生态保护措施	古贤水利枢纽坝址以下河段	有利	长期
					古贤水利枢纽	古贤水利枢纽库区及坝址至三门峡河段	不利	长期
			景观文物	风景名胜区、地质公园	古贤水利枢纽	黄河壶口瀑布风景名胜区（国家地质公园）、黄河蛇曲国家地质公园	不利	长期

续表 18.2-1

河段	治理开发与保护的主要任务	主要工程	环境影响要素及因子		影响源	影响范围	影响性质	影响时段
禹门口至潼关	主要利用滩区放淤处理黄河泥沙，加强河道治理，为城市、工业和灌区供水	·滩区放淤 ·河道治理 ·水资源开发利用与保护	社会环境	经济社会发展	水资源开发利用保护、河道治理	陕西、山西两省	有利	长期
			社会环境	土地利用	滩区放淤	黄河下游防洪保护区	有利	长期
			社会环境	土地利用	滩区放淤	禹门口至潼关河段	不利	短期
			水环境	水质	水资源保护措施	禹门口至潼关河段	有利	长期
			生态环境	水生生态	水资源优化配置、水资源保护措施	禹门口至潼关河段	有利	长期
			生态环境	水生生态	滩区放淤	沿黄湿地自然保护区	不利	短期
潼关至桃花峪	以防洪、减淤为主，兼顾供水、灌溉和水力发电等综合利用	·防洪及河道治理工程 ·水资源开发利用 ·水资源和水生态保护措施	社会环境	经济社会发展	防洪及河道治理工程、水资源开发利用与保护	陕西、山西、河南三省	有利	长期
			水环境	水质	水资源保护措施	潼关至桃花峪河段	有利	长期
			生态环境	水生生态	水资源优化配置、水生态保护措施	潼关至桃花峪河段	有利	长期
桃花峪以下	以防洪、处理泥沙、供水为主	·防洪 ·滩区治理 ·河口治理 ·泥沙处理和利用 ·水资源开发利用和水生态保护措施	社会环境	经济社会发展	防洪及各种治理工程、泥沙处理和利用	黄河下游防洪保护区、滩区	有利	长期
			水环境	水质	水资源开发利用与保护措施	河南、山东、河北、天津	有利	长期
			水环境	水质	水资源保护措施	黄河下游河段	有利	长期
			生态环境	河流生态	水资源和水生态保护措施	桃花峪以下河段及黄河三角洲	有利	长期

表 18.2-2　规划各体系环境影响识别表

规划体系	主要方案及内容	环境影响因素	可能的有利环境影响	可能的不利环境影响
水沙调控体系	通过建设古贤水利枢纽、河口村水库、东庄水库、黑山峡河段工程,构成完善的黄河水沙调控工程体系,同时构建监测预报决策系统等非工程体系。通过水库群联合运用,科学管理洪水;拦蓄泥沙并调控水沙,协调水沙关系,减少河道淤积;合理配置和优化调度水资源	• 水文情势变化 • 大坝阻隔 • 土地淹没 • 移民 • 水资源配置 • 水库拦沙 • 供水、发电	• 改善下游、宁蒙河段、潼关河段和渭河下游的行洪输沙功能,减轻防洪、防凌压力 • 提高河流生态环境需水保证率,改善水环境,促进河流生态系统健康 • 改善生活、生产供水条件 • 为经济社会提供清洁能源	• 水库淹没对土地、植物和动物资源、文物矿产的不利影响 • 移民安置对当地的社会环境和生态环境造成不利影响 • 大坝阻隔和水文情势变化对局部鱼类物种和资源的影响 • 水沙情势变化对湿地水文条件的不利影响 • 骨干工程开发对风景名胜区和地质公园等敏感点的影响
防洪减淤体系	主要新增完善的工程包括: • 堤防加固、河道整治 • 泥沙处理和利用 • 滩区及蓄滞洪区安全建设 • 城市防洪 • 病险水库除险加固	• 防洪作用 • 水文情势变化 • 土地占用	• 减少河道淤积,保障流域及相关地区防洪安全,为经济社会发展提供条件 • 避免洪凌灾害带来的灾难 • 改善滩区人民群众生产、生活条件	• 加剧河道渠化和人工化程度
水土流失综合防治体系	重点预防区和监督区采取监督预防等措施。重点治理区主要新建工程包括: • 淤地坝 • 基本农田 • 林草植被 • 小型水保工程	• 林草植被增加 • 拦沙淤地 • 土地占用	• 减少入黄泥沙量,减缓下游河道淤积抬高 • 减轻区域水土流失,改善人民生活、生产条件 • 提高植被覆盖率,维护和改善区域生态功能 • 遏制土地荒漠化的扩展	• 增加水资源消耗,减少入黄水量

续表 18.2-2

规划体系	主要方案及内容	环境影响因素	可能的有利环境影响	可能的不利环境影响
水资源合理配置和高效利用体系	全面推行节水措施，建设节水型社会；多渠道开源，增加供水能力，提高用水效率。主要新建工程包括： • 跨流域调水 • 节约用水工程 • 水资源开发利用工程 • 中水回用工程	• 水文情势 • 水资源配置 • 节约用水 • 供水工程	• 提高流域内用水效率，促进节水型社会建设 • 缓解水资源供需矛盾，改善生活生产供水条件 • 增加有效灌溉面积，促进农业生产发展 • 保障生态环境用水 • 缓解地下水严重超采局面	• 用水量增加带来的水环境风险 • 引汉济渭、南水北调西线一期工程对调出区的不利影响 • 农业节水对水盐平衡的影响
水资源和水生态保护体系	制定总量控制方案，强化监管；基本保证生态用水，恢复和改善水生态系统功能。主要包括： • 水资源保护工程 • 地下水保护工程 • 生态保护与修复工程	• 水质改善 • 生态环境水量满足程度提高 • 湿地保护与修复 • 重要鱼类栖息地保护与修复	• 保障城乡饮用水供水安全 • 改善河流水环境，促进水功能区水质达标 • 促进地下水开发区达到功能区保护目标 • 改善河流生态系统	
干支流梯级工程	根据黄河干支流水资源条件，提出黄河干流及主要支流水力发电开发意见，主要包括： • 龙羊峡以上河段梯级水电站 • 龙羊峡以下干流河段 5 座梯级（不包括大型骨干工程） • 支流梯级开发	• 水文情势变化 • 大坝阻隔 • 土地淹没 • 移民 • 发电	• 提供清洁能源，促进区域经济发展	• 水库淹没对土地资源、植物和动物资源、文物矿产及自然保护区的不利影响 • 移民引发的社会、生态问题 • 大坝阻隔、水文情势变化对局部河段鱼类物种多样性的影响
管理体系	完善体制机制，建立健全法制，增强管理能力	• 管理体系实施	• 为防洪、水资源优化配置、水资源保护、生态保护提供保障措施	

表 18.2-3　干流梯级开发的主要环境制约因素及应遵循的保护原则

重大工程	所在区域及河段功能定位	主要环境制约因素	开发方案应遵循的生态保护原则和要求
龙羊峡以上河段梯级开发	涉及国家限制开发区、水功能区的保护区和保留区、水源涵养重要区、生态脆弱区。以生态环境保护为主,合理开发利用水力资源	部分梯级涉及青海三江源自然保护区"年保玉则"片的实验区、青海三江源自然保护区"中铁—军功"片的实验区和核心区、甘肃黄河首曲湿地自然保护区实验区以及黄河上游特有鱼类国家级水产种质资源保护区的实验区和核心区、甘肃玛曲青藏高原土著鱼类省级自然保护区的实验区	维持区域水源涵养功能,保护自然保护区结构和功能不受破坏,保护珍稀、濒危鱼类和土著鱼类的栖息地、产卵场、洄游通道等,保护良好的水环境质量
黑山峡河段工程	以调控水沙、防凌防洪、供水为主,兼顾水力发电	工程库区淹没涉及甘肃景泰黄河石林国家地质公园和甘肃、宁夏耕地和居民,坝下有黄河卫宁段兰州鲇国家级水产种质资源保护区	减缓对地质公园的影响,合理安置库区移民,保护兰州鲇栖息地
古贤水利枢纽	以防洪减淤为主,兼顾发电、供水和灌溉等	工程坝下有黄河壶口瀑布风景名胜区、黄河壶口瀑布国家地质公园和两岸黄河湿地,库区淹没涉及黄河蛇曲国家地质公园和陕西、山西耕地和居民	保护黄河壶口瀑布风景名胜区、黄河蛇曲国家地质公园等敏感景观生态目标,减缓对下游湿地保护区的影响,保护珍稀濒危鱼类,合理安置库区移民

18.3　环境影响分析

18.3.1　规划协调性分析

18.3.1.1　与国家相关政策、法律法规的符合性分析

　　黄河流域综合规划以科学发展观为指导,按照建设资源节约型、环境友好型社会的要求,以维持黄河健康生命和促进流域经济社会可持续发展为主线进行修编,充分体现了"民生优先、统筹兼顾、人水和谐"的基本原则和"生态环境保护"的思想,与国家宏观发展战略和新时期的治水方针协调一致。

　　规划编制以《中华人民共和国水法》《中华人民共和国防洪法》《中华人民共和国水土保持法》《中华人民共和国防沙治沙法》《中华人民共和国环境保护法》《中华人民

共和国水污染防治法》、《黄河水量调度条例》等有关法律、法规为依据,规划指导思想、总体目标、主要工程布局等符合国家相关法律、法规的要求。

规划的具体工程中,龙羊峡以上河段规划的 10 座梯级工程与国家三江源保护的有关政策相冲突。其中吉迈至沙曲河口河段的赛纳、门堂等 2 座梯级工程的坝址位于青海省三江源自然保护区"年保玉则"片的实验区,塔吉柯二级位于甘肃黄河首曲湿地自然保护区的实验区;玛曲至羊曲河段布置的夏日红、玛尔挡、班多等 3 座梯级工程的坝址位于青海省三江源自然保护区"中铁—军功"片的实验区,与《中华人民共和国自然保护区条例》有一定的冲突。

18.3.1.2　与国家相关规划、区划的协调性分析

1. 与《全国主体功能区规划》的协调性分析

规划根据区域经济社会快速发展的需求,提出了合理的水资源配置方案,为流域及相关地区分布的优化开发、重点开发区域主体功能的发挥提供了水资源支撑;规划提出的灌区新建续建及节水改造方案、水土流失防治措施、水生态保护措施等与流域内的限制开发区域(农产品主产区和重点生态功能区)的发展方向和原则协调一致。

规划的龙羊峡以上河段水电开发方案中,赛纳、门堂等 2 座梯级工程的坝址位于青海省三江源自然保护区"年保玉则"片的实验区,夏日红、玛尔挡、班多等 3 座梯级工程的坝址位于青海省三江源自然保护区"中铁—军功"片的实验区,与禁止开发区域的功能定位和管制原则存在一定冲突。

规划实行最严格的水资源管理制度,对高耗水高污染产业发展提出了限制要求,提出的南水北调西线、引汉济渭等跨流域调水工程,增加了流域水资源可利用量和生态用水量,提高了水资源承载能力;通过调水调沙,改善了水生态系统功能。

2. 与其他相关规划、区划的协调性分析

规划制定的"基本建成黄河下游防洪减淤体系,有效控制和科学管理洪水"的目标,可以保障流域及相关地区的防洪安全,为国家实施西部大开发、中部崛起、东部率先发展等区域发展战略提供了基础保障。

规划提出的"基本建成水资源合理配置和高效利用体系,全面保障城乡居民饮水安全,基本保障城镇、重要工业的供水安全"的目标,为实现"十七大"提出的"确保到 2020年实现全面建成小康社会的奋斗目标"提供了有力支撑。

规划提出的"黄河流域适宜治理的水土流失区得到初步治理,人为水土流失得到基本控制"的目标,为黄河流域整体生态环境的改善和良性维持提供了有力支撑,与《全国生态环境保护纲要》提出的"2030 年全面遏制生态环境恶化的趋势"和《全国生态环境建设规划》提出的"黄河长江上中游等重点水土流失区治理大见成效"的总体目标协调一致。

规划提出的"黄河流域水功能区全部达到水质目标要求,地下水开发区全部达到功能区保护目标,水生态环境得到改善"的目标,符合"十七大"提出的建设生态文明的要求,并为《全国生态保护纲要》所提出的"各大水系的一级支流源头区和国家重点保护湿

地的生态环境得到改善"目标的实现创造了有利条件。

规划提出的"黄河河源地区加强水源涵养"、"实施以沟道坝系建设为主体的黄土高原水土流失综合治理"、"保障河口三角洲淡水湿地生态需求"等措施,符合《全国生态功能区划》对相关重要生态功能区的生态保护要求。

黄河流域在国家的防洪安全、供水安全、粮食安全、经济安全、生态安全、能源安全战略中占有重要地位,本次规划不仅从指导思想、总体目标、主要措施等方面均与法律法规、国家宏观政策和有关规划、区划相协调,也是贯彻和落实国家相关规划、区划目标的主要措施。

18.3.2　零方案分析

在黄河流域现有的防洪减淤措施、水资源开发利用水平、水土保持措施、水资源和水生态保护措施等条件下,若不实施本次规划,流域经济社会依然按照目前的发展模式外延式增长,流域现有的环境问题总体上呈恶化趋势,主要表现在以下几个方面:

(1)河道淤积加重,防洪形势更趋严峻。

按照目前的水土流失治理水平及水库拦沙、调水调沙水平,考虑到国民经济用水对输沙用水的大量挤占,预计 2020 年前后小浪底拦沙库容淤满后,不同水沙条件下下游河道年平均淤积量将达到 2.43 亿~3.19 亿 t,河道过流能力进一步降低,下游"地上悬河"的形势愈加险恶;宁蒙河段河道淤积萎缩也会进一步加剧,过洪能力下降;潼关高程仍将居高不下。黄河下游、宁蒙河段、渭河下游的防洪形势更趋严峻,洪凌灾害风险加大。

(2)需水量增长过高,供需矛盾更加尖锐。

按照现有发展模式、节水水平和供水水平,2030 年工业用水重复利用率仅能达到 60% 左右,灌溉水利用系数为 0.50,不符合国家建设节水型社会的有关要求。黄河流域年需水总量将由现状的 485.8 亿 m^3 增加到 2030 年的 623.8 亿 m^3,该模式下的需水量远远超出了黄河水资源的承载能力,水资源供需矛盾更加尖锐,流域经济社会难以持续发展。

(3)水功能区环境持续恶化,河流生态危机加剧。

按照现有发展模式和污水处理水平,黄河流域水功能区废污水及主要污染物 COD、氨氮入河量将由现状年的 33.76 亿 m^3、100.60 万 t、9.44 万 t,分别增加到 2030 年的 53.1 亿 m^3、141.3 万 t 和 13.4 万 t,超出流域水功能区的可利用纳污能力,将进一步加剧黄河干支流水功能区水体污染。

由于水环境的持续恶化,以及水资源的过度利用,河流生态环境用水被进一步挤占,河流生态系统面临的危机加剧。沿河湿地面积减少、河口湿地生态功能退化的趋势得不到有效遏制。

(4)陆域生态环境持续恶化,水源涵养、土壤保持等生态功能下降。

在现有治理水平下,黄河龙羊峡以上区域的草场退化与沙化、局部地区水土流失、湖泊沼泽萎缩等现象将日益加剧,水源涵养功能也持续下降。黄河上游地区的土地荒漠化面积进一步扩大,黄土高原(尤其是多沙粗沙区)严重的水土流失现象得不到根本遏制,区域防风固沙和水土保持的生态功能无法得到有效发挥,不利于改善区内生态环境恶劣、土地贫瘠、人民群众生产落后的现状。

综上所述,在本次规划不实施情况下,黄河自然功能将进一步衰退,难以支撑流域经济社会的可持续发展,进一步威胁黄河健康生命。

18.3.3　环境影响分析

18.3.3.1　社会环境

1. 对经济社会、人群健康的促进作用

规划目标实现后,将促进黄河社会功能的良好持续发挥,产生巨大的经济社会效益,各主要评价指标变化见表 18.3-1,主要包括以下几个方面:

一是保障流域及相关地区防洪安全,为经济社会和生态系统稳定发展提供基础条件。通过构建较为完善的水沙调控体系,协调水沙关系,将实现黄河下游河槽基本不抬高,平滩流量维持 4 000 m³/s 左右,提高河道的行洪输沙能力,减轻下游防洪防凌压力;使黄河宁蒙河段平滩流量大于 2 000 m³/s,减轻黄河上游地区防洪防凌压力。通过建设水利枢纽、堤防工程、河道整治、蓄滞洪等工程,管理和控制洪水,确保防御花园口洪峰流量 22 000 m³/s 堤防不决口,保障黄河滩区及下游 12 万 km² 防洪保护区内 9 000 多万人民生命财产安全,避免堤防决口对生态环境造成的长期不利影响;显著提高上中游防洪防凌的能力,保障宁蒙平原、关中平原防洪安全。为两岸人民维持一个较为安定的生产、生活和生态环境。

二是缓解水资源供需矛盾,进一步改善流域生活生产供水条件,促进流域经济社会发展。规划实施后,2030 年黄河流域需新增供水量将由现状用水模式的 202 亿 m³ 减少到 125 亿 m³。引江济渭、南水北调西线一期工程等跨流域调水工程的实施,将基本缓解流域水资源供需矛盾,缺水率由现状年的 13.6% 下降至 2020 年的 12.2% 和 2030 年的 4.9%。城乡生活供水安全得到保障,工农业供水条件得到显著改善,将促进流域人群健康、人民生活水平的提高,有利于工农业尤其是能源工业的快速发展,为保障国家经济安全、能源安全创造条件。

三是用水效率显著提高,促进节水型社会建设。规划的节水措施实施后,黄河流域万元工业增加值用水量由现状年的 104 m³ 降低到 2030 年的 30 m³,灌溉水利用系数由现状年的 0.49 提高到 2030 年的 0.61 左右,基本达到同期国内先进水平,流域内用水效率显著提高,促进流域节水型社会建设。

四是增加流域有效灌溉面积,为保障粮食安全提供有利条件。黄河流域的河南、山东、内蒙古等省(区)为全国粮食生产核心区,有 18 个地市的 53 个县(市、区、旗)列入全国产粮大县的主产县。灌溉规划实施后,流域有效灌溉面积由现状年的 8 554 万亩增加到 2030 年的 9 880 万亩,粮食总产量由现状年的 3 958 万 t 增加到 5 255 万 t,对加快建设小康社会的步伐,保障国家粮食安全具有十分重要的作用。

表 18.3-1　规划总体目标实施前后主要评价指标的变化

环境要素			评价指标	现状年	2020 年	2030 年
社会环境	防洪	黄河下游	防洪能力	花园口断面:近千年一遇		
			设防流量(m³/s)	花园口断面:22 000		
			平滩流量(m³/s)	>3 800	4 000 左右	
		宁蒙河段	设防流量(m³/s)	部分堤防未达到设防标准	宁夏河段:5 620(20 年一遇)	
					内蒙古河段:5 900(50 年一遇)	
			平滩流量(m³/s)	最小为 1 000	2 000 以上	
	供水		缺水率(%)	13.6	12.2	4.9
			水源地水质达标率(%)	84	100	100
	节水		万元工业增加值用水量(m³)	104	52.9	30
			灌溉水利用系数	0.49	0.56	0.61
	经济社会		有效灌溉面积(万亩)	8 554	9 341	9 880
			人均粮食产量(kg/a)	350	—	>400
			水电年发电量(亿 kW·h)	636.9	—	1 054.3
水资源	地表水资源		地表水资源量(亿 m³)	535	调入水量 11,水保减水 15	调入水量 98,水保减水 20
			水资源开发利用率(%)	88	基本维持现状	
			地表水消耗率(%)	72	基本维持现状	
	地下水资源		地下水超采量(亿 m³)	13	—	0
水环境	地表水环境		水功能区水质达标率(%)	48.6	逐步达到 100	
	地下水环境		地下水开发区水功能区达标情况	部分水功能区水质不达标	逐步达标	
生态环境	陆生生态		林草覆盖率	显著提高		
			特有或珍稀陆生动物	栖息地不受破坏		
	水生生态		生态环境需水量及过程	至 2030 年重点河段生态需水量及过程基本得到保障		
			源区湿地面积	减缓湿地面积萎缩		
			特有或珍稀鱼类	改善特有或珍稀鱼类的生境条件		
			河口三角洲湿地面积	减缓河口三角洲湿地面积萎缩		
			河口三角洲珍稀鸟类	改善珍稀鸟类的生境条件		
	水土流失		综合治理面积(万 km²)	22.56	新增 16.25	新增 12.5
			治理率(%)	48	对可治理区逐步完成初步治理	
			入黄泥沙减少量(亿 t)	3.5~4.5	5.0~5.5	6.0~6.5

　　五是保障城乡饮水安全,促进人群健康。现状年流域农村饮水不安全人口为 3 484.8 万人,占流域农村总人口的 43.4%;部分城镇供水困难,居民饮水难以保障。规划实施后,将全面解决城乡饮水安全问题,尤其是氟病区村、砷病区村、溶解性固体大于 2 g/L 的苦咸水和高铁、高锰、污染水、局部地区严重缺水等饮水问题,为流域人群健康提供基础的用水保障。

　　六是开发水力资源,为流域经济社会发展提供清洁能源。2030 年干流水电站装机容量 30 411 MW,年平均发电量达到 1 054.3 亿 kW·h,约比现状年增加了 65%,将为地区经济社会发展提供清洁能源,可节约煤炭 3 500 多万 t。

2.占地及淹没影响

规划安排的防洪工程、梯级工程涉及淹没和移民安置问题。据统计,黑山峡河段工程淹没耕地 8.13 万亩,涉及人口 7.24 万人;古贤水利枢纽淹没耕地 3.43 万亩,涉及人口 4.5 万人;龙羊峡以上 10 座梯级工程开发淹没林草地约 52.05 万亩,涉及人口约 1.2 万人,且水库回水淹没影响多为少数民族聚居区;南水北调西线一期工程淹没耕地 3.6 万亩,林草地 14.0 万亩,涉及人口 1.2 万人。耕地资源的占用对当地的土地利用方式和农业生产造成一定的不利影响,移民安置如处置不当,将会带来较大的社会问题。建议在工程环评和建设中,应充分关注工程的占地和移民问题,落实国家有关移民安置的各项政策、法规等,采取有效措施减缓工程建设带来的占地和移民影响。

18.3.3.2 水文水资源

1.水资源

1995 年至现状年黄河年平均天然年径流量约 424.7 亿 m³,年平均消耗量约 300 亿 m³,消耗率超过 70.6%,超出了水资源开发利用的极限。规划总体目标实现后,水资源主要评价指标变化见表 18.3-1。

引江济渭、南水北调西线一期工程生效前,优化配置水资源,制定了地表水供水量、消耗量控制指标,有利于协调生活、生产和生态用水;2030 年引汉济渭、南水北调西线一期工程等调水工程生效后,黄河径流量将增加 98 亿 m³,占黄河总径流量的 18%,有利于提高黄河水资源和水环境的承载能力,缓解水资源供需矛盾,促进流域及相关地区经济社会的发展和生态环境的良性维持。

地下水资源保护规划实施后,地下水资源开采总量由现状年的约 140 亿 m³ 减少到 2030 年的 125 亿 m³,浅层地下水超采量 13 亿 m³ 将得到全部退还,避免开采深层地下水,生态脆弱区、地质灾害区和地下水源涵养区的地下水位将得到有效保护,促进地下水资源的可持续利用,减轻和避免由于地下水超采而出现的环境地质问题和生态恶化问题。

规划的水土保持工程将增加区域水资源消耗量,减少入黄径流量,据初步分析,2020 年和 2030 年水土保持工程将减少入黄水量 15 亿 m³ 和 20 亿 m³,分别占现状黄河径流量的 2.8% 和 3.7%。在减水的同时,也减少了入黄泥沙量,对减缓下游河道的淤积抬高具有重要作用。

2.水文泥沙情势

黄河龙羊峡以上河段人为干扰少,水文情势基本处于天然状态。规划的 10 座梯级将使下游河段的径流过程趋于均化。同时,由于库区水深增加,水流速度减缓,将改变天然河流原有的河道形态。黄河龙羊峡以下干流河段是人工化程度较高的河流,规划实施后,原已存在的人工调控化将进一步加剧,流域水资源时空分布进一步发生改变,但通过对黑山峡、古贤、小浪底等骨干工程有目的地实施优化调度,有利于协调宁蒙河段、黄河下游河段的水沙关系,保障下游河流健康及河口地区生态环境所需的水量和径流过程,促进生态修复。

黄河是世界上输沙量最大、含沙量最高的河流,泥沙是导致黄河下游河道淤积抬升、防洪形势严峻的根源。通过"拦、调、排、放、挖"等多种泥沙处理和利用措施,总体来说,进入黄河下游的泥沙进一步减少,尤其在骨干工程拦沙期,进入下游的泥沙减少幅度较大,下游河道的淤积抬升将有所减缓。进入河口地区的泥沙减少,使入海口门处海岸淤积延伸速率减缓,距入海口门距离较远的海岸有所蚀退,但有利于减少黄河下游河道淤积,有利于保障下游防洪安全、生态安全。黄河入海泥沙减少对河口及周围近海生态环境的影响,需要进行长期的跟踪研究。

引汉济渭、南水北调西线一期等跨流域调水工程将对调出河流雅砻江、大渡河、汉江及其支流的流量、水位等水文要素产生一定影响,主要表现为引水水库坝址下游径流量减少、水位下降等,影响程度从水库至下游沿程递减。

18.3.3.3　水环境

1. 水质

目前黄河水污染问题较为突出,污染河段主要集中在西宁、兰州、银川、包头、三门峡等城市河段。规划总体目标实施后,水环境评价指标变化如表 18.3-1 所示。规划提出的入河总量控制方案和水污染防治意见落实后,预计至 2030 年,黄河流域水功能区水质将实现全部达标,所有地表饮用水水源地将满足水质标准要求,地表水环境质量将得到整体改善。规划的地下水保护与修复工程实施后,局部地区(主要分布在兰州至河口镇河段)的地下水污染问题可以得到有效解决,2030 年黄河流域地下水水质将基本达到功能区保护目标要求。

水沙调控体系规划中,通过对骨干工程的联合优化调度,环境敏感水域与时段的纳污能力有所提高;水资源开发利用规划中,引江济渭、南水北调西线一期工程等跨流域调水工程在增加水资源量的同时,也在一定程度上提高了黄河的水环境承载能力,对改善河流水环境具有积极作用。但同时流域水资源的开发利用也将带来一定的水环境风险,尤其是上中游能源基地、石油化工行业用水量的不断增加,将造成废污水和污染物排放量不断加大,若没有采取有效治理和控制措施,将加重黄河地表和地下水环境的污染。同时,要加强调水调沙对河口盐度、水温、营养盐及生态系统影响的分析研究。

2. 水温

龙羊峡以上规划梯级、黑山峡河段工程、古贤水利枢纽等都具有调节性能,水库蓄水后,水库在沿水深方向上呈现出有规律的水温分层。水库低温水的下泄,可能对下游水生生物尤其是鱼类的生长、育肥和越冬造成不利影响,主要表现在可能使鱼类区系组成发生变化、鱼类产卵季节推迟、影响鱼卵孵化、鱼生长缓慢等。

18.3.3.4　生态环境

规划在总体目标、布局及具体内容中贯彻了生态保护的理念,且提出了水环境综合治理措施、水生态保护与修复措施、水土流失综合治理措施、水资源优化配置方案、岸线功能区管理意见等,为改善流域陆生生态环境、保障重要断面的生态环境水量、促进生态系统良性维持创造有利条件。规划实施后,流域生态系统的结构不会发生明显变化,水源涵养、防风固沙、土壤保持等生态功能有所增强,但对龙羊峡以上、黑山峡至青铜峡、古贤至三门峡等局部河段的生态环境带来了一定的不利影响,可以通过工程或非工程措施给予减缓、减免和补偿。同时流域中上游能源化工基地的建设将带来一定的生态风险。

1. 陆生生态

规划总体目标实现后，陆生生态的主要评价指标变化见表 18.3-1。规划实施对流域陆生生态的影响以有利影响为主，不利影响是局部的、暂时的。规划的水源涵养、水土保持等工程实施后，将通过实施退牧还草、退耕还林等生态修复措施，减少人类活动对天然植被的破坏，使沙化和受毒草鼠害危害的草地得到改良和恢复，改善野生动物的栖息环境；通过实施林草植被措施，可以显著提高黄河流域的林草覆盖率，改善区域的陆域生态环境；通过灌区节水改造，可以进一步改善流域农业生态系统。

规划的防洪工程在实施中所引发的占地、移民等可能对局部地区的陆生动植物产生一定的不利影响，在工程环评阶段可以通过有效的环境保护措施对不利影响进行减免和减缓；梯级工程、跨流域调水工程的施工和淹没将在不同程度上影响部分野生动物的栖息地和觅食场所，使工程影响区域内的种群数量有所下降，但随着水库蓄水后，水域面积的扩大，有可能会给野生动物提供更为广阔和优良的栖息地。

2. 水生生态

从宏观层面分析，南水北调西线一期工程等跨流域调水工程、水资源管理和调度、水生态保护措施的实施，将为黄河水生生态带来巨大的生态改善作用，从根本上遏制黄河断流对河流生态系统的破坏，基本保障重要断面所需的生态水量和过程，为鱼类的生长繁育、湿地生态系统的良性维持创造适宜的水资源条件；水资源保护规划的实施，将明显改善黄河干支流水质，为水生生态系统提供适宜的水环境条件，对保护黄河特有或珍稀鱼类的种类和数量，维护河流水生生物的多样性起到一定的积极作用。

从中观尺度分析，规划实施对水生生态的影响主要为：

（1）对鱼类的影响。黄河鱼类种类相对较少，近几十年受水资源的过度开发、河流阻隔、水文情势的变化等因素影响，鱼类资源和多样性呈下降趋势，目前调查到干流主要河段鱼类 47 种，濒危鱼类 3 种。规划的水利工程尤其是梯级工程的实施，将对水生生物产生不利影响，主要表现在：一是水利工程将加剧河流的渠化和人工化，降低自然河流形态的多样性，对鱼类生境产生一定影响；二是骨干工程和梯级开发将阻隔坝址上下游之间的水力连通，切断洄游鱼类的生殖、鱼卵通道，并减少鱼类的活动区域和种群之间的交流；三是水库调蓄造成库区和坝下水文情势改变对库区和下游河道鱼类生境影响显著。

黄河龙羊峡以上河段是拟鲇高原鳅、骨唇黄河鱼、扁咽齿鱼等黄河土著鱼类的主要栖息地，规划拟建的塔吉柯二级、夏日红梯级工程位于黄河上游特有鱼类国家级水产种质资源保护区的核心区，塔吉柯一级、玛尔挡梯级工程位于黄河上游特有鱼类国家级水产种质资源保护区的实验区，塔吉柯一级位于甘肃玛曲青藏高原土著鱼类省级自然保护区的核心区，将对土著鱼类的种类、结构和数量造成较大的不利影响，影响的深度和广度应在下一阶段工作中进行深入研究，并采取相应的补救措施。

龙羊峡以下河段是人工化程度较高的河流，该河段已建、在建梯级工程 28 座，已经对黄河鱼类资源和物种多样性造成一定不利影响，本次规划拟建的骨干水库和梯级工程将进一步加剧对鱼类的影响。根据初步调查，黑山峡河段工程位于黄河卫宁段兰州鲇国家级水产种质资源保护区上游，紧邻保护区的实验区边缘，坝下水文情势的变化、低温水下泄等可能会对该河段兰州鲇的繁殖和生长产生不利的影响，工程环评中应提出有效保护措施,减缓对鱼类资源和多样性的影响。

对于跨流域调水工程的调水河流雅砻江、大渡河、汉江及其支流等,初步分析认为,大坝阻隔、水文情势的改变,导致引水水库库区和坝址下游的生物栖息环境有所改变,将对局部河段的鱼类种类、资源产生一定的影响。

(2)对湿地的影响。黄河重要湿地资源主要包括黄河源区高寒湿地、上游湖库湿地、中下游河漫滩湿地、河口三角洲湿地等。

规划的水生态保护措施及岸线功能区划定实施后,可以在一定程度上制止人为干扰对高寒湿地的影响,促进源区水源涵养功能改善,有利于保护野生动植物物种及栖息地,维护黄河源区的生物多样性;同时兼顾上游湖库湿地和中下游河漫滩湿地的生态用水需求,增加黄河三角洲湿地的淡水补给,改善湿地的水环境质量,对河漫滩和河口湿地的生态环境改善起到积极作用,有助于维护湿地的生态功能。

规划的骨干工程和防洪工程也将对湿地产生一定的不利影响,但总体上湿地范围不至于发生大的变化,不利影响主要表现为:一是骨干工程改变河流水沙情势,可能会对中下游的河漫滩湿地和河口三角洲湿地的漫滩次数、频率、时间等方面产生一定影响;二是河防工程、河道整治工程改变局部河段河势,将对宁蒙河段和小北干流的河漫滩湿地产生一定的不利影响。水利工程建设中要重视湿地保护工作,明确保护目标,采取多种措施,努力降低工程建设对湿地等生态系统的不利影响。

3. 水土流失

水土保持规划实施后,水土流失区的生态环境得到显著改善。植被覆盖率大大增加,将有效拦蓄地表径流,增加土壤入渗量,显著提高黄河流域特别是黄土高原丘陵沟壑区土壤保持重要区和毛乌素沙地防风固沙重要区的生态功能。

通过水土流失治理,特别是中游多沙粗沙区的治理,从源头上拦截泥沙,入黄泥沙量大幅度减少,2020 年和 2030 年减少入黄泥沙量分别为 5.0 亿~5.5 亿 t 和 6.0 亿~6.5 亿 t,对协调黄河中下游水沙关系,减少黄河下游、渭河下游河道淤积,恢复河道行洪输沙的自然功能起到重要作用。

4. 自然保护区

规划实施后,可能受到影响的自然保护区为青海三江源自然保护区中的"年保玉则"片、"中铁—军功"片和甘肃首曲自然保护区。根据初步分析,吉迈至沙曲河口河段的 6 级开发方案中,赛纳坝址位于"年保玉则"保护区的实验区内,门堂水库回水至"年保玉则"实验区,两个梯级淹没面积占"年保玉则"实验区面积的 2.0%;塔吉柯二级位于甘肃黄河首曲湿地自然保护区的实验区,淹没面积占首曲实验区面积的 0.2%。玛曲至羊曲河段的 4 级开发方案中,夏日红、玛尔挡、班多梯级坝址位于"中铁—军功"自然保护区的实验区,淹没面积占"中铁—军功"实验区面积的 1.8%。龙羊峡以上河段 10 级开发方案与《中华人民共和国自然保护区条例》有一定冲突,梯级建设和运行将对自然保护区产生一定不利影响。

5. 风景名胜区和国家地质公园

主要为古贤水利枢纽对黄河壶口瀑布风景名胜区、黄河蛇曲地质公园和黄河壶口瀑布国家地质公园的影响,以及黑山峡河段工程对甘肃景泰黄河石林地质公园的影响。

在河段梯级规划中已经充分考虑了对环境的影响问题,碛口至禹门口河段采用古贤和甘泽坡二级开发方案,既可以满足黄河中下游防洪减淤、调节径流、供水灌溉及发电的开发目标,又对壶口瀑布进行了合理避让,避免了对黄河壶口瀑布风景名胜区和地质公园的淹没,工程规模和布局基本合适。

根据初步分析,古贤水利枢纽运行后对风景名胜区和地质公园产生的影响主要为:一是古贤水利枢纽蓄水后,黄河蛇曲地质公园河床水面变宽,两岸坡度变缓,淹没区河道的总体轮廓保留,蛇曲景观将发生较大改变,形成库区新的景观结构;二是流量的均化、水库拦沙初期含沙量的减少将对壶口瀑布的景观多样性和瀑布颜色产生一定的影响,但可以通过水库的优化调度减缓对壶口瀑布的影响。工程设计阶段应进行重点研究,在确保工程运用功能的前提下,将不利影响减少到最低程度。

黑山峡河段工程选取一级高坝开发方案,将对甘肃景泰黄河石林地质公园产生一定的淹没影响,正常蓄水位时,地质公园被淹没总面积为 783.93 hm²,约占整个地质公园总面积的 15.7%,地质公园一级保护区和二级保护区受淹没影响面积分别占总面积的 4.1% 和 1.7%,石林核心景观饮马沟景区(核心区)淹没面积不到景区总面积的 1.6%。同时大面积水域的出现,有利于提高地质公园景观宜人性。淹没影响可以通过工程防护措施减免和减缓。具体的防护措施要在工程可研、环评阶段进一步研究论证。

18.3.4　重大工程环境可行性分析

18.3.4.1　龙羊峡以上河段梯级开发

龙羊峡以上河段社会经济基础薄弱,区内经济发展缓慢,梯级开发在一定程度上能够促进区域的经济繁荣,提供清洁能源,提高人民的生活水平。但龙羊峡以上地区生态环境脆弱,区内分布有多个《全国主体功能区规划》划定的禁止开发区、国家级和省级自然保护区、水产种质资源保护区和重要鱼类保护区等,考虑到该区的生态环境敏感性,在规划的编制过程中,通过环评的早期介入,对龙羊峡以上河段的梯级布局进行了多次调整。由中国水电工程顾问集团规划的 13 座梯级工程减少为本次规划的 10 座,取消了对自然保护区和鱼类造成显著影响的首曲、尔多、茨哈峡梯级,降低了塔格尔、门堂梯级的蓄水位,将宁木特 + 玛尔挡开发方案调整为夏日红 + 玛尔挡方案,规划调整后,减轻了对自然保护区和上游特有鱼类的不利影响。

目前规划的龙羊峡以上河段开发方案中,赛纳、门堂、夏日红、玛尔挡、班多等 5 座梯级坝址位于国家禁止开发区青海三江源自然保护区的实验区,塔吉柯二级位于甘肃黄河首曲湿地自然保护区的实验区,与《中华人民共和国自然保护区条例》《全国主体功能区规划》等有一定冲突。塔吉柯二级、夏日红坝址位于黄河上游特有鱼类水产种质资源保护区的核心区,塔吉柯一级、玛尔挡坝址位于种质资源保护区的实验区。项目立项建设存在法律障碍和技术性环境制约因素,建议进一步协调龙羊峡以上河段水电开发与生态保护的关系,对龙羊峡以上河段梯级开发方案进行科学论证,慎重、适度开发。

18.3.4.2　黑山峡河段工程

黑山峡河段工程在黄河治理开发中的战略地位十分重要,是治黄总体布局的水沙调控体系、防洪减淤体系、水资源合理配置和高效利用体系的重要组成部分,主要存在"大柳树一级开发方案"和"红山峡、五佛、小观音和大柳树低坝四级开发方案"的争论。不同开发方案的环境影响见表 18.3-2。

表 18.3-2　黑山峡河段不同开发方案环境影响比较

不同开发方案	主要有利环境影响	主要不利环境影响
不开发	保持河段及区域环境现状	• 宁蒙河段水沙关系得不到改善 • 宁蒙河段的防凌问题依然突出 • 不能有效合理地配置黄河水资源
一级开发	• 有利于恢复并长期维持宁蒙河段中水河槽,并为协调黄河中下游水沙关系创造条件 • 有利于保障宁蒙河段防凌防洪安全 • 有利于实现全流域水资源的合理配置,满足河口镇断面生态基流 • 有利于保障黄河供水安全 • 开发河段水电资源,提供清洁能源 • 促进经济社会发展	• 淹没耕地 8.13 万亩,对土地、植物和动物资源、文物矿产的不利影响 • 涉及人口 7.24 万人,移民安置对当地的社会环境和生态环境造成的不利影响 • 对甘肃景泰黄河石林地质公园的地质遗迹资源和景观资源有一定淹没影响,但可以通过一定的工程措施给予减免和减缓。同时水库蓄水也会使地质公园的生态功能价值有所提高,景观功能得到进一步优化 • 大坝阻隔和水文情势变化对局部鱼类物种和资源的影响。形成坝上、坝下两个相对较大而独立的鱼类种群,资源量可能会有升高,种类组成结构发生变化 • 水沙情势变化对湿地水文条件的不利影响
四级径流式电站梯级开发	• 开发河段水电资源,提供清洁能源 • 促进经济社会发展	• 淹没耕地 1.92 万亩,水库淹没对土地、植物和动物资源、文物矿产的不利影响 • 涉及人口 1.23 万人,移民安置对当地的社会环境和生态环境造成的不利影响 • 基本不对甘肃景泰黄河石林地质公园地质遗迹资源造成淹没影响,但会淹没部分河曲 • 大坝阻隔和水文情势变化对局部鱼类物种和资源的影响。形成多个小的异质化种群,种类组成结构发生变化

18.3.4.3　古贤水利枢纽

古贤水利枢纽是黄河水沙调控体系、防洪减淤体系、水资源合理配置和高效利用体系的重要组成部分,是列入近期实施的重点工程,在黄河治理开发中具有重要的战略地位。与其他骨干工程联合运用,可以为保障黄河下游防洪安全、改善水环境及生态环境创造有利条件,具有巨大的流域性社会和环境效益。工程建设和运行不可避免地会对局部环境,特别是对黄河壶口瀑布风景名胜区、黄河蛇曲地质公园等环境敏感保护目标产生一定影响。对风景名胜区的影响可以通过优化水库运行调度进行减缓。下阶段应针对风景名胜区、地质公园、水生生物生境的环境影响,开展专项研究工作,并提出有效的措施,对不利环境影响予以减免、减缓或补偿。

18.4 综合评价及对策建议

18.4.1 综合评价结论

本次黄河流域综合规划全面贯彻了科学发展观和构建社会主义和谐社会的国家宏观政策,综合考虑了各河段的资源环境特点,科学合理地确定了各河段治理开发与保护任务、规划目标和总体布局,并提出了水资源管理控制指标,避免了流域经济社会发展对资源环境的盲目开发,保护和改善流域生态环境,有利于保障经济社会与生态环境的协调可持续发展,促进人水和谐。从生态环境角度分析,规划总体方案环境可行。

规划目标实现后,可以进一步改善黄河水沙关系,保障流域及下游黄淮海平原的防洪安全,基本避免因洪灾造成的生态灾难;有利于促进节水型社会建设,缓解水资源供需矛盾,为流域及相关地区经济社会的快速发展提供供水保障;有利于促进干支流水质达到水功能区目标、遏制水污染;可提高河道内生态需水量的满足程度,为沿河湿地生态系统和鱼类生境的改善提供所需的水资源条件,减缓黄河源区、三角洲等国家重要湿地自然保护区生态恶化趋势;有利于黄河源区水源涵养功能的恢复,进一步遏制黄土高原水土流失,明显改善区域生态环境。

总的来说,规划以尽可能小的生态环境损失,达到促进流域区域社会经济的可持续发展,保护和改善流域、河流生态环境的目的,有利于促进黄河自然功能和社会功能均衡发挥,维持黄河健康生命,实现人与黄河和谐相处,保障流域防洪安全、供水安全和粮食安全,并为流域及相关地区的经济安全、生态安全、能源安全创造有利条件。

在产生巨大的社会、经济和环境效益的同时,规划部分工程将在施工期和运行期对流域生态环境带来一定的不利影响,其中以梯级工程和大型骨干工程最为显著,具有一定的连续性和叠加性。主要为:水库造成的淹没和移民安置环境影响问题、大坝阻隔和水文情势的改变对黄河鱼类资源和多样性造成的不利影响、龙羊峡以上河段梯级开发对三江源自然保护区的影响、黑山峡河段工程和古贤水利枢纽对风景名胜区和地质公园造成的不利影响等。在工程环评阶段应给予重点关注,尽量采取有效措施给予减免、减缓和补偿。

18.4.2 对策建议

在规划编制过程中,已经针对可能产生的不利影响提出了预防和减缓措施。规划实施过程中,应严格贯彻落实规划提出的水环境、水生态、水土保持等措施,尽可能从源头上规避可能造成的重大环境影响。某些局部河段、区域,规划部分工程的实施仍然会对环境生态产生一定的不利影响。建议在规划实施中,落实以下对策措施:

(1)严格执行环境影响评价审批制度。

按照我国法律法规有关要求,开展黄河龙羊峡以上河段综合规划、有关专项规划以及支流流域规划的环境影响评价工作,对规划实施可能造成的环境影响进行分析、预测和评价,并提出预防或者减轻不良环境影响的对策和措施。

黄河流域综合规划的具体建设项目,在可行性研究阶段必须严格按照环境影响评价法和建设项目环境保护管理的规定,进行各单项建设项目的环境影响评价,提出项目实施具有可操作性的环境保护措施,将项目实施产生的不利影响减小到最低。

(2)建立和完善黄河流域生态与环境监测体系。

黄河流域生态与环境保护是一个持续不断的动态保护过程,同时黄河流域水沙调控规划实施后的影响也是一个不断累积、综合、叠加的过程,其影响历时长、范围广、错综复杂,需要在黄河流域、河口和近海区建立与完善生态与环境监测体系与评估制度,对规划实施后的影响进行不间断的监测、识别、评价,为规划的环境保护对策实施和黄河流域生态与环境保护工作提供决策依据。

(3)建立跟踪评价制度,制定跟踪评价计划。

规划实施过程中应根据统一的生态与环境监测体系,对各专业规划和具体工程项目的实施进行系统的环境监测与跟踪评价,针对环境质量变化情况及跟踪评价结果,适时提出对规划方案进行优化调整的建议,改进相应的对策措施。

(4)实施珍稀鱼类保护和渔业资源恢复措施。

按照水生态保护规划要求,加强黄河土著鱼类和珍稀濒危鱼类及其栖息地保护,保护重点河段鱼类洄游通道,严禁在鱼类产卵场、沿黄洪漫湿地采砂,实施禁渔区和禁渔期制度,禁止不合理捕捞,开展增殖放流,改善黄河水环境质量,优化水库生态调度。

龙羊峡以上河段以鱼类及其栖息地保护为主,限制水电资源开发;上游梯级开发较集中河段因地制宜采取增殖站、过鱼设施建设及外来物种监管等措施保护土著鱼类物种资源;中下游保留一定宽度的浅滩区域,保护鱼类产卵场;河口保持一定入海水量,保护河口鱼类洄游通道。

(5)针对重大工程的敏感环境问题开展专题研究。

针对古贤水利枢纽对黄河壶口瀑布造成的不利影响,下阶段应重点研究工程措施和水库运行方式,最大限度减缓水库运行对壶口瀑布景观多样性造成的不利影响。对于古贤水库蓄水淹没的部分人文景观和蛇曲地质公园等自然景观,在项目环评阶段应深入研究,并提出明确的保护措施。

开展黑山峡河段工程对黄河石林国家地质公园的影响专题研究,进一步分析论证工程防护措施的可行性,减缓和补偿黑山峡工程建设和运行对地质公园造成的不利影响。

(6)进一步协调龙羊峡以上河段水电开发与生态保护的关系。

从生态环境保护的角度,龙羊峡以上河段应以生态保护为主,严格限制开发;从经济社会发展对可再生能源开发要求等角度,要积极开发龙羊峡以上水电资源。因此,要对龙羊峡以上河段梯级开发方案科学论证,慎重、适度开发。龙羊峡以上河段水电开发将对生态环境产生一定的不利影响,应进一步协调龙羊峡以上河段水电开发与生态保护的关系,完善水电开发方案。根据《中华人民共和国自然保护区条例》等有关规定,协调解决梯级开发对自然保护区的影响问题,在工程前期论证、建设和运行过程中要采取严格的措施减缓或避免对自然保护区、黄河上游特有鱼类国家级水产种质资源保护区等敏感保护目标的影响,要深入开展环境影响评价,具体论证项目的环境可行性,并有针对性地提出生态补偿和减缓影响的措施,在保护生态环境的前提下合理开发水电资源。

(7)开展龙羊峡以上河段开发水生生物保护措施研究。

从生物多样性保护的角度出发,开展梯级工程实施对水生生物的影响研究,尤其是龙羊峡以上河段梯级开发对黄河上游特有鱼类的影响。梯级工程实施时尽量考虑过鱼设施和建立鱼类增殖站,工程设计阶段应根据下游河段水生生物学特性,科学合理地确定水库调度运行方式,减轻对水生生物的累积影响。

(8)重视黄河上中游能源化工基地建设的环境、生态风险。

针对黄河上中游能源化工基地建设可能引发的环境、生态风险开展专题研究工作,提出切实有效的风险防范措施;规划实施过程中,严格贯彻执行有关法律法规、规划提出的水环境和水生态保护措施、风险防范措施等,避免因黄河上中游能源化工基地建设对区域、流域造成显著的环境、生态影响。

(9)重视做好移民安置工作。

工程建设要严格贯彻执行有关法规,保护不可再生的土地资源,尤其是基本农田;对于水库移民,在充分论证分析土地承载力的基础上,做好移民安置规划,妥善安置,改善和提高受影响居民的生产、生活水平,避免移民引发一系列社会、生态问题。

第 19 章　近期实施安排及实施效果

19.1　近期实施安排

　　根据国家有关政策和黄河治理开发的战略部署,结合黄河流域经济社会发展的要求,针对目前流域治理开发与保护中存在的突出问题,按照统筹兼顾、突出民生、近远结合的原则,区分轻重缓急,合理安排近期工程措施和非工程措施。

19.1.1　水沙调控体系

　　做好河口村水库的建设工作,深入做好古贤、东庄水库等骨干工程项目的前期工作,适时开工建设,力争 2020 年前后建成生效,使中游洪水泥沙调控子体系得以初步形成,实现黄河水沙的联合调控。同时继续加强黑山峡河段和碛口水利枢纽工程前期研究工作。

19.1.2　防洪减淤体系

　　规划近期安排堤防加固、河道整治、泥沙处理和利用、滩区及蓄滞洪区安全建设、城市防洪、中小河流治理、病险水库除险加固以及相应的非工程措施等,其中下游是黄河防洪建设的重点。

　　黄河下游:基本完成临黄大堤加固 526.5 km、大堤帮宽 178.3 km,险工改建加固坝垛 2 159 道,控导工程新建续建 93.9 km、加高加固坝垛 3 133 道;基本完成河口、沁河下游堤防及险工加高加固以及滞洪区建设;滩区外迁安置 24.5 万人,就地就近安置 42.4 万人,安排临时撤离道路 132.5 km;完善防洪非工程措施及工程管理。

　　上中游干流:基本完成宁蒙段、禹门口至潼关河段、潼关至三门峡河段等上中游干流河段防洪及河道治理、库岸防护工程建设。

　　城市防洪及病险水库除险加固:西宁、兰州、银川、呼和浩特、太原、西安、郑州、济南等 8 座省会城市以及石嘴山、乌海、包头、延安、洛阳、开封等 6 座地级市防洪工程建设全部完成;1 283 座病险水库的除险加固任务也全部完成。

　　中小河流治理:完成新建堤防、护岸工程 3 864 km,加固堤防、护岸工程 1 088 km,河道整治工程 2 581 km,清障方量 5 057 万 m³,洪涝结合河道清淤疏浚 3 352 万 m³,穿堤建筑物 1 460 座,以及其他工程 685 处。

　　泥沙处理:在多沙粗沙区修建拦沙坝 4 248 座,其中完成粗泥沙集中来源区拦沙坝 1 837 座;对十大孔兑进行治理;开展小北干流无坝自流放淤;进行下游"二级悬河"治理和滩区放淤;开展下游背河低洼地改造,结合淤背等泥沙利用进行挖河疏浚。

19.1.3 水土流失综合防治体系

规划近期安排淤地坝、梯田、林草植被、小型蓄水保土工程、预防监督、监测等工程措施和非工程措施。安排综合治理面积16.25万 km^2，新建骨干坝9 210座，中小型淤地坝2.80万座。其中多沙粗沙区是实施的重点，综合治理面积3.92万 km^2，淤地坝1.53万座。十大孔兑综合治理面积0.23万 km^2，建设骨干坝237座。开展子午岭、六盘山和黄河源区的水土保持预防监督。建设黄河流域水土保持生态环境监测站网，重点是流域管理机构监测站点的建设，开展多沙粗沙区重点支流水土保持监测和晋陕蒙接壤区人为水土流失监测等。

19.1.4 水资源合理配置和高效利用体系

规划近期安排节约用水、水资源开发利用以及中水回用工程等。

节约用水工程主要包括宁蒙平原、中游汾渭盆地、下游引黄灌区等大中型灌区的续建配套和节水改造；加大工业、城镇生活节水力度，在高用水行业推广先进节水技术和节水工艺，进行城市供水管网改造和节水器具推广。

水源及灌区工程主要包括建设黄河干流古贤水利枢纽及支流洮河九甸峡水库、沁河河口村水库等；新建和续建青海省湟水北干渠一期工程、引洮供水一期工程、河南省小浪底南岸灌区工程、陕甘宁盐环定扬黄续建配套工程、陕西省东雷二期抽黄续建配套工程等；建设引汉济渭等跨流域调水工程，解决渭河的缺水及水环境恶化问题；进行流域中水回用和雨水利用工程建设；进行河湖连通工程建设。进一步完善干流水量综合调度体系，加强主要支流水量统一调度体系建设。

19.1.5 水资源和水生态保护体系

规划近期安排流域水资源和水生态保护基础设施建设、水质和水生态监测站网和能力建设，排污口改造、疏浚清淤、废污水生态处理等水资源保护工程，突发性水污染事件应急机制及能力建设等。逐步退还深层地下水开采量和平原区浅层地下水超采量，建设地下水保护工程、地下水修复工程和地下水监测体系。

19.1.6 综合管理体系

规划近期进一步完善流域与区域相结合的综合管理体制和运行机制，以及政策法规体系；基本建成以水沙监测预报、"数字黄河"工程、"模型黄河"工程为重点的科技支撑体系；加快工程管理能力建设，加强涉水行业管理，流域综合管理和公共服务水平进一步提高。

19.1.7 前期工作及科学研究

为了实现各阶段规划目标，近期要加强对黄河治理开发与保护作用重大项目的前期工作。近期重点开展南水北调西线等跨流域调水工程、古贤水利枢纽、黑山峡河段工程、碛口水利枢纽、禹门口(甘泽坡)水利枢纽、东庄水利枢纽等重大工程的前期工作。对于支流水库和引水工程,在规划实施过程中要进一步加强论证工作。继续深入开展引江济渭入黄方案研究,深入研究以小浪底水库为核心的水沙调控体系联合运用方式。围绕黄河防洪(防凌)减灾、水沙调控、水资源统一管理和调度、水资源保护、水土保持等面临的突出问题,进一步加强基础研究和应用技术研究。

19.2　规划实施效果

规划的实施,将进一步提高黄河防洪能力,初步缓解水资源供需矛盾,遏制河流水质和水生态恶化趋势,减少水土流失,增强流域综合管理能力,使黄河健康状况得到一定修复,促进黄河流域及其相关地区经济社会的可持续发展。

19.2.1　防洪减淤

规划实施后,随着堤防加固、河道整治、滩区安全建设,以及水沙调控体系工程建设,黄河防洪减淤体系将得到进一步完善,对流域及沿黄地区经济社会的稳定发展发挥重要作用。

一是黄河下游堤防工程建设,将增强黄河下游抗御洪水的能力。沁河口以下临黄大堤得到全面加固,将消除堤防质量差和各种险点隐患,黄河大堤将成为防洪保障线、抢险交通线、生态景观线。工程建成后,黄河下游可以防御花园口站 22 000 m^3/s 的洪水。

二是河道整治工程建设,可以基本控制高村以上 299 km 河道的游荡性河势,有效减免"横河"、"斜河"顶冲堤防威胁,提高堤防的安全度。同时还可以保护部分滩区人民生命财产安全,改善黄河下游引黄涵闸的引水条件。

三是通过骨干水库拦沙和调水调沙,可减少黄河下游河道淤积,较长时期维持黄河下游河道 4 000 m^3/s 左右的中水河槽;遏制潼关高程抬升。

四是东平湖滞洪区建设,使 77.8 km 围坝全部得到加固,湖区内群众安全建设问题基本得到解决。

五是滩区安全建设,通过外迁 35.0 万人,就地安置 84.1 万人,临时撤离 42.2 万人,并建立起滩区洪水淹没补偿政策,将改变下游滩区群众频繁受淹的被动局面,促进滩区经济社会发展。

六是河口综合治理,将保障黄河三角洲地区防洪安全,并有利于减少河道淤积。

七是黄河上中游干流河道治理工程实施后,宁蒙河段防洪工程将达到国家规定的防洪标准,防洪防凌能力有所提高;禹门口至潼关、潼关至三门峡等河段塌岸现象将得到控制,为两岸人民提供较为安定的生产和生活环境。

八是通过主要支流及部分中小河流的治理,重点城市达到国家规定的防洪标准,流域内病险水库完成除险加固,将保障相关地区的人民生命财产安全。

19.2.2　水土保持

水土保持生态建设的实施,可以促进人口、资源、环境的协调发展。一是通过淤地坝建设,特别是多沙粗沙区拦沙工程的建设,可有效减少入黄泥沙,年均减少入黄沙量

5.0亿~5.5亿t;二是通过人工造林种草和生态自然修复,使植被覆盖度达到42%以上,流域生态环境得到明显改善;三是新增梯田215万 hm²,人均梯田稳定在0.133 hm²(1.995亩),提高粮食产量,使人民群众的生产生活条件得到有效改善,促进区域经济社会发展。

19.2.3　水资源利用

促进节水型社会建设,提高水资源的利用效率。到2020年,灌溉水利用系数将由现状的0.49提高到0.56,农田灌溉亩均用水量由基准年的434 m³降低到379 m³;工业水重复利用率由基准年的61%提高到75%,工业万元增加值用水量由基准年的104 m³降低到53 m³;城镇供水管网综合漏失率由17.9%降低到13.0%;万元GDP用水量由基准年的354 m³降低到127 m³。

通过加强水资源管理和统一调度以及水权转让,实施引汉济渭工程、污水回用以及雨水利用工程,可增加部分供水量,水资源供需矛盾有所缓解,全面解决人畜饮用水问题,保障城市和能源基地供水,保证生态环境的低限用水。

19.2.4　水资源和水生态保护

水资源和水生态保护措施实施后,黄河流域城市生活污水处理率将达到80%以上,工业点源稳定达标排放,有效改善流域水功能区水质,重点河段入河污染物满足水功能区纳污能力的要求,实现水功能区保护目标要求。黄河干流主要断面低限生态水量得到基本保障,生态系统恶化趋势得到遏制,河源水源涵养、河口生物多样性等生态功能得到改善。

19.2.5　流域综合管理

通过规划的实施,流域管理与区域管理相结合的体制和机制进一步完善,政策法规得到进一步健全,水沙监测与预测预报、"数字黄河"、"模型黄河"等科技支撑能力得到进一步提升,公众参与和社会沟通能力得到加强,流域综合管理能力和公共服务水平得到显著提高。

第 20 章　黄河治理开发与保护远景展望

黄河的根本问题是"水少、沙多,水沙关系不协调"、水资源供需矛盾尖锐以及生态环境脆弱,治理开发和保护黄河是长期、艰巨而复杂的任务。本次规划实施后,还要长期坚持不懈地进行水土流失综合治理,减少入黄泥沙,进一步加强节约用水,继续实施跨流域调水,有效增加黄河的水资源量,利用完善的水沙调控体系科学调控水沙,保障黄河防洪安全、供水安全和生态安全,维持黄河健康生命,谋求黄河长治久安。

20.1　规划实施后黄河治理开发形势展望

本次规划的实施,对于保障黄河流域的防洪安全、供水安全、生态安全,具有极为重要的作用。但从长远来看,协调黄河水沙关系仍是一项艰巨而复杂的任务。

20.1.1　黄河的大洪水基本得到有效控制

考虑到水文变化的周期性、气候变化和人类活动影响等因素,预计未来黄河大洪水发生的几率不会有大的变化。随着古贤、黑山峡等干支流控制性骨干水库的建成,黄河水沙调控体系将逐步完善,就处理大洪水而言,黄河下游依靠规划期基本形成的"上拦下排、两岸分滞"防洪工程体系,可以安全排泄大洪水入海,保障防洪安全;上游宁蒙河段依靠黑山峡水库、河防工程和两岸应急分凌工程,可以安全排泄汛期大洪水和冰凌洪水,保障防洪、防凌安全。

20.1.2　黄河水资源依然不足

黄河多年平均(1956～2000 年)河川天然径流量 534.8 亿 m^3,由于水土保持措施用水及其他因素影响,预测 2030 年河川径流量减少到 514.8 亿 m^3,预估未来长时期黄河河川径流量将进一步减少。

考虑规划期采取的强化节水措施和严格的水资源管理制度,预测 2030 年黄河河道外生活、生产、生态总需水量达到 547.3 亿 m^3,下游河道内生态环境需水量 220 亿 m^3。考虑南水北调西线一期、引汉济渭等调水工程生效,可增加黄河水资源量 97.6 亿 m^3。考虑各种水源的供水量,2030 年黄河流域一般年份河道外缺水 26.6 亿 m^3,河道内缺水 8.6 亿 m^3,总缺水量 35.2 亿 m^3,遇枯水年份缺水更多。

2030 年以后随着流域经济社会发展水平的不断提高,在考虑超强化节水措施的情况下,城市生活、生产、生态需水量仍将有一定程度增加,初步估计 2050 年黄河流域及相关地区河道外总需水量达到 680 亿 m^3 左右,其中向流域外供水 100 亿 m^3 左右,之后将稳定在一定水平。为保持下游河道主槽冲淤基本平衡,长期维持 4 000 m^3/s 的中水河槽,河道汛期输沙水量要保持在 250 亿 m^3 左右,加上非汛期生态需水量,下游河道生态环境需水量 300 亿 m³ 左右。即使考虑南水北调西线一期、引汉济渭调水量,进一步加大城市中水回用量,黄河仍将缺水 120 亿~140 亿 m³。

20.1.3　黄河下游远景水沙关系仍不协调

黄河多年平均输沙量 16 亿 t,现状水利水保措施年平均减沙量 4 亿 t 左右。规划实施后,到 2030 年适宜治理的水土流失区将得到初步治理,流域生态环境明显改善,多沙粗沙区拦沙工程及其他水利水保措施年平均可减少入黄泥沙 6.0 亿~6.5 亿 t。在正常的降雨条件下,2030 年水平年均入黄沙量为 9.5 亿~10 亿 t。即使考虑远景黄土高原水土流失得到有效治理,进入黄河下游的泥沙量仍有 8 亿 t 左右,水沙关系仍然不协调。

考虑水土保持综合治理措施的减沙、古贤水利枢纽的拦沙和水沙调控体系联合调控水沙、南水北调西线一期工程弥补部分河道输沙用水等方面的作用,下游河道在 40~50 年内基本不淤积抬高,并能够维持中水河槽行洪输沙功能。

但随着古贤水库拦沙库容逐步淤满,尽管通过古贤、小浪底等水库对水沙进行联合调控,可以在一定程度上改善进入下游的水沙条件,黄河下游河道仍将面临淤积抬高的严峻局面。

20.2　黄河长治久安的总体思路

在漫长的历史长河中,下游河道经历着淤积抬高—改道—再淤积抬高—再改道的演变过程。黄河自 1855 年在铜瓦厢决口改道以来,现行河道至今已行河 150 多年,现状河床高出两岸背河地面 4~6 m,规划实施后,若不继续采取有效措施控制黄河泥沙,下游河道又将持续淤积抬高,从长远看存在改道的风险。下游两岸地区人口稠密,城市、铁路、公路、水利等基础设施密布,经济社会的持续发展已不允许下游河道再改道。因此,必须立足于黄河下游现行河道的长期行河,谋求黄河长治久安,使进入下游的洪水能够安全排泄入海,维持良好的水质和生态系统的良性循环,维持黄河健康生命,以水资源的可持续利用支撑流域及相关地区经济社会的持续发展。

按照"上拦下排,两岸分滞"的洪水处理方针和工程布局,在 2030 年以前基本建成黄河下游防洪工程体系,可有效控制大洪水不超过堤防的设防流量。因此,未来黄河长治久安的战略重点和主要难点是努力减少进入下游河道的泥沙,改善水沙关系,使下游河道不显著淤积抬高。

针对未来黄河"水少、沙多,水沙关系不协调"的根本性问题,实现黄河长治久安、维持黄河健康生命的基本思路是"增水、减沙,调控水沙",进行下游河道和河口的综合治理,维持河流基本的排洪、输沙功能。从长远看,要继续强化节约用水,实施南水北调西线后续工程及其他跨流域调水工程,有效增加黄河的水资源量,在基本保障经济社会发展和生态环境用水需求、河流生态系统良性循环的同时,使黄河的输沙用水也能够基本得到保证,为将进入下游的泥沙输送入海提供水流动力条件。要坚持不懈地开展水土流失综合治理,努力减少入黄泥沙;继续兴建干流碛口水利枢纽拦沙,在有条件放淤的滩区继续实施引洪放淤,进一步减少进入下游河道的泥沙,特别是要减少对河道淤积危害大的粗泥沙。要继续完善黄河水沙调控体系,科学联合调控水沙,协调水沙关系,提高河道排沙能力,控制下游河道淤积,维持中水河槽的排洪输沙能力。同时,在黄河下游要继续完善河防工程体系和滩区保安体系,结合淤筑"相对地下河"开展挖河疏浚;进行河口治理,减少河口淤积延伸对下游河道淤积的反馈影响。

20.3　黄河长治久安的重大战略措施

20.3.1　坚持不懈地进行黄土高原水土保持综合治理

在黄土高原地区开展水土保持,是解决黄河泥沙问题的最根本措施。2030 年以后,要继续坚持不懈地开展水土保持综合治理,提高治理水平和标准,全面完成多沙粗沙区拦沙工程的建设任务,对已建的拦沙工程进行加高加固,使其持续发挥拦沙作用,进一步减少入黄泥沙,力争使水土保持减沙量年均达到 8 亿 t 左右。

20.3.2　适时兴建碛口水利枢纽

古贤水利枢纽拦沙和水沙调控体系联合调控水沙,可以在一定时期内使下游河道不显著淤积抬高,但古贤水库拦沙库容淤满后,黄河下游将又淤积抬高。因此,在古贤水库拦沙后期,必须适时建设碛口水利枢纽,形成完善的中游洪水泥沙调控体系,联合拦沙和调控水沙,可进一步延长下游河道的不淤积年限。

碛口水利枢纽拦沙库容 110.8 亿 m^3,可拦沙 144 亿 t,通过拦沙并与古贤、小浪底水库等骨干工程联合调水调沙,可减少黄河下游河道泥沙淤积约 75 亿 t。

20.3.3　强化节水,继续实施跨流域调水

2030 年以后,要继续采取措施,加强农业、工业和城市节水,建成节水型社会,可在2030 年节水 76.4 亿 m^3 的基础上增加节水 7 亿 m^3 左右。随着经济社会发展,需水量还进一步增长,且随着水土保持综合治理措施的进一步实施,下垫面条件改变将使黄河径流量进一步减少,经济社会缺水量将进一步增加。考虑黄河下游输沙用水,缺水量更大。因此,在 2030 年以后,要继续扩大南水北调西线工程等跨流域调水工程向黄河的调水量,使外流域调水量达到 200 亿 m^3 左右,保障流域经济社会用水,进一步补充河道输沙用水。若河道输沙用水增加 50 亿 ~60 亿 m^3,通过水沙调控体系的联合调控,可减少下游河道淤积 1.5 亿 t 左右。

20.3.4　利用小北干流及其他滩区引洪放淤

小北干流河段左右岸共有 9 块较大的滩区,总面积约 710 km^2,通过北干流古贤等骨干水库对北干流的来水来沙进行调控,形成高含沙洪水,与禹门口(甘泽坡)水利枢纽配合,可充分提高有坝放淤的淤粗排细效果。有坝放淤的面积为 410.4 km^2,估算最大放淤量为 136 亿 t。在古贤水库拦沙初期完成后,应及时实施小北干流有坝放淤。

温孟滩区总面积约 294 km^2,考虑放淤对小浪底移民安置区、青风岭上居民区、交通

等方面的影响,估算可放淤量为 12.6 亿 t。

同时结合黄河下游"二级悬河"治理,继续实施黄河下游滩区放淤。

20.3.5 水沙调控体系联合运用

随着规划期内安排的古贤、黑山峡等骨干水库建设以及 2030 年后碛口水利枢纽的建成,黄河水沙调控体系将构建完成,届时,黄河水沙调控体系科学管理洪水、协调黄河水沙关系、合理配置水资源的作用将得到充分发挥。在协调黄河水沙关系方面,水沙调控体系联合运用,进行径流、泥沙的多年调节,塑造适合下游河道输沙特性的水沙过程,充分发挥水流的输沙作用,尽量多排沙入海,减少下游河道淤积,并长期保持水库的有效库容。

20.3.6 形成完善的下游河防工程体系

从黄河水沙条件展望情况看,现阶段及今后一定时期,在黄河泥沙没有得到有效控制以前,为了保持现行河道行洪安全,黄河下游河道仍需要采取"稳定主槽、调水调沙,宽河固堤、政策补偿"的治理方略,留足处理洪水和泥沙的空间。

因此,在 2030 年以后,要在本次规划安排的堤防工程、河道整治工程、滩区安全建设和"二级悬河"严重河段的挖河疏浚的基础上,根据进入黄河下游的水沙条件和河道淤积情况,进一步加固黄河下游堤防工程,完善河道整治工程,在局部淤积严重的畸形河段开展挖河疏浚,充分发挥河道排沙能力;同时要根据中游水土保持、黄河水沙调控体系骨干工程、滩区放淤和南水北调西线后续工程等的实施情况,在进入黄河下游水沙关系基本协调、河道淤积量较小的条件下,研究下游河道由"宽河"向"相对窄河"逐步过渡的可行性。

20.3.7 科学进行河口治理

为了尽量减少河口淤积延伸对下游河道的反馈影响,要继续进行现行流路尾闾河道的治理,科学使用清水沟、刁口河、马新河等入海流路,合理使用海域容沙空间;继续进行拦门沙治理,充分发挥海洋动力输沙能力。

20.3.8 挖河疏浚、淤筑"相对地下河"

根据黄河来水来沙条件和河道淤积状况,结合维持中水河槽行洪输沙能力的要求,开展挖河疏浚,是解决黄河下游河道淤积问题的重要措施。在局部河段主槽淤积较为严重时,可利用先进的挖沙设备和高效的输沙技术,挖河疏浚,淤筑"相对地下河"。

20.4 远景效果展望

随着 2030 年水平规划措施的实施,水土保持的减沙量达到 6.0 亿 ~6.5 亿 t,南水北调西线一期工程增加输沙用水 25 亿 m³ 左右,古贤水利枢纽、黑山峡河段工程和现状骨干水利枢纽联合运用调控水沙,可使黄河下游河道在今后 40~50 年的时间内不显著淤积升高。远景通过持之以恒进行水土流失综合治理,加高加固拦沙坝工程,使入黄泥沙力争减少到 8 亿 t 左右;相机建设南水北调西线后续工程及其他跨流域调水工程,基本保障黄河流域及相关地区经济社会发展,增加河道内生态环境用水;适时建成碛口水利枢纽,形成完善的黄河水沙调控体系。利用完善的水沙调控体系联合调控洪水泥沙,优化配置水资源,协调水沙关系,辅以局部河段的挖河疏浚或利用管道高效输沙放淤,可使黄河下游河道主槽基本不淤积,达到现行河道再继续行河 150 年以上。未来随着科学技术的发展,人类调控黄河水沙、处理和利用黄河泥沙的水平将不断提高,在国家资金投入基本保障的前提下,通过长期不懈的努力,可以维持黄河健康生命,实现黄河长治久安,让黄河永久造福中华民族。

附表 黄河流域其他支流规划主要成果汇总表

序号	河流名称	流域基本情况	治理开发与保护重点及主要措施
1	隆务河	隆务河位于青海境内，干流全长156.8 km，流域面积4 960 km²，年径流量5.96亿m³。现状年流域总人口10.4万人，国内生产总值6.7亿元。耕地面积12.08万亩，有效灌溉面积3.57万亩，已建防洪堤2.16 km，水土流失初步治理面积143 km²。	流域治理重点是加强灌区节水改造和渠系配套，根据水资源条件合理发展灌溉面积，对水土流失区进行治理。近期，加强重点乡(镇)防洪治理，以局部防护为主，实行工程措施与生物措施相结合，继续建设扎毛水库，规划建设隆务河东两岸灌区节水改造面积2.1万亩；在隆务镇河段修建护岸工程7.9 km，防洪排涝渠2.1 km，其他河段修建护岸工程120 km；开展水土流失治理面积342.2 km²，新建骨干坝35座，中小型淤地坝39座，新建骨干坝155座。远期，开展水土流失治理面积216.1 km²，中小型淤地坝166座。
2	*大夏河	大夏河位于甘肃和青海境内，干流全长194.1 km，流域面积7 154 km²，其中甘肃、青海两省面积分别为6 740 km²和414 km²，年径流量8.98亿m³。现状年流域总人口73.0万人，国内生产总值40.1亿元。耕地面积67.73万亩，有效灌溉面积26.71万亩，已建堤防及护岸工程45.3 km，水土流失初步治理面积1 764 km²。	流域治理重点是加强灌区节水改造，提高灌溉保证率，根据水资源条件合理发展灌溉面积；加强城镇河段防洪工程建设，提高防洪能力；加大水土保持建设力度，改善流域生态环境。近期，通过合理利用地表水及适度开采地下水，解决30.73万人的饮水不安全问题；实施灌区节水改造面积15.51万亩；合作等城市河段新建堤防及护岸197.3 km，完成病险水库的除险加固1 637 km²，新建淤地坝239座，其中骨干坝38座，进行灌区水土改造面积10.5万亩，新建淤地坝159座，其中骨干坝27座。远期，开展水土流失治理面积1 091 km²，巩固水土流失治理面积112.7 km²。
3	庄浪河	庄浪河位于甘肃境内，干流全长184.8 km，流域面积4 007 km²，年径流量2.42亿m³。现状年流域总人口39.0万人，国内生产总值37.4亿元。耕地面积82.17万亩，有效灌溉面积29.88万亩，已建堤防12 km，护岸65 km，水土流失初步治理面积421 km²。	流域治理重点是实施灌区节水改造，提高水资源利用率，根据水资源条件合理发展灌溉面积；加强城镇河段防洪工程建设，提高防御洪水的能力；提高灌区水资源的调控能力，新增节水改造面积87 km，完成病险水库的除险加固，规划新建堤防及护岸17座，新建骨干坝17座，中小型淤地坝50座。远期，新增节水改造面积10.28万亩；安排新建堤防及护岸54 km，开展水土流失综合治理面积826 km²，新建骨干坝11座，中小型淤地坝34座。

序号	河流名称	流域基本情况	治理开发与保护重点及主要措施
4	宛川河	宛川河位于甘肃境内,干流全长 93 km,流域面积 1 867 km²,年径流量 3 837 万 m³。现状年流域总人口 40.9 万人,国内生产总值 18.7 亿元。耕地面积 81.14 万亩,有效灌溉面积 25.14 万亩,建成堤防及护岸 13.0 km,水土流失初步治理面积 703 km²。	流域治理重点是实施灌区节水改造,提高水资源利用率,增加可供水量,结合水资源条件合理发展灌溉面积;加强城镇河段生态环境建设及川洪地质灾害防治,提高防洪能力;加大水土保持与生态环境建设。近期,结合引洮供水一期工程的实施建设一批中小型蓄引提工程;解决 26.65 万人的饮水不安全问题;规划新建堤防及护岸 18.8 km;开展水土流失治理面积 310 km²,巩固治理面积 122 km²,新建骨干坝 48 座,中型淤地坝 153 座,新建堤防及护岸 9 km;巩固水土流失治理面积 308 km²,新建骨干坝 34 座。远期,中型淤地坝 69 座。
5	红柳沟	红柳沟位于宁夏境内,干流全长 107 km,流域面积 1 064 km²,年径流量 650 万 m³。现状年流域总人口 12.9 万人,国内生产总值 4.3 亿元。耕地面积 102.90 万亩,有效灌溉面积 23.82 万亩,水土流失初步治理面积 124 km²。	流域治理重点是大力发展节水灌溉,解决农村饮水不安全问题,结合水资源条件合理发展灌溉面积,对重要防洪河段进行防洪治理,同时加大水土保持与生态环境建设力度。近期,结合灌区续建配套及节水改造,开展泉水改造及集雨补灌工程 19.9 km;建设护岸工程 2 座;规划新建防洪拦沙水库 2 座,中小型淤地坝 8 座。远期,继续完善开展水土流失治理面积 256 km²,建设骨干坝 2 座,中小型淤地坝 128 km²,扬水及节水补灌工程;开展水土流失治理及建设骨干坝 1 座,中小型淤地坝 4 座。
6	*苦水河	苦水河位于宁夏和甘肃境内,干流全长 224 km,流域面积 5 218 km²,其中宁夏、甘肃两省(区)面积分别为 4 942 km² 和 276 km²,年径流量 0.15 亿 m³。现状年流域总人口为 24.4 万人,国内生产总值 13.8 亿元。耕地面积 94.1 万亩,有效灌溉面积 35.69 万亩,护岸工程 7 座,水土流失初步治理面积 754 km²。	流域治理以水资源的合理配置和高效利用为重点,着力解决农村饮水不安全问题;加强重点城镇河段防洪工程建设,对水土流失重点区域进行治理。近期,发展高效节水灌溉工程;续建配套及节水改造 54.44 万亩,建设集中供水和集雨水窖工程,解决农村 8.3 万人的饮水不安全问题;新建宁户沟子、七里沟等沟洪拦沙水库,建设护岸工程 64.6 km,完成病险水库的除险加固;开展水土流失治理面积 1 050 km²,修建骨干坝 35 座,中小型淤地坝 67 座。远期,进一步完善灌区配套工程;建设护岸工程 17 km,开展水土流失治理面积 525 km²,修建骨干坝 17 座,中小型淤地坝 33 座。

续附表

序号	河流名称	流域基本情况	治理开发与保护重点及主要措施
7	*浑河	浑河位于山西北部和内蒙古中南部,干流全长219.4 km,流域面积5 579 km²,其中山西、内蒙古两省(区)面积分别为2 211 km²和3 368 km²,年径流量2.36亿 m³。现状年流域总人口28.3万人,有效灌溉面积18.04万亩,修建堤防12 km,护岸16.1 km,水土流失综合治理面积1 891 km²。	流域治理以合理利用水资源、解决人饮安全问题为重点,结合水资源条件合理发展灌溉面积,同时进一步加大水土流失治理力度,改善流域生态环境,完善防洪工程体系,提高供水能力;新增节水改造面积26.43万亩;建设堤防及护岸工程73.80 km,加高加固马厂河两座中型水库,完成病险水库的除险加固;开展水土流失治理面积1 511 km²。近期,建设骨干坝140座,中小型淤地坝418座。远期,规划建设放牛沟水库;新增节水改造面积0.62万亩;建设堤防及护岸工程72.00 km;开展水土流失治理面积1 008 km²,建设骨干坝92座,中小型淤地坝278座。
8	*杨家川	杨家川位于山西中部与山西两交界处,干流全长65.1 km,流域面积1 020 km²,其中内蒙古、山西两省(区)面积分别为960 km²和60 km²,年径流量0.17亿 m³。现状年流域总人口4.2万人,有效灌溉面积1.63万亩,水土流失初步治理面积145 km²,治理度为14.6%。	流域治理以水土流失治理、生态保护和人饮安全工程建设为重点,兼顾水资源的合理开发利用,同时对局部河段进行防洪治理。近期,规划开展水土流失治理面积212 km²,建设骨干坝45座,中小型淤地坝135座;通过建设提水工程和小型雨水集蓄工程,解决人畜饮水困难问题;在羊湾、黑山子河段建设防洪护岸工程13 km。远期,规划开展水土流失治理面积142 km²,建设骨干坝30座,中小型淤地坝90座。
9	都思兔河	都思兔河位于内蒙古鄂尔多斯市,干流全长165 km,流域面积8 326 km²,水资源量0.91亿 m³,年输沙量276万 t。现状年流域总人口4.0万人,国内生产总值37.6亿元。有效灌溉面积5.9万亩,水土流失初步治理面积1 168 km²。	流域治理以水土保持生态环境建设为重点,同时加强现有灌区节水改造,完善防洪工程措施。近期,规划对现有灌区全部实现节水改造,建设防洪坝堤9.7 km,护岸18 km;开展水土流失治理面积2 816 km²,建设骨干坝24座,中小型淤地坝48座。远期,继续完善防洪工程建设;开展水土流失治理面积1 408 km²,建设骨干坝12座,中型淤地坝24座。

序号	河流名称	流域基本情况	治理开发与保护重点及主要措施
10	毛不拉孔兑	毛不拉孔兑位于内蒙古鄂尔多斯市北部,干流全长110.96 km,流域面积1 499 km²,年径流量0.27亿 m³,年输沙量442万 t。现状年流域总人口0.9万人,国内生产总值1.9亿元。有效灌溉面积1.2万亩,已建堤防12.7 km,水土流失初步治理面积175 km²。	流域治理以水土流失治理为重点,结合水资源条件合理发展灌溉面积,兼顾下游河段防洪治理。近期,规划实施0.4万亩井灌区的节水改造,以建设小型引水工程为主,提高地表水开发利用程度,同时合理开发利用地下水;河口段规划新建堤防及护岸7.7 km,加固堤防12.7 km,开展水土流失治理面积727 km²,建设骨干坝88座,中小型淤地坝230座。远期,开展水土流失治理面积0.4万亩,规划新增节水灌溉面积361 km²,建设骨干坝44座,中小型淤地坝115座。
11	西柳沟	西柳沟位于内蒙古鄂尔多斯市境内,干流全长106.5 km,流域面积1 356 km²,年径流量0.32亿 m³,年输沙量387万 t。现状年流域总人口4.6万人,国内生产总值14.6亿元。有效灌溉面积2.19万亩,龙头拐以下河段已建堤防32 km,水土流失初步治理面积378.7 km²。	流域治理以水土流失治理为重点,结合水资源条件合理发展灌溉面积,兼顾局部河段防洪治理。近期,规划在干流修建龙头拐拦沙水库,新增节水灌溉面积0.5万亩;对现有堤防进行加固建设,完成病险水库的除险加固;开展水土流失治理面积428 km²,建设骨干坝28座,中小型淤地坝35座。远期,规划建设昭君坟防洪水库,新增节水灌溉面积0.7万亩,开展水土流失治理面积228 km²,建设骨干坝7座,中小型淤地坝20座。
12	昆都仑河	昆都仑河位于内蒙古自治区中西部,干流全长142.6 km,流域面积2 761 km²,年径流量0.44亿 m³,年输沙量79.4万 t。现状年流域总人口118.3万人,国内生产总值377.2亿元。有效灌溉面积9.0万亩,已建堤防及护岸工程9.6 km,水土流失初步治理面积661.6 km²。	流域治理以水土流失治理,现有灌区节水改造和防洪工程建设为主要任务,南部黄土丘陵区治理以水土保持生态保护为主,北部平原区以水资源的合理开发及防洪治理为主。近期,规划对现有9.0万亩灌区进行节水改造;干流新建堤防及护岸24.46 km,加高加固5.82 km;乌拉山截洪沟加固防8.25 km;开展水土流失治理面积1 020 km²,建设骨干坝93座,中小型淤地坝519座。远期,干流新建堤防及护岸15.88 km,加高加固3.78 km;乌拉山截洪沟加固防5.36 km;开展水土流失治理面积433 km²,建设骨干坝46座,中小型淤地坝262座。

续附表

序号	河流名称	流域基本情况	治理开发与保护重点及主要措施
13	哈什拉川	哈什拉川位于内蒙古自治区境内，干流全长92.4 km，流域总面积1 214 km²，年径流量542万 m³，年输沙量0.30亿 m³。现状年流域总人口4.0万人，国内生产总值13.3亿元。有效灌溉面积3.93万亩，已建堤防及护岸36 km，水土流失初步治理面积394.1 km²。	流域治理以水土流失治理、现有灌区节水改造和城镇河段防洪工程建设为重点，结合水资源条件合理发展灌溉面积。近期，规划兴建截渗渠，加大地下水开采量，新增节水改造面积1.2万亩；规划对现有堤防及护岸工程进行加高加固建设；开展水土流失治理面积416 km²，建设骨干坝25座，中小型淤地坝30座。远期，新增节水灌溉面积1.6万亩；开展水土流失治理面积171 km²，建设骨干坝8座，中小型淤地坝25座。
14	*偏关河	偏关河位于内蒙古与山西交界处，干流全长176 km，流域面积2 070 km²，其中内蒙古、山西两省（区）面积分别为151 km²和1 919 km²，年径流量0.33亿 m³。现状年流域总人口14.6万人，国内生产总值9.8亿元。有效灌溉面积1.21万亩，偏关县城区段河道治理河长3 km，水土流失初步治理面积385.7 km²。	流域治理以农村人饮安全工程建设和灌区节水改造为重点，结合水资源条件合理发展灌溉面积，同时加强水土流失治理、完善防洪工程措施。近期，规划建设瓦窑卯提黄展灌溉面积、黑豆埝天峰坪、改建天峰坪电灌站，改建天峰坪提水工程；在支流沟口建设防洪拦沙坝3座，新建堤防及护岸12 km；开展水土流失治理面积864 km²，建设骨干坝67座，中小型淤地坝268座。远期，规划建设教儿墕劳引水库和小型提水工程；在支流沟口建设防洪拦沙坝2座，护岸工程8 km；开展水土流失治理面积576 km²，建设骨干坝45座，中小型淤地坝180座。
15	县川河	县川河位于山西忻州市境内，干流全长110 km，流域面积1 594 km²，年径流量3 332万 m³，年输沙量1 285万 t。现状年流域总人口7.8万人，国内生产总值4.1亿元，耕地面积83.05万亩，有效灌溉面积2.49万亩，水土流失初步治理面积603 km²。	流域治理以现有灌区续建配套与节水改造为重点，通过建设小型提引水和雨水利用工程适当发展灌溉面积；建设局部防洪工程，提高河道行洪能力；继续开展水土流失治理，解决流域内3.3万人饮水不安全问题；在重点防护河段建设护岸工程55.8 km；开展水土流失治理面积662 km²，建设骨干坝57座，中小型淤地坝228座。远期，规划建设护岸工程39.1 km；开展水土流失治理面积441 km²，建设骨干坝38座，中小型淤地坝152座。

续附表

序号	河流名称	流域基本情况	治理开发与保护重点及主要措施
16	*孤山川	孤山川位于陕西和内蒙古境内,干流全长79.4 km,流域面积1 276 km²,其中陕西、内蒙古面积分别为1 010 km²和266 km²,年径流量0.76亿 m³,年输沙量2 080万 t。现状年流域总人口7.7万人,国内生产总值27.4亿元。耕地面积33.8万亩,有效灌溉面积2.32万亩;府谷县城河段已建堤防7.93 km;水土流失初步治理面积321 km²。	流域治理以水土保持和生态环境建设为重点,同时加大流域节水改造力度,合理利用水资源,结合水资源条件合理发展灌溉面积,完善重点河段防洪工程,提高防洪能力。近期,规划建设截潜工程和灌区节水改造工程18.4 km;城及高石崖河段修建护岸工程1.61万亩;完成病险水库的除险加固;开展水土流失治理面积511 km²,建设骨干坝52座,中小型淤地坝156座。远期,节水灌溉面积达到2.42万亩;开展水土流失治理面积341 km²,中小型淤地坝104座。
17	朱家川	朱家川位于山西境内,干流全长167.6 km,流域面积2 853 km²,年径流量0.45亿 m³,年输沙量2 023万 t。现状年流域总人口23.9万人,国内生产总值11.9亿元。耕地面积117万亩,有效灌溉面积2.43万亩,水土流失初步治理面积978 km²。	流域治理以灌区节水改造,缓解流域水资源短缺和解决城乡饮水不安全问题为重点,结合水资源条件合理发展灌溉面积,完善防洪工程建设,继续开展水土流失治理。近期,规划通过小型提引水工程和雨水集蓄发展灌溉面积1 227 km²;开展水土流失治理74.1 km;建设骨干坝49座,中小型淤地坝194座。远期,新建护岸工程14.9 km;开展水土流失治理工程818 km²,建设骨干坝32座,中小型淤地坝130座。
18	岚漪河	岚漪河位于山西境内,干流全长120 km,流域面积2 166 km²,年径流量0.81亿 m³,年输沙量1 066万 t。现状年流域总人口10.6万人,国内生产总值6.3亿元。耕地面积64.36万亩,有效灌溉面积3.42万亩,已建堤防工程5 km,水土流失初步治理面积915 km²。	流域治理以灌区节水改造及水资源优化配置为重点,结合水资源条件合理发展灌溉面积;加强城镇河段防洪治理;进一步开展水土流失治理。近期,规划建设深沟水库及其他水源工程19 km河道;安排对岢岚县城及魏家滩镇河段进行治理;开展水土流失综合治理面积920 km²,建设骨干坝37座,中小型淤地坝110座。远期,规划建设南川河水库及其他水源工程;开展水土流失综合治理面积613 km²,建设骨干坝24座,中小型淤地坝73座。

续附表

序号	河流名称	流域基本情况	治理开发与保护重点及主要措施
19	蔚汾河	蔚汾河位于山西吕梁市，干流全长 81.8 km，流域面积 1 478 km²，年径流量 0.65 亿 m³。现状年流域总人口 11.3 万人，国内生产总值 3.6 亿元。耕地面积 45.28 万亩，有效灌溉面积 2.53 万亩，在干支流已建护岸工程 15.6 km，水土流失初步治理面积 797 km²。	流域治理以合理开发利用水资源、解决农村饮水不安全问题和水土流失治理为重点，结合水资源条件合理发展灌溉面积，同时加强主要城镇河段防洪工程建设。近期，规划建设阳湾河水库，解决农村饮水不安全问题；对阁老湾、明通沟等病险水库进行除险加固，建设骨干坝 48 座，建设堤防及护岸工程 627 km²，开展水土保持综合治理面积 25.2 km；远期新建护岸工程 4.7 km；开展水土保持综合治理面积 418 km²，中小型淤地坝 192 座，建设骨干坝 32 座，中小型淤地坝 128 座。
20	秃尾河	秃尾河位于陕西神木县，干流全长 133.9 km，流域面积 3 294 km²，年径流量 3.84 亿 m³，年输沙量 2 010 万 t。现状年流域总人口 23.4 万人，国内生产总值 29.7 亿元。耕地面积 27.24 万亩，有效灌溉面积 9.65 万亩，水土流失初步治理面积 1 095 km²。	流域治理的重点是进行水土流失治理，合理利用水资源，提高水资源利用率，解决农村饮水不安全问题，结合水资源条件发展灌溉面积，开展必要的防洪工程建设。近期，继续建设采兔沟水库，规划建设香水沟等供水工程、清水沟供水工程等水源工程，完成病险水库的除险加固；开展水土流失治理面积达到 6.68 万亩；规划建设堤防及护岸工程 70 km，中小型淤地坝 522 座。远期，新增节水灌溉面积 1 685 km²，建设骨干坝 174 座，建设堤防及护岸工程 49 km；开展水土流失治理面积 4.54 万亩，建设骨干坝 116 座，中小型淤地坝 348 座。
21	佳芦河	佳芦河位于陕西省北部，干流全长 75 km，流域面积 1 134 km²，年径流量 0.84 亿 m³，年输沙量 1 743 万 t。现状年流域总人口 14.9 万人，国内生产总值 5.7 亿元。耕地面积 28.9 万亩，有效灌溉面积 1.8 万亩，佳县县城河段已建护岸 0.3 km，水土流失初步治理面积 739 km²。	流域治理重点是继续开展水土保持治理，结合水资源条件合理发展灌溉面积，进行病险水库的除险加固及灌区改造工程，节水灌溉面积达到 0.79 万亩。近期，规划实施城乡供水工程，完善供水工程，解决农村饮水不安全问题；开展水土流失治理面积 973 km²，新建骨干坝 50 座，中小型淤地坝 151 座。远期，节水灌溉面积达到 1.28 万亩，开展水土流失治理面积 649 km²，新建骨干坝 34 座，中小型淤地坝 101 座。

序号	河流名称	流域基本情况	治理开发与保护重点及主要措施
22	浍水河	浍水河位于山西省中西部，干流全长 122 km，流域面积 1 989 km²，年径流量 8 665 万 m³，年输沙量 1 830 万 t。现状年流域总人口 46.3 万人，国内生产总值 9.4 亿元。耕地面积 98.62 万亩，有效灌溉面积 5.96 万亩，已建防洪堤 69.1 km，水土流失初步治理面积 475.4 km²。	流域治理重点是全面推行节水改造，提高水资源利用率；以病险水库除险加固、河道整治、山洪地质灾害防治为主，提高抵御洪涝灾害的能力，改善流域生态环境。近期，规划建设杨家畔坡水库和阳坡水库引水村饮水不安全问题；在城镇河段建设护岸工程，规划治理河长 55.5 km，基本解决农村饮水安全问题；完成病险水库的除险加固；开展水土流失治理面积 844 km²，新建骨干坝 63 座，中小型淤地坝 252 座。远期，继续进行山洪地质灾害防治；开展水土流失治理面积 563 km²，新建骨干坝 42 座，中小型淤地坝 168 座。
23	三川河	三川河位于山西境内，干流全长 168 km，流域面积 4 161 km²，年径流量 1.50 亿 m³，年输沙量 1 930 万 t。现状年流域总人口 85.2 万人，国内生产总值 139.5 亿元。耕地面积 12.31 万亩，有效灌溉面积 69.5 万亩，已建堤防 69.5 km，水土流失初步治理面积 1 597 km²。	流域治理重点是全面推行节水改造，提高水资源利用率；结合水资源条件合理发展灌溉面积，确保城乡饮水安全；开展病险水库除险加固和重点河段的防洪工程建设，继续加大水土流失治理力度，改善流域生态环境。近期，规划新建北川峪沟水库、东川干流川水库及干流高红水库；开展病险水库的除险加固；规划修筑护岸 248 km，完成水土流失治理面积 1 768 km²，中小型淤地坝 281 座。远期，开展水土流失治理面积 1 178 km²，新建骨干坝 47 座，中小型淤地坝 187 座。
24	屈产河	屈产河位于山西境内，干流全长 74.9 km，流域面积 1 205 km²，年径流量 4 324 万 m³，年输沙量 812 万 t。现状年流域总人口 10.7 万人，国内生产总值 1.4 亿元。耕地面积 30.81 万亩，有效灌溉面积 1.32 万亩，已建水库 3 座，总库容 883 万 m³，水土流失初步治理面积 360.3 km²。	流域治理重点是充分挖掘现有工程的供水潜力，缓解流域水资源短缺局面；开展病险水库除险加固和重点河段防洪工程建设，改善流域生态环境。近期，规划建设坪底水库，增加供水能力；实施灌区水改造和病险水库除险加固；安排河道治理长度 17.2 km；开展水土流失治理面积 512 km²，建设骨干坝 59 座，中小型淤地坝 235 座。远期，继续开展雨水集蓄利用工程，完成重点地区山洪地质灾害治理；开展水土流失治理面积 341 km²，建设骨干坝 39 座，中小型淤地坝 157 座。

续附表

序号	河流名称	流域基本情况	治理开发与保护重点及主要措施
25	清涧河	清涧河位于陕西境内，干流全长169 km，流域面积4 080 km²。现状年流域总人口39.1万人，国内生产总值30.0亿元。耕地面积317.0万亩，有效灌溉面积16.3万亩，建成堤防及护岸25.6 km，已治理水土流失面积1 960 km²。	流域治理以水土流失治理和水资源的合理开发利用为重点，结合水资源条件合理发展灌溉面积，同时对城镇河段及下游进行河道治理，提高防洪能力。近期，规划建设红石咀水库、南河水库和引黄济延引水工程39.5 km；开展水土流失治理面积1 174 km²，建设骨干坝196座，中小型淤地坝587座。远期，新建堤防及护岸26.28 km；开展水土流失治理面积783 km²，建设骨干坝130座，中小型淤地坝391座。
26	昕水河	昕水河位于山西境内，干流全长128 km，流域面积4 332 km²，年径流量1.41亿m³。现状年流域总人口28.9万人，国内生产值为43.4亿元。耕地88.49万亩，有效灌溉面积4.14万亩，建成堤防及护岸13.67 km，水土流失初步治理面积1 722 km²。	流域治理以节水改造提高水资源利用率，保障人饮安全为重点，结合水资源条件合理发展灌溉面积；对城镇等重点河段河段进行防洪治理，提高防洪能力。近期，规划建设南峪、刁口等小型水库，解决城乡饮水不安全问题；建设护岸16 km，河道治理48 km，完成病险水库的除险加固，新建骨干坝73座，中小型淤地坝293座。远期，规划建设树家河、柏山等小型水库，规划建设护岸11 km，河道治理35 km，开展水土流失治理面积1 226 km²，新建骨干坝49座，中小型淤地坝195座。
27	延河	延河位于陕西境内，干流全长286.9 km，流域面积7 725 km²。年径流量3.0亿m³，年输沙量4 730万t。现状年流域总人口72.5万人，国内生产总值为115.5亿元。耕地170.7万亩，农田有效灌溉面积3.48万亩，已建堤防及护岸52.8 km，水土流失初步治理面积3 823 km²。	流域治理以水土流失治理，灌区节水改造及城乡饮水安全工程建设为重点，同时完善防洪工程措施，提高重点河段防洪能力。近期，规划建设马家沟等水库以及引黄济延工程，发展节水灌溉面积1.5万亩；建设堤防及护岸23 km；开展水土流失治理面积5 710 km²，新建骨干坝344座，中小型淤地坝1 033座。远期，规划建设龙安水库，发展节水灌溉面积1.5万亩；建设堤防及护岸18 km；开展水土流失治理面积3 806 km²，新建骨干坝230座，中小型淤地坝689座。

续附表

序号	河流名称	流域基本情况	治理开发与保护重点及主要措施
28	云岩河	云岩河位于陕西延安市境内，干流全长112.5 km，流域面积1 961 km²，年径流量0.49亿m³，年输沙量355万 t。现状年流域总人口8.6万人，国内生产总值7.5亿元。耕地15.68万亩，农田有效灌溉面积1.32万亩，已建堤防及护岸4 km，水土流失初步治理面积414 km²。	流域治理以水土流失治理、灌区节水改造及农村饮水安全工程建设为重点，同时完善城镇河段防洪工程措施。近期，规划建设金屯水库及小型引提水工程、发展节水灌溉面积0.56万亩；建设护岸工程9 km，中小型淤地坝256座。完成病险水库的除险加固，开展水土流失治理面积420 km²，建设骨干坝37座，中小型淤地坝。发展节水灌溉面积0.61万亩；规划建设护岸工程3 km，开展水土流失治理面积320 km²，建设骨干坝69座，中小型淤地坝470座。
29	仕望河	仕望河位于陕西西境内，干流全长99 km，流域面积2 354 km²，年径流量1.67亿 m³，年输沙量543万 t。现状年流域人口9.7万人，国内生产总值4.1亿元。耕地面积39.2万亩，有效灌溉面积1.29万亩；建成护岸工程3.12 km；水土流失初步治理面积827 km²。	流域治理以灌区节水改造、农村饮水安全工程建设，水土流失治理与生态环境保护为重点，同时进一步完善流域防洪工程。近期，规划开展灌区节水改造，建设人畜饮水工程13.1 km，完成病险水库的除险加固，开展水土流失治理面积1 277 km²，建设骨干坝62座，中小型淤地坝247座。远期，开展水土流失治理面积1 277 km²，规划建设约王庙和双庙沟2座小型水库；规划建设护岸6.2 km，进一步完善防洪工程体系；开展水土流失治理面积850 km²，建设骨干坝41座，中小型淤地坝165座。
30	湛河	湛河位于陕西韩城市境内，干流全长83.3 km，流域面积1 083 km²，年径流量1.21亿m³。现状年流域总人口18.1万人，国内生产总值11.1亿元。耕地面积19.76万亩，有效灌溉面积12.02万亩，建成下游堤防22.7 km，水土流失初步治理面积353 km²。	流域治理的重点是实施灌区节水改造、优化水资源配置，合理利用水资源；加强河道整治和山洪灾害防治，提高流域防洪减灾能力；加强水土保持生态环境建设；建设供水工程，完善供水改造，全面解决农村饮水安全问题；近期，主要进行灌区配套与节水改造，完成病险水库的除险加固改造，开展水土流失治理面积131 km²，建设骨干坝8座，中小型淤地坝20座。远期，规划建设小迷川、青华川等小型水库，建设护岸30 km；开展水土流失治理面积87 km²，建设骨干坝4座，中小型淤地坝12座。

续附表

序号	河流名称	流域基本情况	治理开发与保护重点及主要措施
31	涞水河	涞水河位于山西省西南部,干流全长196.6 km,流域面积5 774 km²,年径流量1.728亿m³。现状年流域总人口259.9万人,国内生产总值263.6亿元。耕地面积410.97万亩,有效灌溉面积279.71万亩,建成中小型水库24座,下游河段治理长度15.3 km,水土流失初步治理面积1 553 km²。	流域治理以灌区节水改造,提高水资源利用效率,保障农村饮水安全为重点,同时做好城市河段防洪及山洪地质灾害防治工作。近期,规划建设夹马口北扩,北赵引黄,小北干流引黄等工程,全面解决农村饮水不安全问题;开展涞水河,姚暹渠河道改造,盐池闭流区防洪排涝等工程;安排山洪沟道治理10条;完成病险水库的除险加固;开展水土流失治理面积868 km²,建设淤地坝947座。远期,进一步完善流域防洪工程;开展水土流失治理面积652 km²,建设淤地坝629座。
32	亳清河	亳清河位于山西省南部,干流全长68 km,流域面积1 122 km²,年径流量1.19亿m³。现状年流域总人口15.3万人,国内生产总值17.9亿元。耕地面积18.8万亩,有效灌溉面积3.87万亩,已建堤防5 km,水土流失治理面积28.01 km²。	流域治理以灌区节水改造,提高水资源利用效率,保障农村饮水安全为重点;同时进行河道治理及病险水库改造,提高防洪能力,改善生态环境。近期,规划建设上洞,嶷峪河2座小型水库,五龙泉引水等水源工程,加强病险水库的除险加固;开展水土流失治理面积307 km²,建设淤地坝70座。远期,开展水土流失改造;建设瓦合水库和中条山供水工程;开展水土流失治理面积345 km²,建设淤地坝38座。
33	*蟒河	蟒河位于河南与山西省境内,干流全长130 km,流域面积1 328 km²,其中河南,山西两省面积分别为1 270 km²和58 km²,年径流量1.66亿m³。流域内已建成水库23座,总库容7 828万m³,对济源市区河段,干流白墙水库以下至黄入黄口段进行了防洪治理。	流域治理以水资源合理调配为中心,结合灌区配套工程建设,改善灌溉条件;加强对城镇河段防洪治理,提高防洪能力;开展水土流失和水污染治理,改善生态环境。近期,规划建设蟒河河口水库,西霞院灌区,小浪底北岸灌区,孟州等城市河段防洪工程,完成病险水库的除险加固;开展水土流失治理面积93 km²,建设淤地坝54座。远期,规划建设山西省蟒河调水工程,为阳城县南部规划的煤化工园区供水;对干流上游局部河段进行护岸治理;开展水土流失治理面积52 km²,建设淤地坝30座。

续附表

序号	河流名称	流域基本情况	治理开发与保护重点及主要措施
34	宏农涧河	宏农涧河位于河南省西部，干流全长 88 km，流域面积 2 120 km²，年径流量 3.16 亿 m³。现状年流域总人口 33.8 万人，耕地面积 44.3 万亩，有效灌溉面积 13.02 万亩，已建中小型水库 8 座，已建堤防 53.8 km，水土流失初步治理面积 500.6 km²。	流域治理的重点是实施灌区节水改造，提高水资源利用效率，加强水资源保护；完善防洪工程，提高防洪能力；继续开展水土流失治理。近期，规划建设卫家磨、白虎罩、孟家河等水库及大域调（引）水工程并完善配套设施，建设护岸工程 136 km，完成病险水库的除险加固；开展水土流失治理面积 433 km²，建设淤地坝 170 座，中小型水库 8 座，已建堤防 53.8 km，继续实施灌区节水引水工程；开展水土流失治理面积 191 km²，建设淤地坝 136 座。远期，规划建设洛河向雪口水库引水工程 31.2 km；开展水土流失治理面积 56 座。
35	天然文岩渠	天然文岩渠位于河南省境内，干流长约 240 km，流域面积 2 514 km²，年径流量 1.54 亿 m³。现状年流域总人口 148.2 万人，耕地面积 217.86 万亩，有效灌溉面积 50 万亩，已建堤防 360.7 km，水土流失初步治理面积 407 km²。	流域治理以河道防洪除涝治理、灌区续建配套建设和节水改造为重点；同时，营造防风固沙林和农田防护林，增加林草植被，改善生态环境。近期，规划对新乡段的天然文岩渠右岸加固堤防 8.2 km，安排弯道冲刷险工段险工护砌 3.9 km；安排对入黄口河段 5.8 km 的河道进行清淤；对跨河建筑物及引水涵闸进行改建；开展水土流失治理面积 900 km²，进一步提高防洪除涝能力；开展水土流失治理面积 600 km²。
36	*金堤河	金堤河位于河南和山东境内，干流全长 158.6 km，流域面积 5 047 km²，其中河南、山东两省面积分别为 4 932 km² 和 115 km²，年径流量 2.50 亿 m³。现状年流域总人口 300 万人，耕地面积 528 万亩。流域地处黄泛平原，排水不畅，洪涝灾害频繁。为解决流域洪涝灾害，实施了一期工程治理。	流域治理以防洪排涝为重点，兼顾水污染防治。干流排水采用张庄闸自流，提排入黄的方案；中下游三角地带排水采用各支流设排涝闸或支涵闸提排入金堤河干流方案。近期，规划开展干流上游联庄至五爷庙河道河道开挖疏浚，南、北小堤及北金堤下游段加固仲子庙闸、赵升白闸、八里庙闸等引水闸改建，小赵升白水涵桥危桥改建，三角地带及支沟木沟、回木沟和孟楼河等重涝闸站建设，跨黄庄河、柳青河、贾公河，对黄庄河等支流进行河道清淤。同时，针对金堤河季节性支流较多的情况，应加强流域污染源治理和水功能区监督管理。

注:1. 表中所列支流的规划意见见由省（区）完成，黄河水利委员会进行协调汇总。

2. 带 * 的河流为跨省（区）支流，下同。

附　录

水利部关于审批黄河流域综合规划
(2012—2030 年)的请示

(水规计〔2013〕30 号)

国务院：

依据《中华人民共和国水法》，为科学制订黄河流域治理开发与保护的总体部署，根据 2007 年国务院关于开展流域综合规划修编工作的总体安排，我部会同国家有关部门，组织黄河水利委员会和黄河流域 9 个省(自治区)有关部门，在深入开展现状评价、总体规划、专业规划、专题研究的基础上，编制完成了《黄河流域综合规划(2012—2030 年)》(以下简称《规划》)。2010 年以来，我部组织完成了《规划》的技术审查、征求意见及协调工作，并根据 2011 年中央一号文件和中央水利工作会议精神，对《规划》进一步修改完善。现将《规划》有关情况和意见报告如下：

一、黄河流域综合规划修编的主要背景

黄河是中华民族的母亲河，也是世界上治理难度最大的河流。特殊的河情、水情、沙情，决定了黄河治理的长期性、艰巨性和复杂性。黄河流域面积 79.5 万平方千米，占全国国土面积的 8.3%；干流全长 5 464 千米，自西向东流经青海、四川、甘肃、宁夏、内蒙古、陕西、山西、河南、山东等 9 个省(自治区)注入渤海。现状流域总人口 1.14 亿人，耕地面积 2.44 亿亩，有效灌溉面积 7 765 万亩，地区生产总值 16 527 亿元，分别占全国总量的 8.6%、13.4%、13.2%、8.0%。流域多年平均水资源总量 647 亿立方米，水能资源理论蕴藏量 4.3 万兆瓦，是我国重要的能源化工、原材料和农业生产基地，在我国经济社会发展中具有重要的战略地位。新中国成立以来，党中央、国务院对黄河治理开发与管理高度重视，1955 年全国人大一届二次会议通过了《关于根治黄河水害和开发黄河水利的综合规划的决议》，2002 年国务院批复了《黄河近期重点治理开发规划》，为黄河治理开发与管理提供了重要的规划基础和依据。

与上一轮流域综合规划相比，本次黄河流域综合规划修编面临新的形势。近年来，流域水资源情势和防洪、供水保障能力发生重大变化，国家推动实施呼包鄂榆、关中—天水、兰州—西宁、宁夏沿黄经济区、太原城市群、中原经济区、山东半岛经济区等一系列重大区域发展战略，保障国家能源安全、粮食安全、生态安全等战略举措相继实施，对黄河流域治理开发与保护提出了新的要求。尽管经过几十年治理，黄河流域在防洪抗旱减灾、水资源利用、水土保持等方面取得了巨大成就，但目前仍存在以下突出问题：一是黄河水沙调控能力不足，下游洪水泥沙威胁依然存在，滩区安全建设严重滞后，宁蒙河段防凌问题突出，

防洪安全面临新的挑战。二是由于气候变化影响,近20年来黄河水资源量持续减少,资源性缺水问题严重,生产用水大量挤占河道内生态环境用水,水资源短缺已成为流域经济社会可持续发展的主要制约因素。三是黄土高原地区水土流失尚未得到有效遏制,资源开发与生态环境保护矛盾尖锐。四是水污染形势严峻,干流及主要支流水功能区水质达标率仅有48.6%,水生态系统恶化。五是流域管理与区域管理相结合的管理体制及运行机制还不完善,流域管理的执法能力、监督监测能力和科技支撑能力还很薄弱。为维持黄河健康生命,促进流域经济社会又好又快发展,迫切需要修编流域综合规划,进一步完善和优化黄河治理开发与保护的总体部署,强化流域综合管理。

二、《规划》的总体思路、主要目标和指标

（一）指导思想。以科学发展观为指导,认真贯彻落实《中共中央　国务院关于加快水利改革发展的决定》和中央水利工作会议精神,坚持人水和谐的理念,全面规划、统筹兼顾、标本兼治、综合治理,以增水、减沙、调控水沙为核心,以保障流域及相关地区的防洪安全、供水安全、粮食安全、生态安全为重点,加强水资源合理配置和保护,实行最严格的水资源管理制度,加快建设节水型社会,强化流域综合管理,维持黄河健康生命,支撑流域经济社会的可持续发展。

（二）基本原则。一是坚持以人为本,民生优先,着力解决人民群众最关心、最直接、最现实的水利问题;二是坚持统筹兼顾,流域区域结合,治标治本结合,兴利除害结合,防灾减灾并重,协调治理开发与保护的关系;三是坚持人水和谐,协调经济社会发展与维护黄河健康生命的关系,合理开发、优化配置、全面节约、有效保护水资源;四是坚持水沙兼治,防洪减淤并重,水沙联合调控,协调水沙关系;五是坚持因地制宜、突出重点,工程措施与非工程措施并重,注重改革创新。

（三）规划目标。到2020年,初步建成黄河水沙调控体系和下游防洪减淤体系,确保下游防御花园口洪峰流量22 000立方米每秒堤防不决口,重点防洪河段及重要城市防洪基本达到设防标准,搞好滩区安全建设,进一步完善水沙调控体系,增强水沙调控能力。综合治理水土流失面积16.25万平方千米,水利水保措施年均减少入黄泥沙达到5.0亿吨至5.5亿吨。基本建成水资源合理配置和高效利用体系,城乡居民饮水安全问题得到解决,城镇及重要工业的供水安全得到保障,流域地表水消耗量控制在332.8亿立方米以内,地下水开采量控制在123.7亿立方米以内,大中型灌区灌溉水有效利用系数提高到0.56,节水工程灌溉面积占有效灌溉面积的75%以上,构建与流域经济社会发展相适应的抗旱减灾体系。基本建成黄河水资源和水生态保护体系,干支流主要控制断面水质达到水功能区目标要求,饮用水水源地水质全面达标,基本保证干流重要控制断面生态环境水量。健全流域管理与区域管理相结合的体制及运行机制,完善政策法规体系,基本建成水沙监测与预测预报体系、"数字黄河"工程和"模型黄河"工程。

到2030年,基本建成黄河水沙调控体系和下游防洪减淤体系,适宜治理的水土流失区得到初步治理,年均减少入黄泥沙达到6.0亿吨至6.5亿吨。水资源利用效率接近全国先进水平,农田灌溉水有效利用系数提高到0.61;地表水、地下水全部达到功能区水质目标要求,基本保证重要水生态保护目标的生态环境用水。基本实现流域综合管理现

代化。

（四）控制性指标。《规划》从实现保障流域防洪安全、供水安全、粮食安全、生态安全的总体战略目标出发，有重点地研究确定了 14 项控制指标，包括干流及主要支流 5 个控制河段的防洪（防凌）标准、7 个主要控制断面（河段）的设防流量、2 个河段的防凌库容及下游平滩流量，10 个省（自治区）的地表水用水量、地表水耗水量、地下水开采量、万元工业增加值用水量、灌溉水利用系数等用水总量和用水效率，干支流 12 个控制断面的水质目标，流域内 9 个省（自治区）的 COD 入河量和氨氮入河量，干流 10 个断面的河道内生态环境用水量和 2 个控制断面的下泄水量。

三、《规划》的主要内容

（一）水沙调控体系。统筹考虑洪水管理、协调全河水沙关系、合理配置和优化调度水资源等要求，构建以干流龙羊峡、刘家峡、黑山峡、碛口、古贤、三门峡、小浪底等 7 座骨干水利枢纽为主体，海勃湾、万家寨、陆浑、故县、河口村、东庄等水库为补充的水沙调控工程体系，以水沙监测、水沙预报和水库调度决策支持系统等为一体的水沙调控非工程体系。加快古贤水利枢纽的前期工作；近期建成海勃湾、沁河河口村水库。加快黑山峡河段开发方案论证，加强碛口水利枢纽前期工作，做好重大关键技术问题研究。

（二）防洪减淤体系。按照"上拦下排、两岸分滞"调控洪水和"拦、调、排、放、挖"综合处理和利用泥沙的方针，完善以水沙调控体系为核心，河防工程为基础，多沙粗沙区拦沙工程、放淤工程、分滞洪工程及防洪非工程措施等相结合的防洪减淤体系。在多沙粗沙区建设拦沙坝工程，利用骨干水库联合拦沙和调水调沙，开展小北干流、内蒙古十大孔兑和下游滩区放淤等处理和利用泥沙；按照"稳定主槽、调水调沙，宽河固堤、政策补偿"的下游河道治理方略，继续进行下游堤防加固，逐步废除生产堤，加快滩区安全建设，实施滩区洪水淹没补偿政策，进行"二级悬河"综合治理；加强河口综合治理，将刁口河、马新河、十八户作为备用流路，继续实施河口生态补水；完成病险水库（水闸）除险加固，加强上中游干流重点河段防洪、中小河流治理、城市防洪等建设，完成流域水沙监测和预报系统、防洪预警系统和山洪灾害易发区预警预报系统等非工程措施建设。通过以干支流水库为主的联合防洪调度和防洪减淤体系联合运用，进一步提高流域抗御洪水的能力。

（三）水土流失综合防治体系。规划采取防治结合、保护优先、突出重点、强化治理的思路，按照分区防治的原则，因地制宜配置各种治理措施。以多沙粗沙区和内蒙古十大孔兑为重点，进行水土流失综合治理。建设淤地坝、梯田，营造水土保持林、经济林，人工种草，封禁治理，建设各类小型水土保持工程。强化预防监督和监测，增强监督执法能力，规范各类生产建设活动，建成覆盖全流域的水土保持监测网络。

（四）水资源合理配置和高效利用体系。依据节流优先、适度开源、强化管理的基本思路，按照节水型社会建设的总体要求，全面推行节水措施，提高用水效率；建立全河水资源统一管理和调度系统；建设干支流骨干调蓄水库，增强流域水资源优化配置能力；加快开展南水北调西线等跨流域调水工程前期工作，加快建设引大济湟、引洮等工程。近期改扩建、新建城市饮水水源地工程；采取有效措施，到 2015 年全部解决农村饮水安全问题；加强大中型灌区续建配套与节水改造，适当发展部分灌溉面积。按照全面规划、统筹兼顾、有序开发、注重保护、综合利用的原则,合理开发水能资源,在龙羊峡以上河段布置10座梯级工程,在干流龙羊峡至桃花峪河段共布置36座梯级工程。考虑干流水沙和河道条件,近期实现兰州市区、宁蒙河段、水库库区等部分河段通航,远期实现全河适宜河段通航。

(五)水资源和水生态保护体系。以确保黄河干支流主要水功能区水质达标为目标,加快经济结构调整、优化产业布局,加大水资源保护和水污染防治工作的力度,加强饮用水水源地保护,完善水资源保护监督管理体系,严格执行入河湖排污口登记和审批制度,加强排污口监督管理,完善水源地突发水污染事件应急预案;逐步退还深层地下水开采量和平原区浅层地下水超采量,加强地下水资源保护工程建设和管理制度建设;建设完善流域水量、水质监测体系。加强重要生态保护区、水源涵养区、干支流源头区、湿地的保护,建立流域生态保护协同机制和水生态补偿机制,加强黄河土著鱼类和珍稀濒危鱼类及栖息地保护,加强水资源生态调度。

(六)流域综合管理体系。建立健全事权明晰、运作规范、权威高效的流域管理与区域管理相结合的流域管理体制;进一步完善流域管理运行机制,实施最严格的水资源管理制度,严格用水总量控制、用水效率控制和入河排污总量控制,严格执行黄河取水许可制度,建设项目规划同意书、水资源论证、防洪影响评价等制度;按照黄河岸线功能区划分和管理目标要求,强化岸线开发利用的管理;健全黄河水利政策法规,加强流域水行政执法、监督监测、信息发布、"数字黄河"等综合管理能力建设。

(七)主要支流规划意见。对流域内49条支流提出了规划安排,重点对湟水、无定河、渭河、汾河、伊洛河、沁河等13条主要支流分别提出了规划意见。

《规划》根据对流域环境现状和规划方案的分析,开展了环境影响评价,提出了环境保护对策措施;按照轻重缓急、突出重点的原则,提出了近期实施意见,并对实施效果进行了分析。

四、征求意见和协调情况

2010年6月,我部组织各方面的院士和专家、有关部门和地方政府,对《规划》进行了审查并形成专家审查意见(详见附件2)。2010年9月,我部将《规划》送国家发展改革委、国土资源部、环境保护部、住房和城乡建设部、交通运输部、农业部、国家林业局、中国气象局、国家能源局、国家海洋局等有关部门和流域内9省(自治区)人民政府征求意见,国家发展改革委还委托中国国际工程咨询公司对《规划》进行评估。针对有关部门和地方反馈的121条意见,我部组织规划编制单位逐条进行了梳理和研究,对《规划》做了进一步的修改完善;对有关重要意见与相关部门进行了协调,基本达成一致。2011年12月,我部组织召开流域综合规划修编部际联席会议,审议通过了《规划》。

五、关于《规划》的公布形式

现将《规划》报上,请予审批。国务院批复后,我部将会同有关部门和地方,认真做好《规划》的发布和组织实施工作。

附件:1. 黄河流域综合规划(2012—2030 年)(略)
　　　2. 黄河流域综合规划专家审查意见
　　　3. 国务院关于黄河流域综合规划(2012—2030 年)的批复(代拟稿)(略)

　　　　　　　　　　　　　　　　　　中华人民共和国水利部(章)
　　　　　　　　　　　　　　　　　　　　　2013 年 1 月 6 日

附件2

黄河流域综合规划专家审查意见

2010年5月31日至6月1日,水利部在北京主持召开专家审查会,对黄河水利委员会报送的《黄河流域综合规划》(以下简称《规划》)进行了审查。参加会议的有中国科学院、中国工程院部分院士和特邀专家,国家发展和改革委员会、国土资源部、环境保护部、住房和城乡建设部、交通运输部、农业部、国家林业局、中国气象局、国家能源局、国家海洋局、水电水利规划设计总院等有关部门和单位,水利部有关司局和单位,以及黄河流域各省(自治区)水利厅和黄河水利委员会等单位的代表。会议成立了黄河流域综合规划审查专家组(名单附后),听取了规划编制单位黄河水利委员会关于《规划》主要内容的汇报,进行了充分的讨论和认真的审查。

专家组认为:编制单位在以往工作的基础上,做了大量的调查、研究、论证和协调工作,提出的《规划》基础资料翔实,指导思想正确,总体布局合理,符合《黄河流域综合规划修编任务书》的各项要求,基本同意该《规划》。主要审查意见如下:

一、黄河是中华民族的母亲河,新中国成立以来,党和国家十分重视黄河的治理开发工作,在国家组织编制的历次黄河流域综合规划和大量专业规划指导下,开展了大规模的水利建设和流域综合治理,目前已初步形成了流域防洪减淤工程体系和干流水资源管理与调控体系,但依然存在水资源短缺、洪水威胁、水土流失、泥沙淤积、水污染严重等问题。为适应流域经济社会快速发展和生态环境保护的需要,科学制订黄河流域水资源开发、利用、节约、保护和防治水害的总体部署,依据《中华人民共和国水法》等法律法规,对黄河流域综合规划进行修订是十分必要的。

二、规划编制的指导思想和原则正确。《规划》以科学发展观为指导,坚持人水和谐的理念,把保障流域防洪安全、供水安全、生态安全放在首要位置,坚持全面规划、统筹兼顾、标本兼治、综合治理的原则,针对黄河水沙特点和存在的问题,以增水、减沙、调控水沙和水沙兼治为核心,加强水资源合理配置和流域综合管理,提高管理能力与水平,维持黄河健康生命,支撑流域经济社会的可持续发展。

三、基本同意《规划》提出的黄河流域治理开发与保护的主要任务和总体布局。《规划》在总结以往规划成果和近年来治黄工作经验的基础上,根据流域经济社会发展态势及对黄河治理开发与保护的要求,提出的规划目标、主要任务及主要控制性指标基本合适;由水沙调控、防洪减淤、水土流失综合防治、水资源高效利用和综合调度、水资源和水生态保护、流域综合管理等六大体系构成的总体布局基本符合黄河流域的实际。

四、基本同意《规划》提出的水沙调控体系规划。根据黄河流域水沙特点和洪水调度、水资源调配等综合利用要求,《规划》提出的以干流龙羊峡、刘家峡、黑山峡、碛口、古贤、三门峡、小浪底等骨干水利枢纽为主体,与干支流其他水库共同构成的流域水沙调控体系布局基本合适。今后可在进一步研究水沙调控体系联合运用方式和各工程作用的基础上,积极开展古贤、碛口等骨干工程前期工作,建设完善黄河水沙调控体系。

五、基本同意《规划》提出的防洪减淤规划。黄河流域防洪减淤体系以河防工程和水沙调控体系(水库)为主,结合分滞洪、放淤和多沙粗沙区拦沙等工程措施与防汛抗旱指挥系统等非工程措施共同构成。在下游河道治理问题上,《规划》提出采用宽河固堤、加强滩区安全建设、建立补偿机制、逐步废除生产堤、治理"二级悬河"的规划方案,从稳妥角度考虑,可作为基本方案。今后应进一步落实有关补偿政策和措施,研究废除生产堤的条件和时机,并应结合控导工程的建设,塑造稳定的中水河槽,优化水沙调度方式,泄放人工洪水,尽可能提高其泄洪流量和输沙效率,为更好地解决滩区问题探索经验。

基本同意河口治理、病险水库除险加固、城市防洪、中小河流治理、山洪灾害防治等规划意见。

六、基本同意《规划》按照"节流开源并举、节流优先、适度开源、强化管理"的原则提出的水资源开发利用规划。《规划》统筹考虑河道外经济社会发展及河道内生态和输沙需水要求,以 1987 年国务院批准的黄河可供水量分配方案为基础,统筹兼顾上、中、下游用水需求,地表水、地下水统一配置,提出的水资源配置方案基本合适,水资源利用对策措施基本可行。

《规划》提出的城乡和农村饮水安全规划、灌溉规划、跨流域调水规划等规划内容基本可行。对列入本《规划》的南水北调西线工程等重大建设项目,要抓紧开展前期论证工作。

七、基本同意《规划》提出的水土保持、水资源和水生态保护等规划目标和布局。《规划》提出的水土流失综合治理、入河污染物总量控制、河流生态需水和水生态保护及修复等规划方案基本合理。要重视生态和环境保护的监测和管理,深化水生态保护措施,保障规划目标的落实。

八、基本同意《规划》提出的龙羊峡以下干流梯级工程布局及水力发电规划。龙羊峡以上河段梯级开发布局基本合适,下阶段对开发方案需由有关部门进一步协调研究确定。

黑山峡河段在黄河治理开发中具有重要的地位,要进一步深化黑山峡河段开发论证工作。

《规划》提出的岸线利用规划、干流航运规划和主要支流规划基本合适。

九、基本同意《规划》提出的流域综合管理意见。今后要加强水利基础工作和重大问题研究,从防洪抗旱、水资源统一管理和调度、水资源保护、河道与水工程管理、水土保持监督、水行政执法等方面,提高流域综合管理能力和水平。

十、基本同意环境保护目标、主要环境影响分析、环境保护对策措施及环境影响总体评价结论。《规划》确定的流域治理开发与保护总体方案基本合理。

十一、建议规划编制单位认真研究会议的讨论意见,对《规划》作必要的修改完善后,尽快按程序报批。

专家组组长:潘家铮

副组长:

附录 2

黄委关于审批《黄河流域综合规划》的请示

(黄规计〔2009〕181 号)

水利部:

　　黄河流域土地和矿产资源,特别是能源资源十分丰富,黄河是我国西北、华北地区重要的水源,随着西部大开发、中部崛起战略的实施,在我国经济社会发展中的战略地位越来越突出。黄河又是一条自然条件复杂、河情极其特殊的河流,随着流域经济社会快速发展,水沙关系不协调、水资源供需矛盾突出等趋势更加尖锐化,河流水沙情势发生了变化。为此,2007 年初在国务院、水利部的统一部署下,我委开展了黄河流域综合规划修编工作。

　　黄河流域综合规划修编工作伊始,我委即成立了规划修编领导小组、编制工作组。工作过程中特别注重加强与省(区)、有关行业和部门的沟通交流,建立了省际协商会议制度。2009 年 9 月,我委组织召开了流域九省(区)参加的第三次领导小组会议,并征求了流域各省(区)水利厅对《黄河流域综合规划(征求意见稿)》的意见,各省(区)均表示基本同意或原则同意规划报告。随后,我委对各省(区)反馈意见逐条进行了认真研究,对规划报告进行了修改和完善,完成了《黄河流域综合规划》、2 项专项规划、3 项专题研究报告(简称《规划》)。

　　该规划在充分吸收以往规划成果基础上,围绕黄河“水少、沙多、水沙关系不协调”的主要矛盾和根本问题,提出了“增水、减沙、调控水沙”的总体思路和布局,构建了黄河水沙调控、防洪减淤、水土流失综合防治、水资源高效利用和调度、水资源和水生态保护以及流域综合管理等六大体系,从泥沙处理和利用、防洪、水土保持、水资源开发利用、水资源和水生态保护、流域管理等方面对黄河今后一定时期内的治理开发与保护管理进行了全面规划。

　　现将该《规划》随文报上,请审批。

　　附件一:黄河流域综合规划(略)
　　附件二:1.黄河流域河道岸线利用管理规划(略)
　　　　　　2.黄河流域地下水开发利用和保护规划(略)
　　附件三:1.黄河下游河道治理战略研究(略)
　　　　　　2.黄河中常洪水变化研究(略)
　　　　　　3.黄河干流骨干水库综合利用调度研究(略)

水利部黄河水利委员会(章)
2009 年 11 月 10 日

附录3

《黄河流域综合规划》大事记

一、规划启动

2006 年 10 月,黄委参加流域综合规划修编工作座谈会。

2006 年 11 月,水利部办公厅印发《关于编制大江大河流域综合规划修订工作任务书的通知》(办规计函〔2006〕602 号)。时任黄委主任的李国英批示要给予足够重视,要有专门的启动程序,要成立相应组织,制定详细工作计划和协调机制,以确保规划成果质量和水准。

2007 年 1 月,黄委参加全国流域综合规划修编工作会议,回良玉副总理发表重要讲话,全面布置了流域综合规划修编工作。

2007 年 3 月,时任黄委主任的李国英主持召开主任办公会议,研究黄河流域综合规划任务书,并提出要求。

2007 年 6 月,国务院办公厅转发《水利部关于开展流域综合规划修编工作意见的通知》(国办发〔2007〕44 号),明确了规划修编的工作思路、主要任务及要求等。6 月 8 日,时任黄委主任的李国英主持召开主任办公会议,再次强调要认真做好新一轮黄河流域综合规划;6 月 9 日,水利部审查通过了《黄河流域综合规划修编任务书》。

2007 年 7 月,水利部印发《关于贯彻落实开展流域综合规划修编工作意见的通知》(水规计〔2007〕256 号)。20 日,黄委印发《关于尽快开展黄河流域综合规划修编有关工作的通知》(黄规计〔2007〕88 号);27 日,组织了流域综合规划专题讲座。

2007 年 8 月,水利部批复了黄委上报的《黄河流域综合规划任务书》(水规计〔2007〕320 号);矫勇副部长主持召开流域综合规划修编工作领导小组第一次工作会议,印发了会议纪要。

2007 年 10 月,水利部、国家发展和改革委员会、国土资源部、建设部、交通部、农业部、国家环保总局、国家林业局、中国气象局、国家海洋局 10 部委联合印发《关于加强协作共同做好流域综合规划修编工作的通知》(水规计〔2007〕429 号)。

2008 年 1 月,水利部转发《国家发展和改革委员会关于流域综合规划修编任务书批复的通知》(办规计〔2008〕25 号),批复了《流域综合规划修编任务书》。

2008 年 3 月,黄委参加流域综合规划修编工作领导小组会议,会议总结 2007 年工作进展情况,部署 2008 年工作。

二、组织机构

2007 年 3 月,水利部印发《关于成立流域综合规划修编工作领导小组的通知》(水人教〔2007〕71 号),矫勇副部长任组长,黄委总工薛松贵为领导小组成员。29 日,黄委成立黄河流域综合规划修编工作领导小组、编制工作组和专家组(黄人劳〔2007〕16 号)。

2007 年 4 月,水利部印发全国流域综合规划修编工作领导小组办公室人员名单(规计规〔2007〕6 号),明确了领导小组办公室成员和工作职责。

2008 年 2 月,黄委向水利部发文建议将流域综合规划修编工作领导小组我委成员调整为赵勇副主任(黄人劳〔2008〕7 号)。

2008 年 5 月,黄委公布流域综合规划修编黄委各专业技术负责人及联系方式(黄规计规〔2008〕5 号)。

三、编制过程

2007 年 8 月,黄委召开启动会,全面启动黄河流域综合规划修编工作。

2007 年 8~9 月,黄河流域综合规划修编工作领导小组办公室会同综合组,组织科技委专家对 15 个专业大纲进行咨询。

2007 年 9 月,召开黄河流域综合规划修编工作会暨省际协商第一次会议,在流域范围内全面启动黄河流域综合规划修编工作,并通过了黄河流域综合规划修编工作协商会议制度和成员单位组成。

2007 年 11 月,制定印发了黄河流域综合规划修编工作计划和咨询计划(黄规计〔2007〕136 号);同月,印发综合规划修编 2007 年度工作安排(黄规计〔2007〕135 号)。

2007 年 12 月,印发黄河流域综合规划工作大纲(黄规计〔2007〕189 号);年底对主要项目承担单位的规划修编工作进行了专项检查。

2008 年 2 月,黄委召开 2008 年黄河流域综合规划修编工作会议,与项目承担单位签署了目标责任状。

2008 年 3 月,制定印发了黄河流域综合规划修编 2008 年工作计划(黄规计〔2008〕24 号);并印发了黄河流域综合规划修编专业大纲(黄规计〔2008〕30 号)。

2008 年 4 月,组织科技委对现状水土保持减沙效果和设计洪水采用问题进行咨询;分两个检查组到省区检查、指导规划编制工作。

2008 年 5 月,黄河流域综合规划修编专项规划之一——黄河龙羊峡以上河段综合规划完成报告编制,组织科技委进行了咨询。

2008 年 6 月,黄委印发《关于进一步加强黄河流域综合规划修编工作的通知》(黄规计〔2008〕90 号);召开黄河流域综合规划修编第二次领导小组会议,协调解决规划编制过程中出现的问题。

2008 年 7 月,召开主任办公会研究龙羊峡以上河段综合规划;对流域跨省(区)15 条一级支流规划修编阶段成果进行了协调,印发了会议纪要(黄规计函〔2008〕36 号)。

2008 年 8 月,全面完成黄河龙羊峡以上河段综合规划,并上报水利部(黄规计〔2008〕121 号);同月,印发黄河流域综合规划阶段成果与省(区)沟通协调工作计划(黄规计〔2008〕132 号);完成重要支流规划阶段成果,并与省(区)进行沟通协调。

2008 年 9 月,编制提出黄河流域综合规划修编总报告编写提纲,并邀请水利部专家进行了咨询;同月,提出并印发了黄河流域综合规划修编控制性指标及限制性条件分析工作意见(黄规计〔2008〕151 号)和规划阶段成果 2008 年咨询计划(黄规计〔2008〕157 号)。

2008 年 10 月,提出并印发黄河流域综合规划报告编写提纲、编写分工及工作计划

（黄规计〔2008〕162 号）；组织对跨省（区）支流规划水资源保护阶段成果进行协调，印发会议纪要（黄规计函〔2008〕61 号）。

2009 年 1～4 月，组织专家分别对《黄河下游河道治理战略研究》、《黄河干流骨干水库综合利用调度研究》、《中常洪水变化研究》、《水资源保护规划》、《水生态保护规划》、《泥沙处理和利用规划》、《防洪与河道治理规划》、《重要支流规划》、《水土保持规划》等 17 项专业、专项规划和专题研究成果进行了咨询把关。

2009 年 2 月，印发黄河流域综合规划修编 2009 年工作计划（黄规计〔2009〕26 号）；召开专题办公会研究了《黄河下游滩区综合治理规划》成果。

2009 年 3 月，黄委召开 2009 年黄河流域综合规划修编工作会议，与项目承担单位签署了 2009 年目标责任状；研究制定了 12 项重大专题报请主任办公会议研究计划；召开专题办公会研究了水土保持减沙效果及泥沙处理和利用规划成果；组织到长委、珠委、水利部政法司和发展研究中心等单位进行综合管理规划专题调研。

2009 年 4 月，召开专题办公会研究了《水沙调控体系建设规划》、《黑山峡河段开发方案论证》、《流域综合管理规划》、《河道岸线利用与管理规划》等 4 项成果。

2009 年 5 月，召开专题办公会研究了《黄河下游河道治理战略研究》、《水资源和水生态保护规划》成果；参加了水利部流域综合规划修编工作领导小组会议；对省（区）完成的 44 条支流规划成果进行了汇总协调，印发了协调意见（黄规计函〔2009〕25 号）。

2009 年 6 月，召开专题办公会研究"黄河流域综合规划控制性指标和限制性条件分析"工作和《重要支流综合规划》成果。

2009 年 7 月，在黄委内部广泛征求对编制完成的《黄河流域综合规划（征求意见稿）》的意见；召开专题办公会议研究黄河经济社会发展和水资源需求模型研发工作。

2009 年 8 月，召开主任办公会议研究《黄河流域综合规划》；征求相关流域省（区）水利厅对《黄河流域综合规划（征求意见稿）》的意见（黄规计函〔2009〕42 号）。

2009 年 9 月，黄委召开黄河流域综合规划修编第三次领导小组会议，协调省（区）意见；采取多种方式充分听取了国内 20 多位资深权威专家对《黄河流域综合规划》报告的意见和建议。

2009 年 11 月，完成《黄河流域综合规划》编制、协调、修改等工作，上报水利部（黄规计〔2009〕181 号）。

四、规划审查报批

2009 年 12 月，水利部水利水电规划设计总院组织对《黄河流域综合规划》进行了预审，出具了预审意见（水总规〔2010〕140 号）。

2010 年 1～4 月，根据预审意见，对报告进行了修改、完善，提出《黄河流域综合规划》（送审稿）。

2010 年 5 月，水利部组织对《黄河流域综合规划》（送审稿）进行了审查，出具了审查意见。

2010 年 9 月，水利部发文征求国家有关部委、流域省（区）人民政府办公厅的意见（办规计函〔2010〕713 号）。

2010 年 9 ~ 12 月,国务院 9 部委、流域 9 省(区)人民政府均反馈意见。

2010 年 11 月,中国国际工程咨询公司组织对《黄河流域综合规划》进行了咨询评估,出具咨询评估报告(咨农发〔2011〕179 号)。

2011 年 7 月,国家发改委正式反馈对《黄河流域综合规划》的意见(发改办农经〔2011〕1644 号)。

2011 年 9 月,水利部联合环保部组织对流域综合规划修编环境影响评价成果进行了审查。

2011 年 12 月,水利部召开流域综合规划修编部际联席会议。

2012 年 4 月,陈雷部长主持召开部长办公会议,听取《黄河流域综合规划》修编汇报。

2012 年 5 月,水利部向国务院报送了《水利部关于审批黄河流域综合规划(2012—2030 年)的请示》,进入了部委会签阶段。

2012 年 5 月至 2013 年 2 月,根据有关部委的意见,对报告作了进一步的修改、完善。

2013 年 3 月,国务院正式批复《黄河流域综合规划(2012—2030 年)》(国函〔2013〕34 号)。

附　图

黄河流域水系图

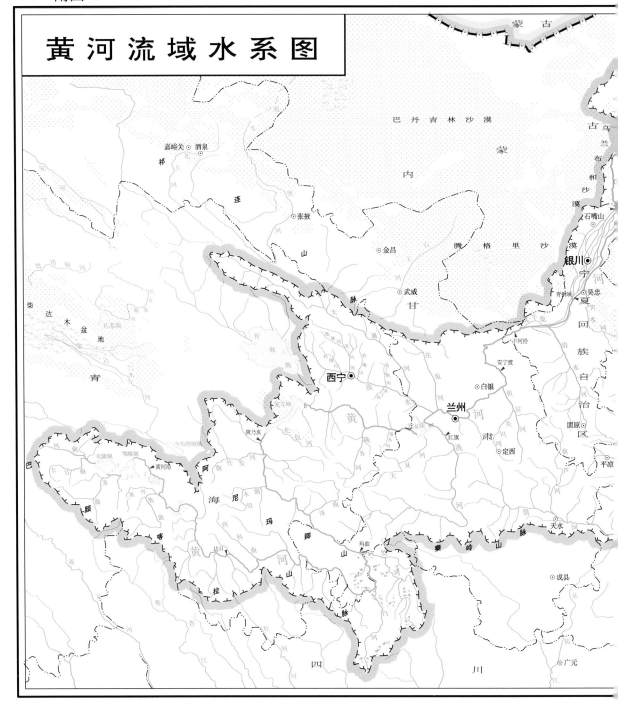

黄河主要支流特征值表

序号	支流名称	流域面积（km²）	河道长度（km）	多年平均径流量（亿m³）	多年平均实测输沙量（亿t）
1	湟 水	32863	374	48.76	0.20
2	洮 河	25527	673	48.25	0.27
3	祖厉河	10653	224	1.53	0.52
4	清水河	14481	320	2.02	0.46
5	大黑河	15911	226	3.77	0.05
6	黄甫川	3246	137	1.52	0.50
7	窟野河	8706	242	5.54	1.38
8	无定河	30261	491	11.51	1.27
9	汾 河	39471	694	18.47	0.22
10	渭 河	134766	818	92.50	4.43
11	伊洛河	18881	447	28.32	0.12
12	沁 河	13532	485	13.00	0.05
13	大汶河	9098	239	13.70	0.01

图 例

- ★ 首 都
- ◉ 省、自治区、直辖市
- ⊙ 地 级 市
- ↗ 河流、水文站
- ┈┿┈ 国 界
- ┈┈┈ 省（区）界
- ┈┷┈ 流 域 界

呼和浩特　张家口　乌兰察布　大同　朔州　保定　沧州　渤海　东营　莱州湾
包头　河口镇　头道拐　忻州　太原　石家庄　衡水　德州　滨州　利津　淄博　潍坊
鄂尔多斯　齐沙漠　临河　拉　朔州　阳泉　晋中　邢台　聊城　济南　山东　日照
榆林　吴堡　长治　邯郸　安阳　鹤壁　泰安　莱芜　济宁　临沂　枣庄
延安　临汾　晋城　新乡　濮阳　菏泽　连云港　江苏
龙门　河津　运城　焦作　郑州　开封　商丘　淮北　徐州　宿迁　淮阴
渭南　三门峡　洛阳　黑石关　桃花峪　夹河滩　河南　许昌　亳州　宿州　徽
咸阳　西安　南阳市　驻马店市　阜阳　信阳市
平顶山　漯河　周口

附图 2

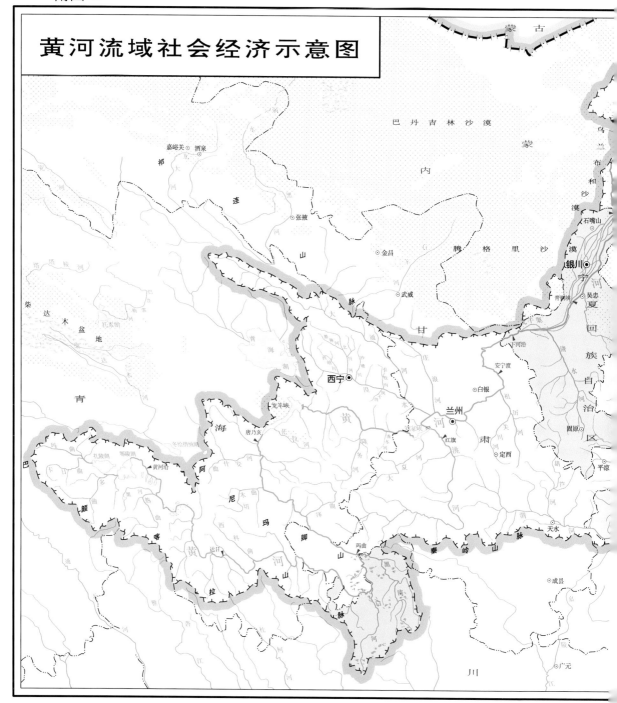

黄河流域社会经济示意图

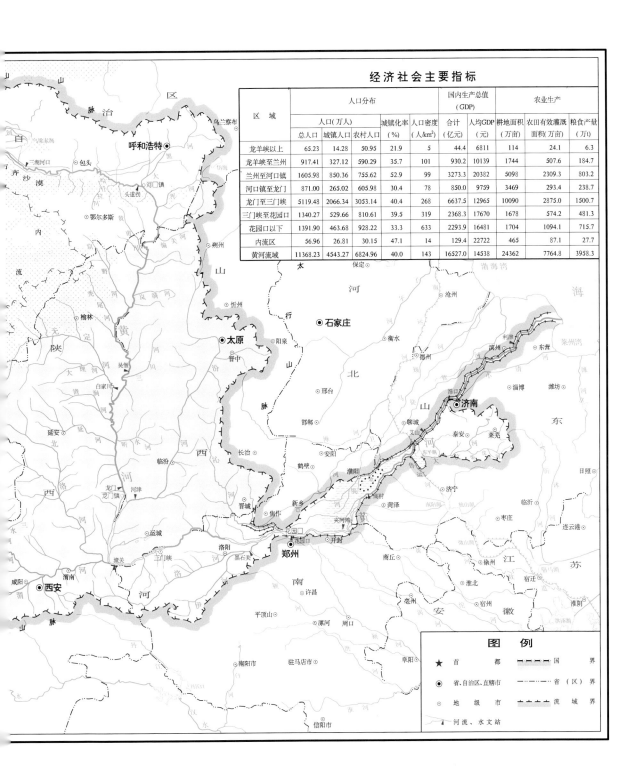

经济社会主要指标

区 域	人口分布					国内生产总值（GDP）		农业生产		
	人口(万人)			城镇化率(%)	人口密度(人/km²)	合计(亿元)	人均GDP(元)	耕地面积(万亩)	农田有效灌溉面积(万亩)	粮食产量(万t)
	总人口	城镇人口	农村人口							
龙羊峡以上	65.23	14.28	50.95	21.9	5	44.4	6811	114	24.1	6.3
龙羊峡至兰州	917.41	327.12	590.29	35.7	101	930.2	10139	1744	507.6	184.7
兰州至河口镇	1605.98	850.36	755.62	52.9	99	3273.3	20382	5098	2309.3	803.2
河口镇至龙门	871.00	265.02	605.98	30.4	78	850.0	9759	3469	293.4	238.7
龙门至三门峡	5119.48	2066.34	3053.14	40.4	268	6637.5	12965	10090	2875.0	1500.7
三门峡至花园口	1340.27	529.66	810.61	39.5	319	2368.3	17670	1678	574.2	481.3
花园口以下	1391.90	463.68	928.22	33.3	633	2293.9	16481	1704	1094.1	715.7
内流区	56.96	26.81	30.15	47.1	14	129.4	22722	465	87.1	27.7
黄河流域	11368.23	4543.27	6824.96	40.0	143	16527.0	14538	24362	7764.8	3958.3

图 例

★ 首 都

◎ 省、自治区、直辖市

○ 地 级 市

⬩ 河流、水文站

- - - - 国 界

—·—·— 省（区）界

┴┬┴┬ 流 域 界

附图 3

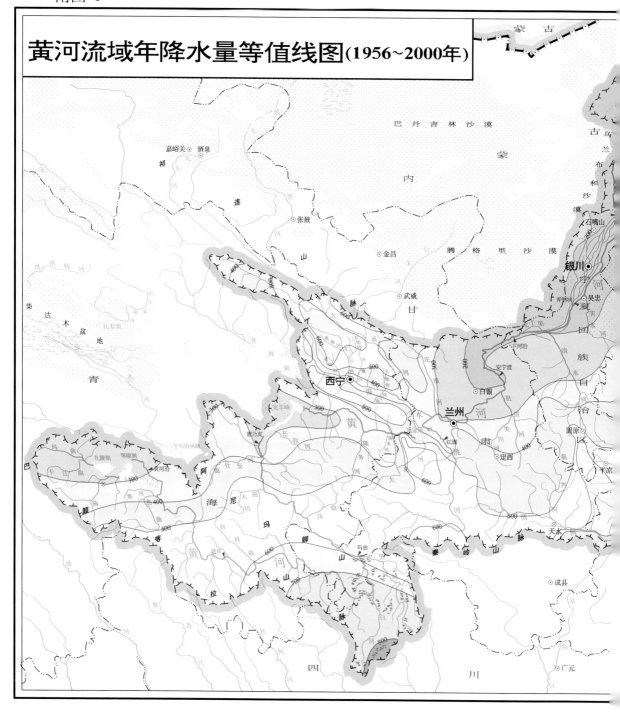

黄河流域年降水量等值线图(1956～2000年)

黄河水沙调控体系及干流梯级工程总体布局示意图

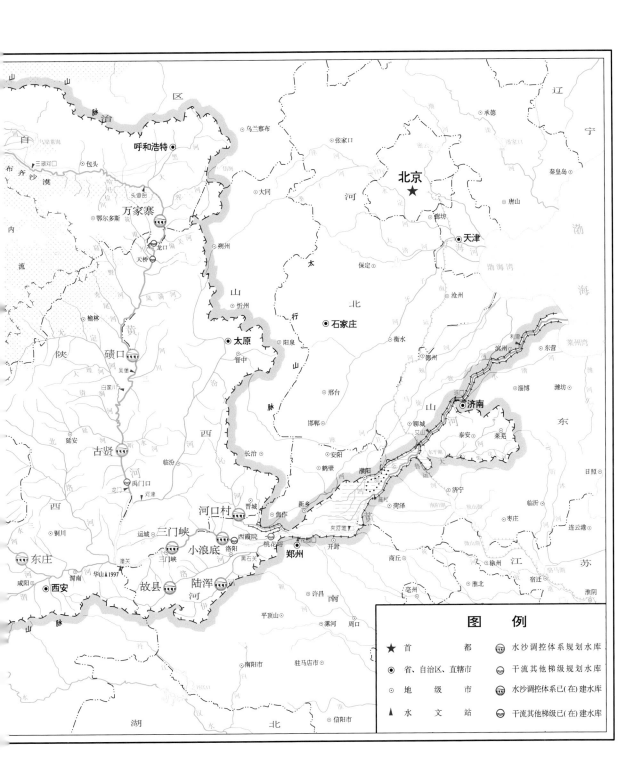

图 例

★ 首　　　都
◉ 省、自治区、直辖市
⊙ 地　级　市
▲ 水　文　站

水沙调控体系规划水库
干流其他梯级规划水库
水沙调控体系已(在)建水库
干流其他梯级已(在)建水库

附图 5

黄河流域防洪减灾工程总体布置示意图

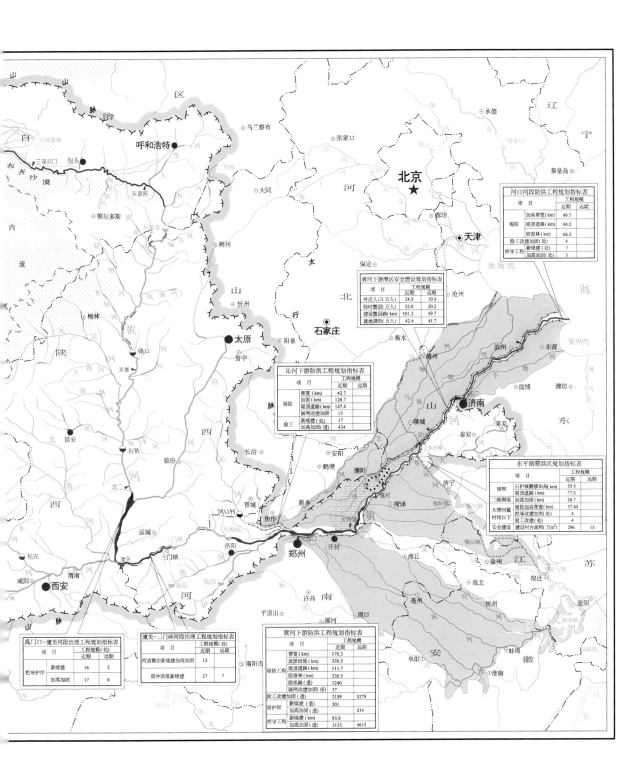

河口河段防洪工程规划指标表

项目		工程规模	
		近期	远期
堤防	加高帮宽(km)	49.7	
	堤顶道路(km)	66.5	
	防护林(km)	66.5	
险工改建加固(处)		4	
控导工程	新续建(处)	7	
	加高加固(处)	3	

黄河下游滩区安全建设规划指标表

项目	工程规模	
	近期	远期
外迁人口(万人)	24.5	10.5
临时撤退(万人)	22.0	20.2
建设撤退路(km)	101.2	89.7
就地避洪(万人)	42.4	41.7

沁河下游防洪工程规划指标表

项目		工程规模	
		近期	远期
堤防	帮宽(km)	42.7	
	加固(km)	126.7	
	堤顶道路(km)	157.5	
	涵闸改建加固	13	
险工	新续建(处)	17	
	加高加固(道)	434	

东平湖滞洪区规划指标表

项目		工程规模	
		近期	远期
围坝	石护坡翻修加高(km)	55.5	
二级湖堤	堤顶道路(km)	77.8	
	加高加固(km)	26.7	
大清河截	堤防加高帮宽(km)	37.45	
	控导改建加固(处)	4	
村坝以下	险工改建(处)	4	
安全建设	建设村台面积(万m³)	296	18

禹门口-潼关河段治理工程规划指标表

项目		工程规模(处)	
		近期	远期
控导护岸	新续建	16	5
	加高加固	17	6

潼关-三门峡河段治理工程规划指标表

项目	工程规模(处)	
	近期	远期
河道整治新续建加高加固	15	
防冲防浪新续建	27	7

黄河下游防洪工程规划指标表

项目		工程规模	
		近期	远期
堤防工程	帮宽(km)	178.3	
	放淤固堤(km)	526.5	
	堤顶道路(km)	111.7	
	防浪林(km)	230.5	
	防汛路(km)	1240	
	涵闸改建加固(座)	37	
险工改建加固(道)		2159	5279
防护坝	新续建(道)	201	
	加高加固(道)		534
控导工程	新续建(km)	93.9	
	加高加固(道)	3133	4618

黄河中下游防洪减淤工程体系示意图

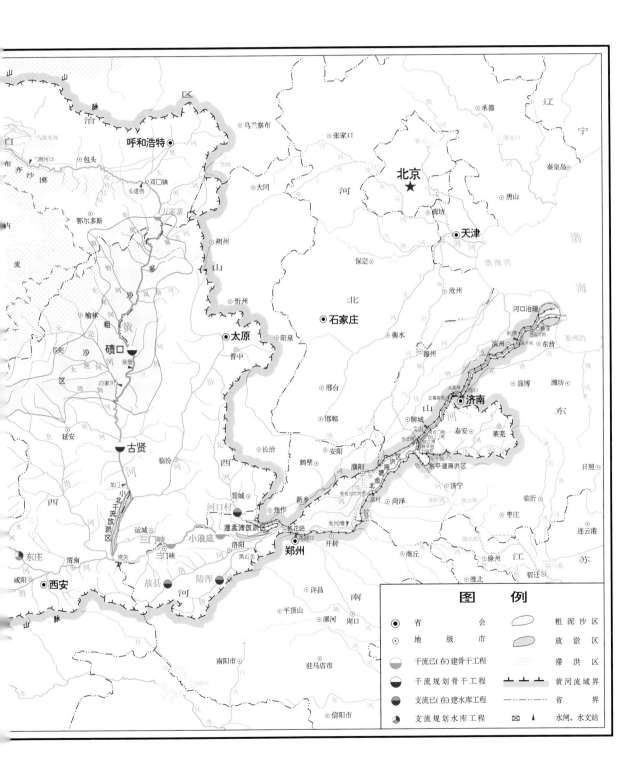

图　例

省　　　会
地　级　市
干流已(在)建骨干工程
干流规划骨干工程
支流已(在)建水库工程
支流规划水库工程

粗泥沙区
放淤区
滞洪区
黄河流域界
省　　　界
水闸、水文站

黄河流域水资源配置工程示意图

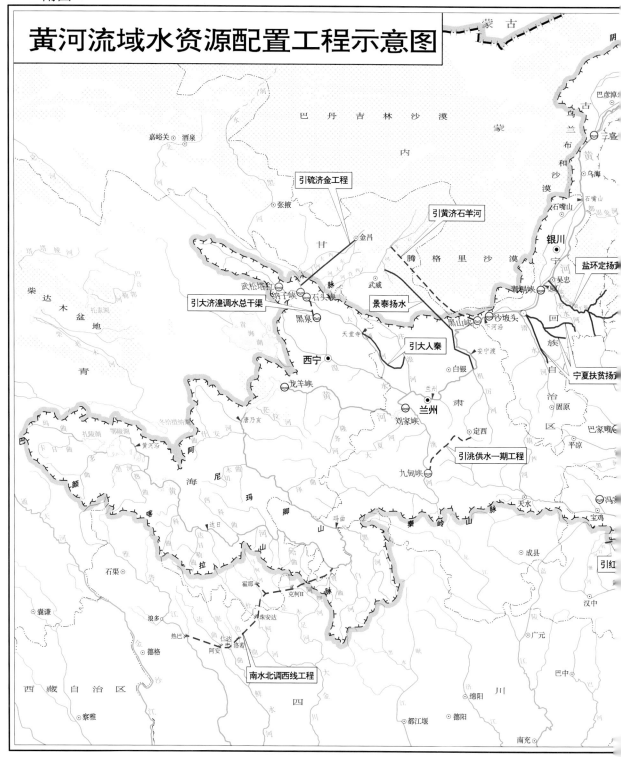

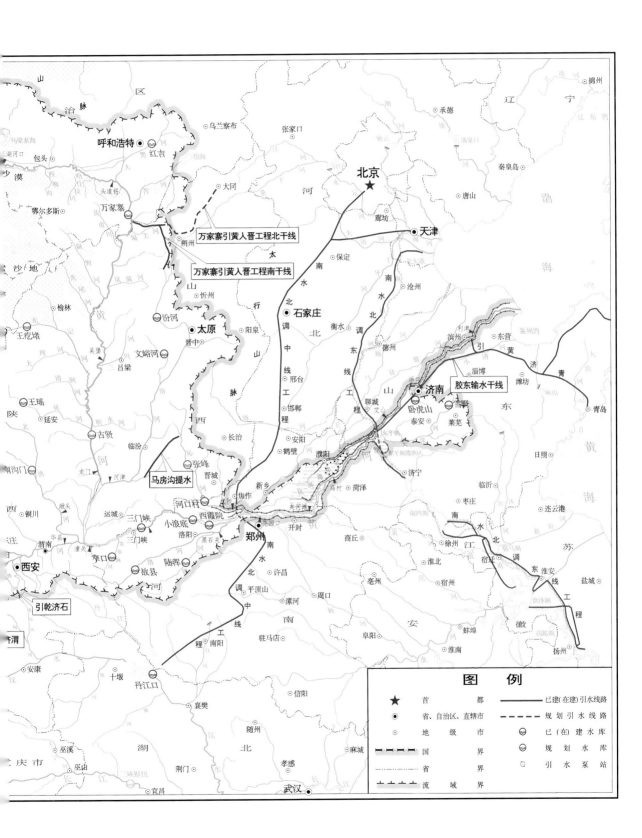

万家寨引黄入晋工程北干线

万家寨引黄入晋工程南干线

胶东输水干线

马房沟提水

引乾济石

图　例

★ 首　　都	——— 已建(在)建引水线路
◎ 省、自治区、直辖市	- - - 规划引水线路
◦ 地级市	⊖ 已(在)建水库
-·-·- 国　　界	⊖ 规划水库
——— 省　　界	⊙ 引水泵站
··········· 流域界	

附图 8

黄河流域平原区地下水资源利用规划图

黄河流域		
地下水资源量	(亿m³)	154.6
可开采量	(亿m³/a)	119.4
2005年地下水开采量 (亿m³)		87.9
开采程度	(%)	73.6
开采潜力	(亿m³/a)	40.8
2020年规划开采量	(亿m³)	91.0
2030年规划开采量	(亿m³)	91.7

宁 夏		
地下水资源量	(亿m³)	22.5
可开采量	(亿m³/a)	17.0
2005年地下水开采量 (亿m³)		3.5
开采程度	(%)	20.6
开采潜力	(亿m³/a)	13.6
2020年规划开采量	(亿m³)	6.7
2030年规划开采量	(亿m³)	6.7

甘 肃		
地下水资源量	(亿m³)	0.6
可开采量	(亿m³/a)	0.3
2005年地下水开采量 (亿m³)		0
现状开采程度	(%)	14.3
开采潜力	(亿m³/a)	0.2
2020年规划开采量	(亿m³)	0.4
2030年规划开采量	(亿m³)	0.4

青 海		
地下水资源量	(亿m³)	4.6
可开采量	(亿m³/a)	3.1
2005年地下水开采量 (亿m³)		2.2
开采程度	(%)	70.4
开采潜力	(亿m³/a)	0.9
2020年规划开采量	(亿m³)	1.9
2030年规划开采量	(亿m³)	1.8

四 川		
地下水资源量	(亿m³)	0
可开采量	(亿m³)	0
2005年地下水开采量 (亿m³)		0.02
开采程度	(%)	
开采潜力	(亿m³/a)	0
2020年规划开采量	(亿m³)	0.02
2030年规划开采量	(亿m³)	0.02

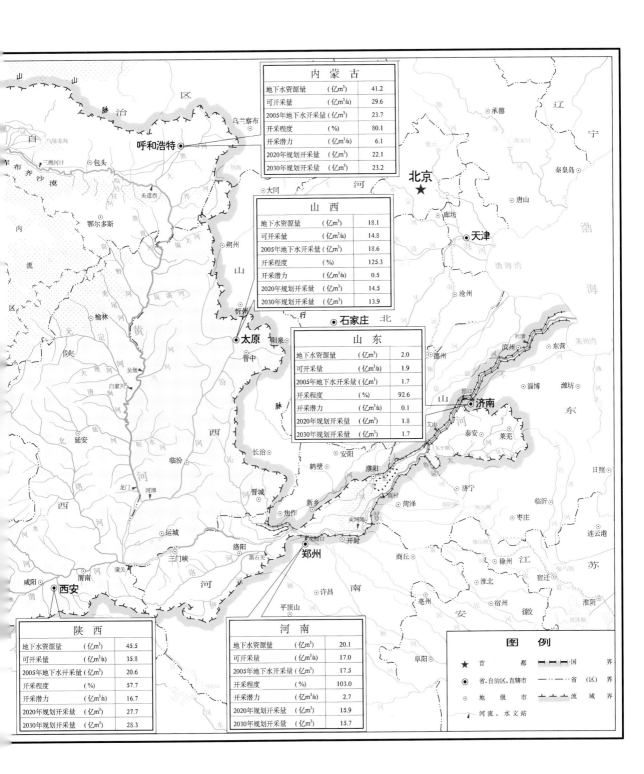

内 蒙 古

地下水资源量	(亿m³)	41.2
可开采量	(亿m³/a)	29.6
2005年地下水开采量	(亿m³)	23.7
开采程度	(%)	80.1
开采潜力	(亿m³/a)	6.1
2020年规划开采量	(亿m³)	22.1
2030年规划开采量	(亿m³)	23.2

山 西

地下水资源量	(亿m³)	18.1
可开采量	(亿m³/a)	14.8
2005年地下水开采量	(亿m³)	18.6
开采程度	(%)	125.3
开采潜力	(亿m³/a)	0.5
2020年规划开采量	(亿m³)	14.5
2030年规划开采量	(亿m³)	13.9

山 东

地下水资源量	(亿m³)	2.0
可开采量	(亿m³/a)	1.9
2005年地下水开采量	(亿m³)	1.7
开采程度	(%)	92.6
开采潜力	(亿m³/a)	0.1
2020年规划开采量	(亿m³)	1.8
2030年规划开采量	(亿m³)	1.7

陕 西

地下水资源量	(亿m³)	45.5
可开采量	(亿m³/a)	35.8
2005年地下水开采量	(亿m³)	20.6
开采程度	(%)	57.7
开采潜力	(亿m³/a)	16.7
2020年规划开采量	(亿m³)	27.7
2030年规划开采量	(亿m³)	28.3

河 南

地下水资源量	(亿m³)	20.1
可开采量	(亿m³/a)	17.0
2005年地下水开采量	(亿m³)	17.5
开采程度	(%)	103.0
开采潜力	(亿m³/a)	2.7
2020年规划开采量	(亿m³)	15.9
2030年规划开采量	(亿m³)	15.7

图 例

★	首　都	国　界
◉	省、自治区、直辖市	省（区）界
◎	地级市	流域界
△	河流、水文站	

附图 9

黄河流域灌区节水工程措施规划示意图

宁夏回族自治区　单位：万亩

水平年	有效灌溉面积	节水工程措施				
		渠道衬砌	管道输水	喷灌	微灌	合计
现状年	668.88	169.10	19.70	11.63	6.70	207.13
2020年	694.24	400.54	24.95	23.00	17.30	465.79
2030年	797.80	560.56	30.95	27.86	22.30	641.67

青海省　单位：万亩

水平年	有效灌溉面积	节水工程措施				
		渠道衬砌	管道输水	喷灌	微灌	合计
现状年	273.39	74.31	0	2.00	0	76.31
2020年	326.96	182.98	0	3.60	0	186.58
2030年	347.97	246.96	0	4.72	0	251.68

四川省　单位：万亩

水平年	有效灌溉面积	节水工程措施				
		渠道衬砌	管道输水	喷灌	微灌	合计
现状年	0.55	0	0.41	0	0	0.41
2020年	0.59	0	0.44	0	0	0.44
2030年	0.59	0	0.50	0	0	0.50

甘肃省　单位：万亩

水平年	有效灌溉面积	节水工程措施				
		渠道衬砌	管道输水	喷灌	微灌	合计
现状年	763.26	375.80	32.36	34.98	10.86	454.0
2020年	830.34	483.20	43.02	46.66	21.44	594.3
2030年	830.34	572.49	53.89	56.56	28.35	711.2

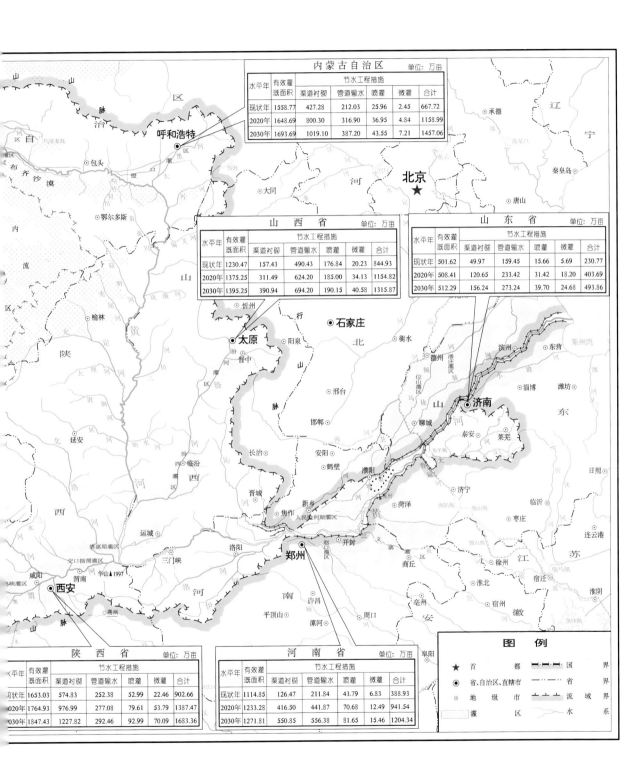

内蒙古自治区　单位：万亩

水平年	有效灌溉面积	节水工程措施				
		渠道衬砌	管道输水	喷灌	微灌	合计
现状年	1558.77	427.28	212.03	25.96	2.45	667.72
2020年	1648.69	800.30	316.90	36.95	4.84	1158.99
2030年	1693.69	1019.10	387.20	43.55	7.21	1457.06

山西省　单位：万亩

水平年	有效灌溉面积	节水工程措施				
		渠道衬砌	管道输水	喷灌	微灌	合计
现状年	1230.47	157.43	490.43	176.84	20.23	844.93
2020年	1375.25	311.49	624.20	185.00	34.13	1154.82
2030年	1395.25	390.94	694.20	190.15	40.58	1315.87

山东省　单位：万亩

水平年	有效灌溉面积	节水工程措施				
		渠道衬砌	管道输水	喷灌	微灌	合计
现状年	501.62	49.97	159.45	15.66	5.69	230.77
2020年	508.41	120.65	233.42	31.42	18.20	403.69
2030年	512.29	156.24	273.24	39.70	24.68	493.86

陕西省　单位：万亩

水平年	有效灌溉面积	节水工程措施				
		渠道衬砌	管道输水	喷灌	微灌	合计
现状年	1653.03	574.83	252.38	52.99	22.46	902.66
2020年	1764.93	976.99	277.08	79.61	53.79	1387.47
2030年	1847.43	1227.82	292.46	92.99	70.09	1683.36

河南省　单位：万亩

水平年	有效灌溉面积	节水工程措施				
		渠道衬砌	管道输水	喷灌	微灌	合计
现状年	1114.85	126.47	211.84	43.79	6.83	388.93
2020年	1233.28	416.50	441.87	70.68	12.49	941.54
2030年	1271.81	550.85	556.38	81.65	15.46	1204.34

图　例

- ★ 首　都
- ◎ 省、自治区、直辖市
- ◉ 地级市
- ▨ 灌区
- ▬▬▬ 国　界
- ------- 省　界
- ┼┼┼┼ 流域界
- ～ 水　系

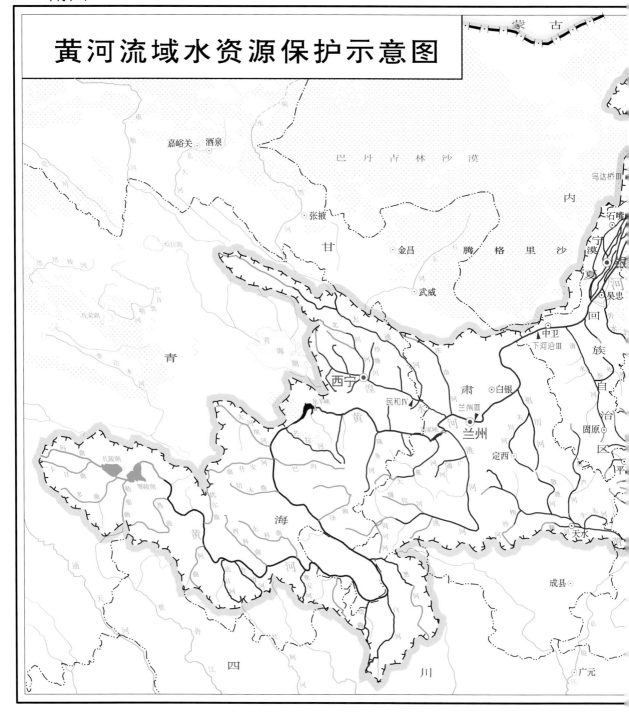

黄河流域水资源保护示意图

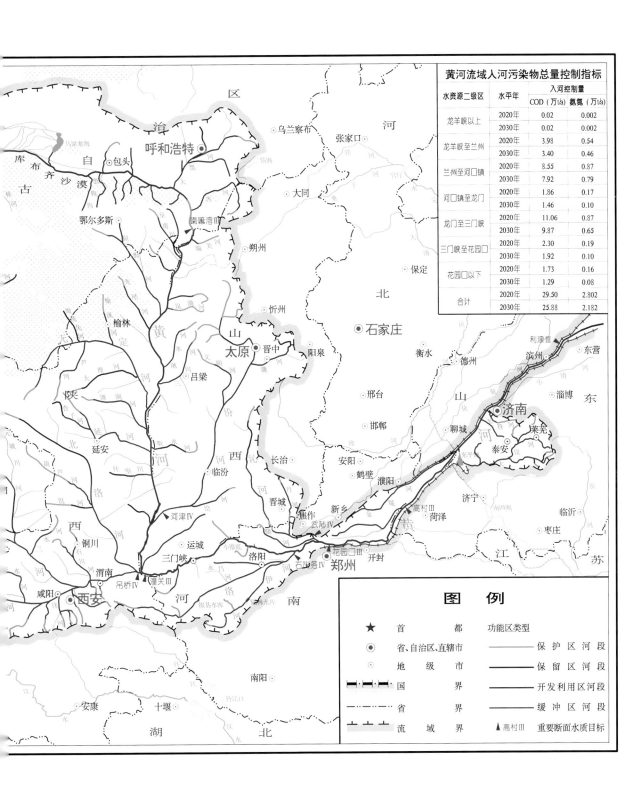

黄河流域入河污染物总量控制指标			
水资源二级区	水平年	入河控制量	
		COD（万t/a）	氨氮（万t/a）
龙羊峡以上	2020年	0.02	0.002
	2030年	0.02	0.002
龙羊峡至兰州	2020年	3.98	0.54
	2030年	3.40	0.46
兰州至河口镇	2020年	8.55	0.87
	2030年	7.92	0.79
河口镇至龙门	2020年	1.86	0.17
	2030年	1.46	0.10
龙门至三门峡	2020年	11.06	0.87
	2030年	9.87	0.65
三门峡至花园口	2020年	2.30	0.19
	2030年	1.92	0.10
花园口以下	2020年	1.73	0.16
	2030年	1.29	0.08
合计	2020年	29.50	2.802
	2030年	25.88	2.182

图　例

★　　首　　　都
◉　　省、自治区、直辖市
⊙　　地　级　市
国　界
省　界
流　域　界

功能区类型

保护区河段
保留区河段
开发利用区河段
缓冲区河段
▲ 高村Ⅲ　重要断面水质目标

黄河流域水生态重点保护目标示意图

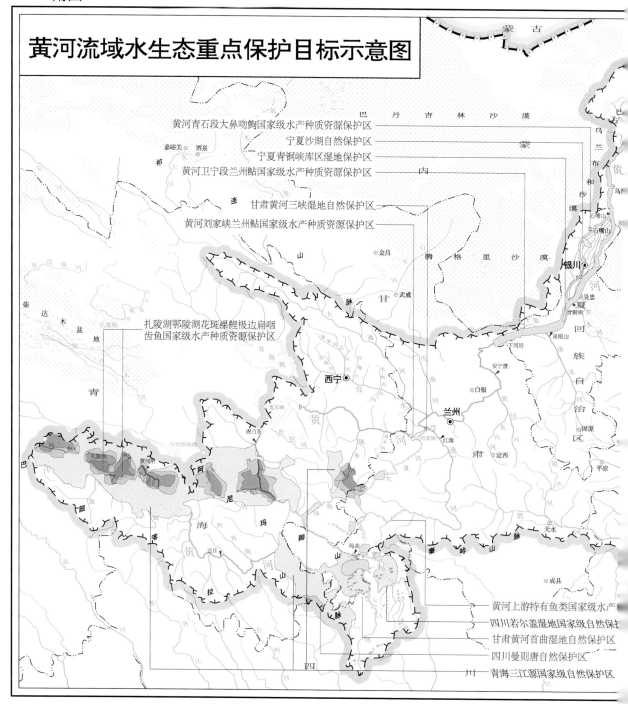

黄河青石段大鼻吻鮈国家级水产种质资源保护区

宁夏沙湖自然保护区

宁夏青铜峡库区湿地保护区

黄河卫宁段兰州鲇国家级水产种质资源保护区

甘肃黄河三峡湿地自然保护区

黄河刘家峡兰州鲇国家级水产种质资源保护区

扎陵湖鄂陵湖花斑裸鲤极边扁咽
齿鱼国家级水产种质资源保护区

黄河上游特有鱼类国家级水产

四川若尔盖湿地国家级自然保

甘肃黄河首曲湿地自然保护区

四川曼则唐自然保护区

青海三江源国家级自然保护区

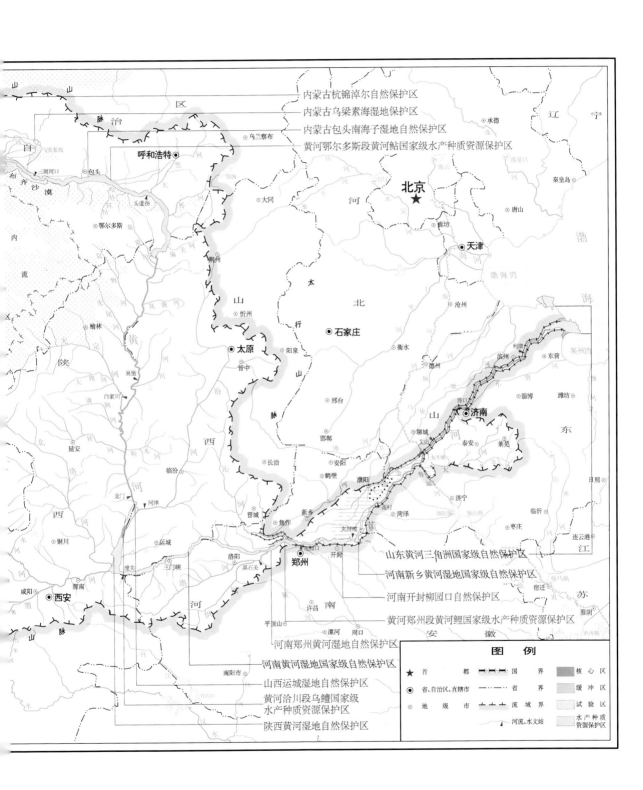

内蒙古杭锦淖尔自然保护区
内蒙古乌梁素海湿地保护区
内蒙古包头南海子湿地自然保护区
黄河鄂尔多斯段黄河鮈国家级水产种质资源保护区

山东黄河三角洲国家级自然保护区
河南新乡黄河湿地国家级自然保护区
河南开封柳园口自然保护区
黄河郑州段黄河鲤国家级水产种质资源保护区
河南郑州黄河湿地自然保护区
河南黄河湿地国家级自然保护区
山西运城湿地自然保护区
黄河洽川段乌鳢国家级
水产种质资源保护区
陕西黄河湿地自然保护区

图 例			
★ 首 都	国 界		核 心 区
◎ 省、自治区、直辖市	省 界		缓 冲 区
◎ 地 级 市	流 域 界		试 验 区
	河流、水文站		水产种质资源保护区

黄河流域水土流失类型区示意图

图　例

丘1	黄土丘陵沟壑第一副区		石	土石山区	
丘2	黄土丘陵沟壑第二副区		高	高地草原区	
丘3	黄土丘陵沟壑第三副区		干	干旱草原区	
丘4	黄土丘陵沟壑第四副区		风	风沙区	
丘5	黄土丘陵沟壑第五副区		林	黄土丘陵林区	
塬	黄土高塬沟壑区		泰	泰汶低山丘陵区	
阶	黄土阶地区		——	类型区界	
平	冲积平原区				

黄河流域水土保持防治分区示意图

黄河流域黄土高原地区水土保持基本情况表　　单位: 万km²

序号	项　　目	数量
1	黄河流域黄土高原地区总面积	64.0
2	水土流失总面积	45.4
	其中: 水力侵蚀面积	33.7
	风力侵蚀面积	11.7
3	国家级重点治理区	19.1
4	国家级重点防护区	2.34
	其中: 子午岭林区	1.59
	六盘山林区	0.75
5	国家级重点监督区	8.66
	其中: 晋陕蒙接壤区	5.44
	豫陕晋接壤区	3.22

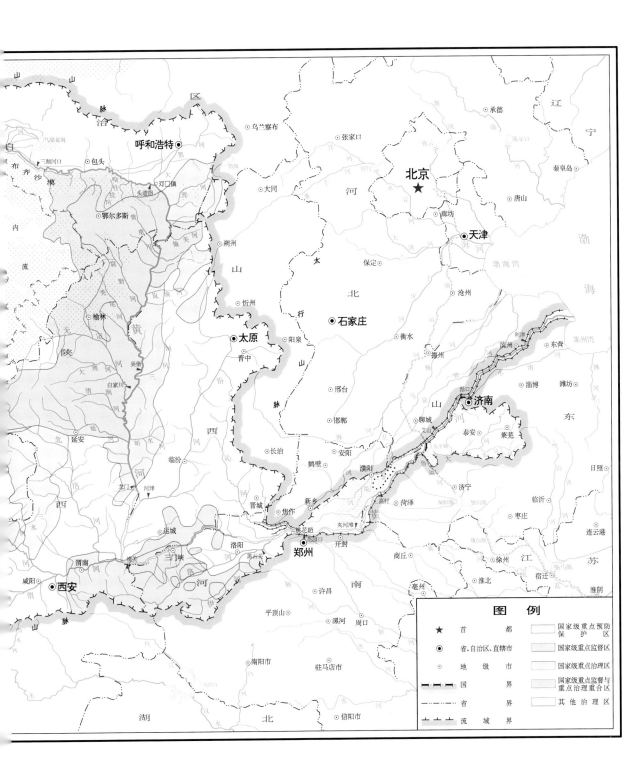

图 例	
★ 首 都	国家级重点预防保护区
◎ 省、自治区、直辖市	国家级重点监督区
◎ 地 级 市	国家级重点治理区
━▬━ 国 界	国家级重点监督与重点治理重合区
━·━ 省 界	其他治理区
┵┵┵ 流 域 界	

黄河流域水土保持主要措施规划图

省区	规划治理面积（万km²）			基本农田（万km²）	林草（万km²）	生态修复（万km²）	骨干坝（座）	中小型坝（座）
	合计	初步治理面积	巩固治理面积					
内蒙古	4.37	4.17	0.2	49.92	268.39	118.69	1134	2801

省区	规划治理面积（万km²）			基本农田（万km²）	林草（万km²）	生态修复（万km²）	骨干坝（座）	中小型坝（座）
	合计	初步治理面积	巩固治理面积					
宁夏	2.3	1.45	0.85	22.85	183.26	23.89	877	2631

省区	规划治理面积（万km²）			基本农田（万km²）	林草（万km²）	生态修复（万km²）	骨干坝（座）	中小型坝（座）
	合计	初步治理面积	巩固治理面积					
青海	1.38	1.22	0.16	34.38	41.26	62.35	530	1059

省区	规划治理面积（万km²）			基本农田（万km²）	林草（万km²）	生态修复（万km²）
	合计	初步治理面积	巩固治理面积			
四川	0.21	0.21			11.7	9

省区	规划治理面积（万km²）			基本农田（万km²）	林草（万km²）	生态修复（万km²）	骨干坝（座）	中小型坝（座）
	合计	初步治理面积	巩固治理面积					
甘肃	5.08	2.15	2.93	89.5	356.48	62.32	3908	11723

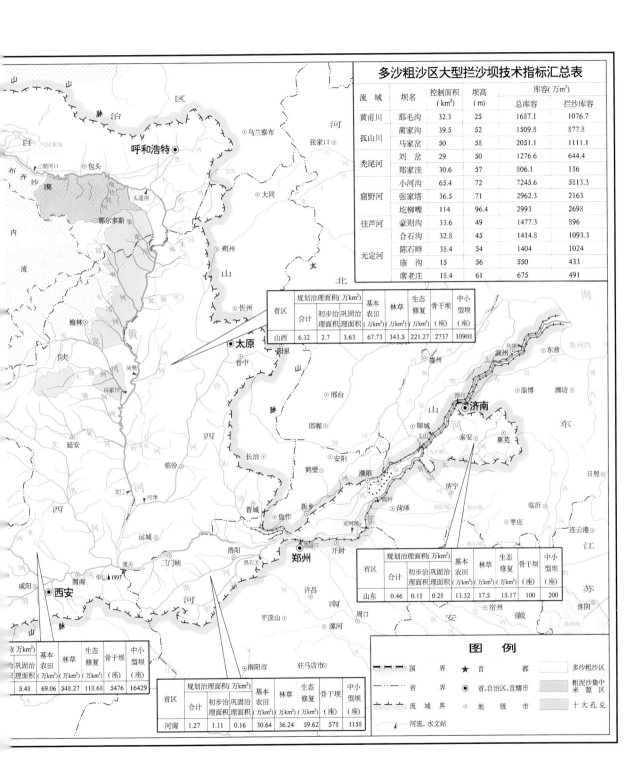

多沙粗沙区大型拦沙坝技术指标汇总表

流域	坝名	控制面积(km²)	坝高(m)	库容(万m³) 总库容	库容(万m³) 拦沙库容
黄甫川	那毛沟	32.3	25	1687.1	1076.7
孤山川	蔺家沟	39.5	52	1509.8	877.8
孤山川	马家岔	50	58	2051.1	1111.1
秃尾河	刘岔	29	50	1276.6	644.4
秃尾河	郑家洼	30.6	57	806.1	136
窟野河	小河沟	65.4	72	7245.6	5813.3
窟野河	张家塔	36.5	71	2962.3	2163
窟野河	圪柳嘴	114	96.4	2993	2698
佳芦河	豪则沟	33.6	49	1477.3	896
无定河	合石沟	32.8	45	1414.8	1093.3
无定河	陈石畔	38.4	54	1404	1024
无定河	庙沟	15	56	550	433
无定河	席老庄	18.4	61	675	491

省区	规划治理面积(万km²) 合计	初步治理面积	巩固治理面积	基本农田(万km²)	林草(万km²)	生态修复(万km²)	骨干坝(座)	中小型坝(座)
山西	6.32	2.7	3.63	67.73	343.5	221.27	2737	10908

省区	规划治理面积(万km²) 合计	初步治理面积	巩固治理面积	基本农田(万km²)	林草(万km²)	生态修复(万km²)	骨干坝(座)	中小型坝(座)
山东	0.46	0.18	0.28	13.32	17.5	15.17	100	200

... 巩固治理面积	基本农田(万km²)	林草(万km²)	生态修复(万km²)	骨干坝(座)	中小型坝(座)
5.48	69.06	548.27	118.68	5476	16429

省区	规划治理面积(万km²) 合计	初步治理面积	巩固治理面积	基本农田(万km²)	林草(万km²)	生态修复(万km²)	骨干坝(座)	中小型坝(座)
河南	1.27	1.11	0.16	30.64	36.24	59.62	578	1158

图 例

- 国界
- 省界
- 流域界
- 河流、水文站
- ★ 首都
- ◉ 省、自治区、直辖市
- ⊙ 地级市
- 多沙粗沙区
- 粗泥沙集中来源区
- 十大孔兑